棚室建造及保护地
蔬菜生产实用技术

朱振华　主编

中国农业科学技术出版社

图书在版编目（CIP）数据

棚室建造及保护地蔬菜生产实用技术 / 朱振华主编 . —北京：中国农业科学技术出版社，2014.12

ISBN978-7-5116-1891-7

Ⅰ .①棚…　Ⅱ .①朱…　Ⅲ .①温室－工程施工②蔬菜－保护地栽培 Ⅳ .① S625 ② S626

中国版本图书馆 CIP 数据核字（2014）第 269513 号

责任编辑	于建慧　张孝安
责任校对	贾晓红

出 版 者	中国农业科学技术出版社
	北京市中关村南大街 12 号　邮编：100081
电　　话	（010）82109194（编辑室）（010）82109704（发行部）
	（010）82109709（读者服务部）
传　　真	（010）82106650
网　　址	http：//www.castp.cn
经 销 者	各地新华书店
印 刷 者	北京富泰印刷有限责任公司
开　　本	710mm×1000mm　1 /16
印　　张	25.25
字　　数	380 千字
版　　次	2014 年 12 月第 1 版　2014 年 12 月第 1 次印刷
定　　价	50.00 元

《棚室建造及保护地蔬菜生产实用技术》
编委会人员

序 言

老师八旬　推陈出新

朱振华老师是在他 80 岁高龄这一年写下这本书的。

朱老师是我的导师、恩师。学生为老师的著作写序，力所不逮。因为无论学识还是境界，学生都自叹相去甚远。因之，要写下这段简短的文字，委实让我诚惶诚恐。好在这十多年来，无论是共同办报，还是我到中国蔬菜协会工作后，与朱老师一直是"过从甚密"，也很有些话要说。

起始是在 2001 年。这一年，现任中国蔬菜协会副会长、寿光日报传媒有限公司董事长周杰三带领我们创办了《寿光蔬菜周刊》，2008 年 8 月，《寿光蔬菜周刊》升级为《北方蔬菜报》，成为面向全国菜农的唯一一份专业报纸，现在，《北方蔬菜报》发行量达到了 18 万份。

报纸刚刚创办那几年，朱老师是我们须臾不可离开的，因为他是第一个为我们的报纸提供技术支持的专家。支持是无偿的、分文不取，可朱老师担当这份工作却几乎是全天候的。下乡给菜农讲课，不分白天黑夜；进大棚做技术指导，不辞劳苦；回答菜农的电话咨询，更是随时随地……那时，朱老师已近 70 岁了，可办班讲课神采飞扬、中气十足，讲的生动风趣、易懂实用，把菜农"抓"得紧紧的；进了蔬菜大棚，细细地看上一番，问上几句，马上就会告诉棚主，你在种植管理上有哪些问题要注意了，说的菜农点头不止；通过电话回答菜农的技术咨询，有很高的密集度，十几年间回复的电话有多少？难以计数，但一定是以数万计的。前 7

年，朱老师的小灵通就用坏了5部！还有最近8年间每周都有两个半天在寿光市农业局的网络"蔬菜医院"坐诊，为全国菜农的蔬菜种植解疑答难；还有时常应邀去全国各蔬菜主产区开讲座、做指导……

无关乎金钱，一位古稀老人，何以能发挥出如此持久、巨大的能量？我们只有一个解读：源自于对自己所从事专业的热爱和服务于农民所带来的快乐！

退休后又工作了20年，服务对象是全国菜农，在这样的时间、空间中，对于蔬菜生产，朱老师什么"阵仗"没见过？因之，朱老师著书，可以纵横开阖、可以旁征博引、可以由此及彼、可以去粗取精、可以……但朱老师最新著作最鲜明的特点是：推陈出新。

我国设施蔬菜的发展，可以说是以1989年山东省寿光市三元朱村建造冬暖大棚种植蔬菜获得成功为标志的，而朱老师1992年就著书《蔬菜栽培与病虫害防治》，成为山东省农业广播电视学校的教材。1997年朱老师编著的《大棚蔬菜实用技术》出版，2001年出版的《寿光棚室蔬菜生产实用新技术》，是为山东农广校寿光分校编写的。朱老师还不断编写了诸如《寿光冬暖塑料大棚的设计与建造技术》《棚室保护地环境调控技术》《棚室保护地蔬菜育苗技术》以及各类蔬菜的栽培技术等书籍和教材，在全国各地菜农学习蔬菜种植技术的一波又一波热潮中，这些书籍和教材发挥了重要作用。2002年，中国农业出版社出版了朱老师编写的《寿光冬暖大棚蔬菜生产技术大全》，共98万字。这本书，是国内第一本日光温室蔬菜生产技术方面的全书，很多菜农买到后如获至宝，在一些蔬菜产区，这本书是许多菜农争相传阅的。因为，蔬菜种植管理中遇到的问题，在里面都可以找到答案。近100万字的书，朱老师的书稿写了120多万字。一个年近古稀的老人，在将近一年半的时间里，白天工作，夜间写书，殚精竭虑却甘之如饴，在方格稿纸上一个字一个字刻下了他心血的结晶。

而现在大家看到的这本书，朱老师的写作意图在于推陈出新。老师跟我说："过去，农业生产技术创新的速度很慢。但近些年不同了，设施蔬菜生产技术有很多创新，也出现了不少问题，这些需要我们跟农民来说。"

在这本书中，朱老师会跟大家说出一些什么新的观点和技术呢？在我看来，朱老师重点阐述了两方面的内容：一是蔬菜大棚的建造。大家都知道，近些年来，蔬菜大棚的建造是存在问题的，主要表现为：建棚队满天飞，一种模式套天下，给菜农造成了不同程度的经济损失，更是影响了蔬菜大棚的种植效益。朱老师在本书中，介绍了竹木和钢架两种不同材质建造大棚的8种模式，特别强调的就是因地制宜和提高土地利用率。二是管理要上档升级。在本书中，朱老师总结了多项大棚蔬菜栽培管理新技术，比如茄子的阶梯式整枝、丝瓜的高密度吊架栽培、越夏茬西葫芦覆盖黑色地膜栽培等等，这些，都会让菜农朋友看后感到耳目一新且具有很强的可操作性。只要您是有心人，可以很轻易的运用到大棚蔬菜的栽培管理中，提高种植效益。

如今，各个行当里的"知名人士"都有粉丝，朱振华老师也有一大批粉丝，只是他们没给自己挂上粉丝的招牌。在电话中、视频里、大棚中他们认识了朱老师，他们喜欢跟朱老师聊，向他请教。看到这本书，他们会更敬佩这位年已八旬依然精神抖擞乐于奉献的老专家。

中国蔬菜协会秘书长　柴立平

目录

CONTENTS

第一章

日光温室和塑料大棚
的建造技术及其性能特点

　　日光温室通常称为温室。一般为坐北朝南、东西向伸长、前后双斜屋面。前屋面采光的冬暖塑料大棚，也称为冬暖大棚，其较宽的前屋面覆盖采（透）光等功能优良的塑料薄膜，霜冻期寒冷的夜间需覆盖草帘、棉被和防雨布等保温物，较窄的后屋面是异质材料保温层。东、西、北（后）三面为具有储热、保温、支撑、围护功能的墙体。因该温室是以太阳能为主要能源，故名"日光温室"。但在特殊情况下，还需适当补充能量。它能保护耐热性蔬菜等作物反季节栽培，一年四季都正常生长发育，使绿色蔬菜实现优质、高产、高效益。

　　日光温室的代号为"RGWS"，其骨架结构形式代号为：钢梁拱架焊接式是"H"，钢管拱架装配式是"Z"。

　　塑料大棚，又称为拱圆形塑料大棚或称塑料大拱棚，通常简称"大棚"，是完全用塑料薄膜作覆盖采光材料的大型拱圆形大棚。塑料大棚的代号为"SP"，其特征代号全拱型为"G"，带肩型为"J"。

第一节　日光温室设计技术

一、布局规划方位和总体尺度

（一）建造日光温室群场地的选择

　　1.位置条件　日光温室是投资较大应用年限较长的固定园艺设施。为便于园区化管理，应规划集中建设，且需选择有发展前途，能不断扩大建设规模，形成日光温室群的场地。在农村将温室建于村南比村北好，但不宜与住宅混建；在城市郊区，不宜将温室建在工厂下风地段，以免受污气毒烟为害，以利发展绿色食品蔬菜。在山区，可借用自然避风向阳的梯田坎壁、土崖作后墙建造日光温室，以节省建材费用，增强贮热、挡风、御寒保温性能。

2. 光照和通风条件　太阳光照射是日光温室的最主要光热资源。因此，必须选择具有充足光照条件的场地建造日光温室。温室基地正南向的建筑物及树木等遮阳成阴物离最前排温室前脚处的距离应不少于该遮阳物最高遮阳点于"冬至"正午时投射阴影的长度（距离）；而温室基地东南向或西南向的遮阳成阴物离最前排温室前脚处的距离，应不小于该遮阳成阴物的最高遮阳点于"冬至"正午时投射阴影长度的1.8~2.0倍。

因为物体在正午前3h 20~40min和正午后"冬至"下午3h 20~40min投射阴影的有效遮阳成阴距离（即正南正北水平距离）为正午时投射阴影长度的2倍。值得注意的是物体投射阴影长度不仅与物体高度有关，而且与投影系数有关；投影系数大小不仅与季节日期和白昼时间有关，还与不同地理纬度地区的太阳高度角大小有关。例如，在"冬至"这天的正午时间，北纬33°地区的太阳高度角为33°33′；物体投射阴影距离系数为1.57；而在北纬40°地区的太阳高度角为26°33′；投影系数为2.01。建温室地区所处的地理纬度愈高则"冬至"正午的太阳高度角愈小，投影系数也就愈大，遮阳投影的距离就愈长。因此，在选择建温室场地时，应注意遮阳成阴物的有效投影遮阳距离。

3. 土壤和环保条件　温室蔬菜一般是多茬次立体高产优质栽培，因此，要求良好的土壤条件，最好选用物理性状良好、耕层疏松富含腐植质的肥沃土壤。其优点是吸热性能强、透水透气性好，适耕性强，利于根系生长。尽可能选用前3~5年内未种植瓜类、茄类蔬菜作物，以减少病害发生。

选用建温室场地时，要特别重视环保条件，要求绝对不存有工厂"三废"（废水、废气、废渣）。土壤、水质、空气都需达到环保标准。盐碱地或沙化地区建温室搞蔬菜无土栽培，要求水质和空气都达到环保标准。

4. 水利和电力条件　建日光温室的场地要求地下水位较低，排水良好。如果地势低洼，地下水位较高，会导致温室内湿度过大，土壤升温缓慢，蔬菜根系生长不良而感病，或因遇大雨后不能及时排涝，积水成灾。建温室场地还要求水源充足，水质良好，冬季水温较高，以深水井中取水为宜。

如果建温室场地具备良好电源，建好温室后不仅便于提水浇地或实行滴灌、渗灌或喷灌，冬季还不会因浇水而明显降低地温，而且夏季高温期还会因滴灌明显控制地温升得过高，如此易于调节温室内的温度，有利于室内蔬菜生长。温室内可以于冬季采用电热线育苗或电热线补温。在遇到连续阴雪寒流严寒天气的情况下，还可设挂农艺钠灯和南极光灯等，补充室内光照，对于温室反季节蔬菜栽培更为有利。

5. 交通运输条件　建设基地化、园区化日光温室群大规模实施温室蔬菜商品化生产，须考虑交通运输问题。因此，温室建设场地，要选择交通方便，离住处不远的地方，以便于管理和对所产鲜菜能及时运输销售。

（二）日光温室群的布局规划

1. 先行规划，实行规模化生产　温室场地选定后，首先要根据场地的地形面积和形成温室群实行蔬菜规模化生产的要求，进行总体规划，绘制出温室平面图，按图实施规划布局。要对建造温室群的场地中农民承包的零散土地，统一规划为蔬菜生产责任田，实行连片大面积承包，或统一规划为温室园区，由农民入股的蔬菜生产合作社，集体承包发展温室商品蔬菜生产，形成温室蔬菜集中产区。

2. 温室群的布局　在山东省寿光、青州、莘县、苍山等棚室蔬菜主产区县（市），日光温室多为群体分布，布局上一般采取几十栋至上千栋日光温室呈"非"字形对称排列分布。主路宽5m左右。温室群中温室"排"数越多，则主路越长。一般主路长500~1 000m。主路两端联通乡、县级生产路或县、省级公路。一般每个日光温室群有几百栋日光温室，相近的几个日光温室群形成1处设施园艺蔬菜生产园区。部分1个上千栋温室的日光温室群，就是1处设施园艺蔬菜生产园区。

3. 同列前后相邻日光温室的合理间距　推算同列前后相邻日光温室的合理间距既要掌握前排日光温室的最高点，包括棚脊顶上放置的草帘捆直径（0.4~0.5m）投射的阴影，不影响相邻后排温室的采光，又尽可能缩短前后排温室之间距离的原则。

推算式为：

$$b=ctgh \qquad\qquad (1)$$

$$L=H \cdot 1.8b-L_1-L_2-K \qquad\qquad (2)$$

在式（1）中，"b"为"冬至"正午时的有效遮阴系数，即"冬至"正午时的太阳高度角的余切函数值。"h"为"冬至"正午时的太阳高度角。h=90°－当地纬度＋"冬至"时的赤纬度（即太阳直射点所在纬度为－23°27′≈－23.5°）。依据h值，从表1-1中或从中学生数学用表中查出h角度的余切函数（ctgh）。便是有效遮阴系数b值。

表1-1　北半球节气与赤纬度

节气	夏至	立夏	立秋	秋分	春分	立夏	立冬	冬至
日／月	21/6	5/5	7/8	23/9	20/3	5/2	1/11	22/12
赤纬（s）	23°27′	16°20′		0°		－16°20′		－23°27′

式（2）中，"L"为同列前后相邻日光温室的合理间距，即从前排温室的后墙外沿至后排温室的前沿之距。"H"为日光温室最高遮阴点（含卷起的草帘捆直经高度）。1.8b为"冬至"这天，离正午3h20~40分的上午20min和下午20min，太阳光投射阴影的有效遮阴（正北方向的）距离，为正午时有效遮阴距离的1.8倍。"L₁"为日光温室最高遮阴点至后墙底宽，即基部厚度。"K"为修正值，一般为1.5~2m。例如，要在位于北纬36°和东经117°的济南郊区建造日光温室群，设计的温室脊高为4.2m，脊顶上放置的草帘捆直径为0.5m，此温室最高遮阴点至后墙内侧的水平距离为1.4m，后墙基处宽（厚）1.3m（用夹板夹土，杵实的土墙体1m厚，内外两侧砖砌护皮）。修正值K为1.5~2.0m。将上述已知数值代入式（1）式（2）中：

h=90°−36°+（−23.5°）=30.5°

所以，式（1）b=coth=cot30.5°=1.6943，式（2）L=H·b1.8−L₁−L₂−K=（4.2+0.5）×1.6943×1.8−1.4−1.3−2=9.63（m）。

即同列前后相邻排日光温室的合理间距为9.63m。

现将在不同地理纬度地区，建造不同高度（屋脊高）等规格的日光温室（冬暖塑料大棚）用此方法推算设计的同列前后相邻排（栋）温室的合理间距，列表1-2仅供参考。

表1-2　同列前后相邻排（栋）日光温室的合理间距

日光温室所处地理纬度	日光温室最高点高度即脊高（m）	脊顶上草帘捆的直径即草帘捆粗（m）	"冬至"正午时太阳高度角的度数（°）	"冬至"正午时遮阳物投影有效遮阴系数	温室最高遮阳点至后墙内侧之水平距离（m）	温室后墙基部宽度，即后墙下部的厚度（m）	修正值	同列前后相邻排日光温室的合理间距（m）
北纬30°	5.2	0.4	36°33′	1.3489	1.0	0.8	1.5	10.30
	4.7	0.4	36°33′	1.3489	1.0	0.8	1.5	9.08
	4.2	0.4	36°33′	1.3489	1.0	0.8	1.5	7.87
	3.8	0.4	36°33′	1.3489	1.0	0.8	1.5	6.90
	3.4	0.4	36°33′	1.3489	1.0	0.8	1.5	5.93
	3.0	0.4	36°33′	1.3489	1.0	0.8	1.5	5.00
北纬31°	5.2	0.4	35°33′	1.3993	1.0	0.8	1.5	10.81
	4.7	0.4	35°33′	1.3993	1.0	0.8	1.5	9.55
	4.2	0.4	35°33′	1.3993	1.0	0.8	1.5	8.23
	3.8	0.4	35°33′	1.3993	1.0	0.8	1.5	7.23
	3.4	0.4	35°33′	1.3993	1.0	0.8	1.5	6.23
	3.0	0.4	35°33′	1.3993	1.0	0.8	1.5	5.23
北纬32°	5.2	0.4	34°33′	1.4523	1.0	0.9	1.5	
	4.7	0.4	34°33′	1.4523	1.0	0.9	1.5	
	4.2	0.4	34°33′	1.4523	1.0	0.9	1.5	8.63
	3.8	0.4	34°33′	1.4523	1.0	0.9	1.5	7.58
	3.4	0.4	34°33′	1.4523	1.0	0.9	1.5	6.53
	3.0	0.4	34°33′	1.4523	1.0	0.9	1.5	5.49

日光温室所处地理纬度	日光温室最高点高度即脊高（m）	脊顶上草帘捆的直径即草帘捆粗（m）	"冬至"正午时太阳高度角的度数（°）	"冬至"正午时遮阳物投影有效遮阴系数	温室最高遮阳点至后墙内侧之水平距离（m）	温室后墙基部宽度，即后墙下部的厚度（m）	修正值	同列前后相邻排日光温室的合理间距（m）
北纬33°	5.2	0.45	33° 33′	1.5079	1.2	0.9	1.5	11.74
	4.7	0.45	33° 33′	1.5079	1.2	0.9	1.5	10.38
	4.2	0.45	33° 33′	1.5079	1.2	0.9	1.5	9.02
	3.8	0.45	33° 33′	1.5079	1.2	0.9	1.5	7.94
	3.4	0.45	33° 33′	1.5079	1.2	0.9	1.5	6.85
	3.0	0.45	33° 33′	1.5079	1.2	0.9	1.5	5.78
北纬34°	5.2	0.45	32° 33′	1.5667	1.3	0.9	1.5	12.23
	4.7	0.45	32° 33′	1.5667	1.3	0.9	1.5	10.82
	4.2	0.45	32° 33′	1.5667	1.3	0.9	1.5	9.31
	3.8	0.45	32° 33′	1.5667	1.3	0.9	1.5	8.19
	3.4	0.45	32° 33′	1.5667	1.3	0.9	1.5	7.06
	3.0	0.45	32° 33′	1.5667	1.3	0.9	1.5	5.93
北纬35°	5.5	0.5	31° 33′	1.6287	1.3	1.0	2.0	13.29
	5.0	0.5	31° 33′	1.6287	1.3	1.0	2.0	11.82
	4.5	0.5	31° 33′	1.6287	1.3	1.0	2.0	10.34
	4.2	0.5	31° 33′	1.6287	1.3	1.0	2.0	9.48
	3.8	0.5	31° 33′	1.6287	1.3	1.0	2.0	8.31
	3.4	0.5	31° 33′	1.6287	1.3	1.0	2.0	7.13
	3.0	0.5	31° 33′	1.6287	1.3	1.0	2.0	5.96
北纬36°	5.5	0.5	30° 33′	1.6943	1.4	1.3	2.0	13.60
	5.0	0.5	30° 33′	1.6943	1.4	1.3	2.0	12.07
	4.5	0.5	30° 33′	1.6943	1.4	1.3	2.0	10.55
	4.2	0.5	30° 33′	1.6943	1.4	1.3	2.0	9.63
	3.8	0.5	30° 33′	1.6943	1.4	1.3	2.0	8.41
	3.4	0.5	30° 33′	1.6943	1.4	1.3	2.0	7.59
	3.0	0.5	30° 33′	1.6943	1.4	1.3	2.0	6.37

续表

日光温室所处地理纬度	日光温室最高点高度即脊高（m）	脊顶上草帘捆的直径即草帘捆粗（m）	"冬至"正午时太阳高度角的度数（°）	"冬至"正午时遮阳物投影有效遮阴系数	温室最高遮阳点至后墙内侧之水平距离（m）	温室后墙基部宽度，即后墙下部的厚度（m）	修正值	同列前后相邻排日光温室的合理间距（m）
北纬37°	5.5	0.5	29° 33′	1.763	1.4	1.3	2.0	14.34
	5.0	0.5	29° 33′	1.763	1.4	1.3	2.0	12.75
	4.5	0.5	29° 33′	1.763	1.4	1.3	2.0	11.17
	4.2	0.5	29° 33′	1.763	1.4	1.3	2.0	10.22
	3.8	0.5	29° 33′	1.763	1.4	1.3	2.0	8.95
	3.4	0.5	29° 33′	1.763	1.4	1.3	2.0	7.68
	3.0	0.5	29° 33′	1.763	1.4	1.3	2.0	6.41
北纬38°	5.5	0.5	28° 33′	1.838	1.5	1.5	2.0	14.85
	5.0	0.5	28° 33′	1.838	1.5	1.5	2.0	13.20
	4.5	0.5	28° 33′	1.838	1.5	1.5	2.0	11.54
	4.2	0.5	28° 33′	1.838	1.5	1.5	2.0	10.55
	3.8	0.5	28° 33′	1.838	1.5	1.5	2.0	9.23
	3.4	0.5	28° 33′	1.838	1.5	1.5	2.0	7.90
	3.0	0.5	28° 33′	1.838	1.5	1.5	2.0	7.08
北纬39°	5.5	0.55	27° 33′	1.917	1.5	1.8	2.0	15.58
	5.2	0.55	27° 33′	1.917	1.5	1.8	2.0	14.54
	4.7	0.55	27° 33′	1.917	1.5	1.8	2.0	12.82
	4.3	0.55	27° 33′	1.917	1.5	1.8	2.0	11.26
	4.0	0.55	27° 33′	1.917	1.5	1.8	2.0	10.40
	3.5	0.55	27° 33′	1.917	1.5	1.8	2.0	8.50
	3.0	0.55	27° 33′	1.917	1.5	1.8	2.0	7.28
北纬40°	5.0	0.55	26° 33′	2.002	1.6	1.8	2.0	14.42
	4.7	0.55	26° 33′	2.002	1.6	1.8	2.0	13.52
	4.3	0.55	26° 33′	2.002	1.6	1.8	2.0	12.08
	4.0	0.55	26° 33′	2.002	1.6	1.8	2.0	11.00
	3.5	0.55	26° 33′	2.002	1.6	1.8	2.0	9.20
	3.0	0.55	26° 33′	2.002	1.6	1.8	2.0	7.76

续表

日光温室所处地理纬度	日光温室最高点高度即脊高（m）	脊顶上草帘捆的直径即草帘捆粗（m）	"冬至"正午时太阳高度角的度数（°）	"冬至"正午时遮阳物投影有效遮阴系数	温室最高遮阳点至后墙内侧之水平距离（m）	温室后墙基部宽度，即后墙下部的厚度（m）	修正值	同列前后相邻排日光温室的合理间距（m）
	5.0	0.55	25°33′	2.092	1.7	2.0	2.0	15.20
	4.7	0.55	25°33′	2.092	1.7	2.0	2.0	14.07
北纬41°	4.3	0.55	25°33′	2.092	1.7	2.0	2.0	12.56
	4.0	0.55	25°33′	2.092	1.7	2.0	2.0	11.43
	3.5	0.55	25°33′	2.092	1.7	2.0	2.0	9.36
	3.0	0.55	25°33′	2.092	1.7	2.0	2.0	7.48
	5.0	0.55	24°33′	2.189	1.7	2.0	2.0	16.17
	4.7	0.55	24°33′	2.189	1.7	2.0	2.0	14.99
北纬42°	4.3	0.55	24°33′	2.189	1.7	2.0	2.0	13.41
	4.0	0.55	24°33′	2.189	1.7	2.0	2.0	12.23
	3.5	0.55	24°33′	2.189	1.7	2.0	2.0	10.06
	3.0	0.55	24°33′	2.189	1.7	2.0	2.0	8.09
	5.0	0.55	23°33′	2.294	1.8	2.2	2.0	16.392
	4.7	0.55	23°33′	2.294	1.8	2.2	2.0	15.68
北纬43°	4.3	0.55	23°33′	2.294	1.8	2.2	2.0	14.03
	4.0	0.55	23°33′	2.294	1.8	2.2	2.0	12.79
	3.5	0.55	23°33′	2.294	1.8	2.2	2.0	10.52
	3.0	0.55	23°33′	2.294	1.8	2.2	2.0	8.45
	4.5	0.55	22°33′	2.408	2.0	2.5	2.0	15.39
	4.2	0.55	22°33′	2.408	2.0	2.5	2.0	14.09
北纬44°	4.0	0.55	22°33′	2.408	2.0	2.5	2.0	13.22
	3.5	0.55	22°33′	2.408	2.0	2.5	2.0	10.84
	3.0	0.55	22°33′	2.408	2.0	2.5	2.0	8.67

注：在高于北纬43°地区，因冬季白昼短，光照时间短，光照强度弱，外界自然气候昼夜均严寒，故不适建造用于越冬茬栽培蔬菜的日光温室。但也有个别情况，建造的日光温室是提高秋延冬茬蔬菜栽培或早春提前茬蔬菜栽培

（三）日光温室的方位角度

温室方位角是指温室脊线相对温室建设地点子午线走向的夹角，通常称温室的方位或朝向。确定日光温室的方位应依据以下原则。

1. 依据建温室地点所处地理纬度和寒冷程度确定日光温室的方位　笔者对确定日光温室方位的建议是：依据建温室场地所处地理纬度及寒冷程度来确定温室采光面的朝向（方位），即在北纬38°~43°冬季严寒地区，温室方位应偏向西南5°~8°，以延长下午的光照时间20~32min，使夜间的室温相对提高；而在低于北纬35°（即35°以南）地区，因冬季日光温室内夜间最低气温一般不低于14°，而且日出后温室采光时间温度回升快，所以日光温室的方位应偏向东南5°~8°，可使日光温室提早采光延长上午光照时间20~32min，以增加作物的光合产量。在北纬35°~37°地区，日光温室的采光面应朝向正南（指子午线正面，并非指南针所指正南），使温室即不提前采光，也不延后下午的采光时间。对温室方位的偏向，不论偏东或偏西，均以偏5°~8°为宜，偏的最大也不宜偏过10°。

对于日光温室采光面的朝向（方位）问题，有些专业于植物生理学者主张偏向东南8°~10°，以提早采光延长上午光照时间32~40min。这是因为绿色植物在上午的光合产物量一般占全天光合产物量的70%左右，延长上午的光合时间，可显著增加全天的光合产量。但有些研究作物栽培科技的学者却认为：如果是加温温室，上述主张是可行的，但这是日光温室，在北纬38°以北我国北方的冬季寒冷地区，冬季日光温室内的凌晨短时的最低气温为8~12℃，若采取提早采光32~40min，其时间内温室内的气温回升不到耐热作物所需的光合温度（黄瓜、番茄等耐热高温作物的光合温度下限为15~16℃，苦瓜、豆角等强耐热高温作物的光合温度下限为17~18℃），即使接受到光照，也不能进行光合作用，白白浪费了光照时间，倒不如使日光温室的采光面偏向西南8°~10°，使下午延长光照时间32~40min。

2. 以不同地理经度的时差来计算已确定的日光温室方位　地球自东往西自转，每转1周360°经度为1昼夜24h，相邻1经度的时差为1/15h，即4min。东经120°地区正午时为北京时间12时整。依据东经120°与建造日光温室场地所处地理经度的时差，便可计算出该场地正午的时间。在正午时于建温室场地立直杆，投射阴影，阴影的相反方向即为正南方向；如果于正午前 20~30min 时立杆投影投射阴影的相反方向即为偏向东南 5°~8°；同理，在正午后 20~30min 时立杆投影，投射阴影的相反方向即为偏向西南 5°~8°。

以东经 120° 为正午（北京时间 12 时整）子午线正南，与不同经度的时差来推算建温室场地的正南方向及温室方位的方法。

例如，东经 109°，北纬 34° 的陕西省西安地区建造日光温室时，推算该地区正南方向的方法是：

12h+（120°−109°）×4min=12h 44min，即此时立杆射阴影的相反方向为正南。而温室方位需偏东南 5°，则 12h 44min−5°×4min=12h 24min，即于 12h 24min 立杆投影的相反方向为当地建造温室，偏向东南 5° 的方位（朝向）。

再例如，于地处东经 108°，北纬 39° 的内蒙古鄂托克旗地方建造日光温室时，推算该地点日光温室方位偏向西南 8° 的方法：

12h+（120°−108°）×4min+8°×4min

=12h+48min+32min

=13h 20min。

即于 13h 20min 时，在建造温室地点立杆投影，阴影的反方向就是日光温室偏朝西南 8° 的方位。

在施工开始画线时，要使东西两山墙的内外两侧划的直线与立杆投影的方向直线相平行，而与后墙两侧的东西直线相垂直。如此，求得的温室适宜方位度，是准确的。

（四）日光温室的总体结构尺度

1.总体结构的术语和定义

温室跨度　指后墙内侧到前墙基础的上表面与拱架外侧相交处的水平距离。

温室长度　指温室沿屋脊方向的长度，以日光温室东西山墙内侧之间的距离 m 表示。

温室脊高　指温室屋脊至地面设计标高的高度。

作业最低高度　指温室内距前墙基础的上表面与前屋面拱架内侧交点连线 0.5m 处，拱架最低点至室内地面的高度。

温室屋面角（即棚面角）　由屋脊至温室前底脚内侧的直线与地平面的夹角。

温室前坡拱面切线角　温室横剖面上采光拱形屋面弧形曲线上某点切线与地平面的夹角。（不是弧形曲线的切线，而是曲线上某点切线与地平面的夹角）。

温室后屋面仰角　温室后屋面内表面与地平面之间的夹角。

温室方位角　温室屋脊线相对温室建设地点子午线走向的夹角。

2. 总体结构尺度的配合及其改进

日光温室的高度、跨度、宽度、长度、作业最低高度和前坡采光角度、后坡仰角度数，以及前坡面与后坡面水平宽度的比例等总体结构配合得当，即能保证采光增温性能和贮热保温性能良好，又增加室内空气以及二氧化碳的容积容量和减少山墙遮阳成阴死角的不良影响，适宜于蔬菜作物生长发育，还便于人工操作管理。

但是，在 20 世纪 90 年代我国北方地区推广日光温室蔬菜反季节生产的初期，大部分地区建造的日光温室较普遍存在屋脊高度较矮、跨度较小、东西向长度较短、墙体过厚、前坡与后坡水平宽度比例不当、作业最低高度矮和总体结构搭配欠协调等问题。使其存有如下突出缺点：一是室内空间（容积）狭窄，不适于对瓜类和豆类作物高吊架栽培，也不便于人工作业。长期在温室内作业的人员，易患腰痛、腿痛等"温室综合征"；二是因温室容积较小，容纳空气量少，在不采取人工增施二氧化碳气肥的情况下，室内容纳的 CO_2 浓度昼夜变化悬殊，影响室内作物正常生长发育。例如，在下午关闭温室通风窗口时，室内空气中 CO_2 浓度与室外空气中 CO_2 浓度相同，都是 $300\mu l\cdot L^{-1}$，由于作物夜间呼吸是吸收氧气而释放出 CO_2，致使在下半夜接近凌晨时，室内空气中 CO_2 含量升高到 $1\,600\sim2\,000\mu l\cdot L^{-1}$，超过了 CO_2 饱和点。而因作物于昼间进行光合作用吸收 CO_2，所以在上午，不到开窗通风换气时，室内空气中 CO_2 含量

已降至 $20\sim30\mu l\cdot L^{-1}$，低于 CO_2 补偿点，形成明显缺乏 CO_2 及时供应；三是因温室总体结构尺度较小，使温室的散热比较大，保温比较小，白天升温快，夜间降温也快，冬季室内夜间绝对最低温度更低，昼夜温差过大，对室内作物不利；四是因温室东西长度较短，多为 $40\sim50m$ 长，使室内作物受东西两山墙于上午和下午遮阳光的影响较大；五是因墙体过厚和前后坡水平宽度的配合比例不当，使室内有效栽培蔬菜的面积比率较低（不到 60%），影响土地利用及单位面积产量和经济效益的提高。

随着园艺设施建造业的发展，进入 21 世纪以来，钢梁拱架结构的日光温室逐渐取代了竹木结构日光温室的主要地位。同时对日光温室的总体结构尺度进行了以"四增""一减"为主的改进，即增加温室高度、增加跨度、增加棚体长度、增加作业最低高度的高度；减少使用立柱。钢梁拱架日光温室，一般只设脊柱或在立柱；竹木结构日光温室，也减少使用中立柱。目前，在我国北纬 30°~43° 地理纬度的北方地区，日光温室总体结构尺度的设计参数如下。

在北纬 30°~34° 地区：棚脊高度 3.0~5.2m，但以 4.2m 左右高度的占多数；跨度 8~15m，而以 10~13m 的占多数；温室东西长度从 50m 至 80m，而以 60~70m 长的为多；作业最低高度 1.2~1.5m，而多为 1.3~1.4m；采用钢梁拱架的日光温室一般只设脊柱或不设立柱。而跨度较小的竹木结构日光温室，只设后、中、前三行立柱。

在北纬 35°~39° 地区：日光温室脊高 3.0~5.5m，而以 4.2~5.0m 的占绝大多数；跨度 7.0~14.0m，但以 10~12m 的占大多数；温室长度 60~120m 而以 70~80m 长的为多；作业最低高度多为 1.4~1.6m。目前，该地区建造的日光温室 70% 以上是采用钢梁拱架结构，多为钢管上弦、钢棍下弦和钢筋拉花支撑的拱架梁，与单钢管拱架梁相配合使用，只设脊柱或无立柱。而采用竹木、立柱拱架结构的占不到 30%。

在北纬 40°~43° 地区：日光温室的脊高 3.0~5.0m，而以 4.0~4.5m 的为多；跨度 7.0~11.0m，但以 8~10m 的占多数；温室东西向长度 60~80m，而以 70m 左右的居多；作业最低高度在 1.2~1.3m；该地区日光温室的前屋面拱架，很少是竹木结构的，绝大多数是采用钢管花梁或单钢管拱梁，只设有脊柱而不设其它立柱；而后坡面的骨架是用直径10~13cm粗的松、杉、榆、刺槐等硬质圆木作后坡檩条（也称斜棒）；在前、后坡拱架梁上面，每隔35~40cm设1根东西向拉紧的26#镀锌钢丝，拱架呈琴弦式。

二、日光温室前、后屋面的设计

（一）前坡采光棚面的设计

1. 棚面角的设计　无论在南北不同地理纬度的各地区建造日光温室（冬暖塑料大棚）。都应以"冬至"正午时日光温室前坡采光斜面上，太阳光投射角度为56°（即太阳光入射角度34°）为设计参数来确定温室的棚面角度，这样的太阳光投射角度等于北纬10.5°地区（如我国南沙群岛中部、柬埔寨的金边地区所处地理纬度）"冬至"正午时太阳光投射于地平面的角度和光照强度。因此，建造好的日光温室采光性好，升温快。日光温室采光斜面上太阳光投射角56°（入射角34°）的采光率，比采光率最高的投射角90°的采光率，不仅在正午时低不了3个百分点，而且在太阳高度角比正午时低5° 51′至6° 17′的午前2h和午后2h内的采光率也低不了3个百分点。这是因为太阳光的入射率高低与太阳光投射角度大小，并非是正比例关系。从表1–3中可看出，投射角度由90°减至50°，光入射率仅降低了2.98个百分点，从50°减至30°，光入射率降低了6.31个百分点，而从30°减小到10°，光入射率降低了26.4个百分点，由此显示，投射角度越小（即入射角度越大），太阳光入射率降低的幅度越大。

表1–3　覆盖聚氯乙烯（PVC）薄膜的日光温室，
采光斜面与太阳光的交角大小与太阳光入射率、太阳光折射率的关系

太阳光投射角度	太阳光入射角度	太阳光入射率（%）	太阳光折射率（%）
90°	0°	86.57	0.2
80°	10°	84.36	2.5
70°	20°	84.27	2.7
60°	30°	84.18	3.2
50°	40°	83.59	3.9

续表

太阳光投射角度	太阳光入射角度	太阳光入射率（%）	太阳光折射率（%）
40°	50°	81.76	6.4
30°	60°	77.28	10.9
20°	70°	66.18	22.1
10°	80°	50.85	40.8

假设以"冬至"正午时太阳光入射率最高的投射角90°（即入射角0°）为设计参数，建造日光温室，建起的日光温室则是高而窄陡，白天采光升温过快，室内温度过高；而夜间散热降温过快，室内温度过低，造成昼夜温差过大，不适宜农作物生长发育；且管理不方便、不适用，造价高，不经济。

例如，图1-1是假设于北纬39°地区的河北省徐水、山西省代县、宁武等地以日光温室采光斜面上"冬至"正午时太阳光投射角度56°为设计参数与投射角度90°为设计参数相比较。该地区"冬至"正午太阳高度角为27.5°；要以投射角56°为设计参数设计的棚面角度为28.5°，建造前坡水平宽度829cm，棚脊和山墙的脊高应为450cm；后坡水平宽度为270cm（其中后墙120cm厚，后墙内侧至棚脊铅垂线170cm），若要使后坡的坡度（仰角）为38°，则后墙外沿高度应为239cm。假设是以投射角90°为设计参数，设计的棚面角度则为62.5°，建造同样的前坡水平宽度、后坡坡度的日光温室，则棚脊和山墙脊高应达1 592cm，后墙外沿高度应为1 381cm。由此可见，采用投射角90°为设计参数，比采用投射角56°为设计参数，虽然采光斜面上太阳光入射率提高3个百分点，而建造的日光温室却比采用投射角56°为参数的棚脊和山墙脊高，高出了1 142cm，（高出2.54倍），后墙高出了1 142cm（高出了4.78倍）。由此证明，设计建造日光温室，以采光斜面上太阳光投射角90°为设计参数是不科学和不适用的；而以56°为设计参数设计棚面角度是科学的、适用的。

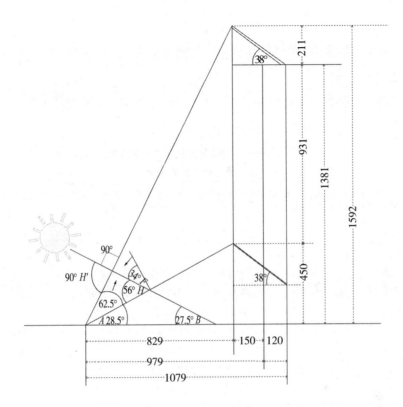

图 1-1　日光温室（冬暖大棚）棚面角度设计（单位：cm）

那么，怎样依据日光温室采光斜面上太阳光投射角 56° 这个设计参数和不同地理纬度地区"冬至"正午太阳高度角度数，来计算日光温室适用棚面角度呢？

从图 1-1 中可看出：

∠H=∠A+∠B（这是因为三角形的外角等于不相邻的两内角之和）；

所以∠A=∠H-∠B；因为∠H=56°；

故此∠A=56-∠B

∠B 是不同地理纬度地区，"冬至"正午时的太阳高度角，其计算公式为：

∠B=90°-当地地理纬度+"冬至"时赤纬度（因"冬至"时赤纬在南半球 23°27′≈23.5°，故应为-23°27′≈-23.5°）

所以，∠A=56°−（90°−当地纬度−23.5°）；

例如，在北纬39°地区建温室，其棚面角为：∠A=56°−（90°−39°−23.5°）=28.5°

表1-4是以日光温室采光斜面上太阳光投射角56°为设计参数，减去"冬至"正午太阳高度角，得出的适用棚面角度。

表1-4 不同纬度地区冬至正午太阳高度角度数、
日光温室适用棚面角度

地理纬度	冬至正午太阳高度角	日光温室适用棚面角度	地理纬度	冬至正午太阳高度角	日光温室适用棚面角度
北纬27°	39.5°	16.5°+2°	北纬37°	29.5°	26.5°
北纬28°	38.5°	17.5°+2°	北纬38°	28.5°	27.5°
北纬29°	37.5°	18.5°+1°	北纬39°	27.5°	28.5°
北纬30°	36.5°	19.5°	北纬40°	26.5°	29.5°
北纬31°	35.5°	20.5°	北纬41°	25.5°	30.5°
北纬32°	34.5°	21.5°	北纬42°	24.5°	31.5°
北纬33°	33.5°	22.5°	北纬43°	23.5°	32.5°
北纬34°	32.5°	23.5°	北纬44°	22.5°	33.5°−1°
北纬35°	31.5°	24.5°	北纬45°	21.5°	34.5°−2°
北纬36°	30.5°	25.5°	北纬46°	20.5°	35.5°−3°

注：1. 表中日光温室的棚面角度是由56°参数减去冬至正午太阳高度角求得；

2. 在较低纬度和较高纬度地区的日光温室，由56°参数减去冬至正午太阳高度角求出的棚面角，还需适当调节，一般北纬29°、28°、27°地区的棚面角，增加1°~2°；而北纬44°、45°、46°地区的棚面角减1°~3°

表1-5 棚面角余切（ctg）函数表

角度	余切值	角度	余切值	角度	余切值	角度	余切值
10.5°	5.396	18.0°	2.078	15.0°	3.732	22.5°	2.414
11.0°	5.145	18.5°	2.989	15.5°	3.606	23.0°	2.356
11.5°	4.915	19.0°	2.904	16.0°	3.487	23.5°	2.300
12.0°	4.705	19.5°	2.824	16.5°	3.376	24.0°	2.246
12.5°	4.511	20.0°	2.747	17.0°	3.271	24.5°	2.194
13.0°	4.331	20.5°	2.675	17.5°	3.172	25.0°	2.146
13.5°	4.165	21.0°	2.606	25.50°	2.097	33.0°	1.540
14.0°	4.011	21.5°	2.539	26.0°	2.050	33.5°	1.511
14.5°	3.867	22.0°	2.475	26.5°	2.006	34.0°	1.483

角度	余切值	角度	余切值	角度	余切值	角度	余切值
27.0°	1.963	34.5°	1.455	30.0°	1.732	37.5°	1.303
27.5°	1.921	35.0°	1.428	30.5°	1.705	38.0°	1.280
28.0°	1.881	35.5°	1.402	31.0°	1.665	38.5°	1.257
28.5°	1.842	36.0°	1.376	31.5°	1.632	39.0°	1.235
29.0°	1.804	36.5°	1.351	32.0°	1.600	39.5°	1.213
29.5°	1.767	37.0°	1.327	32.5°	1.570	40.0°	1.192

2. 日光温室前坡水平宽度与棚脊高度

日光温室前坡水平宽度比棚脊高度是棚面角（∠A）的余切函数，即前坡水平宽度与棚脊高之比。因此，设计出适用的棚面角度后，可依据棚面角余切函数（表1-5）来设计日光温室前坡面的水平宽度和棚脊高度。此时，应先确定适宜的棚脊高度，棚脊高度乘以棚面角度余切函数，便是相应的前坡面水平宽度。

如棚面角度为27°、棚脊高度确定为4.5m，从表5中查到27°角的余切函数值为1.963，则日光温室前坡水平宽度＝4.5m×1.963＝8.3m。

也可先确定日光温室前坡面的水平宽度，前坡面水平宽度除以棚面角度余切函数，便等于相应的棚脊高度。

如棚面角度为27°、前坡坡水平宽度为8.83m，可从表5中查到27°角的余切函数为1.963，则相应的棚脊高度＝8.83m÷1.963＝4.5m。

3. 日光温室前坡拱面式样及切线角度

如图1-2拱面所示，在我国北方地区，目前大面积推广的日光温室中，辽宁瓦房店日光温室的采（透）光拱面基本是拱圆形的，是于前坡直线斜面上截取高于栽培床地面55cm的坡面起拱的，其前坡拱面太阳光投射角度较大，采光性能强，室温升得快，室温高，再配合上较宽的后坡，温室的保温性也好，可使黄瓜、番茄、甜椒、茄子等耐热性蔬菜作物于北纬39°~42°地区的严寒冬季，在日光温室保护下，亦然安全越冬，正常生长发育。但这样的日光温室栽培床面积比例小，在蔬菜生产上不够经济。

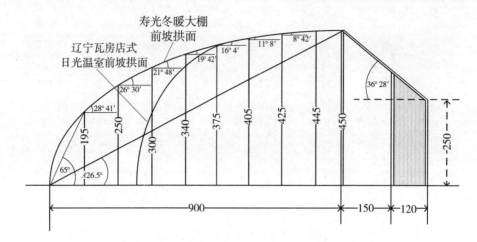

图1-2　日光温室前坡拱面切线角度和后坡面仰角的角度与后坡水平宽度、后墙高度

目前，在山东省寿光市棚室蔬菜主产区，建造的钢管梁拱架日光温室（冬暖大棚），一般只有脊柱或无立柱为增强拱架梁的支撑力，前窗角一般为62°~67°，离前窗底脚往北50cm处的位点棚面高度为195cm左右。从前窗底脚往北1~8m处的拱面高度和切线角度是：195cm高处28°47′，250cm高处26°30′、300cm高处21°48′、340cm高处19°42′、375cm高处16°4′，405cm高处11°8′、425cm高处8°42′、445cm高处2°59′，脊高为450cm。在筑两山墙和预制钢管梁拱架时，应特别注意做到都按上述位点高度和切线角度，使整个棚面的拱形和拱度完全一致。

（二）后坡面的设计

1.后坡面宽度　指南北水平（投影）宽度。从棚脊铅垂线至后墙外侧的水平距离为后坡的宽度，后坡宽度由后墙厚（宽）度和后墙内侧至棚脊铅垂线之间距离相接而成。日光温室的后坡宽度与前坡宽度之比例大小，关系到温室的采光、保温效果。后坡宽度比例越大，进光量越少，则保温效果好；后坡宽度比例越小，则进光量越多，但对保温不利。从我国北方不同地理纬度地区日光温室蔬菜生产的实践经验来看，后坡与前坡水平宽度比较适宜的比例为：在北纬28°~34°地区，后坡比前坡=1：（4~5）；在北纬35°~38°地区，后坡比前坡=1：（3.5~4）；在北纬39°~43°地区，后坡：前坡 =1∶（2.5~3.5）。

为什么越往纬度高的地区，日光温室的后坡比越加大呢？

这是因为，越高纬度地区，冬季越寒冷，最大冻土层越厚，日光温室的墙体也就越加厚（宽）；加大了后坡的水平宽度；越高纬度地区"冬至"正午的太阳高度角越小，冬季往后坡内进光量越大。所以从后墙内侧至棚脊铅垂线的水平距离相应地加大，这也增加了后坡的水平宽度。

2. 墙体的建材和墙体厚度

"土"是建筑日光温室墙体的适用材料，这不只是因为可就地取材，便于建筑，更为重要的是"土"的容积热容量比砖石等其他建材的容积热容量大很多倍，用土建成的墙体贮热量多；同时，因为"土"的散热系数（也叫导热系数）比砖石等其他建材的散热系数小很多，用土建成的墙体保温御寒性能好。因此，在我国北方年降水量不超过 1 000mm 的地区，绝大多数日光温室是用土建筑的墙体。但因土墙不耐雨淋水浸，所以，在年降水量超过 1 000mm，或地势低洼的地方建造日光温室，应采用砖块和石灰筑墙基，土墙体两侧砌砖皮，以免雨淋水浸；也有的采取内砌砖 25cm 厚，外侧砌砖 12cm 厚，中间夹 5cm 厚的两层苯板，这样的砖夹苯板墙体，虽然御寒保温性能亦好，但因贮热性能差，对室内气温的补偿作用低于砖皮夹土的墙体。

对于日光温室墙体的厚度，编著者通过调查发现，当土墙厚度达到当地最大冻土层厚度时，只能墙体的热量往外传导，而墙体以内的室内热量不可能传导至室外表面，即土墙体往外传导热量的厚度等于当地最大冻土层厚度，其中，主要往外传导热量的厚度是从外表往里 35cm 左右的厚度。倘若日光温室的土墙体厚度小于当地最大冻土层厚度，其白天吸收贮存的热量，到夜间都传导至温室外，而对室内气温的下降无补偿作用。白天贮存热量，夜间补偿室内热量，是日光温室的主要效应。那么，多大厚度的土墙体贮存的热量就可往室内传导散放，使冬季温室内夜间最低气温高于黄瓜、西瓜、茄子、辣（甜）椒、番茄等耐热性作物和苦瓜、哈密瓜、豇豆等强耐热性作物生长发育的最低限界呢？编著者近 10 年在最大冻土层厚度为50.2cm的寿光市南部日光温室的调查结果是：当冬季凌晨6时至6时30分，外界自然气温为-19.7℃时，不同土墙体厚度的室内气温为表1-6所示。

表1-6 不同土墙体厚度日光温室的室内气温

土墙体结构和厚度	温室内气温
土墙和山墙的基部厚220cm，顶部厚140cm，山墙高352cm，后墙高外侧230cm	13.7℃
后墙、山墙的上下均为100cm厚山墙高320cm，后墙高外侧210cm	10.2℃
原是上下均为100cm厚的山墙和后墙因内侧塌落，变为从80cm高以上的厚度为80~65cm后，贴上了一层50cm厚的苯板。山墙高320cm，后墙高外侧200cm	8.1℃
后墙和山墙都是内外两侧各砌砖25cm厚，中间夹土50cm。山墙高332cm，后墙高、外侧210cm	6.9℃

注：1. 调查时间2000年2月2日6：00~6：30。当地降大雪后，室外气温为-19.7℃；

2. 调查地点：洛西村示范园、三元朱村村后路西旧冬暖大棚和村后哈慈集团的砖砌皮墙体日光温室；

3. 保温覆盖均为3cm厚草苫和外加盖浮膜防雪淋湿草苫和加强覆盖保温

依据上述调查结果和本书编著者们近年来对日光温室设计建造的技术经验，对日光温室土墙的适宜厚度，提出如下简单的计算公式，作为设计建造的技术参数。

$$S+50cm=C$$

式中，"S"代表当地历年最大冻土层厚度（cm），"C"代表日光温室土墙体适宜厚度（cm）。

例如，山东省寿光市的历年最大冻土层厚度为52cm，在寿光市建造日光温室，其土墙体的适宜厚度则为52cm+50cm=102cm；倘若在历年最大冻土层厚度为80cm的宁夏银川市郊区建造日光温室，其适宜的土墙体厚度为80cm+50cm=130cm。如果在历年最大冻土层厚度只有20cm的安徽省蚌埠市郊建造日光温室，其适宜的土墙体厚度为20cm+50cm=70cm。

3. 后坡仰角和后墙高度

日光温室的脊高、后墙高度和后坡水平宽度（投影距离）及后坡仰角大小密切相关。若后墙过高，不仅因散热比加大而保温性能降低，还会因后坡面仰角过小，致使在"冬至"前后太阳光照射不到后屋面内侧，使光照有死角，影响室温升高。而且增加筑墙费用，并带来覆盖保温等管理上的不方便。

适宜的后墙高度可采用如下计算式得出：

$$F=h-(L_1+L_2)/cotB$$

式中，F 代表后墙适宜高度（cm）；h 代表日光温室脊高（cm）；L_1 代表脊高点的铅垂线到后墙内侧的水平距离（cm）；L_2 代表后墙的厚度（cm）；cotB 代表后坡仰角度数为（∠B）的余切函数值；适宜的仰角度数为 33°~40°。

通常，温室脊高越高，相适应的后坡仰角度数越大，一般脊高 330cm 的仰角 34°~35°，脊高 360~400cm 的仰角 36°~38°，脊高 410cm 以上的仰角 39°~40°。

例如，若已知日光温室的脊高为 450cm，脊高点的铅垂线至后墙内侧的水平距离为 150cm，后墙厚 100cm，设定后坡仰角为 39°，其仰角的余切函数为 1.2349，求后墙相应的高度时，可将上述已知数据代入上述计算式中，则为：F=450cm-（150cm+100cm）/1.2349=450cm-250cm/1.2349=248cm。

即后墙外侧高 248cm 为相应高度。

4.后坡保温层的建材和厚度

在我国北方日光温室群集中地区，温室的后坡保温层所用的保温材料多为塑料薄膜、作物秸秆（如玉米、高粱、向日葵、芦苇等的秸秆）、草泥、干草（如稻草、麦草、蒲草等）、压草土泥、防雨布或塑料膜，共计覆盖 6 层。如若当地最大冻土层厚度较大，后墙体的厚度也相应较大，则后坡保温层也相应加大厚度；若是当地最大冻土层厚度较小，后墙体的厚度也相应较小，则后坡保温层的厚度也相应较小。

原则是使后坡保温层等于后墙体厚度的 1/3 左右。

近年来，各地多采用多种异质优良保温材料建造日光温室后坡保温层。如采用防水滴期较长的 PVC 膜、包存着气体的 EPE 膜、阻止辐射散热的镀铝 PE 膜、发泡聚乙烯保温被和保温性能好而又比较轻的蒲帘、塑料苯板、防雨布等。使后坡保温层的厚度减少至 10~15cm，而保温效应却大大增强。

三、日光温室设计建造上的误区——地窖式冬暖塑料大棚

在我国北方，棚室保护地蔬菜主产区，使用的日光温室有多种式样，有前坡采光面积较大的寿光式冬暖塑料大棚、辽宁省瓦房店琴弦式日光温室、拱圆形海城式日光温室，河北永丰式日光温室等。在地势高燥和冬季严寒地区，上述各式样的日光温室有的下沉式建造（即下挖式建造），一般下挖深度 30~50cm，专用于冬季工厂化穴盘育苗的日光温室，为了安装 60~80cm 高的穴盘支架和便于人工管理，此温室一般下挖 60~80cm，最深也不超过 100cm，而且在挖土时，先将 25~30cm 厚的耕作层熟土铲推至一边，挖取耕作层以下的生土筑墙体。筑起墙体后将耕作层熟土还原于棚田，而且不因棚田面下沉而降低棚脊的地上高度，减少棚面角度。这样的下沉式日光温室，当然科学适用，得到广大菜农赞誉。

然而，近几年来，在某些地方，兴建了不少下挖深度 120~200cm 的地窖式日光温室，群众也称其地窖式冬暖塑料大棚。一些所谓日光温室建筑公司，不遗余力地宣传："这种深度的日光温室保温性特别强，并且因挖取带病菌的耕作层熟土筑墙体后，棚田耕作层换成不带病菌的新土，种蔬菜不发生病害"等所谓好处，致使不少欲建日光温室者们，误认为这种深下挖的日光温室是目前时兴的园艺设施。其不知，一旦把日光温室建造成窖式，就会在以后 15~20 年的使用期间；遇到许多难以避免的严重的弊病和缺点，使温室蔬菜生产遭受严重的经济损失。图 1-3 是于北纬 36° 某地区建造的一栋下挖 150cm 地窖式日光温室的横截面示意图，其结构特点致使有如下主要弊病：

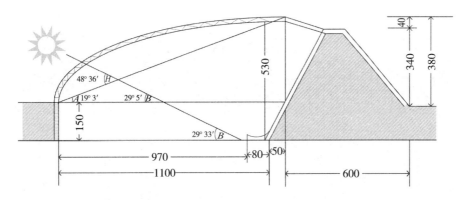

图 1-3　地窖式日光温室结构横截面示意图（单位：cm）

（一）有效栽培面积比率低，太浪费土地；按占用面积计算，单产和经济效益都低

日光温室的有效栽培面积，是指室内田面除去走道和水道占用的面积外，能栽培蔬菜作物的栽培床净面积，也称净栽培面积。日光温室的占用面积包括温室的内面积、温室墙体占用面积、缓冲间占用面积、温室前窗外留的1m宽走道的面积、温室留门口建缓冲间一端，东西相邻温室之间生产路所摊面积。

图1-3所示地窖式日光温室按东西向长度72m（东西两山墙之间栽培床长度），南北向栽培床面宽9.7m（前坡水平宽度11m，走道兼水渠占用0.8m，后墙前脚占用0.5m），净栽培面积为：72m×9.7m=698.4m²。

而占用面积为：[17m（温室南北宽）+1m（前窗外沿走道宽）]×[72m（栽培床长度）+13m（东西两山墙厚度之合）+2.5m（相邻温室之间生产路所摊宽度）]+10m²（缓冲房间占用面积）=18m×87.50m+10m²=1575m²+10m²=1 585m²。

则净栽培面积率为：698.4m²/1 585m²×100°=44.06%。

即建一栋占地2.38亩（1585m²）的地窖式日光温室其能种植蔬菜的栽培床面积只有1.05亩（698.4m²），这与充分利用土地资源、节约用地的方针是背道而驰的，实在是太浪费土地。不少受误非浅的菜农，认为这种温室种植越冬一大茬黄瓜，管理好可每平方米产瓜28kg，不计管理用工费，纯收益达 75 元，折合亩（1 亩 ≈ 667m²。全书同）产 18 676kg，亩纯收益 50 025 元，其单产水平和经济效益不属于低水平，殊不知按占用地面积计算，每平方米才产瓜 12.3kg，纯收益 33.05 元，折合亩产 8 228.7kg，亩纯收益 22 041 元。如果计算上管理用工费的支出，那就入不敷出了。

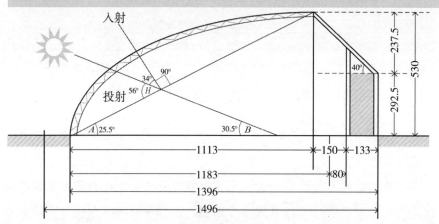

图 1-4　以投射角 56° 计算建造的非下沉式日光温室（cm）

如图 1-4 所示。在北纬 36° 地区建造脊高 5.3m 的日光温室，但不是下挖地窖式，而是以温室采光斜面太阳光投射角度 56°（即入射角度 34°）为设计参数，设计建造的适宜墙体厚度，土墙体砌砖皮的日光温室，此温室的跨度为 12.63m（前后坡投影距离），其中，栽培床南北宽 11.83m，长 72m，净栽培床面积为 851.76m²，为该温室占地面积 1 144.44m² 的 73.78%。即都是建造占地 1 亩的日光温室，建造如图 1-3 所示占地 1 亩（667m²）的日光温室，其栽培床面积为 0.4406 亩，比建造图 1-4 所示的日光温室，其栽培床面积少 0.297 2 亩，按 1m² 栽培床面种植反季节蔬菜的年收益 100 元计算，则每年减少纯收益 19 813.3 元。日光温室的使用期限一般为 20 年，这 20 年起码减少纯收益 396 266.8 元。

（二）棚面角度小，光入射率低，光照强度弱，不利于喜光作物生长发育

日光温室棚面角（屋面角）的科学设计，是以采光斜面上"冬至"正午时太阳光投射角 50° 为低限界，56° 为适宜参数。这是因为从表 1-3 可见，投射角 56°（即入射角 34°）的太阳光入射率比投射角 90°（即

入射角 0°）的太阳光入射率低不了 3 个百分点；不仅正午时低不了 3 个百分点，就是在太阳光投射角度比正午时低 5°51′~6°17′ 的正午前 2h 和正午后 2h 内也低不了 3 个百分点。但是像图 1-3 所示下挖地窖式日光温室的采光斜面上，"冬至"正午太阳光投射角∠H 小于 50°（48°36′），其太阳光入射率与投射角 90°相比，正午时的太阳光入射率小 3 个百分点，正午前 2h 和正午后 2h，太阳光入射率小 4.81 个百分点，在正午前 3h 和正午后 3h 的太阳光入射率小 9.29 个百分点。可使整个白昼间的太阳光入射率都处在投射角度低限界之下递减。而且因光照弱，使室温也低，显然不利于黄瓜、丝瓜、番茄、辣椒、茄子等多种喜光耐热性作物的生长发育，产量和品质都降低。

例如，在良好的温室效应条件下，冬季，黄瓜雌花授粉后（或激素蘸瓜胎后）第 14d 上采收的商品嫩瓜，已长够长度，瓜条鲜绿、光泽、油亮、品质上乘、产量丰硕。而在下挖地窖式日光温室栽培的越冬茬黄瓜，深冬雌花授粉（或用坐瓜灵蘸瓜胎）后，第 15~16d 瓜条才长够长度，而且较小，欠光泽、不亮丽、产量低，品质差。

（三）上午棚温回升缓慢，午时绝对最高气温显著低，平均气温也偏低

表 1-7　下挖 150cm 地窖式日光温室上午气温回升情况与非下挖的日光温室对比

下挖 150cm 地窖式日光温室					非下挖平地式日光温室（对照）				
8 时 10 分室内气温（℃）	9 时 20 分室内气温（℃）	10 时 30 分室内气温（℃）	11 时 40 分室内气温（℃）	上午 3 个半小时平均气温（℃）	8 时 10 分室内气温（℃）	9 时 20 分室内气温（℃）	10 时 30 分室内气温（℃）	11 时 40 分室内气温（℃）	上午 3 个半小时平均气温（℃）
13.7	17.5	22.9	28.2	20.58	10.2	16.9	25.0	32.8	21.23
14.8	19.1	22.1	26.9	20.73	12.2	18.1	24.7	31.8	21.70
14.1	18.1	23.1	27.3	20.65	11.6	17.6	24.9	32.3	21.65
14.20	18.23	22.70	27.47	20.65	11.30	17.60	24.87	32.30	21.52

注：1. 观察记载者，朱振华等人；
　　2. 调查观察时间：2011 年 1 月上旬选择晴日；
　　3. 调查地点：寿光市孙家集、洛城、古城三处观察点

　　不少菜农因受误传误导，总认为因地窖式日光温室保温性能好，不仅夜间棚温比非下挖式、平地式日光温室的温度高，而白天的温度也高。其实不然，表1-7是笔者等对处于相同外界气候条件的下挖150cm深的地窖式日光温室和非下挖平地式日光温室，冬季晴日上午（此处正午时间为12时6分）室内气温回升情况的观察记录整理的数据。以后者温室为对照，进行比较，可见从上午8时10分至11时40分这段时间内，气温情况是：地窖式日光温室由14.20℃回升到27.47℃，回升了13.28℃（即27.47-14.20℃ =13.27℃）；而对照温室由11.30℃回升到32.30℃，回升了21.00℃（即32.3-11.3℃ =21.0℃）。地窖式日光温室气温回升速度为对照温室的63.19%；从离正午26min的11时40分（寿光市中心地区北京时间12时6分为正午）日光温室内最高气温平均数据看，地窖式日光温室为27.47℃，较对照温室的32.3℃低于4.83℃；从8时10分至11时40分这段时间的平均气温来看，地窖式日光温室为20.65℃，较对照温室21.53℃低0.88℃。

　　地窖式日光温室上午温度回升缓慢，绝对最高气温显著低，平均气温也低，给温室作物带来了不利于光合作用的条件：一是在冬春寒冷期，为提升温度而推迟通风换气，必然耽误及时换气供应CO_2。这是因为作物需要室内气温达到其生长发育所需的适温上限时才可通风换气。

　　例如，黄瓜、南瓜、番茄、甜椒、茄子等耐热性作物的生长发育适温为25~30℃，其适温上限为30℃，就地窖式日光温室而言，上午的室温是达不到耐热性作物生长发育适温上限的，当达到适温上限时，一般是在午后1h左右，然而在通风前2~3h，室内空气中的CO_2浓度已降至接近或达到了CO_2补偿点。由于上午一段时间缺CO_2供应，影响了光合作用正常进行，造成减产。二是从植物生理学观点，上午光合作用所形成的光合产物占全日光合作用总光合产物的70%左右，因上午室内气温低和缺乏CO_2供应，不利于作物生长发育，光合作用受阻，而形成低产劣质。

　　造成地窖式日光温室于上午温度回升缓慢，平均气温低的主要因素是土墙体过厚，不仅地上部分墙体过厚，而地平面之下的墙体更厚，由于空气、土、水的容积热容量相差悬殊：空气的容积热容量为0.0138164J/kg·℃，干燥土的容积热容量为2.1434J/kg·℃，水的容积热容量为4.1868J/kg·℃；干土的容积热容量是空气的1 500倍，而潮湿土的容积热容量是空气的2 000倍左右，也就是说1m³潮湿土升高1℃所吸收的热量或降低1℃所放出的热量，等于2 000m³空气升温1℃所吸收的热量或降低1℃所放出的热量。因此，对土墙体过厚的地窖式日光温室来说，虽然保温性好，下午室温降得慢，夜间温度相对高；但上午室温回升缓慢，平均气温低，绝对最高气温也低。为了升温，则推迟通风换气，需补充CO_2。

（四）冬季前墙遮阳，越高纬度地区，遮阳成阴的距离越大

地窖式日光温室因有较高的南墙，所以在冬季前（南）墙遮阳，越高纬度地区，遮阳投影成阴的距离越大。就前墙高于栽培床面150cm而言，在北纬36°地区，"立冬"（11月7日）和"立春"（2月5日）的正午时太阳高度角为37°40′，因前墙遮阳，投射阴影距离为194cm；在正午前3h 30min和正午后3h30分，投影成阴的绝对距离（向正北的成阴距离）为349cm。而在"冬至"正午时的太阳高度角为30°33′，因前墙遮阳，投射阴影距离为292cm；在正午前3h 30min和正午后3h 30min，投射阴影的绝对距离为526cm。

在北纬40°地区，"立冬"和"立春"的正午时太阳高度角33°40′，因前墙遮阳投射阴影距离为224cm；在正午前3h 30min和正午后3h 30min，因遮阳投射阴影的绝对距离（垂直向北的距离）为403cm。而在"冬至"正午时的太阳高度角为26°33′，前墙遮阳投射阴影的距离为300cm；在正午前3h 30min和正午后3h 30min，前墙遮阳投射阴影的绝对距离为540cm。如此遮阳成阴，不仅使成阴范围的栽培床地面得不到直射光照，而且由北往南越靠近前墙遮阳成阴的高度越大，例如，在北纬40°地区"冬至"正午的遮阳成阴距离为300cm，在240cm内的遮阳成阴高度为149~30cm，定植的蔬菜作物植株高度达不到遮阳成阴高度之前得不到直射光照，严重抑制作物前期生长发育。有些

使用如此深下挖日光温室的菜农户，为减轻前墙遮阳成阴，就把温室内的水渠和走道改在靠前墙以北的1m宽处，但因仍然解决不了大面积遮阳成阴问题，有的干脆通过下挖措施，把前墙及前墙以南3~4m的地面下挖120~140cm深，以排除遮阳，但遇雨易灌涝温室。

（五）不利于果菜类作物正常生长发育和花芽分化　因地窖式日光温室墙体过厚，栽培床面低洼，其保温比过大，通风散热性差，致使在盛夏至早秋期间（也正是秋延茬果菜类作物苗期阶段），室内温度白天高达35~37℃，而到了夜间，由于温度下降缓慢，室内温度仍高达28~32℃，昼夜温差只有6~7℃，达不到果菜类作物生长发育进行花芽分化所需的8~12℃以上的适宜昼夜温差。因此，作物于夜间有氧呼吸强度大，消耗光合产物较多，使净光合率降低，不利于其生长发育，尤其不利于进行花芽分化和开花坐果，致使花芽分化数少，分化的花芽秕瘦，畸形蕾花果较多，坐果率低，坐果数少，明显降低秋延茬黄瓜、辣椒等果菜类作物的前期产量和品质。

（六）易积水，难排涝　温室栽培床面比地平面低100~200cm，故很易积水成涝，在年降雨量超过1 000mm的地区，在地下水位较浅和沿黄河、淮河、海河等河流地区，汛期灌水和墙体基处及栽培床面洇水，都可造成积水成涝。同时，栽培床面被挖得洼深，温室四周高，积水后似池塘，难以排涝。因涝灾造成前茬蔬菜减产，还耽误后茬作物适时定植栽培，积水成涝的栽培床面，整个冬季仍湿度过大，不利于作物生长。

（七）霉菌性病害重，且防治难度大　与地上式日光温室相比，下挖地窖式日光温室栽培蔬菜，一年四季都易发生霜霉病、白粉病、灰霉病、绵腐病、绿霉病等多种病害。而且发病后难以防治。这主要是温室内空气湿度、土壤湿度大，上述病害的病原菌得到了迅速繁殖、传播、蔓延。例如，药剂防治室内发生的白粉病，喷药后第2d观察调查，防效达97%左右，而经过5~7d后，病情程度又恢复到了80%，甚至90%以上。这并非农药不奏效，而是因为残留下的3%左右的病原菌，在地窖的高湿度环境条件下，迅速繁殖蔓延。

（八）挖取良好耕作层土壤筑了墙体，把栽培床耕作层换为生土，因其严重缺元素和结构不良，使蔬菜连续多茬次减产和降低品质

肥沃的土壤耕作层是农作物生长发育得好，实现高产优质的基础，打好这个基础并非一日之功，而是历经多年甚至几百年。例如，有粮菜高产之乡称的陕西"八百里秦川"区域肥沃良田，就是历经几百年来形成的，在秦川，耕作层之下是无结构、严重缺少营养元素，杂草都不肯生长的"白土"，而之所以成为粮菜高产之乡，就是由于在"白土"层之上，有一层厚厚的肥沃土壤耕作层。然而一些所谓建造日光温室的公司，为了便于机械化挖土筑墙体和省工，在建筑日光温室土墙体时，便以耕作层熟土中存有多种植物病原菌易诱发病害，而换成新土耕作层能防病为由，误导建温室户主同意，把棚田耕作层熟土挖取筑了墙体，使室内栽培床的耕作层，换成了严重缺少大、中、微量各种营养元素，而且无团粒结构的生土耕作层。如此，建成的地窖式日光温室，不论种植哪种绿色蔬菜，都连续多茬次减产，尤其是第一茬，减产幅度可达80%以上，这也是某些地窖式日光温室群园区，第一年种蔬菜，就遇到低产劣质造成经济损失，大亏本的主要因素之一。

在日光温室设计和建造上，虽然地窖式日光温室是个误区，但它也具有利之点：一是因保温比大，而保温性能强。即使在严寒深冬再遇到强寒流天气时，因室内夜间绝对最低气温、地温都高，对于需高温、怕低温的强耐热作物——苦瓜、豇豆、西瓜、黄秋葵等蔬菜，也不会发生低温障碍，更不会受冻害。二是此日光温室，便于使用机械筑墙建造，且节省建材。然而，由于它弊多利少，弊重利轻，因此，建议不推广建造和使用。

第二节　日光温室的建造技术

目前，在我国北方棚室保护地蔬菜主产区，大面积推广使用的日光温室，有寿光式冬暖塑料大棚、瓦房店琴弦式日光温室、永年式冬暖塑料大棚。其中，以寿光式冬暖塑料大棚推广使用的范围最广，面积较大。依据

建造结构、用材和栽培田面高低来划分，目前寿光冬暖塑料大棚可分为如下八型。

一是寿光竹木拱架、陡立土墙、棚田平地型冬暖塑料大棚。简称寿光竹木拱架冬暖塑料大棚Ⅰ。

二是寿光竹木拱架、外侧坡立土墙、棚田下沉型冬暖塑料大棚。简称寿光竹木拱架冬暖塑料大棚Ⅱ。

三是寿光竹木拱架、陡立砖砌皮土墙、棚田填高型冬暖塑料大棚。简称寿光竹木拱架塑料大棚Ⅲ。

四是寿光钢筋拉花支撑钢管梁拱架、只设脊柱或无立柱、陡立砖砌皮土墙、棚田平地型冬暖塑料大棚。简称寿光钢梁拱架冬暖塑料大棚Ⅰ。

五是寿光钢筋拉花支撑钢管梁拱架、只设脊柱无中立柱和前立柱、砖砌皮外侧坡立土墙、棚田下沉型冬暖塑料大棚。简称寿光钢梁拱架冬暖塑料大棚Ⅱ。

六是寿光钢筋拉花支撑钢梁与钢管梁拱架、无中立柱和前立柱、只设脊柱砖砌皮陡立土墙、棚田填高型冬暖塑料大棚。简称寿光钢梁拱架冬暖塑料大棚Ⅲ。

七是寿光钢筋拉花支撑钢管梁与东西拉紧钢丝琴弦式拱架、只设脊柱砖砌皮、外侧坡立土墙、棚田下沉型冬暖塑料大棚。简称寿光钢梁拱架冬暖塑料大棚Ⅳ。

八是寿光钢筋拉花支撑钢管梁与东西拉紧钢丝琴弦式拱架，只设脊柱，无其它立柱，活动覆盖宽后坡、矮后土墙、拱圆型冬暖塑料大棚。简称寿光钢梁拱架冬暖塑料大棚Ⅴ。此大棚（日光温室）是本书主编于2011年研制成功开始推广的。

区别日光温室的类别类型，主要依据其建造用材和建造结构的不同。相同建造用材和相同建造结构的日光温室，而因不同地理纬度地区建造的不同脊高、跨度、宽度、长度的日光温室，并非是不同类别、类型。

一、寿光竹木拱架冬暖塑料大棚Ⅰ的结构建造及其性能特点

该冬暖塑料大棚为竹木拱架、陡立土墙、栽培田平地型日光温室。在北纬36°地区建造其棚面角25°27′。现以脊高450cm、跨度1100cm、宽度1200cm、东西长度7400cm的日光温室为例。

（一）结构建造技术

此日光温室的建造结构，主要由陡立的后墙和东西两山墙土墙体、钢筋混凝土立柱、圆木檩条和圆竹横杆拱杆，东西向拉紧钢丝，后坡保温层和竹竿垫杆，塑料薄膜和草苫（帘）及压膜绳等（图1-5）。

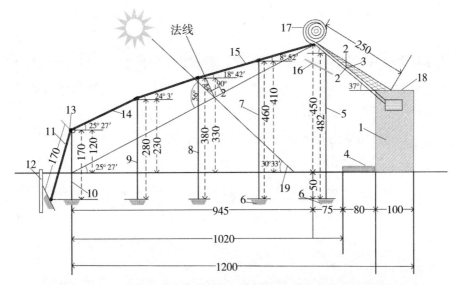

图1-5 寿光竹木拱架冬暖塑料大棚Ⅰ的建造结构横截面示意图（单位：cm）

1.后墙；2.后坡檩条（斜棒）；3.后坡保温层；4.走道兼水渠；5.后立柱；6.基石；7.中立柱Ⅰ；8.中立柱Ⅱ；9.中立柱Ⅲ；10.前立柱；11.锨柱；12.防寒草苫或防寒沟；13.横杆；14.拱杆；15.棚膜；16.挡风缓冲膜；17.草帘（苫）；18.后墙顶面人行道；19."冬至"正午太阳高度角

寿光竹木拱架冬暖塑料大棚Ⅰ的建造工序是：

1.整平场地 首先，要把建造日光温室的场地整平。在填平墟落处的深沟大坑时，要特别注意使填上的暗土紧实。

2.建墙体 包括温室的后墙和东西两个山墙。根据规划设计确定建造日光温室的场地（地址）后，要按设计的日光温室的位置、宽度、长

度、墙体厚度（宽度），先于后墙的东西两头和山墙的南北两头砸上木桩，再打上灰线、墙体内侧和外侧的灰线，所夹的宽度要比墙体宽度（厚度）各多出30cm。在两条灰线之间用"三合土"（即土∶石灰∶沙子＝3∶1∶1混合拌匀）打地基，用夯或杵把地基打实。打好地基后，即可按设计的墙体厚度建墙。建墙用土要从距墙基1.5m远的温室外挖取。不可从室内栽培田取土，以防打乱栽培田的耕作层或将耕作层熟土筑了墙后，影响作物生长。

筑土墙体主要有如下3种方法：第一种方法是用草泥培筑墙体，即用麦穰等草拌和成硬草泥，用铁锸子掘取草泥培墙体，一般是7人为1作业组，其中6人用锸子掘锸硬草泥培筑墙体，1人持"打锸子"将初培成的墙体打出两侧垂直于地面的墙面；第二种方法是用模板（也称打墙夹板）填上潮湿的土。杵打成墙，并趁墙体潮湿时，用泥匕或泥铲把墙面拍实打光，使墙皮结实无隙；第三种方法是用土坯（墼）垒筑墙体，垒时用稀泥填缝，垒起后用草泥泥墙皮。以上三种筑墙方法，以第一种方法筑成的土墙，防寒保温性能最好，而且比较坚固耐用。但需要采用哪种方法，要因土质、筑墙高度、宽度等情况制宜。例如图1-5所示，此温室的后墙体为1m、厚3m高，完全适用第一、二种方法筑墙体，而对于脊高达4.5m的山墙，其3m以下部分可用前两种方法筑建。3m以上部分，用土坯垒筑最适宜。

建筑山墙时，要使前后坡面都达到图1-5所示的高度。在建后墙时，要在靠生产路的一头，贴近山墙内侧留温室门口，门口高1.8m、宽1m，筑墙时在门口顶部设置两条2m长的过木，建成墙体后，即可于过木之下开通门口。为防止外界冷空气直接进入温室内，要在门外建一缓冲间，其大小可根据具体情况而定。如果缓冲间较大，可作为工作室，还可于冬春寒冷期，将农用三轮车推进缓冲间内，装运蔬菜。

3. 埋竖立柱和戗柱　立柱是支撑温室前后坡拱架、棚膜、草苫等物的支柱，并承担雨雪的重量和风力，是此温室稳固的保障。因此，立柱预制时要掌握规格质量。此温室的立柱规格为：10cm×10cm的横截面积，上头预制上槽口。槽口以下5cm处有个透孔，下头平整。用钢筋、沙石、水泥混凝土预制而成。在埋竖立柱时一定要严格按要求来做，先将立柱运到温室内，然后按规定尺寸挖刨坑、填基石、竖埋立柱。此温室的立柱自北向南共6排，其中，最南边1排是向北斜立的戗柱。

第一排立柱也叫后立柱，是支撑后坡面和前坡面顶部以及草苫的主要立柱，所以，承担的重量较大。后立柱总长482cm，需埋入地下50cm、地上部分为432cm。埋竖后立柱的具体方法是：在离后墙130cm处，拉1条东西向与后墙内侧平行的直线，从山墙内侧起顺直线每隔180cm，挖1个长宽各30~40cm、深60~70cm的坑，在坑内放一块面积至少大于立柱横截面积2倍的基石，基石的作用是防止立柱受压后下沉。立柱放坑内时，要注意其顶端的槽口应顺南北方向，以便放置檩条（斜棒）和拱杆。后立柱顶端应向后墙方向倾斜5cm（即顶端按铅垂线位置向北5cm）。以平衡后坡的重力。埋土时要分层进行，逐层捣实。

第二排立柱叫中柱Ⅰ，总长460cm，埋入地下50cm，地上部分410cm，距第一排立柱（后立柱）262cm，同时相邻立柱相距360cm，埋竖时顶端的槽口也应顺南北方向。埋立方法同第一排，但要与水平地面垂直。

第三排立柱中立柱Ⅱ，总长380cm，埋入地下50cm，地上部分330cm，距第二排立柱236cm，同排相邻立柱相距360cm，顶端槽口顺南北方向，也要求埋得牢固垂直。

第四排立柱叫中立柱Ⅲ，总长280cm，埋入地下50cm，地上部分230cm，距第三排立柱也是236cm，同排相邻立柱相距360cm，顶端槽口，也顺南北方向。要求埋得牢固垂直。

第五排立柱也叫前立柱，总长170cm，埋入地下50cm，地上部分120cm，距第四排立柱也是236cm，同排相邻立柱相距也是360cm，其顶端槽口也顺南北方向。挖坑埋立柱的方法与中立柱相同。

第六排立柱是在前立柱以南20~30cm处，埋立的向北倾斜的斜柱，也叫戗柱。总长170cm，埋入地下48cm，地上部分122cm。其上部顶在前立柱顶端的横杆上，其作用是架设横杆和承担温室前坡重力的向南分力。埋戗柱时应在前立柱南 20~30cm 处挖坑，使戗柱上端斜靠前立柱埋入。戗柱顶端的槽口应顺东西向，以便在其上架置横杆。同排相邻戗柱的距离为 360cm。

4. 挖坠石沟、填坠石　在东西两山墙外 80~130cm 处，各挖一道宽50cm、南北长 1 100cm、深 140~160cm 的坠石沟，每道坠石沟里需放入38 块坠石，温室东西向越长、越高，需埋入的坠石块越大，一般 60m 左右长的温室，每块坠石重量 20kg 左右，70~100m 长的，每块坠石重量25~30kg，坠石埋入的位置要与每排立柱和拉紧钢丝的位置取齐。坠石上要拴上双股备接铁丝（12 号或 10 号的双根），并要露出地面 50cm。将坠石埋入后，一定要把埋土填高和砸实。

5. 建造后坡　后坡对整个日光温室的御寒保温、承担重量的作用极为重要。建造时严格按设计和操作规程，对物料的质量要求要高。

（1）埋设斜棒（檩条）：应用长 250cm、直径 10cm 左右的优质圆木（例如刺槐、山榆、杉松等硬质圆木），而不可采用预制的水泥檩条。在斜棒的大头离上端 5cm 处锯上 1 个切口，切口搭在后立柱的槽口上，另一端搭在后墙上。斜棒上头的上面半边，要锯平后略加制凹，以便安置拱杆时，拱杆的粗头安置于斜棒上头上面的凹处。每一后立柱上安置 1 根斜棒，将所有后立柱都安置上斜棒后，要添草泥使后墙顶面呈与圆木上缘平行的斜面。两山墙的后坡上应各安放两根斜棒，并放在山墙的内、外两个边上，以作垫木，防止拉紧钢丝勒入墙体中，造成钢丝松弛，导致后坡塌落和毁坏山墙。山墙上安放上斜棒后，添草泥使斜棒正好埋入山墙中。

上后坡东西拉紧钢丝，选用防锈时期长而耐用的 26 号镀锌钢丝。后坡共用 9 根东西向拉紧钢丝，其中 1 根在斜棒下面近后立柱北边处，供作套栓顺行吊线的铁丝；两根合并在后坡斜棒上端；还有两根留作在建成后坡以后，在后坡外面中间，供栓压膜线和拴拉放草苫（帘）的绳子；其余 4 根均匀铺在后坡斜棒上。拉紧钢丝时，先把钢丝的一头拴系接于坠石的备接铁丝上，接好后在另一头用紧丝钳拉紧，并拴系接固于相对应的坠石备接钢丝上。每根在斜棒上拉紧的钢丝，均需用钉子固定在后坡的每根斜棒上，以防下滑。

（2）建后坡保温层：把宽 3m、厚度 0.12mm 的聚氯乙烯（PVC）薄膜铺在后斜面上（钢丝上和后墙顶部南半边斜面上），把玉米秸秆捆成直径 15~20cm 的小捆，紧紧地排挤在塑料薄膜上，玉米秸秆应铺的长出后立柱顶部 20~30cm。玉米秸秆之上的覆盖保温物为草泥—干草—草泥—EPE 膜（充气泡的膜）—镀铝 PE 膜（可阻止红外线等长波辐射散热）—2~4cm 厚的旧草帘，使后坡保温层的厚度达到墙体厚度的 1/3，约为30~35cm 厚。后坡层下部（即后墙顶部北半边）应尽可能做成"乙"字形，以便于人员在此行走。为防雨雪淋浸后坡层和后墙，从后坡层表面至后墙外侧面盖一层塑料薄膜。最后，拴系好，拉紧后坡层中下部的两根钢丝。其用途一是拴系草苫（帘），二是拴系压膜绳，三是压着后坡层，防止刮风掀起后坡覆盖物。

6.建造前坡面　在两山墙前坡上各放置两根长度与山墙前坡面长度相等（约 1 060m）、直径 10cm 左右的木棒作垫木，并添草泥使木棒埋入山墙内。

（1）架置横杆和拱杆：在戗柱上端槽口处顺东西方向依次绑好横杆，横杆是长 6~7m、直径 7~8cm 粗的竹竿相接，达到日光温室长度。

例如，该温室是 3.6m 为一间（同相邻中立柱之间的距离），共 20 间的长度是 72m，再加上两山墙厚度，则东西长度 74m，而连接横杆需达到 74m，横杆的两端，各埋入山墙内 1m。

同时，绑好南北坡向的拱杆，拱杆是用长度与山墙拱面长度相等（该温室山墙前坡拱面长约 10.6m），直径 8~10cm 的竹竿。上拱杆应粗头在上、细头在下，呈拱形，粗头搭在后立柱顶端斜棒上端凹面处，并用 12号铁丝捆牢。拱杆的中下部要紧紧嵌入各中立柱和前立柱的槽口中，用12 号铁丝穿过立柱槽口下边备制孔，把拱杆帮牢固。拱杆与横杆衔接处要整平整，并用废旧塑料薄膜或布条缠起来，以防扎坏棚膜。绑横杆时将铁丝穿过戗柱槽口下边的备制孔，绑牢，要求绑好后的所有拱杆必须在同一拱面上。

（2）上前坡东西拉紧钢丝：该温室前坡共用拉紧钢丝29根，其中，3根要均匀放在拱杆下面，用作套拴顺行铁丝（顺行铁丝吊线绳），另外，26根在拱杆上均匀铺设，其间隔距离30~40cm，并拉紧固定在两山墙外边的坠石备接铁丝上。最靠棚顶部的1根钢丝与后立柱上斜棒（檩条）顶端处钢丝之间的距离约为20cm，以增强顶部承担草苫的重量。拱杆上与拉紧钢丝交叉处，应锯1个小缺口，使钢丝嵌入缺口，再用16号至18号铁丝绑牢，以防拉紧钢丝下滑。用铁丝绑拱杆和绑钢丝时，绑结铁丝的楂头不可在拱杆上面，以避免扎破棚膜；也不可在下面，以避免温室低矮处铁丝楂头扎作业人员的头顶。应把铁丝楂头留在拱杆一边。

（3）绑垫杆：为防止温室内的膜面流水被东西拉紧钢丝阻挡而形成滴水和便于棚膜的固定，拉紧的钢丝上要绑上垂直于拉紧钢丝的细竹竿，即垫杆，垫杆是用直径2~3cm，长2~3m的细竹竿，几根接起来，从温室前檐一直到顶脊，并用细铁丝（一般用16号或18号铁丝）紧绑。东西相邻垫杆的间距为60cm。

绑上垫杆后，至此，整个温室的骨架就搭成了。

（4）选用塑料棚膜：目前，供日光温室覆盖的塑料薄膜主要有3种：一种是聚氯乙烯（PVC）无滴膜，其主要优良性能是无滴性能好，无滴使用期较长（可达6~8月）；保温性能强，因红外线透光率低，更适宜覆盖种植黄瓜、丝瓜、瓠瓜、冬瓜、青椒等绿果蔬菜和莴苣、茼蒿、甘蓝等绿叶类蔬菜作物的温室。其主要缺点是易染尘，染尘后透光率明显降低，勒性差，易裂缝口；比重和厚度较大，同样重量的棚膜，其覆盖面积较小。并因红外线透过率低，用于覆盖种植茄子、番茄、彩椒等果实成熟期上色蔬菜作物的温室，蔬菜上色慢，着色度差。其厚度0.12mm，幅宽3m，比重0.94。用于覆盖日光温室，需用黏合剂黏接为9~12m宽的主体棚膜。并在主体膜的一边黏合上1道2cm宽的"裤"，"裤"里穿上10号或12号铁丝，以备上棚膜后，通过东西向拉紧"裤"里的铁丝，固定膜边和天窗通风口（也称顶风口）的宽度。另裁两块与温室一样长的塑膜，其中一块宽170cm，一边也黏合上1道2cm宽的"裤"，穿上12号铁丝，作为盖、敞天窗通风口用，此膜成为"天窗膜"。天窗膜一边的"裤"里穿上铁丝的主要作用，一是开启通风口时，上、下拉动铁丝，不损伤薄膜；二是通风口合盖后，上下两幅膜能够紧贴，提高保温效果；三是上、下拉动通风口时，用铁丝带动整幅薄膜，通风口开启的质量好、功效也高。另一块塑膜叫前窗挡底风膜，其宽70~80cm、长度和棚体长度相同，在两边各黏合上1道2cm宽的"裤"，穿上14号铁丝，以备拴置于前面内面下半部。近年来一些生产聚氯乙烯薄膜的厂家，依据菜农对此膜的需求规格，已生产出不同宽幅带有"裤"的主体膜、前窗挡底风膜和天窗敞开盖闭膜。菜农可依据所需规格选购，无需自己再黏接加工。

另一种是三层共挤EVA（乙烯—醋酸乙烯）无滴、防尘的长寿膜，其幅宽10m、厚度0.08mm，比重0.91，目前，产品有长度约为50m、60m、70m、80m、90m、100m、110m、120m和宽度6~12m不同规格的主体膜，而且都预制了可穿铁丝的"裤"。菜农可依据自家温室的需要选择配用。

三层共挤EVA膜的主要优点是不易染尘，始终保持较高的透光率；勒性强，抗拉扯，不易破裂，耐用期长；并因透过红外线率高，更适用于种植茄子、番茄、彩椒等着彩色蔬菜的温室覆盖；且厚度较小，比重较轻，使用上经济。但此膜也有相对的缺点：一是无滴性能和保温性能都亚于PVC膜；二是由于透过红外线率较高，对作物营养生长有一定的抑制作用，如果用于种植绿叶和青果蔬菜的温室覆盖，则不如PVC膜更适应。

还有一种塑料薄膜，是五层共挤EVA转光膜，是山东寿光龙兴农膜有限公司从意大利引进设备和技术生产的新产品。此膜厚度0.1mm，幅宽5~20m、长10~120m，菜农可因自家的温室制宜，选购使用。五层共挤EVA转光膜的主要优点：一是能将红外线等长波非可见光，转变为红橙和青蓝光，从而增加温室内的可见光量，更适宜于绿色瓜果和叶菜类作物生长，增加光合产量；二是因其结构是五层共挤，不仅因转光剂被置于第四层与第五层之间，不易消失，使其转光的有效期较长，而且韧性强，抗拉，不易破裂，耐用；三是与三层共挤EVA膜相比较，五层共挤EVA

膜抗风雨能力，无滴性能、保温功能较强。因增加了采光量，特别适宜于绿叶、绿果、青果类蔬菜作物温室覆盖，又比较适于种植茄子、番茄、彩椒等需成熟时着彩色作物的温室覆盖。

（5）安装棚膜：选择晴朗、无风、温度较高的天气，于中午进行上棚膜。上膜前先把棚膜伸置于阳光下晒软，然后用两根竹竿作卷膜杆（卷膜杆长度等于主体膜宽度，直径5~6cm），分别卷起棚膜的两头，再东西向同步展开，放到温室前坡拱架上，当站在温室前沿处和站在脊顶处的人员都抓住棚膜的边缘，并轻轻地拉紧对准应盖置的位边后，站在东西两头的人员，开始抓住卷杆膜，分别向东西两头方向拉棚膜，把棚膜拉得绷紧（不可拉得过紧，使棚膜变窄），随即将卷膜杆分别绑于东西两山墙外侧的钢丝上，并用长铁钉固定于山墙外侧。在上主体棚膜时，要由上坡往下坡展顺膜面，在顶部留出100cm宽的天窗通风口（也叫顶风口），不盖主体膜而是另盖1幅天窗膜。在温室前窗膜垂到地面后，要多出50cm宽，盖在地面上，并以湿土埋压严实。穿在主体膜边"裤"里的10号铁丝，在上膜后要西东向拉紧，两头固定牢。

上好主体膜后，随即上天窗膜，此膜170cm宽，除盖闭100cm宽的天窗口外，还要压缝盖主体膜的北边15cm和盖过棚脊至棚脊后50cm。将天窗膜东西向拉紧，对准应盖的部位后，用草泥把覆盖于棚脊及后坡上的天窗膜北边压住，泥严，以防止透气。

为了防止在前窗通风时通底脚风，要于前窗内距前窗膜10~15cm处设前窗内层膜。这层膜的上法是：把14号铁丝穿到膜边"裤"里，把铁丝和膜一起东西向拉紧，并使其与前窗外层膜平行伸展，然后将未穿铁丝的一边紧靠底脚处用土埋下20~30cm，把穿有铁丝的一边拴固于前立柱的中上部。

对于采取三幅聚氯乙烯（PVC）膜覆盖，留两道风口，扒缝放风的温室，在上棚膜时，要由下而上地覆盖，使上一幅膜的下边，压着下一幅膜的上边15cm。如此，可防止雨水雪水顺膜缝流滴入温室内。

（6）安装压膜绳：为固定棚膜，防止棚膜遇风刮"呼哒"受损，要用压膜绳将棚膜压得紧贴垫杆，稳固。要求压膜绳的断裂强度达到60kg以上，一般直径1cm粗的尼绒绳可达到此标准强度。在上压膜绳之前要设置好地锚，以备拴固压膜绳。此温室相邻垫杆之间的距离为60cm，在其正中间设1道压膜绳。压膜绳的上法是先把绳子的一头拴系于后坡面上东西向拉紧的钢丝上，然后将压膜绳鞴过脊顶和前坡拱面及前窗，穿入前窗外脚处相对应的地锚圈里，拉紧后拴牢固。在压膜绳压过的横杆上面，于压膜绳下垫上旧布料、旧鞋底、自行车旧轮胎等软垫物，防止压膜绳压坏横杆上面的棚膜。由于棚膜在垫杆与压膜绳上下之间，垫杆向上支撑棚膜，而压膜绳于相邻两条垫杆的中间往下压着棚膜，所以使棚膜被压得绷紧牢固，就是遇到7~8级大风，也不会被刮得上下"呼哒"。但这种压膜方式，使温室的前坡拱面上，呈现波浪状不平，然而，波浪状棚面的采光性能并不减弱。

7. 安装敞、盖天窗通风口的定滑轮组和绳索　回顾17年前，绝大多数日光温室是整个前坡拱面只覆盖1大幅整体棚膜，不留天窗通风口，也没有盖天窗通风口的天窗膜；二是采取从棚屋顶处扒缝通风，每天多次爬到温室屋顶上去扒膜边，开缝口放风和盖缝口闭风，既增加了劳动强度，费工费时，又不安全。而后来采取在温室前坡拱面覆盖大小两幅棚膜，留天窗通风口，通过安装上能够敞开和盖闭天窗通风口的定滑轮组和绳索，拉动绕过不同滑轮上的拉绳，即可把天窗口敞开，也可盖闭，并能随意调节通风口的大小。如此操作既简单，又安全可靠，作业方便，省工节时。

一般70~80m长的日光温室，安装5组定滑轮和绳索，即每间温室的东西长度为3m或3.6m，相隔3间半（即相隔10.5m或12.6m）安装1组定滑轮和绳索，如此可将定滑轮安装于正冲着只搭置后坡斜棒而未搭置前坡拱杆的后立柱处，以便于安装和拴系定滑轮和绳索，具体安装方法见图1-6所示。

安装时将定滑轮A和B分别固定于棚脊下方天窗膜之下，定滑轮C固定于宽幅膜（也叫主体膜）下的棚架，但此滑轮要在宽幅膜之上。为

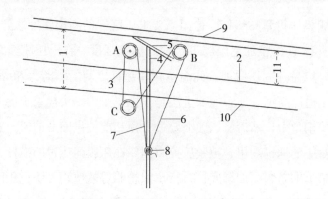

图1-6 日光温室天窗通风口处安装能敞开和盖闭通风口的定滑轮和绳索示意图

1.天窗通风口；2.穿于天窗膜边"裤"里的10号或8号铁丝；3.开敞通风口的拉绳和盖闭通风口的拉绳都拴系着天窗膜边"裤"里的10号铁丝；4.后立柱，5.后坡斜棒；6.通过定滑轮C和B的盖闭天窗通风口的拉绳；7.通过定滑轮A的开敞天窗通风口的拉绳；8.调节至天窗通风口敞开近一半的两条拉绳都拉紧后拴系于后立柱下部；9.棚脊处；10.主体棚膜北边缘穿在"裤"里的10号铁丝；11.天窗膜盖着通风口大半部分

保护棚膜，可把定滑轮C固定于压膜绳或垫杆上，把开通风口的拉绳和闭风口的拉绳的一端，均拴结于天窗膜下边缘"裤"内的10号或12号铁丝上，最后将开敞通风口的拉绳绕过定滑轮A，而闭盖通风口的拉绳绕过定滑轮C后，再绕过定滑轮B即可。要通风时，拉绕过A滑轮的拉绳；而要盖闭通风口时，拉绕过C滑轮又绕过B滑轮的拉绳。平常为了预防通风口扩大或缩小，可将两根拉绳都拉紧，一块拴系于后立柱上。

8.于天窗通风口稍下方安装挡风缓冲膜　天窗通风口的稍下方，安置上挡风缓冲膜主要有三项好处：一是在冬季可以缓冲温室外的冷风直接从通风口处刮进温室，避免冷风扑袭蔬菜秧苗；二是在夏季，挡风缓冲膜可阻止干热风直接吹拂温室内的蔬菜秧苗，减轻病毒病传播发生；三是可使天窗膜的水流滴，流到挡风膜上，再流滴到北墙根边的走道和水渠上，避免滴流到蔬菜植株上。

挡风缓冲膜的安装方便简便，就是将1幅长度与温室长度相等，宽度2m左右的塑膜，两边用黏膜机黏上2~3cm宽的"裤"，然后于上侧（南边）的"裤"中穿上1根比温室长度长出6~8m的10号或12号铁丝，于天窗口南边30~40cm处的稍下方，将穿于"裤"中的铁丝，连同挡风缓冲膜东西拉伸开，把铁丝固定在温室东西两头外侧的地锚上，用紧丝钳抻紧。接着每隔15m左右，用18号细铁丝将挡风缓冲膜的铁丝与主体膜北边膜下的东西拉紧钢丝或拱杆固定一下，防止缓冲膜中间下垂。缓冲膜下部边缘，"裤"中也穿上铁丝，铁丝抻紧，固定于温室的后立柱上即可。参见图1-5中16。

9.防寒沟或防寒苯板的设置　防寒沟能有效阻挡棚室内土壤热量的外传，防止温室前内沿作物的根系受低温伤害。故此，防寒沟是日光温室的重要组成部分。尤其是在青海、西藏等高海拔和辽宁、吉林、宁夏回族自治区、内蒙古自治区、新疆维吾尔自治区等地理纬度较高的地区，因冬季严寒，最大冻土层厚度都超过70cm，必须设置防寒沟或埋竖其他防寒材料。防寒沟的具体做法是在日光温室前外沿，挖一条深度相等于当地最大冻土层厚度、宽度50cm左右、长度与温室长度相等的沟，整平沟底后，垫铺入一层整体塑料薄膜（若用旧塑膜，必须将其裂缝黏合好，防治透水），以防止地下水分上返。然后填入玉米秸秆、麦穰等干草保温材料，踏实后填满沟，使沟里的草略高出地面，然后在上面盖一层不漏水的塑料薄膜，并用土盖住。

近年来，有些地方采取在日光温室前外沿竖埋7~10cm厚的苯板，取代填埋干草的防寒沟。但在埋竖苯板时需要做到如下3要点：一是为防止苯板间的缝隙透水导热，在竖埋苯板时，必须先将苯板之间的缝隙，从苯板两面都用胶带黏合住。二是当地的最大冻土层多深（厚），苯板也应埋得多深。三是苯板竖埋的上边，应略高于地面，并不要盖土，而是盖草苫或塑膜。

10.草帘（苫）的规格及安装方法　日光温室前坡拱面冬春两季夜间覆盖的草帘，主要是稻草用尼龙筋或蒲草加芦草用尼龙筋打成的。草帘的长度是从棚室顶脊后（北）30~40cm处开始覆盖，盖过棚脊、前坡拱面、前窗，直至前窗底脚外沿地面的长度，再加上100cm。草帘的厚度，因不同地理纬度和不同海拔高度地区，冬春两季的寒冷程度差异而不同：

在辽宁省、吉林省、内蒙古自治区、河北省北部、甘肃省北部、新疆维吾尔自治区等北纬39°以北地区和青海省、西藏自治区高海拔地区，因冬春气候严寒，草帘厚度一般6~7cm；在河北省中部和南部、天津市、山东省、河南省北部、山西省、陕西省北部、甘肃省中部等北纬35°~39°地区，因冬春两季严寒程度较差，草帘厚度一般3~4cm；而在江苏省、安徽省、河南省、陕西省南部等北纬35°以南地区，因冬春两季寒冷程度不重，草帘厚度一般2cm左右即可。草帘的宽度不仅与草帘厚度、长度、结构材料有关，还与人工卷帘、机械卷帘等情况有关。在人工卷帘情况下，同样长度的草帘，由于在冬季严寒地区使用的草帘厚度大，为使每床草帘的重量不超过55kg，草帘的宽度一般为1.2m左右。但蒲草加芦草用尼龙筋打成的草帘比重较小，其适宜宽度为1.4m左右，而在北纬35°~39°地区，因冬季不太寒冷，草帘的厚度不太厚，所以草帘的宽度较大，一般为1.6~2.0m。如果用曲臂式卷帘机或轨道式卷帘机卷草帘，草帘的适宜宽度范围1.5~3.0m，以2.0m左右为多。且要求同一棚室使用的草帘，必须厚度均匀，长短一致，四周边整齐，尼龙筋打的草帘结行距大小和结扣密度都一致。

（1）人工卷帘上草帘的方法：日光温室上草帘的过程，即是于晚秋至初冬，第一次覆盖草帘的过程。人工卷草帘，覆盖草帘方式分为覆瓦状压帘边方式覆盖和"品"字形方式覆盖。

覆瓦状压帘边方式覆盖是从温室东头开始盖草帘，而从温室西头开始揭草帘。先把草帘卷捆搬至温室脊顶处，使其压着东山墙的西边20~30cm。草帘卷捆，东西向与棚脊东西向平行放置，外层敞口朝上，把草帘头边从敞口处放出40~50cm，覆盖温室脊顶及脊顶偏北处，将草帘头边上4股（2根为1股）尼龙筋绳拴于后坡东西拉紧钢丝上。再把备好的两根拉揭和放盖草帘的拉绳（与压膜绳相同的规格的尼龙绳）绕过草帘卷捆，从南边穿过草帘卷捆底部，把绳头拴系于后坡东西拉紧钢丝上。两根拉绳在钢丝上拴系的东西之距为草帘宽度的2/5~1/2。每根草帘拉绳的长度，为草帘长度的2倍再加3m。然后作业人员站在棚脊北（后）边朝南，左手和右手分别抻着东边的拉绳和西边的拉绳，两手往左右张开的宽度等于草帘宽度的 2/5~1/2，以使拉绳在草帘底下平行分布的东西相距也是两手张开的宽度。这时作业人员脚蹬一下草帘卷捆，卷捆就顺温室前坡拱面，较缓慢地往下滚动伸展覆盖。为使草帘往下坡滚动伸展的方向不偏右偏左，与棚脊垂直，作业人员通过左、右手持草帘拉绳，抻紧和放松来调节草帘伸展的方位，使草帘的前坡拱面上覆盖得正当。当草帘滚动伸展到前面底脚外沿地面以南 1m 左右时，草帘卷捆已全部伸展开，两根草帘拉绳的各一半长度被压在覆盖的草帘底下，这时作业人员把拉绳的另一半放置在盖着温室的草帘之上，并将此抻直，似"罒"字形，并将草帘拉绳头部一段盘放于与覆盖草帘位置相对应的后坡面上。上第二、三、四、五……床草帘的方法，除需要将草帘的东边盖压，着东边相邻草帘的西边缘 10cm 之外，其他方面均与第一床草帘的覆盖方法相同。当覆盖至温室最西头，上最后一床草帘时，要将其西边缘盖压着西山墙上面的东边 20~30cm，并通过拴系后坡面东西拉紧钢丝上和前窗底脚外沿的锚圈上的尼龙压草帘绳，拉紧压牢，防止风刮，掀起草帘边。此法上草帘覆盖温室的突出优点是：当遇到西北风吹刮时，风越刮的大，草帘边被压得越紧实，在西北风较多的冬季，能抵抗风刮温室。此上草帘方法，在拉揭草帘时，是从温室西头开始，作业人员站在温室顶脊后，手持两根草帘拉绳，通过往上提拉绳，把覆盖着的草帘拉揭卷起，最后卷成捆，置于温室顶脊之上。一直揭拉到温室东头。

"品"字形方式覆盖上草帘：从温室的一头开始，往另一头进行隔床覆盖（即；留下一床覆盖宽度不盖），覆盖到头后，再返回覆盖，使后盖草帘两边盖压着先覆盖的草帘的两个边。拉揭草帘时应后覆盖的先拉揭，先覆盖的后拉揭，靠近东西山墙的草帘，要覆盖山墙上面的内边 20~30cm，其他拴系拉绳等操作与覆瓦状压帘边方式上草帘的方法相同。

（2）支架式（屈臂式）卷帘机安装上草帘、轨道式卷帘机安装上草帘、棍筒式卷帘机安装上草帘，均参见本章第四节"蔬菜棚室的主要配套设施"。

11. 此温室建造用材料情况（参见表1-8）：

表1-8　寿光竹木拱架冬暖塑料大棚Ⅰ的建造用料情况

（该温室长度为72m，跨度为11m）

用量规格及数量 用量名称		长度 （m）	宽度 （cm）	厚度 （cm）	直径 （cm）	数量 （单位）	用途及说明
钢筋 混凝土 立柱	后立柱	4.82	10	10		39（根）	预制此立柱约需水泥 2 000kg，石子5m³， 沙子5m³。冷拔铁丝 200kg。尤其后立柱和 中立柱Ⅰ、中立柱Ⅱ的 负荷量大，必须保证预 制质量。 并注意于顶端留槽口和 槽口下方约5cm处制上 穿铁丝的孔
	中立柱Ⅰ	4.60	10	10		19（根）	
	中立柱Ⅱ	3.80	10	10		19（根）	
	中立柱Ⅲ	2.80	10	10		19（根）	
	前立柱	1.70	8	8		19（根）	
	戗柱	1.70	8	8		19（根）	
钢丝 铁丝	26号钢丝					260（kg）	前坡和后坡东西向拉紧 钢丝
	8号铁丝					69（kg）	拴系坠石备接铁丝等用 项
	12号铁丝					69（kg）	绑固横杆、拱杆、穿拉 天窗膜等用
	14号铁丝					34（kg）	顺行吊架所用铁丝
	18号铁丝					26（kg）	绑固垫杆、绑固东西拉 紧钢丝
竹竿主 竹竹片 圆木棒	竹竿	10			10	19	前坡面拱杆，作前檐横 杆和秸秆作用
	竹竿	6~7			7~8		
	竹竿	10			7~8		上棚膜时用的卷膜杆
	竹片	2	5	1.5			
	毛竹	2~3					用作垫杆，需接起来
	后坡檩条	2.5			10		后坡斜棒（檩条）山墙 后坡垫木
	圆木棒	10			10		山墙前坡垫木
塑料 薄膜	EVA膜					123（kg）	用作温室前坡面覆盖 或用PVC代替EVA膜 作棚膜
	PVC膜					150（kg）	
	PE普通膜					15（kg）	后坡面防水层覆盖
	地膜（高 压）					7（kg）	越冬茬或冬春茬栽培蔬 菜盖地膜
	废旧塑膜					130（kg）	冬季防雪用，用作铺膜、 盖草帘上面

续表

用量规格及数量 用量名称		长度 （m）	宽度 （cm）	厚度 （cm）	直径 （cm）	数量 （单位）	用途及说明
石块	基石					123（块）	垫在每根立柱底下，防立柱下沉
	坠石					76（块）	埋于两山墙外侧，坠东西拉紧钢丝
其他用量	苯板	1.0	50	10		72（块）	温室前脚处埋入地下，代替防寒沟
	草苫	12.5	140	3.0		60（床）	温室前坡拱面覆盖保温
	尼龙防滑绳	26.0				120（根）	人工拉揭放盖或卷帘机卷敞覆盖草苫用
	压膜绳	12.5				120（根）	在前坡拱面膜上每60cm压一道压膜
	铁钉	0.08				500（个）	钉后坡檩条（斜棒）上的钢丝
	石灰					3（m³）	用作拌"三合"土，打筑墙基
	建棚用工					200（个）	筑墙体、安装棚架、上棚膜等
后坡保温层异质材料	PO膜	80	250	015		1（幅）	用于后坡面覆盖保温
	EPE膜	80	250	0.4		1（幅）	因含气泡，用于后坡覆盖保温好
	PE反光膜	80	250	0.10		1（幅）	能阻止红外线辐射往棚外散热
	草苫（帘）	80	250	5		1（幅）	用于后坡覆盖保温
	玉米秸秆	2.5	8000	10		1（幅）	有支撑保温物的作用
	专用毯被	80	250	0.6		1（幅）	有防雨雪和保温作用

注：1. 此日光温室南北跨度11m，加后墙厚（宽）1m，其宽度为12m，其中，前坡水平宽9.45m、后坡水平宽2.55m。长度72m，加上两山墙共74m长，棚体占地888m²；

2. 除棚内靠后墙留80cm宽走道兼水道外，实际栽培床宽度10.2m，有效栽培面积734.4m²；

3. 表中所用材料数量仅供参考

4. 因各地取材的价格不同，而建温室费用差异较大。5. 按2013年寿光的价格建此温室需要成本费10万元

（二）性能特点

1. 采光率高，光照强度较大　该温室使用新EVA棚膜的采光率不仅于"冬至"正午时的采光率高达84%以上，而且在正午前2h和正午后

2h 内的采光率也达 83.59%，这比太阳光直射角 90°的采光率 86.57，低不到三个百分点。

"冬至"正午前后各 2h 内（即午间前后 4h 内），该温室内的光照强度，可达 8 万 lx 以上，相当于北纬 10.5°我国南沙群岛、柬埔寨的金边等热带地区的光照强度。如此光照强度，能满足西瓜、厚皮甜瓜、黄秋葵、苦瓜等强光照作物的需求。

2. 冬季保温性能好　当夜间自然绝对最低气温低于 −20℃的寒冷条件下，温室内的夜间气温为 10~12℃，凌晨短时绝对最低气温也在 8℃以上。此温室保温性能好的主要因素是：

（1）墙体储热量大，冬季往温室内放热量多，而往室外散热量少。土墙体的容积热容量较大，为 0.6 卡 /cm³·℃，是空气容积热容量 0.0003 卡 /cm³·℃的 2 000 倍。土墙体的厚度是当地最大冻土层厚度再加上 50cm，而土墙体往外贯流散热，主要厚度 30cm。因此，冬季白天墙体储存的热量，到夜间大部分是往室内散放，补偿室内气温的降低。

（2）后坡保温性好。后坡层的厚度是土墙体厚度的 1/3 厚，由多种异质材料构成，其中就有充满空气的气泡膜 EPE 和具有阻止辐射放热的镀铝 PE 膜等，所以后坡层御寒保温性能好。

（3）草帘的厚度依据当地冬季寒冷程度确定，是有效保温的常数。

（4）设有防寒沟或防寒苯板，能有效阻止温室内土壤热量外传，保地温效应显著。

3. 有效栽培面积比率大　以该温室的全长 74m，宽 12m，其中，栽培田长 72m，栽培田宽 10.2m。有效栽培面积为 734.4m²，该温室的占地面积为 1 010m²（包括棚体占地、前窗底脚外一米宽起道占地、温室一头生产路分摊占地和缓冲房占地），净栽培（有效栽培）面积为占地面积的 72.7%，这比其他式日光温室的净栽培面积比率 60%~65%，高出 7.7%~12.7%，比有些地方建造的地窖（窨）式日光温室的净栽培面积 45%~49%，高出 23.7%~27.7%。

土地是宝贵的，尤其是在我国按人口平均摊土地较少的情况下，节约用地，按占用土地面积提高作物单位面积产量水平，才能有效增加经济效益。

4.可就地取材，节省建造成本，比较经济　建造该温室的建材，绝大部分可就地取得，与钢梁拱架日光温室相比较，建造成本费一般减少50%左右。因此，适合经济条件较差地区的菜农们选建。

二、寿光竹木拱架冬暖塑料大棚Ⅱ的结构建造及其性能特点

此冬暖塑料大棚为竹木拱架、外侧坡立土墙、棚田下沉型日光温室。现以北纬36°地区，建造脊高490cm，跨度11.0m（其中，栽培床宽10.2m）、宽度12m、长度76m（其中，栽田长72m）的日光温室为例。

（一）结构建造技术

此温室除墙体外侧坡立、墙基部略宽和栽培田面下沉40cm，所有立柱都长出40cm外，其他建造结构与图1-6所示的寿光竹木拱架冬暖塑料大棚Ⅰ基本相同，该温室的横截面示意图（图1-7）。

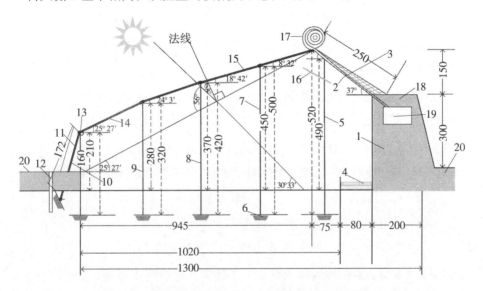

图1-7　寿光竹木拱架冬暖塑料大棚Ⅱ的建造结构横截面示意图（单位：cm）
1.后墙；2.后坡檩条（斜棒）；3.后坡保温层；4.走道兼水渠；5.后立柱；6.基石；7.中立柱Ⅰ；8.中立柱Ⅱ；9.中立柱Ⅲ；10.前立柱；11.戗柱；12.防寒苯板（或防寒沟）；13.横杆；14.横杆；15.棚膜；16.挡风缓冲膜；17.草苫（帘）；18.后墙顶面人行道；19.斜棒下部填砖层；20.温室外地面

1.整平地面，打石灰线　先把建造日光温室的场地整平，再按设计

的日光温室长度、跨度、宽度和后墙、山墙的宽（厚）度，用白石灰打好标线，砸上木桩标记。

2.筑墙体　此温室是下沉型，用履带链轨车挖土机，挖取温室内耕作层以下的生土来建筑墙体。在筑墙体中要注重搞好以下技术事项。

（1）不可用耕作层的熟土筑墙：丰产稳产农田的土壤耕作层，历经几十年甚至几百年形成，它具有良好结构和理化性状，含有农作物所需的各种营养元素。是农作物实现高产稳产的重要基础条件之一。因此，要在筑墙体之前，先把温室内农田耕作层30cm厚的熟土，挖取推至室外前面的空地上暂存放。然后，方可挖取耕作层之下40cm厚的生土筑墙。

（2）打好墙体的地基：先挖后墙和山墙的设计宽（厚）度2m打墙体地基，打地基用的"三合土"配制比例为生土：白石灰：沙子=3：1：1。将"三合土"调配好，撒均匀，用杵或夯打实。

（3）虽然设计的墙体宽度下部为2m，顶部1m，内侧陡立，外侧坡立，横截面呈不等腰梯形，但在用机械挖取土筑墙时，要先筑成4m宽（厚）、达到设计高度的毛墙（比设计的墙体宽，未经切割墙面，修理的墙），毛墙要比设计的墙内、外两侧各增加1m宽（厚），后墙的东西两端和山墙的南北两头，都增加2m。如此，一是便于履带链轨挖土机车爬上墙体上面镇压墙土；二是建成毛墙体后，按设计宽度、长度进行切割时，要正冲着镇压得坚实处切割，使切割后形成的墙体侧面坚固，不易脱落墙皮，更不会塌墙。

（4）当山墙筑到3m高，不便于履带链轨车爬上去镇压时，可采用挖土机铲斗砸压后，再行人工杵打或夯实。

（5）筑成4m宽（厚）的毛墙后，用挖土机的"铲斗"，把墙体内侧切割去1m宽，并割得墙体内侧面上下陡立，把墙体外侧面的下部切割去1m宽，而中部切割去1.5m，顶部切割去2m。切割完后的墙体为下部宽2m，中部宽1.5m，顶部宽1m的内陡外坡斜，横截面为不等腰梯形。

（6）对山墙前坡拱形顶面埋设上垫木后的位置高度和后墙顶面内外边的坡斜高度，都要按设计筑好。

（7）把从墙体内侧切割下来的土，均匀撒摊于温室内田面上，而将从

墙体外侧切割下来的土，撒于墙体以外 2~3m 宽范围内。

（8）熟土要归田，将在温室外前空地堆积暂存的耕作层熟土，推回温室内，均匀撒铺于棚田地面。

（9）在建后墙体时，要于靠生产路一头，在贴近山墙内侧的后墙角处留一日光温室的门口，门口高 1.8m，宽 1m，朝北。留门口的方法是在建筑后墙体时，在留门口处的 1.8m 高的墙体内放置长 2m，排列宽 1m 余（与墙宽度一样）的几根过木，当建成后墙时，从过木底下正中挖墙开门口。当日光温室建成后，建其缓冲间小屋时，就在此门口外，贴后墙建造。

3. 埋设立柱　刨挖埋立柱的坑，放置基石，埋设各根立柱，以及立柱的南北相邻间距和东西相邻间距，都与建造冬暖塑料大棚Ⅰ相同。而不同之处是，从温室下沉的田面之上，各立柱的高度，均比冬暖塑料大棚Ⅰ的高出 40cm（这是田面下沉了 40cm 所致，但从温室外的地平面计算，此温室的高度与冬暖塑料大棚Ⅰ相等）。

4. 其他结构建造和建此温室所用材料情况　均参见大棚Ⅰ。

（二）性能特点

1. 采光性能好　此温室的棚面角为 25°27′，是以"冬至"正午太阳光于温室前坡直线斜面的投射角 56°为参数，在北纬 36°地区建日光温室设计的，冬季室内的光照强度，相当于北纬 10.5°（我国南沙群岛、柬埔寨的金边）热带地区同期的光照强度。中午前后各 2h（共 4h 内）的光照条件，能满足强光照作物的需求。其采光性能与冬暖塑料大棚Ⅰ相同。

2. 保温性能更好　此温室因田面下沉 40cm、墙体厚度大，所以，保温比较大，保温性能更好。当严寒深冬，自然夜间气温在 -20℃左右时，该温室内的夜间绝对最低气温为 12~14℃，比冬暖塑料大棚Ⅰ的绝对最低气温高出 2~3℃。

3. 净栽培面积比率较大　此温室栽培田宽 10.2m、长 72m，净栽培面积为 734.4m²。温室占地面积（宽 13m，温室前窗脚外走道 1m，长 76m，摊生产路 2.5m，再缓冲间占地 10m²）1 095m²，净栽培面积比率为 67.1%。虽然较平地型冬暖塑料大棚Ⅰ的净栽培面积比率为 72.7%，低了5.6个百分点，但在下沉型日光温室中，其净栽培面积比率还是较高的。比地窖式日光温室的净栽培面积比率45%~49%，高出18.1~22.1个百分点。比下沉60cm、土墙体宽（后）4m的日光温室的净栽培面积比率55.2%，高出11.9个百分点。

4. 因容积扩大，改善二氧化碳供给条件和便于人工作业 该温室是在不降低地面以上高度的前提下，下沉40cm的，这样不仅棚面角度不缩小，亦然采光性能好，而且是室内容积扩大316.8m³，比相同长度、跨度和地上高度，而不下沉的日光温室的容积扩大11.8%。容积扩大带来以下3方面好处。

（1）改善二氧化碳供给条件：日光温室是封闭式园艺设施，在低温季节时期，往往为保温，而通风换气时间短和夜间不通风的情况下，在对室内作物供给CO_2上，常出现夜间CO_2浓度过大，供给过剩，白天上午CO_2浓度过小，供给不足。例如，有些棚体低矮容积小的温室，在低温季节室内作物生长旺盛阶段时期，下午通风换气后关闭通风口时，室内空气中CO_2含量与室外空气中CO_2含量相等，均为$300\mu l \cdot L^{-1}$，由于夜间作物呼吸释放CO_2，致使室内空气中CO_2含量增加，到第二天日出前，室内空气中CO_2含量高达$1\ 800\mu l \cdot L^{-1}$，超过$1\ 500\mu l \cdot L^{-1}$，CO_2饱和点的浓度指标，因日出后，室内作物进行光合作用吸收CO_2，使室内空气中CO_2含量急剧减少，至正午前1h通风换气之前时，CO_2浓度下降至$50\mu l \cdot L^{-1}$，低于CO_2补偿点$100\mu l \cdot L^{-1}$的指标，这显然形成了CO_2供给不足，影响作物光合作用正常进行。像这种情况，主要是日光温室的容积不够大造成的。因此，扩大温室容积，就会使室内CO_2浓度，夜间不超过饱和点，上午放风换气之前，室内CO_2浓度不低于补偿点，从而改善CO_2供给，有利于作物正常进行光合作用，使其生长发育良好。

（2）适宜于农作物吊架高架栽培和支架穴盘育苗：此温室内空间高度平均为3.4m，其中，前立柱处的位点高度最低，为1.6m，脊顶铅垂的垂足位点高度最大，为4.9m，中立柱Ⅰ、Ⅱ、Ⅲ的位点高度分别为4.5m、3.7m、2.7m。如此空间高度，不仅适宜于黄瓜、丝瓜、瓠瓜、甜瓜等瓜类作物和番茄、茄子、菜椒吊秧高架栽培，而且还适于安装上 60~80cm 高的穴盘支架，实行蔬菜工厂化穴盘育苗。

（3）方便作业、作业人员不易患温室综合征：矮而容积小的温室，菜农在温室内作业时，蹲着和弯腰时间较长，长期以来，就会出现腰酸、腿痛等身体不适之症状，人们称其为日光温室综合征。该温室的各位点都较高，除前立柱至前立柱以北 0.7m 的位置高度达不到 2m 外，其他位置的高度为 2~4.9m，实行吊架高架栽培蔬菜和支架穴盘育苗，在作业时，很少屈腿弯腰。行动方便，活动自由。因此，不易患日光温室综合征。

三、寿光竹木拱架冬暖塑料大棚Ⅲ的结构建造及其性能特点

该冬暖塑料大棚是竹木拱架、陡立砖砌皮土墙、棚田填高型日光温室。现以在北纬 35°地区建造棚面角度 24° 27′，脊高 450cm，前坡水平宽度 990cm、跨度 1 140cm、宽度 1 245cm、东西长度 7 660cm（其中，栽培田长 72m）日光温室为例。

（一）结构建造技术

寿光竹木拱架冬暖塑料大棚Ⅲ（图 1-8），与寿光冬暖塑料大棚Ⅰ相比较，除棚内栽培床（田）面填高 30cm（比棚外地面高出 30cm）、后墙和两山墙都是 80cm 厚的土墙主体，内外两侧面都用 12cm 厚的砖砌墙皮外，其他建造结构相同。该温室主要是针对地处北纬 34° ~35°（"冬至"正午时太阳高度角等 30° 33′ ~31° 33′）的山东省南部、江苏省和安徽省的北部、河南省北部、陕西省中部的地势较低洼，地下水位较浅，年降水量达 1 000mm 以上的地方设计的。因此，棚面角度为 24° 27′（设计参数56°，减去"冬至"正午太阳高度角 31° 33′等于棚面角 24° 27′），棚田填高和砖砌墙皮。该温室的建造工序为：

1. 整平地面，依据设计尺寸打上灰线 参见寿光竹木拱架冬暖塑料大棚Ⅰ的具体做法。

2. 填高室内栽培床（田）面 按设计，从室外农田距温室 2m 之外的地方，取耕作层熟土，运至温室内撒匀摊平，填高 20cm，在筑墙时，也是从距温室 2m 之外的地处挖土取土，筑完墙体后，将室外棚室之间地面

整平，整平后的地面要比原来的地面低10cm。如此，室内栽培田面就比室外地面高出30cm。

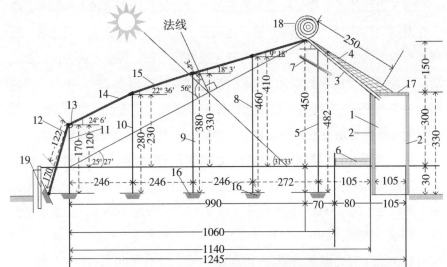

图1-8 寿光竹木拱架冬暖塑料大棚Ⅲ的建造结构横截面示意图（单位：cm）

1. 后墙土体；2. 后墙砖皮；3. 后墙檩条（斜棒）；4. 后坡保温层；5. 后立柱；6. 走道兼水沟；7. 挡风缓冲膜；8. 中立柱Ⅰ；9. 中立柱Ⅱ；10. 中立柱Ⅲ；11. 前立柱；12. 戗柱；13. 横杆；14. 拱杆；15. 棚膜；16. 基石；17. 后墙顶面人行道；18. 草帘卷；19. 防寒苯板。

3. 打地基、筑墙体、砌砖皮 为预防遇雨水后塌墙，首先把墙体的地基打好。地基要打165cm宽（比墙体宽度，每侧宽出30cm），30cm深（厚）（5层砖厚）。用"三合土"（湿土、白石灰、沙子混合的土）杵实或夯实。在打好的地基上按设计宽度和长度、高度，先筑成80cm宽（厚）的土墙体。筑土墙体的主要方法有：一是用夹板夹湿土，杵实或夯实。二是土坯（即土墼）垒墙体。三是用硬草泥培筑"托墙"。上述3种方法任选一种，筑成土墙体后，再于内侧砌上12cm厚的砖皮后，用白石灰泥缝隙，抹光墙面，而于外侧砌上12cm厚的砖皮后，用水泥严缝隙，抹光墙面。

还有的采取先垒内外两侧砖皮，垒成槽状时往内填湿度较大的土，随即将湿土摊平用脚踩实或杵实。为使在踩或杵实时，砖皮不往外倾斜，要于垒砖皮时，每隔3~4层砖和相隔1~2m，就横向垒上1条规格100cm×12cm×6cm的钢筋混凝土柱条，将内外两侧砖砌皮拉连为相连接的一体。此垒筑墙体的方法也称为砖夹土筑墙法。此墙的内侧面用白石灰泥缝抹光，以起到反光幕作用，而墙的外侧面，使用水泥严堵缝隙和抹光，以防雨水淋浸。

对于东西两山墙的拱形顶面，要搞得埋设上垫木后，各立柱位点的高度正是设计高度。

4. 其他结构建造　同寿光竹木拱架冬暖塑料大棚Ⅰ。

5. 建造用材料情况　也同冬暖塑料大棚Ⅰ。

（二）性能特点

1. 采光性能好　该日光温室的采光性能与寿光竹木拱架冬暖塑料大棚Ⅰ的采光性能同样好。因其棚面角的设计，也是以前坡直线斜面于"冬至"正午时太阳光投射角56°为参数。只要塑料大棚相同，其透光率、室内光照强度，都同样好。

2. 保温性能好　该温室土墙体厚（宽）为80cm，这是因苏北、皖北、豫北地区的最大冻土层厚度为30cm，日光温室土墙体厚度的设计依据是当地最大冻土层厚度加上50cm。所以，30cm加上50cm，即是适宜的土墙体厚度。而在山东省中部地区的最大冻土层厚度为50cm，故日光温室的适宜土墙体厚度为50cm加上50cm，等于100cm。所以，在北纬35°的江苏、安徽等北部地区，土墙厚度为80cm的寿光竹木拱架冬暖塑料大棚Ⅲ的保温性能，与在北纬37°山东中部、山西南部地区建造的土墙体厚度100cm的寿光竹木拱架冬暖塑料大棚Ⅰ的保温性能同等强。

3. 防涝、防雨水淋浸性能好　该温室因室内栽培床（田）面比室外地面高出30cm。所以，在汛期易排水，不易积水成涝，可有效防止发生涝灾，并因用"三合土"打的墙基，墙体外侧用砖砌皮，用水泥抹光墙面，比较抗雨淋水浸，不会发生水浸墙体而造成倒墙塌棚。该日光温室，适宜在地势低洼，地下水位较浅，沿河地区和年降水量达1 000mm以上的地方推广使用。

4. 净栽培面积比率较高　按该温室的净栽培面积宽10.6m、长72m，净栽培面积为763.2m²，而温室占用土地面积为1 040.3m²（包括温室前脚外 1m 宽走道和温室宽度 12.45m；占地东西长度 76.6m，包括温室长度靠生产路一头摊生产路占面积，以及缓冲间占面积），净栽培面积比率为 73.34%。比一般日光温室的净栽培面积比率 65% 左右，高出 8% 左右，而比地窖式日光温室净栽培面积比率 45%~49%，高出 24.34%~29.34%。土地，尤其是耕地是十分宝贵的。在设施蔬菜生产上，按占用面积提高单产水平、经济效益，是发展方向。

5. 就地取材多，建造成本较低　建造此日光温室所用的基石、立柱、筑墙土、拱杆、横杆、垫杆、斜棒、稻草苫等绝大部分是就地取得直接用于建温室或就地取材加工成建材的，所以建造成本较低，适应于不富裕菜农户选择建造。

四、寿光钢梁拱架冬暖塑料大棚Ⅰ的结构建造及其性能特点

该冬暖大棚是钢筋拉花支撑钢管梁拱架、无中立柱和前立柱、砖砌皮陡立土墙、棚田平地型日光温室。现以北纬 36° 地区建造脊高 450cm，前坡水平宽 945cm，跨度 1 095cm，宽度 1 233cm，长度 8 196cm（其

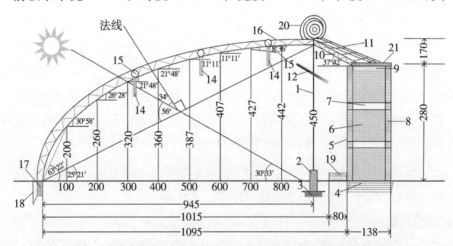

图 1-9　寿光钢梁拱架冬暖塑料大棚Ⅰ的结构建造横截面示意图（单位：cm）
1.脊柱；2.固定脊柱的混凝土体；3.基石；4.山墙地基；5.后墙内侧砖皮；6.土墙主体；7.水泥拉条；8.后墙外侧砖皮；9.焊有三角铁混凝土板；10.后坡拉花钢管梁；11.后坡面保温层；12.挡风缓冲塑膜；13.前坡拉花钢梁；14.上头焊有三角铁的墙内柱；15.钢管拉链；16.棚膜；17.地梁；18.防寒苯板；19.走道兼浇水沟；20.草苫；21.后墙顶面人行处

中，栽培田长7 920cm）的日光温室为例（图1-9）。

（一）结构建造技术

该温室的结构主要包括钢筋拉花支撑钢管拱梁、钢管脊柱、砖皮土墙、前沿底脚混凝土体地梁、钢管东西向拉连，后墙混凝土体盖板、山墙内柱及棚膜等。

1. **建造后墙、山墙**　墙体结构是砖砌皮土墙，以土为主体。其宽度（厚度）138cm，其中，内侧砖皮厚13cm（12cm砖厚，再加1cm砂浆石灰抹面），外侧砖皮厚13cm（12cm砖厚，再加1cm水泥缝抹面）。在筑墙之前，先将建温室场地整平，按设计长度（一般温室长度为80m左右），宽度打灰线，照灰线而略大于设计的宽度、长度打地基，地基厚30~40cm，采用"三合土"（土、石灰、沙子混合的）填平、夯实。于地基之上，按设计宽度、长度建墙体，采取随垒砌内外砖皮，随往两砖皮之间上土摊平，随用杵锤实墙土的方法筑墙，为使墙体内外砖皮相拉连，防止杵实墙土时砖皮往外倾斜，要每隔3~5层砖和相隔2~3m，就横向垒上1根规格为130cm×12cm×6cm的钢筋混凝土拉条。为使土墙体筑得坚实，使用的筑墙土要湿度较大，以几乎成硬泥状态为宜。不论是后墙还是山墙，都要筑得内外两侧面陡直，以减少无效占用土地面积。在筑后墙顶面时，要东西向每隔80cm，要南北向安装一块长136cm，宽24cm，厚18cm，预制着角铁的钢筋混凝土混凝土板，其用途：一是焊接后坡钢筋拉花钢管拱梁；二是把后墙上部内外两侧砖皮及主体土墙拉连为一块，使后墙牢固。在温室靠生产路一头的后墙角处，贴山墙内侧留温室门口，门口高180cm，宽100cm。在筑东西两山墙时，山墙的高度要与略呈拱形的前坡钢架梁高度和呈斜面形的后坡钢架梁的高度对应一致，即都在同一前坡拱面高度和后坡斜面高度上。山墙的前坡高度，从前底脚处至脊顶的水平距离1m、2m、3m、4m、5m、6m、7m、8m、9.45m处的位点高度，分别为200cm、260cm、320cm、360cm、387cm、407cm、442cm、450cm。山墙的后坡位点高度为：后墙外缘处280cm、内缘处330cm、位于后坡中间处387cm。在东西两个山墙前坡墙体内，在上半部安装上 3 根固定钢管拉连的墙内柱，其安装位置分别在从地梁内侧往北 300~400cm 处、500~600cm 处、700~800cm 处的位点墙体内上部。墙内柱的规格为 136cm×24cm×18cm，上头预制着三角铁，墙内柱的安装位置和高度，必须与钢筋拉花支撑钢管拱梁的上弦下面焊接位置和高度相一致，以便将钢管拉连的东西两头，分别焊接在墙内柱顶头的角铁上。后墙和山墙的内侧面用砂浆护面后，再用白石灰抹光，以使其具反光幕功能。对墙体外侧面，要用水泥堵缝隙和抹光，以抗雨淋水浸，防止遇连续降大雨时倒墙塌棚。

2. 建造地梁，埋设防寒苯板　地梁的位置，在前窗底脚外沿，地梁的北侧面就是前窗底部的北边。地梁的长度等于温室的东西长度，宽度 30cm、高度 50cm（其中，地面之上 10cm，地面之下埋 40cm）。建造地梁时，先按设计的位置划灰线，顺灰线挖宽 50cm、长度等于温室长度的槽沟，槽沟的深度为用杵捶实沟底后，有 40cm。然后按 30cm 之距在沟内竖立模板，往两块模板之间 30cm 宽的空间填上已调拌好混凝土，并每隔 80cm 预制一组（两块）角铁和一个锚圈，以备焊接前坡钢梁和拴系压膜绳用。筑造好后，抽出模板，并于距地梁南侧 20cm 处，竖埋 10cm 厚的苯板，埋竖深度等于当地最大冻土层厚（深）度。然后填土把地梁和苯板埋至地面压实。

3. 埋立脊柱　用直径 50mm、厚 6mm，长度 490cm 的防锈钢管作脊柱，东西向每隔 240cm 设立一根，竖立于前、后两钢管梁拱起的脊顶下。脊柱顶端横截面上焊接着垂直于脊柱的角铁，角铁长 15~20cm，埋固竖立脊柱时，要使脊柱顶端的角铁呈南北向伸，以便于使角铁南端焊接于前坡拱梁北段的上弦钢管底面；角铁的北端焊接于后坡拱梁南端的钢梁上弦钢管底面。在脊柱顶部的角铁之上，焊接一根东西向伸延的钢管做脊檩，将温室的所有脊柱都从上端拉连为一体。钢管脊檩的规格为外径 33mm、内径 27mm 的黑钢管。脊柱下端埋竖地面之下 50cm，底部垫着基石，并用高度 60cm、宽度和厚度均匀 20cm 的特制混凝土底座固定。

4. 钢架拱梁的结构及焊接　此温室东西向每 80cm 设一钢筋拉花支撑

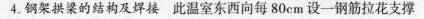

钢管梁。钢管拱梁的上弦用外径 33mm、内径 27mm 黑钢管，拱梁的下弦用直径 12mm 的钢筋。拱梁支撑拉花用直径 10mm 的钢筋。此拱架钢管梁总长 1 410cm，其中前坡拱面段长 1 140cm，后坡斜面段长 270cm。拱梁的脊顶部位的上弦钢管底面通过与脊柱顶上的角铁焊接，把拱架梁前坡和后坡两段都与脊柱连接在一起，使脊柱承担拱架的压力。拱梁的前坡南端部通过与地梁上的角铁焊接，牢固地立于地梁之上；而拱梁的后坡北端部，通过与后墙顶部混凝土体盖板上的角铁焊接，使其牢固地立于后墙之上。在安装拱梁时，要使其前坡拱面高度和后坡斜面高度，都与山墙前坡拱面高度和后坡斜面高度相对应一致。

安装好钢梁拱架后，对温室内钢架梁等所有铁件均涂防锈漆和银粉。

5. 建造后坡面保温层 后坡面保温层由底浮两层 PO 膜之间共铺设四层异质保温材料，即先铺上一层 PO 膜，再铺上四层保温材料，第一层是秸秆层，由芦苇和直径 2~3cm 的玉米秸秆，毛竹等，纵向铺设（即秸秆与后斜面钢架梁相垂直铺设）10~12cm 厚；第二层是草泥，4~6cm 厚；第三层是两膜夹草苫，即由 2~3mm 厚的 EPE 膜（含气泡膜）、3~4cm 厚草苫、0.8mm 厚的镀铝 PE 膜（反光膜）构成；第四层是 7~10cm 厚的苯板（泡沫保温板）。并用 1cm 厚 100#1∶2 砂浆抹光。

若于北纬 35°以南地区（即低于北纬 35°地区）建此温室，因冬季寒冷程度较差，无需铺盖第四层保温材料，只覆盖上述前三层保温材料即可。

6. 上盖棚膜 对于栽培黄瓜、丝瓜、越瓜、苦瓜、节瓜、豆角、青椒等绿果菜和白菜、甘蓝、茼蒿、茴香、芹菜等绿叶菜的日光温室，宜采用五层共挤 EVA 塑薄作棚膜，这是因为它不仅具有无滴、防尘、更耐用，还具有将 600~700nm 的红外光（红外线）转换为红橙光（转换峰值为 650nm）和将 400~500nm 的绿光（绿外线）转化为青蓝光（转换峰值为 450nm）。由于温室内可见光量增加，可使绿果菜和绿叶菜增加产量和提高品质，而对于栽培茄子、彩椒、番茄、洋香瓜等彩色果菜和红菜苔、紫背天葵、紫甘蓝等彩色叶菜的日光温室，宜采用三层共挤 EVA 薄膜作棚膜。因为它不仅具无滴、防尘、长寿性能，而且还红外线透过率高，有利于彩色果菜和彩色叶菜着色，提高品质。不论是采用哪种塑料薄膜作棚膜，上盖棚膜要注意如下技术要点。

（1）共上四幅棚膜，即主体棚膜、天窗膜、天窗通风口下的挡风缓冲膜和前檐内当前窗通风口底风的膜和天窗通风口下的挡风缓冲膜。前三幅膜在膜的一边做上 2~3cm 宽的"裤"，后一幅膜于膜两边都做上 2~3cm 宽的"裤"，以便穿上 14 号或 12 号铁丝后上膜。

（2）上膜要选择晴朗风小的天气，先于上午晒膜，把膜晒软后，于午后温度高时上膜。上膜时要注意将印有标记文字的面朝上，因为有标记文字的面是正面，有防尘功能，而反面是防水滴面。上膜的顺序是先上主体膜，再上天窗膜，后上挡风防雨滴缓冲膜，最后上前窗处挡底脚风膜。

（3）上主体膜：主体膜的覆盖范围，从温室前底脚外沿以南 30~50cm 处至离棚脊 100~120cm 处的前坡拱面，覆盖宽度为 10.5m。主体膜覆盖长度是包括两山墙宽度在内的温室东西长度，此温室的覆盖长度为 82m（即每间宽 2.4m，共计 33 间，再加上两个山墙厚度 2.76m，共计 81.96m）。上主体膜时于膜北边"裤"里穿上 12 号或 14 号铁丝，用 10~11m 长、直径 7~10cm 的竹竿 2 根，作为东西两头卷膜杆，两人分别从正展晒着的主体膜的两头，用卷膜杆把膜往中间卷，当卷至还剩 2m 左右未被卷起时，两人持卷膜杆一齐蹬上前坡面钢管梁拱架上，相对面倒退行于拱架梁上，伸展卷膜杆上的薄膜，并于棚脊以南留出 110cm 的斜面宽度作天窗通风口。当把主体膜伸展到山墙外侧时，站在主体膜北边和南边的人员（一般每边站 3~4 人）都拉着膜边。对准应覆盖的宽度位置拉紧，东西两头持卷膜杆的人员将主体膜东西向拉紧，四周都拉紧后，将膜贴盖于前坡钢管梁拱架上，并使主体膜南边盖至前窗底脚外 30~50cm，东西两头盖过山墙拱形顶面。这时将卷膜杆连同杆上剩余的薄膜，一块用长铁钉或木橛，于山墙外侧的下部，砸进山墙内，固定住。对于穿在膜北边"裤"里的铁丝的两头，要鞔过山墙上面的垫木或垫砖（垫木或垫砖是防止在拉紧铁丝是，铁丝杀入土墙体内），固定于山墙外侧下部预制的焊接在铁件上的锚圈上（或现将焊接着锚圈的铁件砸入墙体内）。固定此铁丝时，先固定住一头后，用紧丝钳把铁丝东西向拉紧，再固定住另一头。对于盖在温室前窗底脚外30~50cm宽地面的膜边，要用土埋压严实，防止大风刮起。

（4）上天窗膜：温室越高越宽，容积越大，则天窗通风口需留的越大。天窗口留的大小，还应考虑到草苫捆（卷）直径大小对通风口的影响，如若草苫较厚又较长，草苫卷直径较大，必然对天窗通风口盖挡的因素也较大，所以天窗通风口应从宽留，否则应从窄留。一般情况下天窗通风口宽度为100~120cm（指斜面宽度）。该温室的天窗风口为110cm宽，天窗膜相应宽度为190cm，天窗膜盖过主体膜北边20cm，再鞯盖天窗通风口110cm宽，其余的60cm宽覆盖于棚脊之上至棚脊北边的后坡面上，并用砂浆抹压住膜边。天窗膜的具体安装方法及两头卷膜杆和穿于膜边"裤"里铁丝的固定方法，都与主体膜的安装和固定方法相同。

（5）上天窗通风口下边的挡风雨缓冲膜：此膜也称挡风雨膜，其安装方法是：将宽度220cm、长度等于温室内的东西长度，两侧都黏着"裤"的棚膜，先于上侧边"裤"中穿上一根比温室长8~10m的14号铁丝，再于下侧边"裤"中穿上比天窗膜长度长出4~6m的14号铁丝。将膜上边安装在主体膜北缘以南20cm处之下40cm（垂直距离）空间，挡风膜下边安装的南北水平宽度为210cm，高度比上边低166cm，此膜的上下倾面与地平面的夹角（仰角）为17°21′。按照上述安装位置，将穿在挡风雨膜上边"裤"里的铁丝固定于温室两头山墙外侧的地锚上，固定时要用紧丝钳抻紧。随即，每隔12m使用16号或18号细铁丝将挡风雨膜的铁丝与温室上面拱架梁下弦钢筋或拉花支撑钢筋固定一下，防止此膜中间下垂。挡风雨膜下部使用比温室长度略长的铁丝，穿于膜"裤"内抻紧，固定于温室内山墙内侧的锚圈上（将焊有锚圈角铁，砸入山墙内）。为使此膜下边不兜拉，也要每隔12m用16号或18号铁丝，将挡风雨膜下边的铁丝与温室后坡拱架钢梁的下弦钢筋或拉花钢筋固定一下即可。

（6）前窗内沿挡底风膜的安装：此膜宽度100cm，长度同温室内长度，膜一边有"裤"，将一根比此膜长出4~6m的14号铁丝穿于"裤"里，于前窗内离主体膜面20cm、高度70cm，安装此膜。将铁丝连同挡底风膜抻紧，把铁丝的两头固定于山墙外侧下部的锚圈上。膜下边用土埋压30cm宽。

7.上压膜绳　在日光温室后坡面之上中部，设两道东西向拉紧的26号镀锌钢丝。一道用于拴系压膜绳，另一道用于拴系草苫。两道钢丝必须拉得很紧。固定这两道钢丝的方法是：在后坡东西两山墙外侧中间基部各设上两个地锚，先把钢丝一头固定于地锚上，再用紧丝钳把钢丝拉紧，然后把这一头固定于锚上。此温室相邻钢管拱梁的距离为80cm在每个相邻钢管拱梁之距的中间，上一道直径1~1.5cm粗的尼龙绳作压膜绳。压膜绳的北端拴系于后坡中部东西拉紧钢丝上，南端拴系于前窗底脚外沿处预制在地梁上的锚圈上。

8.安装敞盖天窗通风口的定滑轮组和绳索　参见：寿光竹木拱架冬暖塑料大棚Ⅰ。

9.草苫（帘）的规格及上法　参见寿光竹木拱架冬暖塑料大棚Ⅰ。

10.建造此温室用材料情况　参见表1-9。

表1-9　寿光钢梁拱架冬暖塑料大棚Ⅰ用材料情况表

用料规格及其数量 用料名称		长度 （m）	宽度 （cm）	厚度 （cm）	直径 （cm）	数量	单位	用途及说明
钢管 钢筋	钢管	14.1		0.6	3.3	98	根	用作拱梁上弦
	钢筋	14.1			1.2	98	根	用作拱梁下弦
	钢筋	28.2			1.0	98	根	用作拉花支撑钢管
角铁	角铁	10.0	5×5	0.5		50	根	预制于混凝土体地梁等处，焊接钢梁
	钢管	4.9		0.6	5.0	32	根	为防锈钢管，用作脊柱
	钢管	10.0		0.6	3.3	33	根	用作脊檩和东西拉链
钢丝 铁丝	镀锌钢丝	90.0				2	根	为26号钢丝设于后坡上面拴系拉绳
	12号铁丝	85.0				5	根	穿于主体膜、挡风膜底脚膜"裤"中
	14号铁丝					34	kg	用作拴系顺行吊线的铁丝三层共挤的

用料规格及其数量 用料名称		长度 （m）	宽度 （cm）	厚度 （cm）	直径 （cm）	数量	单位	用途及说明
塑料薄膜保温被	EVA膜	80	1410	0.08		132	kg	为聚乙烯无滴防尘长寿棚膜或五层共挤的无滴防尘长寿转光棚膜
	或PVC膜	80	1410	0.12		162	kg	用于棚膜，防水滴保温性好
	PE镀铝膜	80	1410	0.08		40	kg	用于张挂反光幕
	高压地膜		80~120	0.001		12	kg	用温室内覆盖地面栽培作物
	发泡聚乙烯保温被	80	1410	2~3		1	幅	用于前坡覆盖，夜间保温
砖石水泥石灰沙子	红砖	024	12	6		5万	个	砌墙体内、外两侧面
	石子					4	m	预制前底脚外沿的地梁
	水泥					5.5	m	预制地梁和墙体外侧面抹面
	沙子					28	m	打墙基时拌"三合土"和墙内侧沙浆
	石灰					21	m	砌砖墙皮，抹墙体内侧面
坠石混凝土条混凝土板等	坠石					4	块	用作后坡东西拉紧钢丝坠物
	基石					32	块	用作脊柱底部垫的及时，防下沉
	混凝土体拉条	1.36	12	6		500	条	用作拉连墙体内外砖皮
	墙内混凝土柱	2.0	24	12		6	根	用于焊接安装钢管拉链
	后坡面混凝土板	1.36	24	12		100	块	用于在混凝土板上的角铁焊接钢梁
绳索定滑轮	尼龙绳	12.5			1.5	107	根	用作压膜绳、压膜和拉放定滑轮
	定滑轮					39	个	每3个为一组，共安装13组，开闭天窗
	防滑尼龙绳	25			1.5	133	根	用作拴系草帘和草帘拉绳
	草帘（苫）	12.5	140	3		62	床	用于覆盖前坡拱面，夜间保温

续表

用料规格及其数量 用料名称		长度 （m）	宽度 （cm）	厚度 （cm）	直径 （cm）	数量	单位	用途及说明
后坡保温异质材料	发泡聚乙烯	80	300	2~3		1	幅	用于后坡覆盖保温
	五层共挤PO膜	80	300	0.15		1	幅	用于后坡第一层覆盖，可使用6年
	EPE膜	80	300	0.3		1	幅	因含气泡，用于覆盖保温效果好
	PE反光膜	80	300	0.08		1	幅	因镀铝反光，可阻挡红外线辐射散热

注：1. 该温室南北宽度10.95m，加上后墙厚度1.38m，其宽度为12.33m，长度与79.2m，加上两山墙厚度总长81.96m。棚体占地1 016.6m²；

2. 除去棚内靠后墙留80cm宽走道兼水道外，其有效栽培面积为803.9m²；

3. 表中所用材料数量反供参考；

4. 因各地取材价格不同，而建温室费用差异较大；

5. 依据2013年寿光菜区建此温室，约需25万元。

（二）性能特点

1. 采光性能强　该温室的棚面角为25°27′，是依据在北纬36°地区（建温室地区）"冬至"正午时，温室前屋面直线坡面上的太阳光投射角56°为参数设计的。这一投射角度的太阳光入射率，比90°投射角的光入射率，不仅在正午时低不了三个百分点，而且在正午前2h和正午后2h，这4h内，也低不了三个百分点。其光照强度等于位于北纬10.5°，我国南沙群岛或柬埔寨国的金边地区冬季的光照强度。这样的光照强度，能满足黄瓜、番茄等喜光耐热作物对光照强度的要求，也能达到苦瓜、西瓜、网纹甜瓜、豆角等喜强光、强耐热作物对光照强度的要求。

2. 保温性能好　该温室保温性能好的主要因素是：

（1）保温比增大。由于温室较长又较宽，又后坡面较宽。与一般温室相比，保温比增大了。

（2）土墙体厚度超标。在日光温室设计上，土墙体厚度指标为当地最大冻土层厚度再加上50cm厚。而位于北纬36°的山东省中部地区、山西省南部地区和陕西省中部地区、甘肃省东部地区的最大冻土层都达不到

50cm，所以在这些地区建造日光温室，其土墙体厚度指标都不到100cm而该温室土墙体的厚度为100cm，说明已超厚度指标。

（3）后坡面保温层是多种异质保温材料构成，如EPE膜和泡沫苯板等都是阻止贯流散热的好材料，还覆盖上了能阻止温室内红外线从后坡面往外辐射放热的镀铝PE膜。虽然后坡保温层的厚度未增加，甚至略减小，但保温性能增强了很多。

3. 墙体巩固耐用　因土墙体用砖砌皮，外墙面又用水泥抹光，故能抗淋雨淋浸。在筑墙体时，是用湿度较大的土杵实的，干后更坚固。而且还用长136cm×宽12cm×厚6cm的钢筋混凝土板，横向砌上，把内外砖皮拉连为一体，所以墙体巩固耐用，特别适宜于降雨量较大的地区采用。

4. 净栽培面积比率较高　该温室的栽培田宽10.15m，长79.2m，栽培面积803.88m²。该温室占地宽13.33m（包括棚体占地和占用前窗外1m宽走道），占地长84.46m（包括棚体长度和所摊生产路宽），占地面积（还包括10m²缓冲间占地）为13.33m×84.46m+10m²=1135.85m²。其净栽培面积率为803.88m²/1135.85m²×100%=70.8%。

5. 容积较大，且无中立柱、前立柱　该日光温室脊高4.5m，前窗高1.5m、跨度10.95m、长度80m，容积较大，且只有脊柱，无中立柱、前立柱，如此有如下三项好处：一是因温室东西较长，可减少因山墙上午遮阳（东山墙）和下午遮阳（西山墙）而形成的光照死角面积比率。二是因容积较大，容纳空气量大，也就容纳空气中CO_2气体总量大，从而相对减轻空气中CO_2浓度消长急剧变化，有利于对室内作物供应CO_2气体。三是室内空间宽敞，且栽培田（床）上无前立柱、中立柱，便于菜农作业，防止了因弯腰屈腿作业而患上腰腿疼痛等日光温室综合征。

6. 钢梁拱架，巩固耐用，但造价高　该温室虽未设中立柱、前立柱支撑，但由钢管脊柱和前窗处钢梁末端以62°的角度焊接斜立于地梁上的强支撑力，又由前坡拱面3钢管拉连把所有钢梁都拉连在一起，所以拱架巩固耐用，支撑力强，就是遇到20~40cm厚的大雪盖压，也压不塌。但因使用的是钢筋拉花支撑钢管拱梁，且东西向每80cm就安装1架，所以造价高，是相同规格大小竹木拱架日光温室造价的两倍之多。

五、寿光钢梁拱架冬暖塑料大棚Ⅱ的结构建造及其性能特点

该冬暖塑料大棚为钢筋拉花支撑钢管梁拱架、无中立柱和前立柱、砖砌皮外侧坡立土墙、棚田下沉型日光温室。现以在北纬36°地区建造脊高45cm、前坡水平地面宽度900cm，南北跨度1 095cm、宽1 320cm、长度8 320cm的日光温室为例（图1-10）。

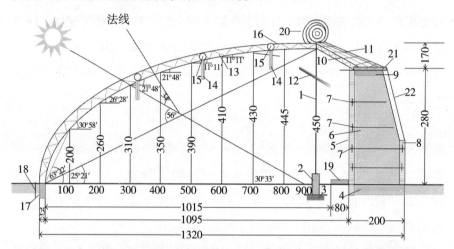

图1-10　寿光钢梁冬暖塑料大棚Ⅱ的建造结构横截面示意图（单位：cm）
1.脊柱；2.固体脊柱的混凝土体；3.基石；4.后墙地基；5.后墙内侧砌砖皮；6.土墙主体；7.丁头铁件拉条；8.墙外侧砖护皮；9.焊接着三角铁的混凝土板；10.后坡拉花钢梁；11.后坡保温层；12.天窗通风口下挡风雨膜；13.前坡拉花钢梁；14.上头焊有三角铁的墙内柱；15.钢管相连；16.棚膜；17.地梁；18.防寒苯板；19.走道兼水渠；20.草苫；21.后墙顶前人行处；22.墙外坡混凝土板防护

（一）结构建造技术

寿光钢架冬暖塑料大棚Ⅱ与冬暖塑料大棚Ⅰ的结构建造不同之处：一是大棚Ⅱ为棚田下沉式。由于田面下沉40cm，温室前底脚处的地梁下埋的深度也相应地增加，大棚Ⅰ的地梁高50cm，埋入地下40cm，露在地上10cm。而大棚Ⅱ的地梁高80cm，埋入地下70cm（从下沉田面算起，只埋入地下30cm），露在地上10cm（从下沉田面计起，露田面之上

40cm）。二是后墙和山墙都加厚。大棚Ⅰ的后墙和山墙厚度均为138cm，其中主体土墙厚100cm，内侧砖皮厚25cm，外侧砖护皮厚13cm。而大棚Ⅱ的后墙山墙厚度，从室内面往上到180cm高处为200cm，其中，主体土墙厚174cm，两侧陡立，各侧砌13cm厚的砖和砂浆水泥抹面墙皮，而从室外地面往上140cm之上，墙体内侧陡立，仍用13cm厚砖和砂浆水泥抹面砌墙皮，而墙体外侧坡立，后墙从200cm厚度至顶部（280cm高处）减少到126cm厚度（其中，主体土墙厚度，由174cm减少至100cm），东西两山墙，从室外地面往上140cm高处至前坡拱形顶面和后坡倾斜顶面，墙体厚度由200cm也减少至126cm，内侧仍然陡立，砖和砂浆水泥抹面的墙皮厚度为13cm；而外侧坡立，坡面用50cm×50cm×4cm混凝土板护坡墙皮。

另外，为防止内外陡立的砖和砂浆水泥砌成的墙皮往外倾裂倒塌，于墙体内安装着“丁”字头铁件拉条（或拉板）。

该日光温室的其他结构建造，请参见寿光钢架冬暖塑料大棚Ⅰ的建造技术。

（二）性能特点

与大棚Ⅰ相比较，此温室因栽培田面下沉0.4m，使其容积增加325m³，更适于栽培蔬菜的人员作业，和室内空气中CO_2浓度更相对趋于平衡供应。同时保温性能更增强。但因墙体厚度增加，使其净栽培面积比率降为68.23%，比大棚Ⅰ的70.77%降低了2.54个百分点，即净栽培面积减少20.42m²。按目前寿光温室反季节蔬菜平均每平方米年纯收益100元计算，此温室因栽培面积减少，而使每年可少入2 042元。如果因该温室的保温性增加和室内空间加大，而使CO_2供应条件改善，使蔬菜产生的增产效益，能补偿因面积减少而收入的减少。那么，该温室推广价值与大棚Ⅰ是相等的。

其他性能特点同大棚Ⅰ。

六、寿光钢梁拱架冬暖塑料大棚Ⅲ的结构建造及其性能特点

该冬暖塑料大棚为钢筋拉花支撑钢管梁与钢管梁间隔拱架、无中立柱

和前立柱、只设脊柱、砖砌皮陡立土墙、棚田填高型日光温室。现以在北纬35°地区建造脊高450cm，前坡水平宽度1 000cm，跨度1 130cm，宽度1 250cm，长度8 310cm的日光温室为例（图1-11）。

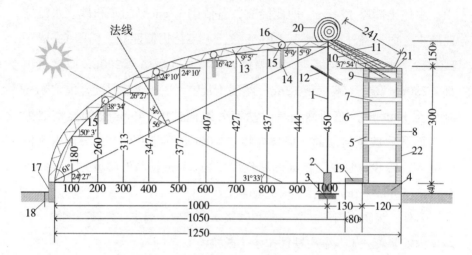

图1-11 寿光钢架冬暖塑料大棚Ⅲ的建造结构横截面示意图（单位：cm）

1.脊柱；2.固定脊柱的混凝土体；3.基石；4.后墙地基；5.后墙内侧砖皮；6.土墙主体；7.混凝土体拉板；8.墙外侧砖皮；9.焊着角铁的混凝土板；10.后坡拉花钢梁；11.后坡保温层；12.天窗通风口下挡风膜；13.前坡拉花钢梁；14.上头焊有角铁的墙内柱；15.钢管拉连；16.棚膜；17.地梁；18.防寒苯板；19.走道兼水渠；20.草苫；21.后墙顶端人行处；22.水泥抹墙外面

（一）结构建造技术

1. 按设计打的灰线　在打灰线之前先从同列前后相邻温室之间的农田里取表层20cm厚的土壤，运到温室内面摊均匀，使温室内地面比原来增高20cm。然后，在培筑主体土墙时不从温室内取土，而从室外周围地上取土20cm厚，如此，室内田面就此室外地面高出40cm。以利于排水防涝。将棚室内田面填高整平后，再按设计的墙体宽度、长度打好灰线。

2. 砖砌墙皮，培筑主体土墙　后墙和山墙的宽度（厚）均为120cm，上下陡立。其中内外两侧砖砌皮厚度各为12.5cm（砖的宽度为12cm，再加上0.5cm厚砂浆和水泥抹面），主体土墙厚度为95cm。筑此墙体要掌握好如下要点。

一是要用"三合土（黏性土：石灰：砂子 =3：1：1）"，打好墙体地基，地基宽度 140cm，比墙体每边宽出 10cm，地基深度为 40cm（从室内地面算起）。

二是要准确筑建两个山墙的前坡拱面的位点高度和后坡斜面的位点高度。由温室前窗底脚南边缘往北 100cm、200cm、300cm、400cm、500cm、600cm、700cm、800cm、900cm、1 000cm 处，从室内填高的地面算起，山墙前坡拱面高度分别为 180cm、260cm、313cm、347cm、377cm、407cm、427cm、437cm、444cm、450cm。山墙后坡斜面的位点高度从室内已填高的地面算起，脊顶高度 450cm，后墙高度 300cm，脊顶至后墙顶面中间是一条直线斜坡，斜坡中间高度为 400cm。

三是在筑墙体时要先砌砖墙皮，后用草泥培筑主体土墙。用铁锸子掘取已和好的硬草泥往两砖皮之间填筑主体土墙的操作形式，恰似用铁锸子掘取草泥培筑"圫拖墙"。因草泥湿度大，只要在培筑时不留空隙，填筑实靠，草泥干后，主体土墙坚固。因此，勿需用机械或人工镇压。但是，如果不用草泥，而用潮土培筑土墙体，则必须对其夯实或杵实。

四是在建造后墙时，要在温室靠近生产路的一头，贴近山墙内侧，于后墙上留温室门口，从室内地面算起，门口高 180cm、宽 100cm，门口四周砖砌墙皮。

五是在建筑山墙时要埋设上顶端预制着角铁的墙内柱，以备焊接钢管拉连。该温室前坡拱架上共设 4 根钢管拉连。因此，东西山墙应各埋设于墙内 4 根混凝土体墙内柱，墙内柱埋设的位置，必须与前坡拱架梁上焊接的钢管拉连的位置相对应，以使钢管拉连两头与对应的墙内柱顶端的铁件对准，焊接。

六是在建造墙体时要每砌上 5~8 层砖和相隔 5~6m。则需要横向垒上长度 118cm，厚度 6m、宽度 12cm 的钢筋混凝土拉条，以使两边的砖墙皮与夹在中间的土墙体，被拉连为一起，防止砖墙皮往外倾裂而塌墙皮。在后墙顶部，每隔 80cm 横向（南北）垒上一块长 118cm、厚 12cm、宽 24cm、并预制着铁件的混凝土体盖板，以用作焊接固定后坡钢架梁。

3.安装钢梁拱架　先安装钢筋拉花支撑钢管拱梁。在每根钢管脊柱的顶端，焊接着一块横向南北 20~30cm 长的角铁，使拉花支撑钢管梁的上弦钢管与此角铁的南北两头相焊接，固定住钢梁的脊部。再使钢梁的北端与后墙顶面混凝土体盖板上的铁件焊接，固定住拉花支撑钢梁的北端，也就是把钢梁的后坡段固定住。再使钢梁的南端与温室前沿处混凝土体地梁上的角铁或铁件焊接，使拉花支撑钢梁的前坡面段基本固定住。然后安装横梁，是以外径 33mm，内径 27mm 的钢管作横梁。将横梁焊接于各根脊柱顶端，从而把全温室的脊柱都联结起来。横梁的东西两头，焊接于山墙脊顶处砸入墙体内刚露头的铁件上，随即在每个相邻钢筋拉花支撑钢管梁之间，以 80cm 间距，安装上 2 架钢管梁（无拉花的）。钢管梁脊部搭在横梁上与横梁焊接，南北两端的焊接固定与钢筋拉花支撑钢管梁的相同。该温室共计 33 间，每间 2.4m，东西长度 79.2m，共计安装 32 架钢筋拉花支撑钢管梁和 66 架无拉花钢管梁。当安装完毕这 97 架钢梁后，就接着安装 4 根外径 33mm、内径 27mm、长度 80.6m 的黑色钢管拉连。每根钢管拉连与每一架钢筋拉花支撑钢管梁的上弦钢管下面相焊接和与每一架钢管拱架梁的底面相焊接。钢管拉连的两头，焊接于埋设于山墙的墙内柱上头的铁件上。如此，整个温室的钢梁拱架结构成为坚固的一体，能抵抗风雪压力，不塌架。

4.后坡保温层、前坡拱面上棚膜等安装技术　参见寿光钢架冬暖塑料大棚 I 的安装技术。

（二）性能特点

1.采光性能好　该温室是针对北纬 34.5°地区设计的，因该地区"冬至"正午太阳高度角为 31.5°，所以，设计的温室棚面角度为 24.5°。这是由于"冬至"正午的太阳高度角的度数，加上日光温室棚面角的度数，等于"冬至"正午太阳光于日光温室前坡直线斜面上的投射角 56°（即入射角 34°），这一投射角度也是日光温室采光性能好的设计参数。所以该温室的采光性能好。

2.保温性能强　日光温室墙体的功能不仅限于支撑和护围，而贮存和释放热量是其主要功能。墙体往外贯流放热的厚度范围为当地最大冻土层厚度。而往室内放热的厚度为50cm。因此，在日光温室土墙体厚度设计上，是以当地最大冻土层厚度再加上50cm的厚度，为设计指标。由于该日光温室的建造场地的冬季最大冻土层为30cm上下，再加上50cm为主体土墙厚度的设计指标。然而该温室的主体土墙实际厚度为95cm，超出指标15cm上下，所以，保温性能强。

3. 净栽培面积比率大　此温室栽培田长79.2m、宽10.5m，净栽培面积813.6m²。而温室占地宽13.5m（包括温室宽度和前窗底脚外一米宽走道）、长84.1m（包括室内长度和两山墙厚度，再加上靠生产路一头所摊2.5m宽道路），占用1 135.35m²，另外还有温室外缓冲间占地10m²，总计占用土地1 145.35m²。净栽培面积比率为72.61%，属净栽培面积比率高的温室。

4. 防涝、防雨淋性能好　因温室内栽培田面比室外地面高出40cm，又是砖砌皮墙体，墙体外侧面用水泥抹面。所以防涝、防雨湍淋性能好。特别适于北纬34°~35°，年降雨量达1 000mm，地势低洼的地方建造，推广使用。

5. 比钢架冬暖大棚Ⅰ的造价费用低　该温室与钢架冬暖大棚Ⅰ同样长度和宽度、高度，都是东西向每隔80cm安装一架钢梁，冬暖大棚Ⅰ安装的97架钢梁全部是有钢筋拉花支撑的，而该温室只用了31架钢筋拉花支撑钢管梁，其余66架钢管梁都不是拉花支撑的。拉花支撑钢管梁的价格，是不拉花支撑钢管梁价格的两倍。仅此项，该温室比大棚Ⅰ降低费用34.02%。

七、寿光钢梁拱架冬暖塑料大棚Ⅳ的结构建造及其性能特点

该冬暖塑料大棚为钢筋拉花支撑钢管梁琴弦式拱架、砖砌皮土墙、外侧坡立、棚田下沉型日光温室。现以在我国北纬36°地区建造脊高5m、前坡水平宽度10m、宽度14m、东西长度83m的日光温室为例：

在本温室的后墙和山墙都外侧坡立、内侧陡立。墙体基部宽（厚）2.5m，后坡空间水平宽度1.5m。棚内栽培田东西长度78m（分26间，每间3m）。从下沉40cm的棚内地面到棚脊的高度为5.4m。前底脚处往北1m处的高度即达2.4m。所以，是一栋高大、宽敞的钢梁拱

架日光温室（见图1-12）。

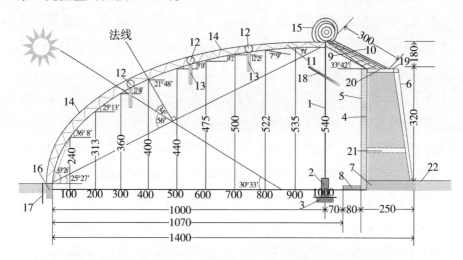

图1-12　寿光钢架冬暖塑料大棚Ⅳ的结构建造横截面示意图（单位：cm）
1.脊柱；2.脊柱的混凝土座；3.脊柱基石；4.后墙内侧砖皮；5.主体土墙；6.后墙外侧混凝土板；7.墙体地基；8.走道兼水渠；9.后墙角铁和混凝土板；10.后坡面保温层；11.钢筋拉花支撑钢管拱梁；12.钢管拉链；13.墙内柱；14.棚膜；15.草苫；16.混凝土体座；17.防寒苯板；18.天窗口下挡风膜；19.后墙顶部人行处；20.预制着铁件的混凝土体封护板；21.外径40cm通风管，间距3m；22.温室外地面

（一）结构建造技术

1.墙体的结构建造　在筑墙之前，先将建温室的场地推平，按照设计规格打好灰线，照灰线标出的后墙和山墙宽度、长度、室内栽培田面积，用链轨车推土机先将温室内栽培田的30cm厚耕作层熟土，推出室外，堆积暂放。然后挖取耕作层以下的生土筑后墙和东西两山墙，当后墙和山墙筑成后，再把堆积暂存放在室外的耕作层熟土推回原田，摊匀搂平。

此温室后墙和山墙的基部宽（厚）度均为250cm，顶部宽度：后墙150cm、山墙100cm。用链轨车掘土、镇压筑墙体，要先筑成比设计墙体宽度，内侧宽出80~100cm、外侧宽出50~80cm的毛墙体，然后用链轨车摇臂挖土机的"掘手"扣切侧面，将墙体内侧切成基本上呈上下陡立后，再人工将内面削成垂直于地面的陡直墙面。对墙体外侧面，要用机械加人工切削成设计的倾斜坡面。在筑墙的过程中要具体搞好如下事项。

（1）筑墙体时，要分层上土、压实，在 2.6m 高度之下土层，用链轨车镇压，在 2.6m 高度之上的土层用电力夯夯实或用杵捶实。

（2）要掌握好山墙前坡拱面的位点高度，从温室内南边底脚处往北100cm、200cm、300cm、400cm、500cm、600cm、700cm、800cm、900cm、1 000cm 的位点高度，从室内下沉地面计起，分别为 240cm、313cm、360cm、400cm、440cm、475cm、500cm、522cm、535cm、540cm。

（3）从温室内前底脚处往北 300~400cm 位点、500~600cm位点、700~800cm 位点中间的山墙上部，要竖立埋设规格为10cm×10cm×100cm、顶头预制着铁件的混凝土体墙内柱，以备焊接固定钢梁拱架上东西向钢管拉链。

（4）在建筑山墙时，要于前坡墙体内埋设上 30 个左右（相距 35~40cm 设 1 个）拴着坠石（或坠砖）的锚筋，以备拴固钢梁拱架之上的东西拉紧钢丝。在山墙后坡墙体外埋设 2 个拴系东西拉紧钢丝的坠石锚筋，这两条东西拉紧钢丝，分别用作拴系压膜绳和草苫拉绳。山墙顶面要安装上垫木，要锚筋从垫木的外边露出 50cm。

（5）于靠生产路的温室一头，贴山墙内侧后墙角处，留日光温室的门口，留门口的方法是当此处的后墙体筑到 180cm 高时，在后墙体纵向安置上几条长度 200cm 左右、厚度 10~15cm（或直径 10cm 的圆木）的模板作门口过木。以便建成后墙体后，从过木以下挖一个宽 100cm、高180cm 的温室门口。

（6）当后墙筑到 100cm 高时，于每间的中央（相邻钢架梁之间为3m，是一间）处安置上一根内径 35cm 的通风管。此管由两根混凝土体井管连接而成，要安装的南高北低。管南端底面距温室内下沉地面160cm，管北端底面距温室外地面 110cm。

（7）在后墙顶面，用 6cm 后、150# 混凝土板封护，并预埋焊接钢梁、焊接后坡角铁的铁件（东西向每 60cm 预埋一铁件）。

（8）主体土墙筑成后，墙内侧用 12cm 厚砖砌皮，再用 100# 1:2 水泥砂浆抹面。墙外侧用规格 38cm×38cm×4cm 的混凝土板封护,砌混凝土板时留 2cm 砌缝,并用干硬性 100# 砂浆把砌缝堵严,捣实。

2.温室拱架结构建造　此温室的拱架结构由钢筋拉花支撑钢管梁、钢管梁上弦下的钢管东西拉链、钢管梁上的东西向拉紧钢丝、钢管梁前(南)端底座和中间的脊柱、脊檩、钢管梁北端后墙上预埋铁件和后坡倾斜的及东西纵向的角铁组成。其具体结构建造如下。

(1)钢筋拉花支撑钢管梁拱架:该温室内长 78m,从一头的山墙内侧开始,每 3m 安装一架拱梁,为一间,共计 26 间,安装 25 架钢梁。钢梁上弦用外径 33mm、内径 27mm 黑铜管,下弦用 Φ12mm 的钢筋,拉花支撑用 Φ10mm 钢筋。拱架钢梁北端固定在后墙顶部,焊接在预埋铁件上,拱架钢梁南端固定在温室前底脚处的混凝土体座上,拱架钢梁中间搭在脊柱顶端,与脊柱顶端的"T"字头角铁相焊接固定。在前坡拱梁的上弦钢管底面,南北匀距焊接着 3 根纵向拉链着拱梁的黑钢管,此钢管的规格与拱梁上弦钢管相同。东西两端分别焊接于东西山墙上面墙内柱顶头上的预制铁件上。在前坡拱架梁上,每 35cm 左右设置一根 26 号东西拉紧钢丝(约计共 30 根拉紧钢丝),拉紧钢丝的两端分别拴固于东西山墙上面外缘处的锚筋上。在东西拉紧钢丝上面,每相邻拱架梁之间均匀设置上 4 条直径 3cm 左右的竹竿或外径 3cm 的 PVC 管作垫杆,以避免棚膜与东西拉紧钢丝接触而阻挡膜内面流水,造成棚膜滴水。

(2)安装脊柱:用外径 50mm、内径 44mm、长 580cm 的钢管作脊柱。脊柱埋入温室内下沉地面之下 45cm、下沉地面之上高度 535cm。东西向一排,每 3m 设一根,立于前后拱梁中间(正处棚脊的铅垂线),共计安装脊柱 25 根。固定脊柱的底座为 25cm×25cm×75cm 预制混凝土体。在每根脊柱的顶端,"T"字形焊接着一条 30cm 左右长的铁件,在铁件中间(铁件与脊柱焊接处之上)的上面,再焊接上 5cm×5cm×80m 的角铁作脊檩,脊檩的东西两端,分别焊接固定于东西山墙脊顶处的预埋铁件上。

(3)前底脚处的混凝土体座:钢梁拱架前端的底座为 25cm×25cm×70cm 预制混凝土体柱,预埋着 50mm×50mm×100mm 的铁件加锚筋。

东西向每 3m 一个，与脊柱相对应。相邻混凝土体底座之间，还埋设着 4 个锚圈。

（4）后坡面安置角铁：后坡的后墙至脊梁（檩）之间采用长度 2.8m （加上两端抹角为 3m），50mm×50mm 角铁作支撑，上端与脊檩相焊接，下端与后墙上预埋在混凝土体板上的铁件相焊接，每相邻脊柱（也就每相邻拱梁之间 3m）之间焊接安装上 4 根 2.8m 长的角铁（相间隔 60cm 一根）。在后坡中间纵向安装上长度 80m 的 50mm×50mm 的角铁，并与各架后坡面钢梁的上弦和支撑斜面的角铁相焊接。两端分别与东西两山墙后坡面中间预埋的铁件相焊接。

（5）安装工序：先安装脊柱、前底脚处的混凝土体座及铁件、锚筋、后墙顶部预制有铁件的混凝土体盖板，再安装拱架钢梁，东西向钢管拉链、脊檩、后坡斜面角铁和东西纵向角铁、拉紧钢丝，最后在钢梁拱架钢丝之上安装竹竿、垫杆或 PVC 管作垫杆。

3．安装后坡面保温层　在后坡面安装的钢架梁、角铁之上，盖置上 58cm×6cm×90cm 的钢筋混凝土板（配 Φ4 毫米 4 根冷拔钢丝），每 60cm 盖铺上 3 快，并用 100# 1∶2 砂浆抹板缝。斜板之上先覆盖 1~2 层 EPE 塑膜，再覆盖一层镀铝 PE 膜。然后覆盖上一层 10cm 厚的苯板（泡沫保温板）。苯板之上，用 2cm 后的 100#1∶2 砂浆抹光。

4．上棚膜、上压膜线等棚面安装和钢梁拱架防锈等　参见寿光钢梁拱架冬暖塑料大棚Ⅰ。

5．寿光钢梁拱架冬暖塑料大棚Ⅳ的建造用材情况　参见表 1-10。

表 1-10　寿光钢梁拱架冬暖塑料大棚Ⅳ用材料情况表

用料名称		用料规格及其数量						用途及说明
		长度（m）	宽度（cm）	厚度（cm）	直径（cm）	数量	单位	
钢管	黑钢管	15.3		0.6	3.3	25	根	用作焊接拱梁上弦
钢筋	钢筋	15.3			1.2	25	根	用作焊接拱梁下弦
	钢筋	15.3			1.0	50		作用焊接拉花支撑钢梁的钢管
角铁	角铁	3		0.5		104	根	用于支撑后坡，安装于脊檩至后墙处

续表

用料名称		用料规格及其数量						用途及说明
		长度（m）	宽度（cm）	厚度（cm）	直径（cm）	数量	单位	
角铁	角铁	10	5×5	0.5		8	根	用于后坡斜面中间东西向安装拉链
	黑钢管	10	5×5	0.6	3.3	24	根	用于东西向拉链，前坡拱面共安装3道
	角铁	12	5×5	0.5		7	根	用于作脊檩
	防锈钢管	5.8		0.6	5.0	25	根	用作脊柱
钢丝	26号钢丝	92				32	根	用于前坡30根、后坡2根东西向拉紧
铁丝	8号铁丝	4				32	根	用于拴系拉紧钢丝的坠石
	12号铁丝	85				5	根	穿于主体膜、挡风膜、底脚挡风膜等
	14号铁丝					34	kg	用于拴系顺行铁丝、吊架用
	铁件	12	5	0.6		13	根	预制于混凝土体上焊接钢梁等，截取使用
砖	红砖	0.24	12	6		2万	块	用于砌温室墙体内侧（1走砖12cm厚）
坠石	30kg左右石头					64	块	埋于两山墙外半米处1.5m深坠拉紧钢丝
混凝土板	封护混凝土板	1	58	6		130	片	置于后墙顶面，预制着铁件，焊接梁和角铁
	墙面混凝土板	0.38	38	4		1504	片	封护后墙和山墙外侧面，砌时留缝2cm
混凝土座	前脚混凝土座	0.8	25	25		25	根	埋于前檐底脚处，其上铁件与钢梁焊接
	地锚					104	个	用12号铁丝拴系2~3块砖，埋入地下
通风管等	通风管	2.2			35	25	个	即井管，安装于后墙，3m一个，通风
	山墙混凝土体柱	1.2	12	12		6	根	埋于东西山墙各3根，固定钢管拉链
	苯板	5.0	50	10		39	片	用于前脚外埋入地下，代替防寒沟
垫木	前山墙垫木	12			10	4	根	垫在前山墙顶面两边，防钢丝剎入墙体
	后山墙垫木	3			10	4	根	垫于后山墙顶面两边，防钢丝剎入墙体
过木	门口过木	2			10	10	根	横置于温室门口之上，防塌门口土墙体

续表

用料名称		用料规格及其数量						用途及说明
		长度（m）	宽度（cm）	厚度（cm）	直径（cm）	数量	单位	
垫杆	PVC 管	12.7			3	104	根	用于每间（3m）钢梁之间安装 4 根作垫木
	或竹竿	7~8			2~3	210	根	或用 Φ2~3cm 竹竿作垫杆，防钢丝挡流水
各种类型塑料膜	EVA 膜	85	1400	0.08		130	kg	用作主体棚膜及挡风膜、天窗膜等
	或 PVC 膜	85	300	0.12		168	kg	同上
	PO 膜	85	300	0.15		140	kg	用后坡面的底、浮两面铺设
	PE 镀铝膜	85	300	0.10		65	kg	用于覆盖后坡保温和室内张挂反光幕
	EPE 膜	80	300	0.3		50	kg	用于后坡保温层，因其有气泡，保温性好
	地膜	10	120	0.03		10	kg	用于温室内地膜覆盖栽培蔬菜
	废旧膜	80	1200	0.10		130	kg	主要用作辅膜（也称浮膜）盖草苫防雨雪
草苫	草苫(帘)	14	140	3.0		60	床	覆盖温室前坡拱面，夜间保温
	草苫拉绳	30		1.5		120	根	尼龙防滑绳，用作拉放草苫的拉绳
绳索	压膜绳	13		10		130	根	温室前拱面每 0.6m 设一根压膜绳，压膜
	滑轮拉绳	12		1.0		9	根	开天窗通风口的定滑轮拉绳，共 9 组用
定滑轮	定滑轮					27	个	每 3 个 1 组，距山墙 3m 各设 1 组，其他相距 9m1 组
沙石	石灰					12	m³	用于筑墙基拌"三合土"和抹墙内侧面
水泥	沙子					12	m³	用于筑墙调拌"三合土"，拌砂浆砌墙
石灰	石子					1	m³	用于筑脊柱的固定混凝土体座
	水泥					2	m³	用于抹墙外皮和固定脊混凝土座

注：1. 此温室长度（包括墙体）83m，宽 14m，温室体占地 1 162m²。脊高 5m（因下沉 0.4m，从室内地面以上是高 5.4m）。依据 2013 年在寿光建此温室，约需 20 万元。2. 表中所用材料数量仅供参考

（二）性能特点

1. 采光性能好　该温室采光性能与寿光钢梁拱架冬暖塑料大棚Ⅰ、Ⅱ、Ⅲ的采光性能同样好。

2. 保温性能与上述大棚Ⅰ、Ⅱ、Ⅲ相比，该温室保温性能更好　因为墙体厚度加大，地面之上高度不减而下沉40cm，使室内空间加大，整个温室保温比加大，故保温性更强。

3. 有效栽培面积比率相对降低　由于加厚了墙体，多占用了地面，使该温室的占用面积为1 292.5m²，而室内栽培床（田）面积为834.6m²，有效栽培面积比率为64.6%，这与寿光钢梁拱架冬暖塑料大棚Ⅲ的有效栽培面积比率72.6%相比，降低了8个多百分点。如果按有效栽培田单位面积的产量和收益，大棚Ⅲ与大棚Ⅳ相等高，那么，按占用土地面积计算，大棚Ⅳ的产量和益就比大棚Ⅲ减少8.04%。

4. 通风条件改善　因为该温室于后墙150cm高处，东西向每3m安装了一道通风管，便于夏秋两季通风控温，能防止出现夜温过高和昼夜温差过小等不利于作物生长发育的障碍因素，特别是有利于夏秋两季处于苗期的果菜类作物进行花芽分化，因此，可相对提高坐果率，减少畸形果。

八、寿光钢梁拱架冬暖塑料大棚Ⅴ的结构建造及其性能特点

此冬暖塑料大棚是在坐北朝南、东西向延长的钢筋拉花支撑钢管梁与东西向钢管拉链和东西向拉紧钢丝构成的钢梁拱架，流线拱圆形塑料大棚的基础上，增建上东西两山墙和后墙，并对后坡拱面实行活动覆盖保温（只于冬季和早春寒冷期覆盖），后坡地面也可一年四季作为栽培床面，栽培作物的新型园艺设施。此型日光温室的规格，一般是南北向宽度为矢高的3~4倍，而东西长度为南北向宽度的5~6倍。现以在北纬37°，我国北方地区建造南北宽度16.26m、矢高4.5m、东西向长度80.52m（其中，栽培田东西长78m）的此型日光温室为例，见图1-13。

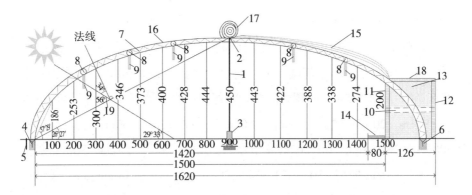

图 1-13 寿光钢梁拱架冬暖塑料大棚Ⅴ的结构建造横截面示意图（单位：cm）

1. 钢管脊柱；2. 角铁或钢管脊檩（横梁）；3. 固定脊柱的混凝土体座；4. 固定钢梁南头的混凝土体座；5. 前底脚外，埋设的防寒苯板；6. 固定钢梁北头的混凝土体座；7. 钢筋拉花支撑钢管梁；8. 拱架上东西向钢管拉链；9. 埋设于山墙上焊接钢管拉链的铁件；10. 后墙 1m 高处的通风管；11. 后墙内侧砖皮；12. 后墙外侧砖皮；13. 土墙主体；14. 棚内走道兼浇水沟；15. 后坡拱面保温层；16. 棚膜；17. 草苫；18. 后墙上人行处；19. 前坡直线斜面上太阳投射角度

此日光温室的前坡拱面水平宽度和矢高，是依据北纬 37° 地区"冬至"正午时太阳高度角为 29° 33′ 和以前坡直线斜面上，"冬至"正午太阳光投射角度 56° 为设计参数，设计的棚面角度为 26° 27′（即 56–29° 33′ =26° 27′）。此棚面角的余切函数值为 2.006 ≈ 2.0，即前坡拱面的水平宽度是矢高（脊高）的 2 倍。如脊高 4.5m，前坡拱面的水平宽度则为 4.5m × 2=9m。以 9m 的 2 倍为拱圆形大棚的跨度，以 4.5m 为矢高，用合理轴线计算公式 $Y=\dfrac{4f}{L^2}x(L-x)$ 计算出前坡拱面各位点高度，公式中：Y 为弧线各点的高度，f 为矢高，L 为跨度，x 为水平距离。同样，以后坡拱面水平宽度的 2 倍为拱圆形大棚的跨度，以 4.5m 为矢高，用合理轴线计算公式，计算出后坡拱面各位点的高度，并对前后坡边内 1~2m 处的拱面位点高度进行适当调整后，从而使大棚的前后拱面都基本成为流线拱圆形，以达牢固和加强抗风能力。

（一）结构建造技术

先建成长 80.52m、宽 16m、高 4.5m，有脊柱支撑的钢梁拱架流线拱圆形塑料大棚的骨架。然后加筑东西山墙和后墙等温室结构，成为拱圆形冬暖塑料大棚（日光温室）。

1. 焊制钢筋拉花支撑钢管拱梁　该温室供需安装 25 架拱架钢梁，钢梁的拱面长度为 22m，跨度 16m，前坡拱面水平宽度 9m，后坡拱面水平宽度 7m，脊高 4.5m。由棚南底脚内边缘往北各位点的高度为：100cm 处高 188cm、200cm 处高 240cm、300cm 处高 287cm、400cm 处高 327cm、500cm 处高 363cm、600cm 处高 400cm、700cm 处高 428cm、800cm 处高 444cm、900cm 处高 450cm、1 000cm 处高 441cm、1 100cm 处高 413cm、1 200cm 处高 367cm、1 300cm 处高 301cm、1 400cm 处高 240cm、后墙高 200cm，钢梁的北端 1.7m 成 75°往内（南）倾斜，南端 1m 高成 62°往内（北）倾斜，钢梁的上弦用外径 33mm、内径 27mm、长 22m 的钢管，下弦用 Φ15mm、长 22m 的钢筋，上弦与下弦之间的拉花支撑用 Φ10mm、长 30mm 左右的钢筋，每架梁所用拉花支撑的钢筋 44m 左右。此温室内面东西长度 78m，每 3m 安装一架钢筋拉花支撑钢管梁，供需安装 25 架。

2. 筑造固定钢架梁南北两端的混凝土座　在该温室南北两边的外沿，东西向每隔 3m 要筑造上一个混凝土体座，两边共需筑造 50 个混凝土体座。混凝土体的规格为 25cm×25cm×50cm，用水泥、石子、沙子、铁件筑成。此混凝土座顶部微露出地面 1cm，埋于地表之下 49cm。南北两边混凝土体座的东西向间距均为 3m，而且要相对应。

3. 埋立和固定脊柱　每架钢梁需要设竖一个脊柱支撑。脊柱的规格为直径 50mm 的镀锌钢管。长度 492cm，其中，地下埋竖 50cm，用水泥拌石子、沙子，筑成 25cm×25cm×70cm 的混凝土体座固定。脊柱埋固地下 50cm，地上部分高 442cm（安装上脊檩和钢架梁后，脊顶高度为 450cm）。脊柱埋竖固定的位置，在从温室内南边缘往北 900cm 位点处的两边相对应的混凝土体座相连的直线上。各根脊柱的位置也都在东西向同一条直线上。

4. 安装钢架梁和脊檩　当钢筋拉花支撑钢管梁搭在脊柱上时，先于钢梁上弦底面与脊檩相焊接，脊檩再与脊柱顶面相焊接。脊檩也称横梁，该温室的脊檩规格外径为 33mm、内径为 25mm 的厚臂钢管或者是 50mm×50mm 的角铁。脊檩东西向总长度 80m。除与每根脊柱顶端和钢梁上弦底面焊接外，待建成东西两山墙后，还与山墙预制着的铁件相焊接。钢梁的南北两端，分别于相对应的南北混凝土体座上预制着的铁件相焊接，从而把钢梁的两端也固定牢。

5. 安装东西向钢管拉链　为使南北起拱的钢梁遇到风雨和暴雪强压力时不东西向倾倒，共安装上5根东西向钢管拉链。拉链的规格与钢梁的上弦钢管相同。这5根钢管拉链分别安装在：从该温室内前底脚南缘往北200~300cm、400~500cm、600~700cm、1 100~1 200cm、1 300~1 400cm的位点高度，每架钢梁上弦的底面，与钢管拉链相焊接。钢管拉链的东西两端分别焊接安装于事先埋设在山墙内150cm长、上头刚露出山墙顶面的铁件上。

6. 埋设锚圈和锚筋　为使棚膜不被风刮动，要于棚面上安装压膜绳把棚膜压牢固，为拴系压膜绳，要于温室前后两边共埋设208个锚圈，其中104个锚圈埋设于温室前（南）边，贴近温室外沿，东西向每隔75cm埋设1个。另外104个锚圈埋设于温室后（北）边后墙体顶面的中间。也是东西向每隔75cm埋设1个。两边埋设的锚圈，在位置上要南北相对应。锚圈的埋法是2~3块红砖作坠物，用10号铁丝捆好，并留出70cm长的双股铁圈，埋入地下50cm，露地上20cm。后墙上的锚圈是埋入后墙内50cm，露出后墙面20cm。

该日光温室的钢梁拱架是有钢梁、脊柱、脊檩和48条东西向拉紧钢丝构成。为拴系东西向拉紧钢丝，需要分别在东、西两山墙上各埋设48个锚筋。此锚筋的做法和埋设方法是：用8号铁丝将4~5块红砖捆在一起作坠物，埋入山墙内1.2~1.5m深。锚筋于山墙上部外侧垫木之下露出50cm，便于在锚筋上拴接上26号镀锌钢丝后，钢丝从垫木之上鞔过山墙顶面东西向拉紧时，因有垫木垫着，钢丝不会刹入墙体而松弛。

7. 筑墙体　两山墙和后墙均为外侧面陡立、砖砌皮土墙体，厚度126cm，其中，内外两侧砖皮厚度各为13cm（砖厚12cm，加上1cm后的100#1：2砂浆抹面），主体土墙厚度100cm，是北纬38°以南地区日光温室土墙厚度指标。如果在高海拔的青藏高原和北纬38°以北最大冻土层厚度超过50cm的高寒地区建造此温室，可于墙体外侧面贴护一层7~10cm厚的苯板（泡沫保温板），以进一步增强保温性能。常采用的筑土墙方法，有如下两种。

（1）先用夹板打成1m厚的土墙体，然后于其内外两侧面砌上砖皮。为使砖皮砌的牢固不塌掉，可采用水泥砂浆合砖缝和打入土墙内"拉钉"，使内外砖皮相连。

（2）随垒砖皮，随上硬草泥，随将硬草泥踩实。为使砖皮垒的牢固而不往外倾倒，在垒砖皮时，隔几层砖，相距2~3m垒上1根规格为6cm×12cm×124cm的水泥"拉条"，或用砖加水泥垒上同上述规格的"拉条"。

在筑山墙时，要预埋上备作焊接钢管"拉链"的铁件和备作拴系东西向拉紧钢丝的锚筋（前坡拱面26根、后坡拱面22根）。山墙拱面要安置泥上垫木，以防止东西向拉紧钢丝刹入墙体内，使钢丝松弛而造成塌棚。

在筑后墙时要搞好如下事项：一是在靠近生产路的一头，贴近山墙内侧的后墙180cm高处，安置200cm长东西向圆木5~6条作门口过木，作为此温室的留门口处。当建成土墙后，于过木以下开一个高度180cm、宽度100cm的门口。二是不管采用上述哪种方法筑墙，都要将钢梁北端几乎与地面垂直地120cm埋入土墙体。东西相邻混凝土体座之间预埋的锚筋（锚圈）也必然埋入土墙内。因此，在筑墙时，要使铁锚圈往上竖直，上端露出后墙顶面50cm，以便于拴系压膜绳。三是于后墙100cm高处，东西向相距6m设一通风管。其规格为内径30~40cm的混凝土体井管适可。四是于后墙顶面北半部留76cm宽人行道，既在安装钢架梁和覆盖活动保温层时，只在墙顶面南边50cm。

8. 安装东西向拉紧钢丝 宜选用26号镀锌钢丝。此温室前后拱面共需安装48道东西向拉紧钢丝，除前坡面2道及后坡面1道安装在拱架梁之下，用作搭吊架套拴顺行铁丝外，在后坡面北边1道安装于后墙顶面南边（在拱梁之上），用作拴系草苫的拉绳外，其余的前坡拱面上24道、后坡拱面上20道，都于拱面之上均匀分布安装。安装的具体方法是：先将钢丝的1端拴固于山墙上的锚筋上，使钢丝鞔过山墙上的垫木、各架钢梁、另一头山墙上的垫木后，用紧丝钳把钢丝拉紧，拴系于另一端山墙上相对应的锚筋上。全温室的钢丝都拴系于东西山墙上的锚筋后，再用 18号铁丝，将钢丝绑固于所有鞯过的钢梁上弦上，以防钢丝移动下滑。

9. 安装垫杆　为避免东西向拉紧钢丝阻挡棚膜内面露水而形成滴水，要手拉紧钢丝上垫上 Φ2~3cm 的细竹竿或 Φ3cm 的 PVC 管，使棚膜不接触东西向拉紧钢丝。把该温室相邻脊柱间的 3m 之距作为是 1 间，每间要安装上与钢梁拱弧和长度相同的垫杆 4 根（即相邻拱梁之间每 75cm 安装 1 根，共安装上 3 根，再于紧靠拱梁一侧安装 1 根）。垫杆的长度同钢架梁的长度为 22m，若要用直径 2~3cm 的竹竿作垫杆，需要几根竹竿相绑接才能达到应用的长度，一般采取粗头在下，细头在上，于脊顶处搭接绑固。有的温室，为使垫杆在前窗处的起拱弧度与此处钢梁的起拱弧度相一致，以便于上推进式卷帘机卷草帘，在前窗处，采用宽 4cm、长200cm 的竹片作垫杆，上端 170cm 长绑固于东西向拉紧钢丝上，而下端30cm 长插入土中呈弧形。为防竹片下沉，在其底角处横放 1 道细木杆或竹竿，用塑料绳绑于各竹片上。垫杆的绑接处要用塑料膜缠包，以防接槎扎破棚膜。垫杆与所有东西向拉紧钢丝接触处，都用 18# 细铁丝绑固，绑固的铁丝槎头，勿朝下，也勿朝上，要朝一侧偏倒。

10. 安装棚膜、压膜绳、天窗通风口定滑轮等　参见寿光钢梁拱架冬暖塑料大棚 I 的安装方法。

11. 后坡拱面活动覆盖保温层的异质材料及其上覆和撤覆　所谓活动覆盖保温层，就不是固定覆盖保温，而是一年四季，只于冬季或冬季至早春这段时间覆盖不透明保温物。并利用冬季北方地区太阳高度角较小，在覆盖不透光保温物的情况下，后坡地面及其以上空间也能有光照的条件，在后坡地上栽培作物，从而使后坡地面与前坡地面一样，一年四季都可栽培作物。后坡活动覆盖保温层所用的材料必须具备既保温性能优良，又便于覆盖、撤盖和耐用的性能特点。目前，有以下两类覆盖材料。

（1）既保温又具有一定透光性的材料：如发泡聚乙烯保温被，是由发泡聚乙烯内胆，上层和下层分别是涂银牛筋布和白色无纺布构成。不仅具有良好的保温性能和一定程度的透光性能，还具有防雨水、防雪、防风和比重小，耐用期长等优点。在北纬35°以南非高海拔地区，因冬季不太寒冷，可于晚秋、冬季、早春在后坡面只覆盖这种保温被一层即可。

（2）由多层异质材料构成的后坡面保温层：其覆盖层次的顺序是：厚度1.5mm的五层共挤PO膜（耐用期可达6年）——厚度5~7mm的EPE膜（含气泡）——厚度0.8mm的PE镀铝膜（阻挡红外线由棚内往外辐射散温）——3~5cm厚的稻草苫或苇蒲苫（在北38°~42°高寒地区，草苫厚度需6~8cm）——4~6mm厚温室覆盖专用毛毯——废旧整体EVA或PVC薄膜。

对于后坡面活动覆盖层的上盖和撤盖的日期，依据不同地理纬度和不同海拔高度地区的气候情况来确定：通常是"霜降"至"小雪"覆盖，翌年"惊蛰"至"清明"撤盖。在此过程中，也可先提早20天将上边的2m宽揭折于中部，然后再撤盖。

12. 建此温室所需材料情况　参见表1-11。

表1-11　寿光钢梁拱架冬暖塑料大棚V建造用材情况表

用材料名称		用料规格及数量						
		长度（m）	宽度（cm）	厚度（cm）	直径（cm）	数量	单位	
钢管钢筋角铁等	乙烯保温被	22		0.6	3.3	25	根	用作拱梁上弦钢管
	钢筋	22			1.2	25	根	用作钢架梁的下弦
	钢筋	22			1.0	50	根	用作拉花支撑钢管
	防锈钢管	5		0.6	5.0	25	根	用作温室脊柱
	黑钢管	20			3.3	20	根	用作温室拱架东西向拉链，焊接用
	角铁	20	5×5	0.8		4	根	用作脊檩（横梁）全长80m，焊接用
	黑钢管	20		0.8	3.3	4	根	可代替角铁作脊檩
	角铁	1.5	5×5			10	根	预制在两山墙的铁件，安装焊接拉链
	角铁	0.5	5×5			100	根	预在混凝土体座内，焊接安装钢架梁
	钢筋拉T	1.0			1.2	160	个	用作拉砖皮，使砖皮不往外倾

续表

用材料名称		用料规格及数量						用途说明
		长度（m）	宽度（cm）	厚度（cm）	直径（cm）	数量	单位	
砖混凝土体座	通风管	1.2			35	13	根	于后墙1m高处，东西向均安装
	水泥拉条	1.2	12	6		180	根	筑墙体时垒上，放砖皮往外倾倒
	混凝土体座	0.5	25	25		50	个	埋设于温室前、后两边焊接安装钢梁
	脊柱混凝土座	0.7	25	25		25	个	固定脊柱
	红砖	0.24	12	6		3万~5万	个	砌内外墙皮和锚筋、锚圈的坠物
石灰沙子石子水泥	沙子					3	m	本栏中的沙子、石灰、水泥、石子是用于筑混凝土体座，处理墙体砌砖皮、抹光墙面、黏连红砖作坠物会等用
	石灰					2	m	
	水泥					1	m	
	石子					1.5	m	
钢丝铁丝	26号钢丝					320	kg	用26号镀锌钢丝东西向拉紧构拱架
	8号钢丝					90	kg	拴系坠物和锚筋
	12号钢丝					69	kg	用作穿膜"裤"中抻拉棚膜和作锚圈
	14号钢丝					51	kg	用作栽培床顺行搭吊架的顺行线
	18号钢丝					40	kg	用作拴绑垫杆
垫杆垫木压膜绳草帘滑轮等	PVC管	17.3			3	104	根	用作垫杆，在温室拱面纵向75cm安装1根
	圆木	17.3			10	4	根	用作东西山墙顶面的垫木
	方木	2.0	10	10		6	根	温室门口过木
	压膜绳	17.5			1	104	根	用作亚棚膜。是尼龙绳
	草苫（帘）	11.7	140	3		60	床	用作前坡拱面夜间覆盖保温
	或发泡聚乙烯保温被	11.7	7800	3		1	床	用作代替草帘，夜间覆盖保温

续表

用材料名称		用料规格及数量						备注
		长度（m）	宽度（cm）	厚度（cm）	直径（cm）	数量	单位	
垫杆垫木压膜绳草帘滑轮等	草苫拉绳	25			1.5	120	根	用防滑尼龙绳作草帘拉绳
	定滑轮					39	个	3个为一组，共安装13组，开天窗
	拉绳				1	13	根	定滑轮的绳索
	苯板	0.5	50	7		36	块	代替防寒沟，埋入地下防寒
塑料薄膜	转光长寿膜	80	1750	0.10		158	kg	用作前坡、后坡拱面覆盖采光
	或PVC膜	80	1750	0.12		219	kg	用作前坡、后坡拱面覆盖采光
	地膜PE	14.2	120	0.01		11	kg	覆盖地面，用作室内覆盖栽培作物
	内二膜	80	1700	0.04		60	kg	用作冬季温室内衬盖，栽培苦瓜、西瓜
	废旧膜	80	1700	0.10		160	kg	作辅膜，盖草帘，防雨雪
活动保温层异质材料	PO膜	80	1150	0.15		110	kg	用作活动后坡拱面底层覆盖
	EPE膜	80	1150	0.3		50	kg	用作活动后坡拱面覆盖（含气泡）
	PE反光膜	80	1150	0.10		50	kg	用活动后坡覆盖阻止辐射散热
	草苫（帘）	11.5	140	5		60	床	用作活动覆盖后坡拱面保温
	专用毛毯	80	300	0.6		1	床	用作活动覆盖后坡保温

注：1. 该温室的后坡拱面活动覆盖层，若只用了3cm厚的发泡聚乙烯保温被覆盖保温保温，最为适宜。因为既能保温，又有一定程度的透光，敞、盖期早晚都对室内作物影响不大；

2. 按有效栽培面积为单位计算建温室成本，在上述所有日光温室中，该温室的费用最低。是寿光钢梁拱架冬暖塑料大棚 I 建造费用的70%的成本，然有效栽培面积却是大棚 I 的1.5倍大；

3. 该温室是本书主笔者于2012年研制成的，因推广时间短，若有些不适用之处，望请采用者对其加以改进

（二）性能特点

1. 有效栽培面积比率大　该温室的栽培床（田）面宽14.2m、长78m，有效栽培面积（也称净栽培面积）为1 107.6m^2，而占用面积宽度

17.26m（包括室前1m宽的走道），长度83m（包括温室一头所摊生产路2.5m），再加上缓冲房占地10m²，总占用面积为1 442.9m²。有效栽培面积比率为76.8%，是上述多类型日光温室中，有效栽培面积比率最高、最节省土地的日光温室。

2. 采光面积大，采光性能好　此温室于春、夏、秋三季所有棚面都采光，冬季虽然后坡面覆盖着不透明覆盖物保温，但由于此季太阳高度角较小，不仅后坡地面全得到光照，就是地面以上160~380cm的空间也能得到光照。而且前坡直线斜面上，"冬至"正午时太阳光投射角度为56°，这样的投射角度，采光率高达83%以上，相当于我国南沙群岛、柬埔寨金边等热带地区的光照强度。所以，是采光性能很好的日光温室。

3. 通风条件好　可使室内夏秋季节昼夜温差相对加大，该温室因具备天窗通风口、后墙管道通风口和前窗底脚通风口这三处通风，在夏季和秋季高温期，通过夜间通风降温，可相对加大昼夜温差，这有利于茄果类、瓜果类等果菜类作物进行花芽正常分化，增加坐果数，减少畸形果。可增加产量和提高品质。

4. 冬春两季上午室内气温回升快，但保温性能相对差　因该温室采光面积大和采光率高，又保温比较小，所以，上午室内气温回升的较快，且气温高。

但是，因该温室的保温比较小，保温性能亚于上述其他日光温室，冬季夜间室内的绝对气温最低，一般比上述其他日光温室的绝对最低气温低1~2℃左右。

第三节　塑料大棚的设计与建造技术

在我国的园艺设施上，到目前为止，塑料大棚的推广使用范围和面积，仍比日光温室的推广使用范围广和面积大。这是因为塑料大棚只用骨架建成棚形，覆盖塑料薄膜，不覆盖不透明保温物，也不设加温和保温设备。在北纬36°以南地区的塑料大棚，就可越冬栽培白菜、油菜、芥菜、萝卜、甘蓝、花椰菜、菜薹、菠菜、芫荽、茼蒿、藜蒿等许多耐寒喜温性蔬菜作物。而且具有结构简单，容易建造，当年投资少，有效栽培面积大，作业方便。与露地相比，增加了抗灾、避灾的能力，还可提早和延后栽培，增加产量。尤其是因能延长生长期，是秋延茬番茄、茄子、辣椒、黄瓜、丝瓜等果蔬类作物延长持续结果期，增产效果特别显著。而在北纬34°以北的我国广大地区，实行塑料大棚与日光温室搭配利用，可抢前、错后、间作、套种，提高复种指数，充分发挥塑料大棚的优势，获得高产高效益。但是，与日光温室相比，塑料大棚因保温性较差，在我国北方地区，番茄、辣（甜）椒、茄子、黄瓜、丝瓜等果菜和豇豆、菜豆等荚果菜作物，若用塑料大棚保护栽培，不能正常生长安全越冬。所以，在北方推广使用面积明显小于南方。

就塑料大棚的类型及其结构而言，基本分两类5型：一是竹木结构类大棚，其又分为竹木结构多柱型大棚和竹木悬梁吊柱型大棚；二是钢架结构类大棚，其又分钢管骨架无柱型大棚、拉钢筋吊柱型大棚和装配式镀锌薄壁钢管大棚。目前，在我国华北、西北、东北、华中北部地区，前四型塑料大棚推广使用面积较大，而后者装配式镀锌薄壁钢管大棚很少采用。上述前四型塑料大棚的结构规格，南方与北方地区的差别较大。南方地区的大棚因受边际温度影响较小，所以，本来在20世纪90年代南方地区（指北纬32°以南地区）大棚结构规格较小，一般跨度4~8m，高度2~2.5m，长度30~40m，肩高0.8~1.0m，拱间距0.5~0.65m。而同期北方地区（主要指北纬35°以北地区）大棚结构规格显著比南方地区的大，一般跨度10~12m，高度2.5~3.0m，长度50~60m，肩高1~1.5m，拱间距0.6~0.8m。而进入21世纪以来，北方地区塑料大棚的结构规格又有了明显扩大，至目前，一般为跨度12~16m，高度3~4m，长度60~80m，肩高1.5~1.7m，拱间距0.75~1.0m。北方地区的1栋大棚的面积是南方地区的2~3栋大棚的面积。

就塑料大棚的方位而言，在20世纪90年代之前，北方地区几乎所有大棚都是东西向跨宽，南北向伸长；而从20世纪90年代之后，随着北方地区日光温室的推广使用，在同列前后相邻日光温室之间的隔离（前温室遮阳区）土地上建造的南北向跨宽，东西向伸长的大棚所占比率逐年上升。

一、塑料大棚的规划与设计

（一）场地选择

设计建造塑料大棚，首先要选择好建棚场地，然后依据场地的长、宽、面积等情况因地制宜合理设计。在场地选择上，除需要地势平坦，土质疏松肥沃，东、西、南三面无遮阳光物体，光照充足，避开风口，具备灌、排条件，电力条件，靠近道路，便于运输外，应特别关注必须无工厂、矿山等排出的废气、废水、废渣等污染物，场地的空气、灌溉用水、土壤等都具备生产无公害蔬菜的条件。

（二）塑料大棚群的规划

目前，塑料大棚的规划主要有以下几种方式。

1.塑料大棚与日光温室搭配　塑料大棚南北向跨宽，东西向延长，在南北（前后）相邻的日光温室之间建造 1~2 栋塑料大棚，如此规划的好处是：能有效利用日光温室之间的土地，温室群的小气候条件好，更有利于提前和延后栽培。在温室内育苗，于大棚内定植，作业方便（图 1-14）。

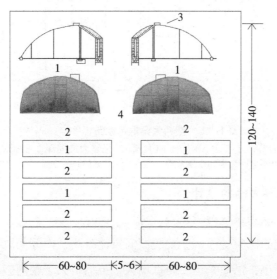

图 1-14　日光温室与塑料大棚搭配规划示意图（单位：m）

1.日光温室；2.塑料大棚；3.日光温室缓冲房；4.东西相邻棚室间的生产路

2.建造塑料大棚群　塑料大棚东西向跨宽10~16m，南北向延长50~80m，每1栋大棚的面积为500~1300m²。棚侧相邻之间距离2~3m，棚头相邻之间距离6~7m。在具体规划中，先进行土地调整，丈量土地面积，然后视土地面积大小和土地长宽情况，绘制出田间规划图。棚头之间距离作为通道，便于机动车往返会车时能通过，方便运输生产资料和产品。灌排水道也从棚头之间通过（图1-15）。

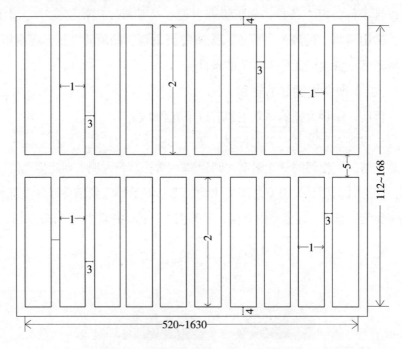

图1-15　塑料大棚群示意图（单位：m）

1.跨度10~16m，2.长度50~80m的大棚；3.相邻大棚间距2~3m；4.棚头通道6~7m；5.棚头之间通道和排灌水道

（三）塑料大棚的设计

1.将棚架拱弧设计为流线型

塑料大棚的棚膜受损，主要与棚面风速有关，而棚面风速又与棚形有关。棚架拱弧小，拱面平坦，跨度增大，虽然扩大了棚内栽培田面积，但是，棚内与棚外的空气压强差大，压膜线难以将棚膜压紧，棚面抗风能力弱，容易遭受风害。把棚膜刮破，甚至把棚膜刮得飞天。如果棚架拱弧过

大，则跨度过窄，不但棚内栽培田面积减少，而风荷载加大，抗风能力也不会强。实践和理论证明，棚架拱弧为流线型的大棚，棚面弧度大小适当，能减弱风速，使压膜线压膜牢固，遇到大风时棚膜不易起伏"呼哒"摩擦，抗风能力强，一般遇到 8 级风也不会遭风灾。

塑料大棚流线型拱弧面之所以抗风能力强，是因为符合空气动力学中的如下伯努力方程简式：$P+P/2 \cdot V^2=C$。式中：P 为空气压强，V 为风速，C 为常数。当风速为 0 时，棚内棚外的空气压强都等于 C。可见棚外面遇到的风速越小，棚内与棚外的压强差越小，棚膜越不易反复起伏，鼓起落下摩擦，越抗风灾。而且跨度适中，可使棚内栽培田面积较大，高矮适当，便于耕作。

流线型拱弧是用如下合理轴线的计算公式计算设计出来的：

合理轴线的计算公式：$Y=4f \cdot X(L-X)/L^2$，式中 Y 为轴线水平距离位点在弧线上的高度；f 为矢高；L 为跨度；X 为轴线水平距离。

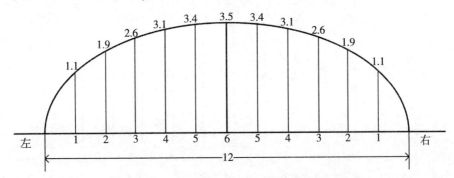

图 1–16　合理轴线位点高度示意图（单位：m）

图 1–16 为塑料大棚跨度 12m，矢高 3.5m，则轴线每 1m 的水平距离的位点高度。其计算过程如下：

$$Y_1=4 \times 3.5 \times 1(12-1)/12^2=154/144=1.1$$

$$Y_2=4 \times 3.5 \times 2(12-2)/12^2=280/144=1.9$$

$$Y_3=4 \times 3.5 \times 3(12-3)/12^2=378/144=2.6$$

$$Y_4=4 \times 3.5 \times 4(12-4)/12^2=448/144=3.1$$

$$Y_5=4×3.5×5（12-5）/12^2=490/144=3.4$$

$$Y_6=4×3.5×6（12-6）/12^2=504/144=3.5$$

由图 1-16 可见，完全按合理轴线计算公式计算设计建成的塑料大棚，虽然稳固性强，但因两边底脚处低矮而不适于栽培高棵作物，就是栽培矮棵作物，也管理不方便，尤其是现在都是用旋耕机耕翻棚田，旋耕机的两把扶手的高度为 1.7m，若棚边处低矮则不能用旋耕机耕翻地。因此，必须对高度适当调整。调整的方法有两个：一是增加边内 1m 处位点高度，取左右两边 1m 和 2m 两位点上的弧线高度的平均值，作为两边往内 1m 处的高度。即将图 1-16 中 1m 处 1.1m 高加上 2m 处的 1.9m，再除以 2，所得的平均值 1.5m 作为两边往内 1m 处的高度。参见图 1-17。二是将所有轴线位点高度都增加 0.5~1.0m，改为带肩大棚。如图 1-17 是在图 1-16 的基础上，带肩 0.6m 的大棚。增加 0.6m 后拱架各点高度为 1、2、3、4、5、6m 处位点高度增加至 1.7、2.5、3.2、3.7、4.0、4.1m。

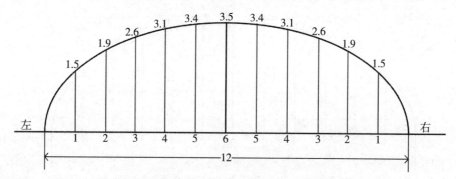

图 1-17　两边 1m 处调高后的合理轴线位点高度示意图（单位：m）

2. 塑料大棚的跨高比和长跨比

流线型塑料大棚的跨度与高度（矢高）适宜之比为：跨度 / 矢高 =3-4，即跨度是矢高的 3~4 倍。若大于 4 倍，则棚面平坦，抗风能力低；若小于 3 倍，则棚面过于陡立，风荷载加大。带肩的大棚跨度与高度的比值为：跨度 /（矢高 - 肩高），同样跨度和矢高的大棚，跨高比值则减小。例如图 1-16 的跨度为 12m，矢高 3.5m，跨高比值为 12/3.5=3.43；而同样跨度的带肩 0.6m 的大棚（如图 1-18），矢高为 4.1m，则跨高比值为 12/4.1=2.93m。

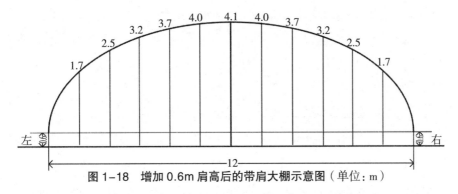

图 1-18　增加 0.6m 肩高后的带肩大棚示意图（单位：m）

　　大棚的长度与跨度比值的大小，与棚体的稳固性能有关。因为增加跨度就必然缩小长度，更缩短大棚于地面固定的周长，固定的周边越短，大棚越欠稳固。例如，同为 1.5 亩地（1 000m²）的大棚，跨度为 16m，则长度为 62.5m，周长为 175m；而跨度为 12m，则长度为 83.3m，周长为 190.7m，两相比较，后者的稳固性能比前者强。但是跨度过小，长度过长，不仅增加外界不良气候对大棚边际不良影响的面积，不利于作物生长发育，而且就带肩大棚来说还会增加两陡立侧面的风荷载。理论和实践证明，流线型拱架（包括带肩大棚）大棚的长度与跨度之比，应等于或大于 5。一般长度是跨度的 5~6 倍为宜。

二、塑料大棚的建造技术

　　目前，我国北方地区广大菜农喜欢应用的塑料大棚主要有：水泥立柱竹木结构型大棚、水泥立柱竹木结构悬梁吊柱型大棚、水泥立柱拉筋吊柱型大棚、钢管骨架无立柱型大棚。至目前，前两型大棚的推广应用面积仍大于后两型。在山东省保护地蔬菜集中产区，于 20 世纪 90 年代推广应用面积较大的纯竹木结构（立柱也是竹木的）大棚，现已 80% 以上被水泥立柱竹木结构型大棚和水泥立柱竹木结构悬梁吊柱型大棚所取代。

（一）水泥立柱竹木结构型大棚的建造技术

目前，在我国北方保护地蔬菜集中产区，推广应用的水泥立柱竹木结构的大棚规格多为矢高4.1m，跨度12m，肩高0.6m，长度75m，面积900平方米的带肩型塑料大棚。现以此规格标准为例，介绍此大棚的建造技术。参见图1-19所示。

1. 埋设立柱

（1）立柱数量及其规格：在12m跨度内均匀埋设6行立柱，立柱南北之间为1.5m，南北行棚长75m，每行埋设51根，全棚共设计埋设306根，立柱的规格为15cm×6cm，内有4根8号或10号铁丝作为内筋的水泥立柱。其中，长度为2.1m、3.5m、4.4m的各102根。立柱下端底面要平，上端顶面预制1个弧凹形槽口，和槽口以下5cm处1个孔，以备安装拱杆时绑固。

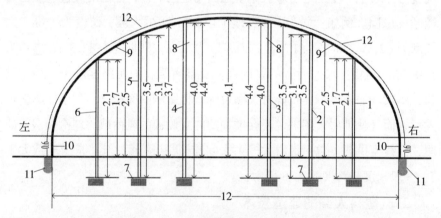

图1-19　水泥立柱竹木结构塑料大棚的建造结构横截面示意图（单位：m）

1. 右行Ⅰ立柱；2. 右行Ⅱ立柱；3. 右行Ⅲ立柱；4. 左行Ⅲ立柱；5. 左行Ⅱ立柱；6. 左行Ⅰ立柱；7. 立柱坑内垫基的砖块；8. 立柱行内拉杆；9. 拱杆；10. 弧形竹片；11. 拴系压膜绳或压膜线的锚圈；12. 棚膜

（2）埋竖立柱的具体方法：先打灰线，刨埋竖立柱的坑。在大棚四周边缘上打上灰线，再分别从左右两边的灰线垂直往内1m处打上南北向左行Ⅰ和右行Ⅰ灰线。从左行Ⅰ灰线至右行Ⅰ灰线之间的东西向10m内，均匀距2m，在打上四条南北向灰线（即分别打上左右行Ⅱ和左右行Ⅲ灰线）。按照打好的南北向灰线，南北每1.5m刨一个埋竖立柱的坑，坑深52cm，垫上12cm厚（两层砖厚）的砖做基垫后，坑深为40cm，全棚刨完306个埋竖立柱的坑后，为防止将来棚内浇水后立柱遇雨雪压力时下沉，要于所有坑内垫上两层砖（每层两块，共垫四块砖）作立柱基垫。然后将2.1m长的102根立柱埋设于左行Ⅰ和右行Ⅰ，埋设时要注意顶端的槽口朝东西向，并因为是两边的立柱，要使其向外倾斜75°~80°，以增强其支撑力。要捣实埋土，把立柱埋竖牢固。埋竖后地上部分的高度均为1.7m。将3.5m长的102根立柱，埋竖于左行Ⅱ和右行Ⅱ，埋时也要使顶端槽口朝东西向。埋后地上部分高度均为3.1m。将4.4m长的102根立柱分别埋竖于左行Ⅲ和右行Ⅲ，埋时也要使其顶端槽口朝东西向，埋竖后地上部分高4m。所埋竖的各行所有立柱，都要埋土捣实，把立柱埋竖牢固。大棚南北两头的立柱要埋竖于两头的边线上。埋竖完全棚的立柱后，要达到南北成行，立柱在一条直线上，同行立柱高度相同一致。东西成排，相邻排的间距为1.5m。

2. 安装拱杆

用直径7~8cm粗的竹竿作拱杆，每排拱杆用两根竹竿，粗头在下，细头在上，将拱杆安装于同排两边各行的立柱顶部槽口上，用铁丝穿过立柱槽口下边5cm处的孔，将拱杆绑拴于立柱上，把铁丝拧紧。将两根竹竿的细头于棚顶搭接，用塑料绳绑牢固。两侧底脚用4cm宽、2m长的竹片，上端放在左右行Ⅰ的立柱顶端的拱杆上，用塑料绳绑牢固，竹片下部插入土中呈弧形。为防止竹片下沉，在底脚处横置一道细木杆，并用塑料绳绑在各竹片上。在各行立柱距顶端25cm处用直径4~5cm的木杆或竹竿作拉杆，并将其用细铁丝拧在立柱上，把整个大棚的骨架连接成整体。在大棚东西两侧相邻拱杆中间底脚外沿，用12号铁丝缠拴上3块红砖，做成锚圈，埋入地下40cm深，将埋土捣实，埋固，并使锚圈露出地面，以便拴系压膜线或压膜绳。

3. 覆盖棚膜

（1）棚膜的选择。目前，在塑料大棚薄膜的选用上，淮河以南的南方地区，仍以选用普通聚乙烯膜（PE）为主。因此，膜厚度0.06~0.08mm，比重为0.92，南方地区的大棚规格小，单栋大棚的面积小，采用此膜，单位面积用膜量少，且透光率退化慢，使用上经济。普通聚乙烯膜的内表面布满水滴，虽然影响采光率，但在棚温过高时不易烤伤作物。在北纬34°以北的我国北方地区，目前，塑料大棚覆薄膜，主要选用厚度0.08~0.12mm的聚乙烯—醋酸乙酯消雾膜。即厚度超过0.08mm的EVA无滴、防尘、长寿膜，也称EVA消雾膜，或乙烯—醋酸乙酯消雾膜。此膜除了具有无滴、防尘、长寿性能和与普通聚乙烯膜的相同优点外，还特别耐老化，具强度高等优点。北方地区昼夜温差大，棚内易生雾，且棚体跨度大，伸延的长，1栋大棚所占面积是南方地区2~3栋大棚的面积。所以，适宜采用EVA消雾膜作棚膜。

（2）棚膜覆盖方法。先覆盖底脚围裙膜，用1m宽的薄膜，上面烙合成"裤"，穿上塑料绳，绑于大棚两侧底脚处的各架拱杆上，下边埋入土中。为防止拱杆的东西两端被围裙膜拉得往内倾斜，应于两端拱杆处外钉木桩，把围裙固定。上完围裙膜后，随后覆盖上部整体膜。EVA薄膜是圆筒形吹塑的，其幅宽达10~25m，可依据从棚顶盖到两侧围裙上，延过围裙40cm的宽度，以棚长加棚高的2倍，外加0.8m作为两头埋入土中之用。例如该大棚的长度为75m、高4.1m，则需棚膜长度为75+（4.1×2）+0.8=84m。薄膜裁剪好后，用卷膜杆从东西两侧向中间卷起，选择无风晴朗天气，将卷起的膜放在棚顶部，向两侧放下，延过围裙后两端抻紧，埋入土中踩实，两侧展平，用压膜线或压膜绳压紧。南北延长的大棚，宜先从南往北覆盖棚膜，要后一幅膜的南边压着前一幅膜的北边30cm。

压膜线要用12号或10号铁丝，每相邻拱杆中间压一条，先将一头拴于一边的地锚圈上，再用紧钳在另一边拉紧后，拴于锚圈上。

4. 安装大棚门

在覆盖门口膜前，先用木料或竹料埋立好门框，一般门口高1.8m，宽1m。覆盖薄膜后先不开门，以便在大棚密闭条件下，促使棚内温度提高，加速土壤化冻或提高地温。为提早栽植作物创造良好的小气候条件。在开始应用此大棚时，只把门口处的棚膜割成"T"字形开口，掀开此门口的薄膜进出大棚。当安装大棚门时，先把薄膜向两边门框和上框卷起，用木条钉在门框上，然后可方便的安装棚门。

（二）水泥立柱竹木结构悬梁吊柱型大棚的建造技术

该大棚的矢高、跨度、长度、立柱、拱杆等建造规格，与水泥立柱竹木结构的大棚无异。不同之处是在同行相邻立柱的拉杆上安装小吊柱代替部分立柱，使立柱数减少。该大棚同行南北相邻立柱距离为3m，其距离内均匀安装两个小吊柱（即拉杆相隔1m安装1个小吊柱）。小吊柱用25cm长、直径4cm粗的木杆，两端4cm处钻孔，穿过细铁丝，下端拧在水泥立柱顶端以下25cm处设置顺行拉杆上，上端拧在拱杆上。全棚共用156根水泥立柱，300根小吊柱，76架拱杆。其余建造方法完全相同。见图1-20所示。

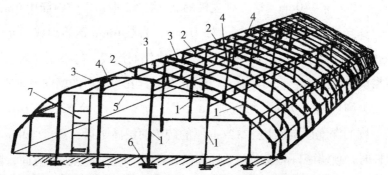

图1-20 水泥立柱竹木结构圆木拉杆悬梁吊柱型塑料大棚建造结构横斜面示意图
1.水泥立柱；2.小吊柱；3.拱杆；4.直径6~7cm圆木拉杆；5.两头的横木；
6.基垫砖或基石；7.门口和门

（三）水泥立柱拉筋吊柱型大棚的结构建造

水泥立柱拉筋吊柱大棚的顶端拉直径6mm的钢筋，在钢筋上每根拱杆用小吊柱支撑。方法与水泥立柱竹木结构悬梁吊柱大棚相同。其建造结构见图1-21所示。

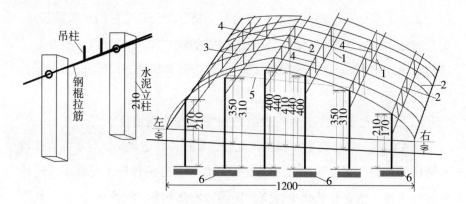

图 1-21　水泥立柱拉筋吊柱型大棚示意图（单位：cm）

1. 水泥立柱；2. 拉筋；3. 拱杆；4. 吊柱；5. 两头的横梁；6. 砖基垫

1. 埋竖立柱

（1）水泥立柱规格：左行Ⅰ和右行Ⅰ立柱为 10cm×10cm×210cm、左行Ⅱ和右行Ⅱ立柱为 10cm×10cm×350cm、左行Ⅲ和右行Ⅲ立柱为 10cm×10cm×440cm，这三种规格的立柱各 52 根，立柱内筋用 6mm 粗钢筋，在立柱上端和下端各用 4 根 10cm 长直径 6mm 钢筋焊成"#"字形，并再用 4 根钢筋将上端与下端"#"字钢筋连接。每根立柱的上端预制有槽口，在槽口下 5cm 处有一个穿拉孔，其孔与槽口的朝向呈垂直向。

（2）刨坑埋竖立柱：每行刨 26 个坑，坑距 3m，全棚共刨 156 个立柱坑。坑的深度以坑底垫上 12cm 厚的砖（两层砖）后，深度 40cm。埋竖立柱时，顶端槽口的朝向与立柱埋竖的行向（纵向）呈垂直方向，即槽口下边的穿拉筋孔要顺行方向。6 行中柱一律与水平地面垂直埋竖。但也可除立柱左行Ⅰ和右行Ⅰ分别往外侧倾斜 75°~80°外，其他 4 行立柱一律与水平地面垂直埋竖，埋深 40cm，将埋土捣实，埋固。要达到同一行立柱的顶端高度都在一个水平线上。

2. 安装拱杆

用 6 条均为长度 75.3m、直径 6mm 的钢筋，穿透各立柱，两端固定在预制柱上拉紧，用直径 4cm 粗、25cm 长的木杆作小吊柱，两端钻孔，用 12 号铁丝穿透，下端拧在拉筋上，上端拧在拱杆上。拱杆的安装与水泥立柱竹木结构塑料大棚相同。

3. 上棚膜和上压膜线等。同水泥立柱竹木结构塑料大棚的相同

（四）钢管骨架无立柱塑料大棚的结构建造技术

以跨度 12m、矢高 4.1m、长度 75m，有效栽培面积 900m² 的钢管骨架无立柱塑料大棚为例。其建造结构参见图 1-22 所示。

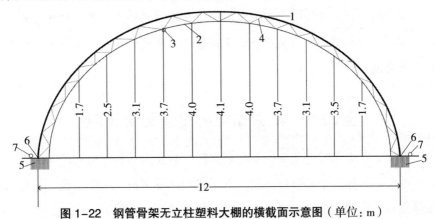

图 1-22　钢管骨架无立柱塑料大棚的横截面示意图（单位：m）

1. 上弦钢管；2. 下弦钢管；3. 拉筋；4. 钢筋拉花；5. 地梁；6. 预埋角铁；7. 拴压压膜线（绳）的锚圈

1. 焊接棚架

用外径 33mm、内径 27mm、长 16m 的镀锌厚壁钢管为拱杆，按拱杆间距 1m 计算共需 76 架，其中，26 架带下弦的加强桁架，下弦用直径 12mm 的钢筋，拉花支撑用直径 10mm 的钢筋。

2. 浇筑地梁

在大棚两侧浇筑 15cm×15cm 混凝土素质地梁（无钢筋），在梁的中部，每米预埋一块角铁或铁板，以便于焊接桁架和拱杆，大棚两头备埋 4 个地锚，作为焊接棚头立柱之用。

3. 架焊拱梁

先把棚两端和中部的三排檩架支起，底脚焊在地梁预埋铁块上，然后用直径 14mm 钢筋作纵向拉筋（拉链），均匀分布焊在檩架下弦上，再把直径 2.7cm 的镀锌钢管拱杆按一米间距焊于地锚上，在纵向拉筋上，用直径 10mm 钢筋作斜撑，把骨架连成整体。

　　钢管无立柱大棚地梁上最好预埋角铁，可在每根拱杆间角铁的外侧用直径 5.5mm 的钢筋焊上拴压膜线（绳）的锚圈，代替拴压膜线地锚。

　　4.安装棚膜、建棚门等

　　见图 1-19 水泥立柱竹木结构塑料大棚的建造。

　　这种塑料大棚，近年来在我国北方地区推广面积增速较快，其便于设置天幕（内二膜）和扣中小棚，多层覆盖栽培多种蔬菜，尤其秋延后和早春提前栽培效果显著。在北纬 38°以南地区，可采取多层覆盖保护，使耐热性蔬菜也可以周年生产。

第四节　蔬菜棚室的主要配套设施

　　目前，在山东省寿光市棚室蔬菜产区，日光温室和塑料大棚的配套设施主要有：各种类型的塑料薄膜，不同式样的卷帘机、滴灌系统、补光和保温设备，作物病虫害防治设备、棚室内轨道运输车等。

一、塑料薄膜

（一）聚烯烃薄膜的种类规格、性能与用途

1.EVA 三层共挤复合膜

　　此塑料薄膜也称 EVA 无滴防尘长寿膜，属乙烯—醋酸乙烯聚合物。其厚度 0.08~0.12mm，折径有 1.0m、1.5m、2.0m、3.0m、4.0m、5.0m、6.0m 的多种宽度规格。相对密度（比重）0.92~0.94。其主要性能特点：透光率衰退慢，单位面积用量少，每亩（667m^2）用量为：日光温室 100~110kg，塑料大棚 110~130kg，中小拱棚 80~130kg。具有无滴水、防染尘、使用期较长的性能。一般无滴水使用期为 4~6 个月，并因透过紫外线率较高，能促进植物形成色素，使茄子、彩色甜椒（辣椒）、番茄等彩色果菜在成熟期上色快、着色好，提高商品质量，并促进维生素的形成和干物质的积累，抑制苗期徒长，促进苗期花芽分化，使植物健壮早发，病害少，产量高。此膜既适用于日光温室覆盖，又适用于大、中、小拱棚覆盖。均显其透光率高、韧性强、耐用的特点。

2. EVA五层共挤复合膜　也叫EVA五层共挤消雾、流滴、转光、保温膜。是山东省寿光市龙兴农膜有限公司从意大利引进的设备和新技术，生产的新产品。其结构为：中间是保温层（具保温剂水滑石），覆盖后的外面是转光层（具烯土类转光剂）和防老化层（具光稳定剂、抗氧化剂），覆盖后的内面是流滴水贮存层（具流滴性）和消雾流滴层（流滴剂加消雾助剂）。此膜的相对密度（比重）为0.91~0.96，厚度一般为0.08~0.12mm，而连续使用三年以上的为0.15mm。折径：一般4.0~8.0m，特殊需要可达13.0m。其功能：一是具有消雾、流滴、转光、保温等的良好性能。尤其因为消雾、流滴和勒性强，而适于上卷帘机的温室覆盖。二是因能转光，不仅减轻了紫外线对棚膜的破坏，可延长使用期，而且消雾流滴期可长达8个月。三是能将280~490nm的紫外线和紫光，转变为蓝青光（转变峰值在440nm）。因蓝青光可活跃叶绿素的活动，故能促进植物生长。并将750nm以上的红外光和红外线，转变为红橙光（转变峰值在660nm）。因750nm为吸收红外光的临界值，植物对这个临界值以上的光能的吸收实际上等于零。而转变为红橙光，也就增加了棚内可见光量，红橙光能增强叶绿体光合作用的能力，利于植物生长，是绿色植物进行正常发育必不可少的光能。所以此转光膜能促进植物生长。EVA五层共挤复合膜的用途广，既适用于日光温室（冬暖塑料大棚）和大、中拱棚覆盖，又适用于大型连栋智能温室多年覆盖，是EVA三层共挤棚膜的更新换代产品。

3. PO五层共挤复合膜　也称谓聚烯烃膜。目前市场上销售多年的PO膜中，有些是三层共挤复合膜，因拉伸强度偏低。延伸率偏大，往往造成内层涂覆的消雾流滴层破裂，导致其消雾流滴性能不稳定，时常在消雾流滴性能上出问题。而寿光龙兴农膜有限公司利用从国外引进的设备和新技术生产的聚烯烃膜，因是五层共挤结构，中间是PA（尼绒），两面各为L-DPE（高压聚乙烯或称低密度聚乙烯）和L-L-DPE（绒线聚乙烯或称线性低密度聚乙烯），两者之间的黏合料是马来酸酐接枝PE。在覆盖后的内面上了涂覆层，即加上了消雾流滴层。其厚度0.15~0.18mm，比重 0.93~0.94，折径 5~10m。即伸展开幅宽达 10~20m。具有如下优良功能：一是持续防雾流滴期长达 3 年以上；二是强度大、抗拉扯，变形小、不易裂；三是耐用期长，用于日光温室、连栋大棚覆盖的使用期一般达三至四年。之后还可用作日光温室保温和防雨雪的浮膜；四是用途广。既可作为冬暖大棚的棚膜，又可用作连栋温室和智能大型温室的覆盖。尤其能适用于沿海多风和山口大风地区的棚室覆盖。

（二）·阻隔复合膜的种类、规格、性能与用途

1. EVOH 五层共挤复合膜　EVOH 是乙烯—乙烯醇共聚物的简称，在美国此膜被称为 "TIF" 膜，意思是完全不渗透膜。其是阻隔膜中的一种。目前，在国内销售和出口美欧多国销售的 EVOH 五层共挤复合膜，是山东寿光龙兴农膜有限公司从意大利引进设备和技术生产的新产品。其主要结构是：中间为 EVOH（即乙烯—乙烯醇共聚物），两面各有 L-DPE（即高压聚乙烯或称低密度聚乙烯）和 L-L-DPE（即线性聚乙烯或称线性低密度聚乙烯），中间还有黏合料—马来酸酐接枝 PE，共挤符合而成。厚度 0.03mm，比重 0.93~0.97，折径 4.0~8.0m。约计 1kg 的铺展面积为 30m^2。其主要功能是对氧气等气体具有严密阻隔性能。主要用途：一是适用于棚室保护地和露地覆盖熏蒸土壤消毒灭菌杀虫。也适用于粮库熏蒸灭虫覆盖。灭菌杀虫效果十分理想。例如，将氰氨化钙撒施，耕翻于棚田耕作层，覆盖塑料薄膜后浇水，利用分解出的氰和氨杀灭土壤中的线虫，本应杀虫效果好，但却杀灭线虫率只达 60% 左右。原因就是覆盖聚乙烯、聚氯乙烯等普通塑膜，不严密，阻氧性能差。如果换用 EVOH 五层共挤复合膜覆盖，因阻隔氧气等气体严密，不仅杀灭根结线虫等地下害虫和消灭土壤中各种病菌的效果都十分理想，杀灭率几乎达 100%，而且还节省熏蒸剂 40% 左右。

2. PA 五层共挤复合膜　是强度高、耐穿刺、能阻隔氧气等气体的五层共挤复合膜。其主要结构为中间是 PA（即尼绒），两面各为 L-DPE 和 L-L-DPE，两者之间的黏合料也是马来酸酐接枝 PE。其厚度 0.09~0.12mm，折径 4.0~8.0m，比重 0.96~0.97。此膜分白色和黑色两种，均为山东寿光龙兴农膜有限公司的新产品。PA膜白色的主要用途是：水产养殖和水生蔬菜栽培时覆盖。因为养殖黄鳝要求适宜水温27~30℃，海蜇要求适宜水温15~30℃，南美白对虾要求适宜水温22~34℃，热带观赏鱼类要求适宜水温30~35℃。如果覆盖聚氯乙烯、EVA、聚乙烯等普通塑料薄膜，水温只能增加3~8℃，而且不适在沿海风大地区应用。用PA五层共挤白色膜，因透光好水温升得快，可使水温增加10℃以上。而且抗张力强度高，抗风刮，不易破裂，防老化能力强，完全适用于恶劣天气条件下覆盖保温。所以，是棚室水产品养殖和水生蔬菜栽培首选的棚膜。

黑色不透光的PA膜，称其牧草青贮用膜，因为它不易被硬的、尖的牧草戳刺破，并能阻氧阻菌性好，使牧草贮藏期长，而且优质。用于夏秋茬马铃薯栽培、棚室越夏西葫芦栽培土壤覆盖降温，使用期可达4年以上。

（三）聚氯乙烯膜的种类、规格、性能与用途

1. 普通聚氯乙烯膜 称PVC膜，其厚度0.10~0.12mm，相对密度1.25，折径一般1.0m、2.0m、3.0m。保温性能好，新膜透光率高，使用1~2月后大幅度下降，耐老化性好，使用期1年左右。因厚度和比重都较大，单位面积用量大，耐高温而不耐高寒，易烙合，也易黏贴。每亩（667m²）用量：日光温室用110~125kg，拱圆形大棚140~150kg。

2. 无滴聚氯乙烯膜 也称消雾流滴聚氯乙烯膜。其覆盖后的内表面不结露，形成一薄层透明水膜，透光性强于PVC普通膜，其他性能规格同普通聚氯乙烯膜。

（四）聚乙烯膜的种类、规格、性能与用途

1. 普通聚乙烯膜 其厚度0.06~0.12mm，相对密度0.92，折径有1.5m、2.0m、3.0m、4.0m、5.0m五种规格。其性能特点是透光率衰退慢。因厚度和比重较小，单位面积用量少，使用期4~6个月，可烙合，不易粘贴。每亩（667m²）用量：日光温室覆盖用100kg，拱圆形大棚覆盖用110~140kg，中、小拱棚覆盖用80~130kg。

2. 线性聚乙烯膜 也称线性低密度聚乙烯。其厚度0.05~0.09，相对密度 0.92~0.94，折径有 1.0m、1.5m、3.5m、4.0m 四种规格。此膜具有强度高、耐老化的特点，使用期 1 年左右，散射光透性好。其他同普通聚乙烯。每亩（667m²）用量：拱圆形大拱棚 80~100kg，中、小拱棚覆盖用 50~110kg。

3. 长寿聚乙烯膜 其厚度 0.10~0.12mm，相对密度 0.92，折径 1.0m、1.5m、2.0m、3.0m。具有强度高、耐老化，使用期达 2 年以上，其他特性同普通聚乙烯膜。每亩（667m²）用量：日光温室覆盖 80~100kg，拱圆形大棚 100~130kg。

4. 薄型耐老化多功能聚乙烯膜 其厚度 0.05~0.07mm，相对密度 0.92，折径 1.0m、1.5m、3.5m、4.0m。具有耐老化、使用期一年之多。全光透射性好，透射散射光占 50% 以上。因厚度小，比重亦较小，所以单位重量覆盖面积大。每亩（667m²）用量：日光温室覆盖用 50~60kg，拱圆形大棚覆盖用 60~80kg，中、小拱棚覆盖用 50~110kg。

5. 常用聚乙烯地膜 除上述山东寿光龙兴农膜有限公司生产的龙兴牌 EVOH 五层共挤复合地膜（"TIF" 膜即完全不渗透膜）外，目前常用的地膜有以下 3 种。

（1）L–DPE 普通地膜，其规格为：幅宽 70~250cm，厚度 0.012~0.016mm。主要用于地膜覆盖栽培作物，每亩（667m²）用量 8~16kg。具有透明、保温、保湿、增温性好，强度大，耐候性较强，适应性广，使用期较长等优点。

（2）HDPE 低压高密度聚乙烯地膜。其规格：幅宽 80~120cm，厚度 0.006~0.01mm。主要用于覆盖地面栽培农作物，每亩用量 4~6kg，具半透明强度高，开口性好，但柔软性、耐候性差，不易与地表贴紧。

（3）L–L–DPE 线性聚乙烯地膜。其规格：幅宽 80~120cm，厚度 0.006~0.010mm。用于地面覆盖栽培农作物，每亩（667m²）用量 4~6kg。具有耐刺穿性、开口性、柔软性较好，强度大，耐候性强，但易黏连。其透明度介于前两者之间。

二、电动卷帘机

（一）使用卷帘机的好处

使用卷帘机卷敞、放盖日光温室的草帘，比人工拉揭、放盖草帘有如下主要好处。

1. 卷敞、放盖草帘适时　所谓卷敞、放盖日光温室的草帘适时，是指日出后卷敞开草帘后约 10min 的短时间内温室内的气温不降低也不回升。如果温室内气温降低，证明卷敞草帘的时间过早；若气温回升，表明卷敞草帘的时间过晚。所谓放盖日光温室的草帘适时，是指傍晚放盖草帘时，温室内的气温为 20℃，放盖草帘后 30min，温室内的气温回升 0.5℃，达 20.5℃。放盖草帘后 4h，观察温室内温度表，气温不低至 18℃，也不高至 20℃，而在 19℃左右，这证明放盖草帘是适时的。如果室内气温降至 18℃，这证明放盖草帘的时间过晚了；若是室内气温仍在 20℃，这证明放盖草帘的时间过早了。实际上人工拉揭、放盖草帘，难以做到适时。这是因为目前，我国北方地区推广使用的日光温室，都面积较大，一般东西伸延长 70~100m，南北跨度 8~12m，需要覆盖长度 9~13m，幅宽 1.4m 的草帘 54~77 床，或幅宽 1.2m 的草帘 64~91 床。用人工拉揭完这些草帘则需要 1.5~2.0h，放盖完这些草帘则需要 1~1.5h。拉揭和放盖草帘工作，都不可能在较短的适宜时间内完成。而采用电动卷帘机卷敞和放盖草帘，完全可以在 8~10min 的适宜时间内完成卷敞，在 6~8min 的适宜时间内完成放盖。做到日光温室的草帘卷敞、覆盖都适时。

2. 增加光照时间，也就增加光合产量　在我国北方地区，冬季白昼时间只有 7~9h，若人工揭敞和放盖草帘费时，每天用去白昼 3h，起码损失 2h 的光照。而用电动卷帘机卷敞和放盖草帘，则能比人工揭敞和放盖节省 2h，也就是增加 2h 的光照。作为绿色植物。接受 1 分光照，则增加 1 分光合产量，采用电动卷帘机卷敞、放盖草帘，冬季能增加 30% 的光照时间，可使绿色蔬菜增加 30% 左右的产量。

3. 节省劳动力，减轻劳动强度　每亩（667m²）日光温室，冬季因每日拉揭和放盖草帘，就用去 0.5 个工。而且拉揭和放盖草帘，都需要工作人员站在棚顶后边拉、放草帘绳，还需要 1 人站在前窗脚处，在拉揭草帘时撩理拉绳在草帘上的位置；在放盖草帘时，撩正草帘覆盖的准确位置及相邻草帘压边缝宽度。劳动强度都较大。而采用电动卷帘机，只需操作人员摁一下电钮，8~10min 就完成 1 栋日光温室的草帘卷敞，6~8min 则完成草帘的放盖。所以既节省劳动，又大大减轻工作人员的劳动强度。

4. 延长草帘使用期　与人工拉揭和放盖草帘相比，使用电动机卷敞和放盖草帘，对草帘保护性好。并因整体卷起和放盖，抗风力明显增强。所以能延长草帘的使用寿命，一般可使草帘的使用期增加 1~2 年，即生产成本降低。目前，寿光棚室蔬菜主产区的日光温室绝大多数都安装上了电动卷帘机。

（二）卷帘机的构造型式

目前，使用的电动卷帘机主要有 3 种构造型式：一种是支架式，也称前屈伸臂式。另一种是轨道式，也称吊轨式（图 1-23）。还有一种是辊筒卷帘机（图 1-24）。

支架式卷帘机的主要构件包括主机、支撑杆、卷杆、立柱四部分，主机由动力输出主机连接盘、主机连接板、法兰盘、加油孔和电动机构成。支撑杆由双管即两条管，中间用合适铁件垫联焊在一起。即由 2 寸焊管和 Φ2.5（1 寸 =3.333cm，全书同）寸壁厚 4~5mm 的钢管以及中缝填充铁块构成。支撑杆通过联接活结及销轴与立杆相连接。立杆为 2 寸焊管，安装在日光温室前方 1.5~2.0m 处的地面支点上（即地桩上）。立杆和支撑杆长度的综合等于温室内南北宽度再加 5m。立杆要比撑杆长 20~30cm。支撑杆的前端安装主机，主机两侧安装着卷杆，卷杆的长度随温室的东西向伸延长度而定。卷杆是 Φ60~76mm、长度 60~100m 的油管，在卷杆钢管的一侧，相距 50cm 焊上 1 个杆齿，杆齿高约 3cm，一般用 10 号钢筋（表 1-12 和图 1-24）。另一种是轨道式卷帘机，包括主机、三相电动机、轨道大架、吊轮支撑装置、卷杆等构成，也是主机两侧安装卷杆，卷杆随温室东西长短而定。

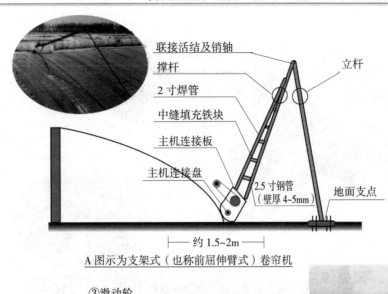

联接活结及销轴
撑杆
2 寸焊管
中缝填充铁块
主机连接板
主机连接盘
立杆
2.5 寸钢管（壁厚 4~5mm）
地面支点

约 1.5~2m

A 图示为支架式（也称前屈伸臂式）卷帘机

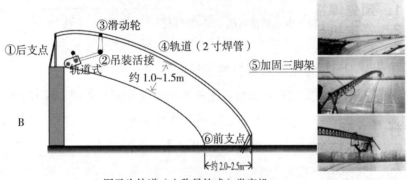

③滑动轮
①后支点
轨道式
②吊装活接
④轨道（2 寸焊管）
⑤加固三脚架
约 1.0~1.5m
B
⑥前支点
约 2.0~2.5m

B 图示为轨道（也称吊轨式）卷帘机

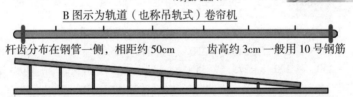

杆齿分布在钢管一侧，相距约 50cm　　齿高约 3cm 一般用 10 号钢筋

双管即两条管，中间用合适铁件垫联，焊在一起

图 1-23　寿光金鹏牌系列卷帘机构造和安装示意图

表 1-12　卷杆用材表

棚长（m）	Φ73 油管（m）	Φ60 油管（m）	Φ76 焊管壁厚 3.5（m）	Φ76 焊管壁厚 3.0（m）	Φ76 焊管壁厚 3.25（m）	Φ76 焊管壁厚 3.0（m）
60	0	0	12	12	12	24
70	0	10	12	12	12	24
80	10	10	12	12	12	24
90	10	10	12	12	12	24
100	20	20	12	12	12	24

注：100m 以上用 73 油管补齐长度，其他材料不变，以上数据仅供参考，安装时可根据大棚具体情况选用合适的材料

105

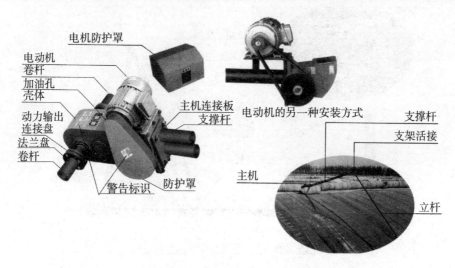

图1-24 电动卷帘机的主机和支撑杆、支架活接、立柱

注：印刷品与实物可能存在差异，请以实物为准

（三）不同型号电动卷帘机的选用

应依据日光温室的东西长度和整栋温室最大卷起覆盖物（草帘、棉被等）重量，选用表1-13中所列对应型号的卷帘机。

表1-13 金鹏系列卷帘机的型号及技术参数

卷帘机型号	JP-480	JP-5005	JP-5006	JP-180	JP-2008	JP-5009	JP-5012	JP-6008	JP-6012
外形尺寸（长×宽×高）mm	420×300×280	470×290×290	415×345×275	550×350×355	530×350×320	505×355×320	575×363×355	615×363×340	550×353×340
三相异步电动机配套电动机功率（kw）	1.5	1.5	1.5	1.5	1.5	1.5	1.5	1.5	1.5
输出轴转速（r/min）	1.7	1.0	1.32	1.7	1.5	1.1	1.1	1.2	1.0
输出扭矩	4000	5000	5000	8000	8000	8000	9000	9000	10000
变速箱内变速级数	3	4	4	3	3	4	4	5	5

续表

卷帘机型号	JP-480	JP-5005	JP-5006	JP-180	JP-2008	JP-5009	JP-5012	JP-6008	JP-6012
箱体内注入油量（kg）	3.5	4.0	5	5	6	9	11	9	11
变速箱净重（kg）	50	55	60	80	90	80	100	105	110
最大适用大棚长度（m）	40	50	50	70	80	80	90	90	100
最大卷起覆盖物重（t）	3	4	4	7	9	8	10	10	12

注：例如在北纬38o地区建造了1栋80m长的温室覆盖物较厚、较重，应选用JP-2008号卷帘机，同样长的大棚，覆盖物较轻，应选用JP-5009号卷帘机。若1栋50m长的大棚，只盖1层3cm厚草帘，应选用JP-5005号卷帘机

（四）支架式电动卷帘机的安装步骤

1. 预先焊接各联接活节、法兰盘到管上　依据温室长度，确定卷杆长度和强度，一般温室长度60m以下的，用Φ60mm高频焊管，壁厚3.5mm；60m以上的温室，除两端各30m用Φ60mm管外，主机两侧用Φ75mm、壁厚3.75mm以上的高频焊管。卷杆上的齿轮间距为0.5m，用高约3cm的圆钢焊接而成。立杆与支撑杆的长度和强度：在机头与立杆支点在同一水平的前提下，立杆和支撑杆长度的总和等于温室内跨度再加上5m，支撑杆长度比立杆短20~30cm；温室长度超过60m的，一般支撑杆需用双管。

2. 草帘（苫）或保温被准备　要求草帘长短一致，厚度均匀，垂直固定于卷杆之上。将棚上草帘从棚中间向两边一次均匀放下，并按"品"字形排列。下边对齐，伸出地面40cm。上边固定每条草帘下铺一条无松紧的绳子。注意草帘两边交错量要保持一致；若新旧草帘混用时，一定相间排列，尽量做到其左右对称，以免草帘卷动不同步和整体跑偏。

3. 铺设拉绳　拉绳的作用是减轻卷帘机自身重量和卷动作用力对草

帘的不良影响。合理使用拉绳，能延长草帘的使用寿命，并使草帘和机器同步跑正。拉绳的一端应固定于温室后顶部地锚钢丝上，另一端固定于温室前下面卷帘机的卷轴上，要求每条拉绳的工作长度及松紧程度保持一致，统一标准。

4. 固定立杆　在温室前正中间，距温室 1.5~2.0m 处设置立杆支点，用 Φ60mm、长 80cm 左右的焊管，与立杆进行"T"形焊接，作为底座立在地平面，并于底座南侧安装两根圆钢，以防止往南蹬走。

5. 立杆与支撑杆连接　以活节和销轴将支撑杆与立杆连接。将支撑杆立起，先连接主机，后根据主机的位置，确定立杆支点的具体位置，并将立杆固定。

6. 主机与卷杆相连　在立杆与支撑杆连接过程中，已将支撑杆与主机连接。接着将主机放在温室的中间，将焊接好的卷杆用螺栓与主机连接。

7. 连接卷杆，往卷杆上绑草帘　从中间向两边连接卷杆，并将卷杆放在草帘上。

8. 绑草帘　将草帘绑到卷杆上（只绑底层的草帘），上层的草帘自然下垂到卷杆上。

9. 将主机与电源联接　连接倒顺开关及电源。

10. 试机　第一次送电运行。上卷至 2m 停机检查，观察卷动的草帘是否整齐，如不整齐则将草帘放下，于卷帘处垫些软物以调节卷速，直至卷如一条直线。

（五）轨道式卷帘机的安装步骤

1. 埋设固定预埋件

安装卷帘机前两天，先将地脚预埋件用混凝土埋设于地下，位置在温室东西向总长度的中部，并且距温室前底脚外沿以南 2~3m 处。并在正对地脚预埋件温室后墙上固定预埋件。

2. 安装轨道大架　将轨道大架的前端固定于地脚预埋件上，后端固定在温室后墙预埋件上。轨道高出棚面 1~1.5m（至少 0.7m）。

3. 安装机头、电器及连接卷轴　轨道大架安装好后，将机头（主机）

通过吊架活结、滑动轮安装在三角形轨道上，并按要求操作安装机头、电器以及连接卷轴（图 1-23）。

4.草帘的铺放、试机等事项　同支架式（屈臂式）卷帘机。

（六）支架式和轨道式电动卷帘机的操作方法

1.由下往上卷帘　由下往上卷帘时，将开关拨到"顺"的位置，卷帘到预定位置时，将开关拨回"关"的位置。

2.由上往下放卷帘　由上往下放帘时，将开关拨到"倒"的位置，放帘到预定位置时，将开关拨回"关"的位置。

3.遇停电　如遇停电，可将手摇柄插入手摇柄孔进行人工摇动。顺时针摇动向上卷帘，逆时针摇动则向下放帘。

（七）支架式和轨道式电动卷帘机使用注意事项

①初次使用前应详细阅读使用说明书。

②机体内按型号标准注入柴油机油，以后每年更换 1 次。

③安装或使用过程中，应经常检查主机及各连接处螺丝是否松动，焊接处是否出现断裂，开焊等问题。

④使用前必须制动离合系统上油，保持润滑，以免造成早期磨损耗，致使刹车失灵。

⑤向上卷至离棚顶 30cm 时，必须停机，如出现刹车失灵快速将倒顺开关置于倒（逆）方向，使卷帘机正常放下后检修。

⑥在控制开关附近，必须再接上一个刀闸，电动机及倒顺开关注意防水、防漏电、查看电缆，以防短路。

⑦卷帘机在卷放过程中，操作人员必须手持开关站在温室两山上，严禁棚前有人，并远离主机和卷动的草帘。

⑧停电时必须配置发电机使用。严禁打开刹车系统放草帘，以免发生危险。

⑨使用人必须接受安装人在安装时的培训。必须由专人安全操作。

⑩ 如有走偏属正常现象。应及时自行调整。

⑪ 安装卷帘机后，草帘上必须盖附薄膜，以免草帘受雨淋湿后造成

卷帘机超负荷工作而损坏。

⑫ 草帘卷起后支架上方向一侧倾斜时应及时调整，否则活节扭断，导致支架歪倒。

（八）辊筒式电动卷帘机的制造和使用注意事项

1. 辊筒式电动卷帘机的制造　辊筒式电动卷帘机的结构非常简单，它是由三部分构成的，机械臂、辊筒和调整架（图 1-25，图 1-26）

A. 钢管加钢筋的机械臂

草帘卷起后卷帘机的状态

A

B. 单用钢管的机械臂

草帘放盖后卷帘机的状态

B

图 1-25　辊筒式电动卷帘机卷起草帘后的状态和放盖草帘后的状态示意图

（1）机械臂的制作：辊筒式电动卷帘机机械臂的功能类似于轨道式电动卷帘机的机械臂。有两种制作方法：一种是钢管加钢筋的做法（如图 1-25A）；另一种是单用钢管的做法（如图 1-25B）。机械臂的长度一般在 1.3~1.7m，过短或过长都不利于卷帘机的使用。过短使得棚面压力增大，而过长则不利于前后间距过小的棚室使用。可选择直径为 73mm 的油杆或镀锌钢管。若用第一种方法制作，则需要选择直径为 16mm 以上的钢筋作为辅助，钢筋必须焊接在机械臂的上侧，一头焊接于钢板上，一头焊接在机械臂上，呈一个三角形。用第二种方法制作时可选择直径相同的钢管，两根钢管的距离在 5cm 以上。机械臂一头要焊接一块与机头相称的钢板，厚度应在 14mm 以上，焊接要牢固。

（2）辊筒的制作：辊筒的作用是像轮子一样与机头一起上下棚面，同时还要有一定的重量以保持其稳定。辊筒的长度可根据棚室骨架间距适当调整，但不能少于 0.8m，辊筒的直径应在 15cm 以上，筒壁厚 2mm 以上。材料可选择镀锌钢管。辊筒两头焊接与其直径相同的封盖，并保证两头绝对平行。最后在两头封盖的中间焊接长约 5cm 的钢筋，用于固定轴承，钢筋的直径与轴承内径相同。

（3）调整架的制作：调整架的功能有两个：一是根据棚面覆盖物的跑偏情况左右调整；二是根据棚前脸的高度上下调整。因此，调整架上有两处可以活动的调节点。

调整架的制作分为两步：第一步是制作轴承座。选择与轴承（304 不锈钢轴承）外径相同的钢管，切割成可以放置两个轴承的长度的钢套。待轴承嵌入钢套以后与一根直径为 5cm、长度在 60cm 以上的钢管进行焊接。这样就制作完成一个轴承座。可用相同的方法制作另一个。

第二步是制作组装调整架。两侧的轴承座与辊筒连接好以后，根据两侧轴承座的距离制作调整架。制作的关键是两个调节点的焊接，首先选择比轴承座钢管及调节架钢管大一号的套管，在套管上开两个相距 10cm 的孔，焊接上螺帽，并旋入螺栓。用于左右调节的套管要先安装到调节架的双钢管上，然后再在双钢管的两侧焊接上用于上下调节的套管，最后将套管安装到轴承座的钢管上。

第三步是将机械臂的另一头与调节架双钢管上的调节套管焊接好。这样，辊筒卷帘机的组装就完成了。为了提高使用寿命，需要将焊接点等打

111

磨干净，喷防锈漆进行防锈。

2. 辊筒卷帘机的使用注意事项

（1）根据不同类型的棚室选择辊筒的长度。辊筒的长度设计为最少80cm，这是为了防止辊筒过短导致其偏离棚面骨架运行，将相对脆弱的辅骨架或棚膜压坏。对于有立柱的棚室来说，辅骨架的距离一般在50cm左右，使用镀锌钢管作为辅骨架时距离可能相对大一些，而如果辊筒过短时可能会偏离到骨架之间的空隙中，将棚膜压坏。对于无立柱的棚室来说，辊筒的长度更需要增加。

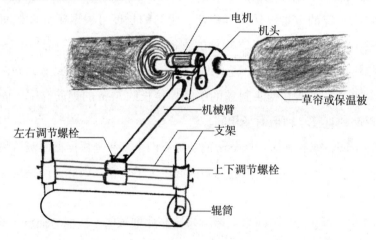

图 1-26　辊筒卷帘机

（2）根据不同大棚的长度选择不同的安装方式。当棚室长度小于70m时，可在棚室一侧安装辊筒卷帘机。当棚室长度在80m以上时，辊筒卷帘机最好安置在棚室中间位置。

（3）根据大棚前脸的高度适当调节。当棚前脸的高度在50cm左右时，可将调整架上用于上下调整的调节点提高至轴承座的中上部，避免运行到前脸位置时机械臂对前脸骨架及棚膜造成影响。当前脸过高时，一定要在卷帘机运行路径上安放用于辊筒上下的木板，也是为了避免前脸受影响。当出现偏转时可根据偏移的情况左右调整，使辊筒始终处于设计好的运行路径上。

（4）当棚面过平、覆盖物过重及运行过度时，有可能会出现翻车的情况。对于棚面过平的棚室来说，不建议安装辊筒卷帘机。覆盖物过重时，上卷力超过辊筒的重量就会发生翻车，因此，通过提高辊筒的重量可避免这种情况的发生，即在辊筒一头开孔灌沙，提高辊筒重量。当卷起的覆盖物到达棚顶后仍然运行时，也会发生翻车的情况，要注意避免卷帘机运行过度。

（5）两个调节点处的螺栓要涂抹黄油，避免因生锈导致调节点失去调节功能。

三、发泡聚乙烯保温被

（一）概述

目前，在山东寿光棚室保护地蔬菜主产区，随着日光温室电动卷帘机的广泛应用，一种取代草帘（苦）的覆盖保温设备——发泡聚乙烯保温被，正以较快的速度推广，大面积使用。它利用具有保温、防潮、防摩擦、耐腐蚀和柔韧、质轻、有弹性和回复性好等一系列优越使用特性的非交联发泡聚乙烯作为内胆材料，外层复合牛津布、无纺布等能透光的保温材料，并加入防静电剂、阻燃剂组合而成。此保温被既具非常好的保温性能，又有一定程度的透光性能，还有防水、防潮、抗风、防腐蚀、耐摩擦、耐老化等许多卓越性能。在应用上是一栋日光温室采用一整体保温被覆盖保温；因此，不适用于人工拉揭放盖；而十分适宜与电动卷帘机相配套使用（图1-27和图1-28）。

（二）发泡聚乙烯保温被的特点

发泡聚乙烯应用于棚面保温，由于材料特性与无纺布、草帘等不同，其特点也与众不同。

1.可连为一体　目前，生产的保温被宽幅为3m，上层为涂银牛津布，下层为白色无纺布。新的生产设备更换以后可将内外两层复合到发泡聚乙烯内胆上，真正成为一体。而且保温被安置到棚面以后可进行连接，使整个棚面的保温被连为一体。

2.具有一定的透光能力　发泡聚乙烯材料与棚膜材料相同，虽然较厚，但有一定的透光率，在冬季低温季节遇连阴天时，为保温可不用拉起

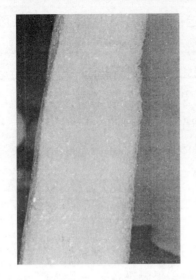 

图1-27　为发泡聚乙烯的截面示意　　图1-28　为发泡聚乙烯为内胆制
作的保温被示意

保温被，即使仍覆盖保温，棚室内的蔬菜也能接受到一定程度的光照。其光照强度，仍能达到蔬菜作物光补偿点以上。

3. 防火性能好　因发泡聚乙烯保温材料中添加了阻燃剂，使发泡聚乙烯材料遇火仅发生绻缩熔化，而不起明火，达到一定程度的防火功能。就目前日光温室使用的覆盖保温物而言，发泡聚乙烯保温被防火功能是最好的。

4. 重量轻　因为发泡聚乙烯的比重很小，所以，3cm厚，1m^{2}面积的重量不到0.75kg，因此，在很大程度上降低了立柱、温室骨架的承重，延长温室的使用寿命。

5. 防水性能好　发泡聚乙烯为疏水材料，作为保温被的内胆，从根本上解决了保温被的防水问题。

（三）发泡聚乙烯保温被的七大优势

发泡聚乙烯保温被的特点决定了发泡聚乙烯保温被的优势。

1. 防雨雪水优势　保温被的防水功能不仅取决于表层材料，更主要的是内胆材料的防水功能。例如在冬季，草帘被水浸湿仍可照常使用，但保温性大打折扣。而无纺布保温被虽在外层附加防水层，但内胆有一定的亲水性，水分进入较难，把里面的水分排出也有一定难度，一旦冻结就会大大影响保温被的保温及使用。而以发泡聚乙烯为内胆材料的保温被，因其疏水而具防水优势。

2. 防风优势　发泡聚乙烯保温被安装好以后，连为一体，上下固定好后，即便八级大风也难将其吹起。所以具很强的防风优势。

3. 耐老化，使用期长的优势　由于发泡聚乙烯保温被在发泡聚乙烯材料添加了耐老化剂，且外层使用涂银牛津布，能避免强光直晒和紫外线、红外线辐射造成损害而老化过快。发泡聚乙烯保温被的使用期一般是草帘（苫）使用期的2~3倍。

4. 不变形优势　由于所用发泡聚乙烯不仅发泡均匀一致，而且是非交联结构的，决定了发泡聚乙烯保温被热胀冷缩小，不会因冷热交替而出现较大缝隙及长短不一。采用高质量材料经多层复合的保温被具良好的弹性，抗拉抗撕裂能力强，不会随着频繁地使用而过快发生变形。

5. 保持棚膜内面流滴性能好的优势　由于其重量小，且放盖后有良好的平整度，不会给棚膜造成压力，保持棚膜平顺，膜上的水滴能够顺利流下而不是滴落。这一流滴性能好的优势，大大降低了棚室内的湿度。

6. 具有在覆盖保温的同时，也能采光的优势　由于发泡聚乙烯保温被的三层结构材料都是透光的，冬季日出后适当推迟卷敞此保温被，在卷起保温被之前，已进行采光。下午适当提前于棚温较高时放盖此保温被，在覆盖此保温被后的日落之前，棚内亦然能采到光照。与覆盖草帘等不透明覆盖物相比，覆盖发泡聚乙烯保温被，解决了覆盖保温与采光的矛盾，每天增加1.5~2.0h的光照，这是其独具的优势。

7. 具更适宜用于各种卷帘机卷敞和放盖的优势　一是既适用于支架式和轨道式卷帘机，又适用于钢丝绳式和辊筒式卷帘机等，都更加安全。二是由于此保温被整体重量轻，不论用哪种电动卷帘机卷敞和放盖，都大大降低了卷帘机机头的功率，从而节省用电。

（四）发泡聚乙烯保温被的选择质量

在对发泡聚乙烯保温被的选用上首先看发泡的质量。它是由低密度聚乙烯经物理发泡产生数个非交联闭孔结构的气泡构成，质量好的材料发泡目数一般在 200 目以上，并且发泡均匀，看上去就像多个粒径相同的小米粒紧挨在一起一样。质量差的发泡大小不等，且互相交联，这样的材料弹性差，易变性；其次，发泡聚乙烯保温被是多层高温复合。这一点非常重要，因为很多菜农往往认为越厚保温性能越好，其实不然。举个例子，同样是 5 层发泡聚乙烯材料，经高温复合的其厚度一般在 2.5~3.0cm，而 5 层搭叠的厚度远大于 3cm，但由于 5 层是分离的，在使用中会出现变性快，耐撕裂的情况，导致保温性变差；再次，发泡聚乙烯制作过程中，在发泡均匀的前提下，还要添加抗老化剂阻燃剂来提高材料的性能。这一点的技术性强，往往难以做到。所以可以作为判断质量高低的标准之一。

（五）发泡聚乙烯保温被的安装使用

目前，发泡聚乙烯保温被的产品规格厚度为 2~3cm 不等，但宽幅都是 3m 的。其安装甚至要比草帘安装更加简单。

第一步是铺好左右连接。如日光温室的前坡水平宽度为 10m，则棚前坡拱面宽度起码为 13m，保温被的长度应 14.1~14.3m。前窗处至地面以后要多往南延伸 80~100cm，顶部应从后屋面最高点处向后多延伸至少 30cm。铺好以后将每幅保温被紧紧相连用尼龙绳连接成一体。

第二步是上部连接，在保温被顶部都有固定点的设计，即镀锌金属扣。保温被铺好以后铁丝从扣子中穿过并固定在后屋面的钢丝上。这个连接方法与草帘相同。

第三步是卷杆处连接。卷杆上每隔一定距离都焊有钢筋头（齿），将保温被卷住卷杆后上下安放扁铁，然后使用钢丝固定紧，使钢筋齿（头）插入保温被中。

第四步便是试卷。安装好以后可尝试多次上下卷起，进行调试。

（六）发泡聚乙烯保温被的保养维护

发泡聚乙烯保温被在使用上遇到的问题较少，因此，一般不需要进行特殊保养和维护。不过，进入高温季节以后，保温被便会收拾起来不再使用，而多数菜农采取将其置于棚顶的办法存放。保温被外层最好不要仅裹一层无纺布，这样隔热能力差。实践证明使用草帘进行遮盖是最好的。

四、滴灌设备

（一）简易滴灌在棚室蔬菜生产上应用的好处

滴灌是节水工程的主要项目之一。尤其适用于蔬菜、苗木、庄稼等大面积生产。近年来，寿光等各地节水工程企业的滴灌设备在蔬菜生产上的大面积推广应用，凸显出如下好处。

1. 效益显著　简易滴灌能适时适量地向蔬菜根区供水供肥，使蔬菜根系处土壤保持适宜的水分、氧气和养分供应，蔬菜生长发育好，高产优质。采用滴灌的比漫灌的棚室蔬菜，经济效益增加25%~45%。

2. 节省用水　据测试，简易滴灌水的利用率达到95%~98%，比喷灌节水45%，比地面漫灌节水60%。

3. 造价便宜　简易滴灌设备是微喷的1/3，每亩（667m^2）投资仅500元左右。

4. 提高棚温　日光温室保护地使用简易滴灌比漫灌提高棚内气温4~5℃，提高地温5~8℃。因温度提高，增加积温，使蔬菜提早上市约10~15d。

5. 防止发生病害　简易滴灌的小水毛管放在地膜下，可有效地抑制蔬菜多种土传病菌、水传病菌的传播，防止多种植物病害发生。

6. 节省肥料：棚室蔬菜所需追施的肥料，全部放入水池中，随水滴施于作物根际的土层中，避免了肥料的流失、渗透和挥发。

7. 除堵容易　简易滴灌毛管放在地表，堵塞问题很容易发现，局部孔眼堵塞也可随时再扎处理。

（二）滴灌工程施工安装方案

1. 施工前的准备工作　滴灌工程施工与其他工程一样，在施工前有一定的准备工作，具体事项包括如下3方面。

（1）施工人员必须认真审阅和熟悉施工设计任务书，掌握设计内容。

（2）按设计任务书上指出的用材料计划，进行提料，并准备相应的施工安装所用工具图1-29，图1-30。

（3）制定好具体的施工计划。

2.施工放线　滴管系统施工放线主要包括首部加压泵站的施工放线和各级管道的施工放线。对于正规的滴管工程，应根据设计图线要求，到现场放样，用白灰和木桩做标记。施工现场应设置施工测量，控制闸阀，做好标记，并将此图保存。

（1）首部加压泵站的施工防线。一般用仪器在现场定出建筑物的主要轴线和纵轴线、基坑开挖线及建筑物的轮廓线等。标明建筑物的主要部位和基坑的开挖高程。

（2）滴管系统管线的放样：根据设计平面图和管线纵剖面图等，用仪器控制将管线图纸搬到地面，并每隔20~30m打一木桩，标明桩号。在分支或控制阀门处要加桩号表明。对于毛管排数不规则的山区，每条毛管进口还要加桩号，以免施工时搞错（毛管沟一般距树干0.5~1.0m为宜）。

3.施工开挖和泵房建设

（1）施工开挖：按照施工防线时做的标记及设计尺寸进行开挖。开挖时要保存好桩号，以便管道安装时进行高程校核。开挖深度和宽度要求：干、支管沟一般在防冻层以下0.5m左右；毛管和发丝低头的开挖深度要求在耕作层以下，一般在0.3~0m为宜，宽度为0.2m。

（2）泵房建设：泵房建设要求统一尺寸统一形式，若没有特殊要求，泵房内部空间尺寸一般为长宽各3m，高2.0~2.5m；地面应平整夯实，要留有采光通气窗口。

4.施工安装

（1）首部枢纽的安装：泵房建完后，经验收合格，即可在泵房内进行枢纽部的组装：

①潜水泵式枢纽安装，使用潜水泵的枢纽其组成形式如图1-29和图1-30所示。化肥罐使用时间短，一般与枢纽部分进行活接，由阀门进行控制。其他部件采用固定式联接，管件均为金属水暖件。

②离心泵式枢纽安装。为了避免停泵后因管道内水倒流形成真空而造成管道径向内收缩或滴头吸入泥土，对于平原地区可在主阀门后安装进气

阀，使空气进入管道填补管内真空；对于山区可在最高支管尾部加一段放空管（也就是把支管尾部延长到一定高度，此管口不封闭）。

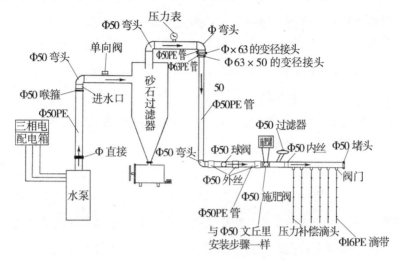

图 1-29　寿光某现代农业设施装备公司的滴灌系统安装示意图

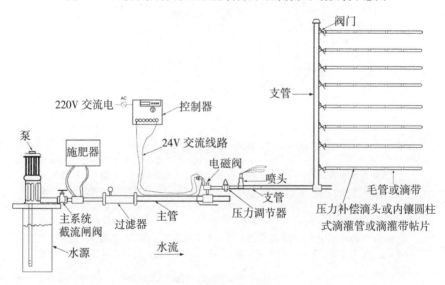

图 1-30　寿光浩泰滴灌工程有限公司的简易滴灌系统安装示意图

（2）管道安装：管道的施工安装，要按照技术及实际桩号进行。管道施工安装主要分 3 部分：干管、支管、毛管铺设；安装；水阻管安装。

①干、支、毛管铺设和连接：管道铺设一般需施工人员6~8人，首先，应按设计书或滴灌管道设计图纸上数据，对各种规格的管材进行剪裁，再依次将它们连接，铺设于干、支、毛管沟中。干管、支管、毛管的连接，分冷接和热接两种方法。冷接既在不加热的情况下，用强力把两管件连接在一起（图1-31）。热接则是在加热的情况下使两管件连在一起。一般的做法是：把要连接的两个管端置于沸腾的油（或水）中。或用火烤（应注意掌握火候），待管端变软后，用接头可顺利地把两管端接在一起，然后用铁丝把接口处捆扎好。

②滴头安装：就是滴头与毛管的连接，其连接方式大致可分为间接式和插接式两种。管间滴头的安装，是根据滴头的间距，剪断毛管，并与滴头串联。插接式滴头的安装，应先根据滴头间距，在与管轴线平行的同一直线上的毛管壁上打孔，在孔中插装滴头，并栓于毛管上。

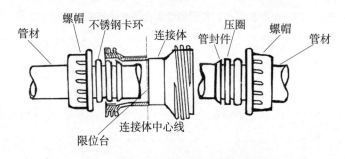

图1-31　PVC管件安装示意图

PVC管件安装说明： 请按照上图装备各部件，注意压圈的方向机先后顺序。安装时用手捏住卡环，推入管材，注意密封件有无异常。如管材较粗，钢长环套入困难，可用手掰动一下卡环即可。注意管材插入时要留5~8mm的锁紧位置，不要顶到限位台，距台5mm为佳。若连接体没有限位台，将插入管材的位置在连接体中心线留出5~8mm即可。（因为防控的不锈钢卡环在螺帽拧紧时，带动管材还要带入约5mm，如不留量将直接影响安装质量。）按上述要求进行后，请用专用扳手拧紧即可

为防止微管滴头受毛管壁挤压而缩小过水断面，打孔不宜太小；但也不宜过大，过大则容易脱落漏水。合适的孔径是插入滴头时，手感顺利为无间隙。滴头的安装与干管、支管安装可同时进行，也可先行一步。

在安装滴头时，一般需要20人左右，其中，4~6人在施工人员的指导

下负责发放微管滴头，其余人分组，每个打孔器有 2~4 人负责滴头安装。

目前，常采用的微管滴头有以下 4 种（图 1-32），各种的特点如下。

第一种是压力补偿滴头。

其特点：一是长距离铺设或压力波动时能保持恒流，灌水均匀。二是能自动清洗，起始水流冲刷流道，抗堵塞性能好。三是灵活方便，滴头可安装在各种规格（Φ12~23mm）的软管上。应用过程，一是适合于各种地形及作物，特别是滴灌内坡度起伏较大的情况。二是适合于要求铺设长度较大的情况。三是使用滴头间距变化的情况。四是适用于压力系统不稳定的情况。

第二种是迷宫式滴灌带。

其特点：一是迷宫流道及滴孔一次真空整体热压成型，黏合性好，制造精度高；二是紊流态多孔出水，抗阻塞能力强；三是迷宫流道设计，出水均匀，可达到 85% 以上，铺设可达 80m；四是重量轻，安装管理方便，人工安装费用低。

第三种是内镶圆柱式滴灌管。

其特点：一是内镶滴头自带滤窗，抗堵性强。二是紊流道设计，灌水均匀。三是低头、管道整体性强。四是滴头间距可灵活调节，适用范围广。五是适合草莓、果树防护林带，也可搞重力式滴灌和地理式滴灌。

第四种是贴片式滴灌带。

其特点：一是适用范围广，适用于温室大棚蔬菜、果树、大田作物等领域。二是设备先进，自动化流水作业，生产速度快，周期短。三是灌水均匀性高，可达到 98.36%。四是抗堵性强，滴头流道宽，不易堵塞。五是滴头间距可根据用户需要任意设置。六是抗老化能力强，可在常态下使用多年。七是可降低土壤板结，增强土壤透气性，利于根系发育。八是可肥水同施，提高肥料利用率，省工省肥。上述四种滴头的形状参见图 1-32。

①压力补偿滴头

②迷宫式滴灌带　　　　③内镶圆柱式滴灌管　④贴片式滴灌带

图1-32　四种微灌滴头

（3）水阻管的安装：水阻管的安装，要求在施工员的指导下，认真操作。其步骤是：

①2~3人在支管指定的位置上用钻打孔，并安装好旁通；

②4人在毛管接口处安装水阻管，并与对立的旁通连接。水阻管的安装方法，按设计要求，应把一定长度的水阻管和水阻接头（1个）连接在一起，把带接头的水阻管插入对应的毛管中，直到水阻接头进入毛管4cm左右为止，然后，把此毛管与捆扎好的对应旁通连接起来，即安装完毕。

（4）管道安装应注意的问题：

①管道不宜裸露于阳光下，以防止老化。禁止扭、划、拉、折管道，以保障其使用寿命。

②为防冻，一般在每轮灌区相对最低的支管上安装排水管（可设闸门），并加盖，以便于管理。

③安装滴头时，打孔人员要注意不把毛管两壁都打透；微管调头插入毛管的长度以4mm为宜。为防止微管滴头脱落，可将微管滴头在毛管上打一结。

④在埋微管滴头时，应在其出口处裹一块塑料布（8cm×8cm），以防停水时吸入泥土。

⑤毛管施工约占整个管道系统安装工程量的60%，因此，要求施工人员认真做好组织工作，固定施工人员，防止频繁变动，保持整个滴灌工程顺利完成。

⑥在支管上打孔时要打正孔，严禁打偏斜孔，以防出现旁通漏水，钻头的直轮安装10旁通时，用8.7mm的为宜。安装12旁通时以11.5mm为宜。打孔的位置应根据毛管在支管上的连接位置确定。安装旁通时，要把孔壁上的曲塑料残片去掉，以防堵塞。为防止漏水，可在旁通内侧涂化学胶或加小胶垫，并用铁丝把旁通捆好。

⑦水阻管的安装好坏，关系整个工程的成败，所以，在水阻管与各个旁通连接时，施工人员要认真接好每一个小管件（三通、小阻接头、套管等），切不可疏忽大意。

5. 试水工程验收，清理现场

（1）试水：管道安装完毕，初检合格就可进行试滴，试水时先打开控制闸阀，放水冲洗整个管道，排除管中一切杂物，然后将各级管道尾部用堵头堵好。以轮灌区为单位，按相应的压力供水，调整各闸门，检查接头、管道有无漏水，滴水头滴水是否均匀，各种仪表是否灵敏等。如有故障，要及时排除。直至合格为止。

试水正常以后，即回填管道。回填应分层进行，紧贴管道的一定用细沙土，并边填边捣实，防止管道受力不均。冬季施工，最好下午回填，以减少热胀冷缩对管道线性变化的影响。

（2）工程验收和清理现场：滴灌工程的验收包括3个内容：一是复查滴灌设备产品，包括管和管件等是否合格；二是检查安装施工质量是否符合设计要求；三是审查滴灌系统规划是否合理。通过综合检查，将隐患消灭在生产使用之前。对较大的工程验收工作还分为施工期间的验收和竣工验收等不同阶段进行。验收组成员应由主管投资部门、设计单位、施工单位和使用单位四方代表组成。按照设计图纸和施工图纸的要求一一核对。

验收结果要形成文件，共同签字，以备查考。验收合格后，应及时清理施工现场，使工地恢复到施工之前的正常状态，并交付使用。

五、补光灯

冬季用于日光温室蔬菜栽培补光的农艺钠灯的光波长与太阳光波长很相似，所以人们称其为阳光灯或补光灯。

（一）利用阳光灯对温室蔬菜补光的范例

世界蔬菜王国——荷兰，地处北纬 51°~53°、东经 4°~7°，位于大西洋东岸。地势低洼，海拔高度 4~8m，有 1/4 的农田由围海填成。此地区"冬至"正午的太阳高度角只有 15°左右，冬季的白昼时间只有 6~7h。荷兰所处地里纬度与我国黑龙江省黑河市至塔河以北的盘古的纬度相同，比哈尔滨的地里纬度还高 5°~6°。从地处北纬 46°的哈尔滨市至地处北纬 53°的盘古，冬季的最低气温一般在 −30~−40℃，而荷兰因受大西洋暖流影响，冬季最低气温也就是 −25℃左右，与我国辽宁省北部相差不大。但荷兰因雾天多、雾大，腊月中午前后的光照强度也只有 9 000~15 000lx（即勒克斯，为米烛光）。然而荷兰自 20 世纪 70 年代以来，利用燃气发电对日光温室加温和使用电灯补充光照，使冬季温室内的光照时间补增到每日 9h 左右，光照强度 2.5 万~4.5 万 lx，光合温度维持在 15~35℃。实行反季节蔬菜周年栽培获得高产优质。蔬菜优质品率达 98% 以上。2004 年，荷兰全国 1 万 hm²（公顷）日光温室黄瓜、番茄、甜椒的平均单产水平：黄瓜 70kg/（m²·年）、番茄 50kg/（m²·年）、甜椒 26kg/（m²·年）。该国日光温室的有效栽培面积率为 90%，按占用面积的单产水平黄瓜为 63.0kg/（m²·年）、番茄 45kg/（m²·年）、甜椒 23.4kg/（m²·年）。由此表明，在冬季光照时间短、光照强度弱、光合温度低的地区，通过安装阳光灯（补光灯）和加温，完全可以实现日光温室蔬菜周年栽培，高产优质。

（二）安装阳光灯能增产的原理

1. 能补充绿色作物所需的不同波长光质，促其正常生长发育　日光温室蔬菜生产中，冬季，由于高纬度地区白昼过短，光照时间更短，光照弱，较高纬度地区白昼较短、光照时间也短，光照强度也较弱，再加上东西两山墙内侧都存有半个白天的光照死角。这些情况都会造成温室内绿色作物显现出缺少不同波长光质的症状。例如，叶片发黄瘦小，是缺乏蓝光照和青光照导致的症状；枝叶生长缓慢、株体瘦弱、花果秕小，畸形花果率高等生长发育不正常现象，是缺乏红光和橙光的症状。由于太阳光具有的从 280~750nm 之间不同波长的紫外线和紫、蓝、青、绿、黄、橙、红七色可见光和红外线，阳光灯也全具备。所以安装上阳光灯补光，就等于补充太阳光，使温室内的作物，不仅得到了适宜的光照时间、光照强度，而且得到了作物所需的不同波长的光质。例如，阳光灯放射的 280~440nm 波长的紫外线和紫光，是绿色植物形成色素的主要光质，并促进维生素的形成和干物质的积累，具有防止徒长、促进苗壮早发减少病害的作用。阳光灯放射的 440~490nm 波长的蓝光和青光，可活跃叶绿素的活动，促进绿色作物营养生长。而放射的 490~600nm 的绿光和黄光，能使光合作用下降，生长衰弱，但因绿色作物对光质有选择性，对绿光和黄光基本不吸收。阳光灯放射的 600~750nm 的橙光和红光，能增加植物的叶绿素，增强叶绿体的光合作用能力，是绿色植物生长发育，进行生根、生长茎叶和花芽分化，促进作物正常生长发育开花结果。

2. 延长温室作物光合时间，增加光合效应　上午日出后稍晚揭敞草帘，继续覆盖保温 1h，在这 1h 内开阳光灯增光，可使日光温室内作物在光合温度条件下，进行光合作用，下午可适当提早于棚室内气温 21~22℃ 时覆盖草帘等保温物，在保温条件下打开阳光灯补光 3h 左右（补至温室内气温降至 18℃ 时）。如此，可使冬季高纬度地区的日光温室内，绿色作物的光合时间由 6~8h 延长至 10~12h，同时还对两山墙内侧上午和下午的光照死角处进行有效补光，从而增加了光合效应，一般可使光合产量增加 30% 以上。因此，利用农艺钠灯补光，是高纬度地区日光温室蔬菜越冬茬栽培增产幅度较大的一项措施。

3. 抑菌、灭菌，减少病害，有利于生产无公害绿色蔬菜　在蔬菜高产栽培十要素中，唯有光照是抑菌、灭菌，增强株体抗逆性能的生态因素。日光温室内，光照强度增加 10% 和光照时间增加 30%，病菌就减少 87%，尤其地表之上的细菌，经 280~400nm 的紫外线和紫光照射后，杀灭率高达 95% 以上。补光也能增温，室内气温提高 2℃，空气相对湿度则下降 5% 左右。因此，冬季温室内安装阳光灯补光，也是消除作物病原菌、升温降湿、提高植株体内含糖度，增强耐寒、耐旱及免疫力，抑菌防病最经济的办法。因此，可减少用药、用工等开支和产品污染程度，有利于生产无公害绿色蔬菜。

（三）阳光灯的安装

1.**阳光灯的照度和布局** 处于不同地理纬度地区的日光温室，冬季室内的自然光照时间、光照强度不同；同一日光温室内，受云层的影响，自然光照强度也不稳定；不同类型的作物对光照强度要求不同；同一作物不同生育阶段对光照时间和光照强度也会有不同要求。因此，在日光温室安装阳光灯的布局和照度上，要因上述情况制宜。应掌握纬度越高、冬季昼间越短、光照越弱、室内栽培的作物越喜强光照和长光照的，阳光灯应安装密度越大，照度也越强。一般掌握以安装 220V/40W 农艺钠灯泡或 220V/36W 灯管为例，在每天的无自然光照时间可照射 10m^2 面积，弱光时可照射 30m^2 面积，两山墙内侧的光照死角处，按无自然光照的安装阳光灯。在补光灯的布局上，以使室内的照度均匀为原则。灯距离被照射作物植株顶部的高度以 1.5m 为宜。安装的每个灯都设强光照和一般光照两级开关。要依据温室内受云层影响弱光照、阴雪天气散弱光照、盖草帘后的无光照等情况，调节阳光灯的照射强度，以适应作物需求。

2.**匹配电源** 温室中要用 220V、50HZ 电源供电，电源线与灯总功率匹配。电源线用铜线，直径不小于 1.5mm，接头用防水胶布封严。

（四）阳光灯的应用方法

1.**遇连阴天气** 打开强光照开关，全天照射补光，以避免根萎秧衰。

2.**早上和晚上覆盖草帘时间** 打开强光照开关，作为无自然光照时间进行阳光灯照射补光。以延长对作物的光照时间，确保作物正常生长发育。

3.育苗期　上午日出前1h至日出后1h，正午后4~6h，开灯、打开一半光照强度开关，使阳光灯的光与太阳光一并形成9~12h的日照，以培育大壮苗。

4.结果期　早上或傍晚，当日光温室内的气温在15℃以上，但自然光照强度在20 000lx以下时，便应开补光灯。

六、反光幕

在纬度较高和高的地区，冬季太阳高度角小，太阳光能照射到日光温室后墙内侧面上2m多高处。于靠近后墙内侧或于后墙内侧面上张挂反光幕，对后墙以南0~3m宽的地面和空间有显著的补光和增光作用，这是日光温室越冬茬蔬菜栽培或冬季蔬菜育苗事半功倍的辅助设施。

（一）张挂反光幕的效应

1.能明显增加反射光射区的光照强度　于日光温室后墙内面或顺东西向后立柱和各行中立柱位置张挂幅宽150~180cm的镀铝聚酯膜反光幕，可使反光幕以南0~3m的反射光照射带区内，增加光照0.3万~1.1万lx（米烛光）。反光幕的反光率与增光率是不同的概念。反光率是指从反光幕上反射出的光量，占太阳光照射于反光幕上光量的所占比率。例如，太阳光照射到反光幕上面的光强为5万lx，而从反光幕上反射出的光量为2万lx。那么，反光率则为2万lx/5万lx×100=40%。

增光率是指从反光幕上反射出的光量照射到反射光照射带区，使该区单位面积增加的光照强度，占该区原来单位面积太阳光照射强度的比率。例如，150cm幅宽的反光幕上反射出的2万lx光，照射到300cm宽的反射光照射带区内，才使该带区平均增加1万lx光强，使该区的光照强度由原来5万lx增加到6万lx，此区的增光率为（6万~5万lx）/5万lx×100=20%。但实践表明，在反光幕以南0~3m的反射光照射带区内，地表增光率由近及远为35%~7%，在60~80cm空中增光率由高到低为30%~10%。反光幕的增光率与日光温室的采光强度、反光幕的反光率和所处季节都有关系，日光温室采光强度高、反光幕反光率高，则能使增光率相对提高；冬季光照不足时增光率大，春季增光率小，晴天的增光率大，阴天的增光率小；同一个晴日，中午前后增光率大，越近于早晨和傍晚，越增光率小。

2. 可提高气温和地温　反光幕的反射光能增加地温和气温。据观察，一般可使反光幕以南 2m 内 0~10cm 地温提高 1.5~3.1℃，气温提高 3.5℃左右。

3. 改善温室小气候　主要是增加光照和温度，降低空气湿度，增强作物抗病性能，减少病害发生，节省农药，减少农药污染。

4. 促进作物生长发育，提高品质，增加产量　于反射光带区内设置苗床育蔬菜苗，可使幼苗生长加快，苗子壮旺，秧苗素质提高，苗龄期缩短。同一品种、同苗龄的幼苗、株高、茎粗、叶片数均有增加。于反射光带区内栽培黄瓜等瓜类作物，番茄、辣椒等茄科作物等多种蔬菜的品质和产量都较大幅度提高。

（二）反光幕的应用方法

一般按有效栽培面积 1 亩（667m^2）的日光温室用镀铝聚酯膜反光幕 200m^2。张挂反光幕的方法有单幅纵向黏接垂直悬挂法、单幅垂直悬挂法、横幅黏接垂直悬挂法、后墙板条固定法 4 种。生产上多随日光温室走向，面朝南、东西延长，垂直悬挂。张挂时间一般在 11 月末至翌年 3 月。最多提早于 10 月中旬和延后至 4 月中旬。以横幅黏接垂直悬挂法为例，张挂步骤如下：使用反光幕应按日光温室内的长度，用透明胶带将 50cm 幅宽的 3 幅聚酯镀铝膜黏接为一体。在日光温室中柱上由东向西拉铁丝固定，将幕膜上方折回，包住铁丝，然后用透明胶布固定，将幕膜挂在铁丝横线上。使幕膜自然下垂，再将幕膜下方折回 3~9cm，固定在衬绳上，将绳的东西两端各绑竹棍一根，固定在地表，可随太阳照射角度水平北移，使其幕膜前倾 75°~85°。也可将幅宽 50cm 的聚酯镀铝膜按中柱高度剪裁，一幅幅紧密地排列并固定在铁丝横线上。幅宽 150cm 的聚酯镀铝膜可直接张挂。

（三）使用反光幕应注意事项

1. 定植初期，靠近反光幕处要注意浇水，水分要充足，以免强光高温造成烧苗 使用的有效时间一般为 11 月至翌年 4 月。对无后坡日光温室，需要将反光幕挂在北墙上，要把镀铝膜的正面朝阳，否则膜面离墙太近，易因潮湿造成铝膜脱落。每年用后最好经过晾晒再放于通风干燥处保管，以备再用。

2. 反光幕必须在达到光合温度的日光温室才能应 如果温室保温不好，白天靠反光幕来提高温室内的气温和地温虽然有效，但夜间难免受到低温的损害。因为反光幕的主要作用是增加温室后部的光照强度和白天温度，扩大后部昼夜温差，从而挖掘后部作物的增产潜力。

3. 反光幕的角度、高度需要随季节、作物生长情况等进行适当调节 日光温室蔬菜秋冬茬栽培后期、越冬茬栽培以及冬春茬栽培期间都适宜使用反光幕，并依季节变换对反光幕进行调节。冬季太阳高度角小，反光幕悬挂的高度一般偏矮，尤其是栽培矮秆作物，反光幕的下边应近地面或贴近株顶，并且以垂直悬挂或上边略向南倾斜为宜。当黄瓜等瓜类和番茄等茄果类高杆蔬菜的结果期，植株高大，叶片对光照的要求增加，尤其在早、晚光照较强时，反光幕的悬挂高度应适当提升，以底边位置提高到高秆作物的株顶附近为宜，角度以底部略向南倾斜为主。到春季，太阳高度自己增大，要将反光幕上边往北倾斜，调节为反光幕与地平面保持 75°~85° 角，以使日出后的两个小时内和日落前的两个小时内的反射光线基本与地面平行为好。进入 4 月以后，随着气温回升，光照已充足，制约蔬菜生长发育的弱光、地温因素已不存在，此时反光幕已完成了其作用，应及时撤去。

七、遮阳网

遮阳网又称遮光网、遮阴网、凉爽纱，是以聚烯烃树脂为基础原料，并加入防老化剂和其他助剂，熔化后经拉丝编织成的一种轻型、耐老化、高强度的新型网状农用塑料覆盖设施材料。

（一）遮阳网的种类

常用的遮阳网有黑色的、银灰色的、黄色的、蓝色的、绿色的等多种，以银灰色、黑色这两种应用的最普遍。黑色遮阳网的遮光度较强，适宜于酷暑季节覆盖。银灰色的遮阳网透光性较好，有避蚜虫和预防病毒的作用，适宜于初夏、早秋季节覆盖。上述各种遮阳网的幅宽 60~450cm，但多为 90~250cm，目前，应用较普遍的为幅宽 160cm 和 220cm。

（二）遮阳网的主要功用

1.遮挡阳光、降低温度，改善田间小气候　覆盖遮阳网可显著降低射入棚室内的光照强度，有效降低热辐射，从而降低气温和地温，改善农作物生长发育的小气候环境。一般覆盖黑色遮阳网，可使棚室内的光照强度降低 70% 左右，室内气温较外界降低 3~4℃。覆盖银灰色遮阳网，可使棚室内的光照强度降低 40% 左右，室内气温较外界降低 2~3℃。在夏季炎热日期，覆盖遮阳网最大降温幅度为 9~12℃，一般降温 4~5℃。可有效防止日光温室蔬菜发生日灼症。

2.遮风挡雨，抗避雹灾　当遇到疾风暴雨和降冰雹时，遮阳网突显避灾功能。可以说，覆盖遮阳网的棚室保护地蔬菜，被风刮不倒，被雨淋冲不坏，免受冰雹打击，不会造成水土流失。在遮阳网的盖护下，不管是幼苗还是正在结果实的植株，都枝叶无损。调查情况是：暴风雨雹对作物的冲击为害程度，覆盖遮阳网较未覆盖处因为降水量减少 14%~25%，灾情减轻 86%~98%。

3.保护和改善土壤优良理化性状，减少土壤水分蒸发　覆盖遮阳网能防暴雨迫冲土壤，保护土壤团粒结构，保持土壤耕作层疏松，使其具有良好通透性，增加土壤耕作层含氧量。有利于作物生根发根，促使植株地上部分生长旺盛，达到增产目的。据调查，覆盖遮阳网的比不覆盖的土壤水分蒸发量减少 40%~60%。

4.避防病虫害　覆盖遮阳网能避蚜虫等某些虫害，避免蚜虫传播病毒病、煤霉病等病害。据调查，避蚜虫率达 96% 左右，对蔬菜作物病毒病、煤霉病防效为 86%~96.8%。并能抑制多种病害发生蔓延。

（三）选用遮阳网的原则

1.夏季育苗或定植后缓苗短期内覆盖，应选用黑色遮阳网　为防病毒病，也可选用银灰色或灰黑色的遮阳网覆盖。

2.夏季和早秋棚室内栽培茄果类或瓜类作物 根据这些作物较耐强光照的特性，应选用遮光率较低（35%左右）的银灰网或黑灰网，如SZW-10等。如果偏重于遮阳又防病毒病，应选用避蚜、防病毒病效应好的SZW-12、SZW-14等银灰网或黑灰网配色遮阳网覆盖。

3.伏夏全天候覆盖 不宜选用遮光率超过40%遮阳网，而应选择遮光率低于40%，一般为遮光率20%~30%黑灰色遮阳网覆盖。

（四）日光温室覆盖遮阳网的方式

遮阳网的覆盖方式主要以顶盖法和一网一膜覆盖两种方式为主。顶盖法是指在日光温室的二重幕支架上覆盖遮阳网；一网一膜覆盖方式是指覆盖在日光温室上的薄膜，仅揭除围裙膜，顶膜不揭，而是在顶膜外面再覆盖遮阳网。目前，在山东寿光蔬菜主产区大多数采用一网一膜覆盖方式。

遮阳网覆盖栽培蔬菜的技术原则是：看天气（主要看晴日光照情况）、看作物（作物行株间透光情况，及对正午前后强光的反应）灵活揭盖；晴天时白天盖，夜间揭；阴天时全天不盖。30℃以上温度，一般从日出后3h至下午日落前3h覆盖。

八、避虫网

避虫网也叫防虫网，是以聚烯烃为主要原料，采用添加防老化、控紫外线等化学助剂，经拉丝制造成的网状织物。棚室蔬菜避虫网覆盖栽培，是一项能生产无公害绿色蔬菜，提高其品质和产量的实用环保农业技术。避虫网覆盖于棚室通风口和窗口上或拱架上扒膜缝通风口处，构建起人工设置的隔离屏障，将多种害虫拒之网外（棚室外），切断害虫（成虫）繁殖途径，能有效控制多种害虫对蔬菜的直接为害和传播病毒病等病害，能大幅减少菜田施用化学农药，使蔬菜无污染，卫生安全，为发展无公害绿色农产品生产提供了技术保证。

（一）避虫网的种类及规格

避虫网与塑料薄膜等保温覆盖物的不同之处在于网孔密度稀，网目数少，网目之间允许空气通过，但能将昆虫阻隔于网外，即避虫网不阻气，而阻避害虫。按颜色来区分，避虫网有黑色、白色、银灰色、黑灰色等多种，但以白色的为多。避虫网的规格主要包括幅宽、丝径、网孔密度（即目数）等内容。幅宽通常为90~180cm，最大幅宽为360cm；丝径范围是0.14~0.18mm。目前，在棚室蔬菜生产上，推荐使用的避虫网的目数为20~40目，以26~32目的最为常用。

（二）避虫网的作用

避虫网的主要作用是防害虫，并因能防害虫，也就能预防由害虫为媒介传播的病害。

1.能防多种害虫的为害　就棚室保护地栽培蔬菜而言，安装上避虫网，即可有效避免多种害虫对蔬菜作物直接为害和传播病毒病等间接为害。能有效预防的害虫主要有：瓜蚜、萝卜蚜、甘蓝蚜等多种菜蚜，葱地种蝇、萝卜地种蝇等种蝇，豆荚斑螟、瓜绢螟、豇豆荚螟、甜菜螟等多种螟虫，美洲斑潜蝇、豆叶东潜叶蝇、豆秆黑潜叶蝇、南美斑潜蝇、葱斑潜蝇、豌豆彩潜蝇等多种潜叶蝇，白粉虱、烟粉虱、灰飞虱等多种粉（飞）虱，黄曲跳甲、黄宽条跳甲、韭萤叶甲、东方油菜甲等多种甲虫，绿蝽、斑须蝽、横带红长蝽、苜蓿蝽等多种盲蝽象，棉铃虫、烟青虫、葱须鳞蛾、斜纹夜蛾、甜菜夜蛾、银锭夜蛾、甘蓝夜蛾等鳞翅目夜蛾科多种夜蛾。还能预防韭菜的大敌——迟眼蕈蚊。防效率一般为90%~98%，对蚜虫、粉虱、蕈蚊等体型小的害虫，防效为90%左右，而对于夜蛾、跳甲、蝽象等体型较大的害虫，防效率为99%以上，几乎达100%。

2.防病　病毒病是蔬菜作物的灾难性病害。蚜虫、白粉虱、烟粉虱等体型较小的害虫是传播病毒病的主要媒介。如番茄黄化曲叶病毒病（TYLCV）和番茄黄顶曲叶病毒病（TOLCTWV）是番茄生产中常见严重病害，其病源毒传播媒介害虫，是唯一的烟粉虱。种子、接触、摩擦和其他害虫为害，均不能传毒。只要利用避虫网严防住烟粉虱不进入棚室保护地，棚室内的番茄则不会发生上述两种病毒病。使用避虫网的实践证明，由于避虫网切断了害虫传播途径，使蔬菜病毒病的传播侵染大大减轻。一般防病效果达80%~90%。

（三）对避虫网目数的选择

避虫网的目数是在 25.4mm（1 英寸）见方的范围内有经纱和纬纱的根数，目数越多，网孔密度越大，网孔粒径越小，防虫的效果越好。但目数越多，网孔密度过大，网孔粒径过小，则阻挡通风，使棚室的通风效果不好。避虫网的目数是关系到防虫性能的重要指标，在作物栽培上应依据害虫种类进行选用。一般在黄瓜、丝瓜、西瓜、甜瓜、西葫芦、苦瓜和番茄、茄子、辣椒等作物上防烟粉虱、白粉虱、蚜虫等体型小的害虫，宜选用 30~40 目的避虫网。而在某些作物上预防棉铃虫、斜纹夜蛾、甜菜夜蛾、甘蓝夜蛾等体型较大的害虫，选用 20 目的避虫网。于棚室栽培韭菜预防发生韭蛆，应选用 40 目的避虫网防迟眼蕈蚊（迟眼蕈蚊又名黄脚蕈蚊，其幼虫即是韭菜的大敌—韭蛆）。使用避虫网（防虫网），一定要做到密封，否则难以起到防虫的效果。

（四）避虫网的覆盖方式

在夏伏高温季节害虫多，日光温室和大拱棚栽培蔬菜等作物，应对所有通风口都安装上 25~40 目的避虫网（图 1-33）如此，既有利于通风降温，又能防虫。为提高防虫效果，必须注意如下三点：

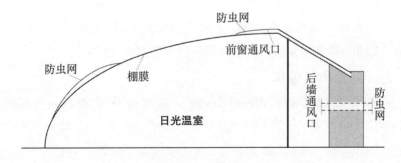

图 1-33　日光温室避虫网覆盖方式示意图

1.蔬菜栽培各茬次的全生育期都覆盖避虫网　因避虫网遮光较少，无须前盖后揭或前敞后盖或日盖夜敞。应于蔬菜的春夏茬、越夏茬、夏秋茬、秋延茬、周年茬的栽培全生长期内都覆盖而且昼夜覆盖避虫网。不给害虫有入侵的机会，才能收到满意的防虫效果。

2. 高温闷棚后随即覆盖避虫网　在日光温室蔬菜秋延茬（秋冬茬）栽培前期仍处于高温的 8 月，此时仍是多种害虫发生期，在定植前应先对日光温室清除前茬病残体，高温闷棚、灭菌、消毒、杀虫后，再随即覆盖避虫网，使室内不存有前茬遗留下的害虫，也不在定植前后给害虫留有侵入棚室之机会。方可取得防虫良效。

3. 在蔬菜栽培中期安装避虫网必须与熏烟剂灭虫相配合　在棚室蔬菜定植后或栽培中期要安装避虫网时，必须先把棚室内潜藏的害虫消灭干净，才能取得覆盖避虫网防虫的良好效果。这是因为烟粉虱、白粉虱、蚜虫等体型小而又繁殖力很强的害虫，靠喷药剂是难以使棚室内的害虫消灭干净的。例如，一般喷洒药剂杀虫达 98% 以上就算杀虫效果不错，但 1 亩（667m^2）的保护地种植着 2 500 株左右番茄，假设轻度发生烟粉虱，平均每株只有 10 头，全田则有 25 000 头，喷洒药剂后 98% 的被杀灭，残留的 2% 则为 500 头。别说这 500 头继续繁殖很快增多，就是不繁殖，凭这 500 头传播病毒就可使棚室内几百株甚至上千株番茄发生黄化曲叶病毒病。但作为菜农对棚室的虫情调查观察来说，1 亩（667m^2）棚田里 2 500 棵番茄植株上藏着 500 头烟粉虱，很难被菜农发现。因此，最好的防治方法是：在覆盖避虫网时，要配合上使用烟雾剂熏烟，将棚室内的烟粉虱、白粉虱、蚜虫等熏杀掉，为熏杀得彻底干净，应在 10d 内连熏杀两次。如此，覆盖避虫网可获得良好的防虫害效果。

九、温室内运输车

一栋有效栽培面积 800~1 200m^2（栽培床南北宽 10m、东西长 80~120m）的日光温室，1 年产的蔬菜一般有 2.5 万 ~4.2 万 kg。靠人工用菜筐子往外提，确实工作量很大。如果在温室内安装上运输车，即使 1 名力气一般的人，也可以承担这项作业。目前，在山东寿光棚室蔬菜主产区，安装在日光温室内的地面轨道推车介绍于下。

（一）地面轨道推车的结构

日光温室内用于运输蔬菜的有轨道推车，与普通手推车不同。这种推车不仅载货量大，而且从来不走偏，1 个人就可把上千克蔬菜从百米长的

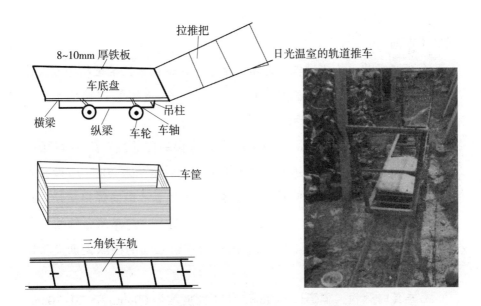

图1-34 日光温室内的轨道推车及其结构部件

日光温室一头运到另一头（图1-34）。

此样轨道推车，大多数为菜农自造，目前未有统一规格标准，其结构有车底盘及车轮、车筐、轨道三部分：

1.车底盘及车轮的结构 由厚度8~10mm、宽66cm、长144cm的钢板，底面焊接上4根长20cm的50mm×50mm的角铁作吊柱，再将两根长度60cm，直径30mm的钢棍作底盘的横梁，分别焊接于车底盘下面距底盘的头边20cm，靠两边处的吊柱上（焊接于吊柱下端）。再将两根长104cm，直径30mm的钢棍作车底盘的纵梁，安装于车底盘底面的两边，两头都焊接于两端的吊柱上。在每根纵梁的两头往内15cm（也就是从车底盘两头往内35cm）处的下（底）面，都要用铁件（可将内径32mm、外径40mm的钢管横截为30mm为1段后，从中间锯分为两个半圆形圈）焊接于纵梁底面，形成内径32mm的半圆形嚠口，以便安装上车轴后，使车轴在嚠口内，不会前后移动。

用长度66cm，直径33mm的钢棍作车轴，两头刨丝后安装上轴承，再安装上直径15cm、厚度6cm的铸制铁轮作车轮。轮圈面的中间凹陷呈

"V"形，以便与铁轨的三角（八）形凸起相嚙合，而使车轮在轨道上行驶中不走偏。

在车底盘的一头用螺丝上好轨道推车的拉推把。拉推把用两根直径20mm、长160cm 和4根直径20mm，长60~70cm 钢管焊接为1头为60cm，另一头为70cm 的梯形。

2. 轨道结构　由50mm × 50mm，长度比温室内的长度短3~4m 的2根角铁作铁轨，于后墙南边的东西走道上（距后墙相距20cm），两条铁轨垂直相距60cm 东西向伸延，两铁轨之间用12号钢筋焊接横联。在铺设铁轨时要注意做到：一是将角铁的棱角朝上；二是两条铁轨一直是垂直平行相距砸入地下的办法，固定两铁轨之间的横联钢筋而将铁轨固定。

3. 车筐的结构　车筐长140cm，上下宽度均为60cm、高70~80cm。用直径25mm 厚壁钢管和10号钢筋焊接而成。有些菜农将与车筐相近大小的柳编或荆条编菜篮子置于车盘上，当作车筐运输蔬菜也方便。

（二）使用地面轨道推车时注意事项

一是盛运蔬菜的车筐，只作为装盛蔬菜产品运输用，不可装盛厩肥等有机肥和农药运输。二是当使用轨道车运输有机肥料时，应拿去车筐，换上农家常用的粪筐、粪篓盛粪运输。三是在蔬菜拉秧倒茬时，需要往棚室外运输作物秸秆枝叶时，可拿去车筐，只用车盘运输。四是有的轨道车，两头都设有推拉把手，如此，虽然便于推拉车子，但在停放轨道车时，因多了1个推拉把手占地方，在往车筐里装卸蔬菜时欠方便。

十、棚膜除尘布条

新的聚乙烯、聚氯乙烯、聚乙烯—醋酸乙烯棚膜的透（采）光率一般为80%~86%。但随着使用日期的延长和因为棚膜外面沾染水滴、尘土、碎草等杂物而遮光，致使棚膜的透光率逐渐降低，使棚内的光照强度也随之减弱。尤其是聚氯乙烯棚膜，因不防染尘，使用3~4个月后，其透光率可降低20%~40%。因棚室内的光照强度减弱，使作物生长发育受到不良影响。因此，为保持棚膜的良好采光性能，应采取勤擦拭棚膜，及时除尘。这是棚室蔬菜生产上的一项很必要的作业。近年来寿光市菜农采取了棚膜上设置"除尘布条"，利用布条在棚膜上随风摆动，可自动地及时把棚膜洁净，避免了因尘土及其他杂物对棚膜沾染遮光，从而相对保持和延长了棚膜良好的透光性能。实践证明，这是一项简便易行，很有推广价值的实用技术。

（一）除尘布条设置方法

在新棚膜日光温室上，每隔 1 道压膜绳设置上 1 条除尘布条。即相邻压膜绳的距离是 0.6m 的棚面，每隔 1.2m 设置上 1 条除尘布条；相邻压膜绳的距离是 0.8m 的棚面，每隔 1.6m 设置上 1 条除尘布条。除尘布条的宽度以 8cm 左右为宜，最宽不宜超过 10cm，最窄不宜窄于 6cm。其长度，应比前坡拱面上从棚脊处至前檐角处的长度还长出 0.5~1.0m。对布条颜色的选用，以白色的最好，其次是淡黄色、浅蓝色、银灰色的，明显能遮光的黑色和红色、紫色、深蓝色、深绿色的布条则不适用。对于除尘布条的栓法，先将一头拴系于温室天窗北边棚脊处压膜绳上，再将另一头拴系于温室前裙处此条压膜绳上。利用风力使拴系在压膜绳上的布条左右摆动（即刮东风时往西摆动擦拭，刮西风时，往东摆动擦拭），布条擦拭棚膜除尘，而对棚膜不会造成划伤。

（二）设置除尘布条，应注意的技术问题

1. 除尘布条松紧要适当，要及时调整　除尘布条的松紧度是以压膜绳为中心线，布条左右摆动时，相邻布条互相靠近，以不会缠绕为宜。日光温室相邻压膜绳（线）之间的距离，一般有 0.5m、0.6m、0.7m、0.8m 的，极少长于 0.8m 和短于 0.5m 的。每隔 1 条压膜绳，于压膜绳上拴系 1 条除尘布条。刚拴系上新布条的松紧度，使其左右摆动范围都不会超过左右相邻的压膜绳，使相邻布条不会发生互相缠绕问题。但经过使用些日子后，布条经风刮不停地摆动，有些伸长后，再遇到棚面"小卷风"或局部倒风向时，相邻布条就会出现摆动方向不统一，甚至相反，而造成互相缠绕，因此，新布条拴系后 7~15d 后，就应对所有布条重新拴系一次，对其松紧度进行调节。

2.除尘布条要半月左右一移位 因为除尘布条两头拴系固定，所以，其左右摆动的面积范围呈纺锤形。布条的中段摆动幅度大，除尘率可达80%以上，而越往两头，摆动幅度越小，除尘率也就越低，一般布条两头的除尘率不到50%。最两头处，因摆动幅度很小，基本上不能除尘。不少菜农在设置好除尘布条以后就不再移动它，整个冬季除尘布条都在固定的距离范围内来回摆动，擦拭棚膜除尘，而两个纺锤形的擦拭面积之间，还有很大一块成为除尘死角的面积，反而十分污染，这就造成了棚膜透光的降低。解决上述这个问题的办法，就是要10~15d对除尘布条进行一次移动更换位置。具体做法是：先从温室前裙（或前脸）处，挨个解开布条，将布条挪动1根压膜绳（线）的距离后，再拴系牢固。然后再把拴固于棚脊处压膜绳上的布条另一头也解开、移位，与下部一头相对应拴系在同一条压膜绳上。这样就完成了对除尘布条的移位。如此移动更换除尘布条的位置，就能将整个温室的棚膜面都擦拭到，使其保持较高的采（透）光率，使室内作物正常生长发育。

十一、缓冲房

靠日光温室门口外设缓冲房，是很必要的配套设施。此房不仅冬季对日光温室门口处缓冲寒风和有保温作用，还是一年四季从事温室蔬菜生产作业人员休息之所。可于此房内安置床位，放置衣、食、水等生活用品。还可将农用电动三轮车推进房内，对蔬菜产品保护装运，避免冬季露天装运发生冻害。

为减少占用土地，缓冲房应建在日光温室靠生产路一头的后墙北边。假若温室东头靠生产路，温室贴近东山墙内侧的后墙开门口，在此门口北边建造缓冲房。若温室西头靠生产路，则温室的门口开于贴西山墙内侧的后墙处。缓冲房就建在此门口北边。如此位置处建缓冲房，不仅节省占地，而且在缓冲房的使用上比较方便。有些地方把日光温室的门口开在靠生产路的山墙上，贴山墙在生产路西边建缓冲房。生产路的宽度一般5~6m（两辆卡车会车时能通过），再加上两边的缓冲房宽各占用3m。如此，生产路两边同排温室相距11~12m。比缓冲房建在后墙北面多占用1

倍土地。为节省缓冲房占地，还是在日光温室的后墙开门口，把缓冲房建在靠生产路一头的后墙北边为宜。

缓冲房的居住面积一般为 9m²，即 3m×3m。缓冲房的高度一般 3m 左右比较合适。有些地方为了把缓冲房建得形象好看，把房顶建成道士帽形，覆盖彩色瓦，高度达 5~6m，这不仅花钱多，适用性差，而且对相邻后排温室的遮光度等不良效应也大。

十二、其他设施

水龙头和温度表是日光温室内必不可少的最常用设备。

通过连接日光温室外的输水管道，将地下输水支管引进温室内进门口的地方，安装上地上水龙头，以方便对温室内的作物及时供水。

菜农依据日光温室内栽培的作物对温度的要求来调节棚室内的温度时，每天要多次观察温室内温度表显示的温度，来确定揭、盖草帘时间，开、关通风口时间、浇水打药时间等作物生长发育与温度有关的技术措施。为使温度表能正确反映出日光温室内的客观温度，应把温度表挂在温室的中间。其悬挂高度需要随植株高度不断调整，以准确反映植株生长点附近的温度。

于日光温室内安有水龙头的一头，靠山墙内侧建造上个宽 1~1.5m、长 8m 左右、深 1m 的水泥砖砌成的水池（水箱），用作盛存灌溉用水，该设施有两大好处：一是能白天吸收储存热量，夜间释放热量，使低温寒冷季节温室内的夜间气温下降，相对高。这是因为水的容积热容量是空气的 3 000 倍，1m³ 清水升高 1℃ 吸收的热量或降低 1℃ 释放的热量，等于 3 000m³ 空气升高 1℃，吸收的热量或降低 1℃ 释放的热量。所以，冬季夜间温度内水池中 1m³ 清水降低 1℃ 所释放的热量，则能补偿室内 3 000m³ 空气下降 1℃ 的热量，使气温下降缓慢，气温相对高。二是用水池中已预温暖的水灌溉蔬菜作物，不降低地温，避免根系遭遇低温冷害。有利于作物生长发育。

第二章
棚室保护地蔬菜育苗技术

第一节 工厂化蔬菜穴盘育苗技术

工厂化蔬菜穴盘育苗是在大型连栋温室和日光温室内，以不同规格的专用塑料穴盘做容器，用草炭、蛭石、珍珠岩等轻质土材料作基质，通过一穴一粒精量播种，覆盖、浇水等一次性成苗的现代化育苗技术体系。该技术是国际上于 20 世纪 70 年代发展起来的一项新技术。80 年代中期，我国从美国引进该项技术，称其为工厂化集约育苗。菜农多称之为蔬菜穴盘育苗。工厂化穴盘育苗的作物种类和育苗规模的日益扩大，已成为当今蔬菜等园艺作物育苗的主要方式。大型连栋温室和精量播种生产线的引进，极大地促进了我国穴盘育苗技术的发展。例如，我国棚室蔬菜主要产区之一，山东省寿光市 2013 年有 466 家蔬菜种子、种苗经营单位，其中 162 家有蔬菜育苗场地，利用连栋温室和日光温室常年搞蔬菜穴盘育苗，育成的菜苗销往北方各省、（市、区）。

一、工厂化蔬菜穴盘育苗的突出优点

穴盘育苗具有以下五大优点：一是穴盘育苗采用自动化（或人工）播种，集中育苗，能节省人力物力，与常规育苗相比，成本可降低 30%~50%；二是穴盘苗重量轻，每株仅重 30~50g，是常规育苗的 6%~10%，且基质保水能力强，根坨不易散，适宜远距离运输；三是幼苗的抗逆性增强，并且定植时不伤根，没有缓苗期；四是可以机械化移栽，移栽效率提高 4~5 倍；五是黄瓜、丝瓜、茄子、辣椒等短日照作物，

于夏季长日照时间育苗时，用穴盘育苗，便于实施短日照处理和夜间降温，加大昼夜温差等促进苗期分化花芽的措施，能育成生长发育正常，植株健壮的苗子，增加雌花比例，增加产量，尤其是增加前期产量。

二、工厂化蔬菜穴盘育苗的基础设施和环境要求

一是土建工程，主要包括连栋温室、日光温室（冬暖大棚）、拱圆大棚、催芽房、库房、办公室等基础配套设施的建设；二是育苗配套设施，包括穴盘、活动式育苗床架、水肥供应系统等；三是供暖和通风系统，应能提供育苗所需的温度、光照、通风条件，设计时应尽量考虑节能；四是供电系统，应考虑双路供电。

在建立育苗厂之前，对苗厂的水源、水质、土地和农业气象条件要进行调查，确定是否适合于此处建立育苗场。若在水质不合格的地区建育苗厂，需安装水净化设施。

三、工厂化蔬菜穴盘育苗温室的类型

近年来温室穴盘育苗的实践分析表明，从国外引进的大型连栋温室成功的例子不多。其主要缺点之一是一次性投资过大，而大型连栋温室的保温性、透光性都较差，与日光温室比起来消耗能源多，育苗成本过高，天气因素影响过大，给育苗从技术角度上增加了相当大的难度。在我国北方地区，连栋温室因保温性能差，不适用于冬季和早春蔬菜育苗。所以，目前在寿光集中蔬菜产区蔬菜工厂化育苗，冬季和早春多使用高效、节能、下挖（下沉）50~60cm，无中立柱或只有一行活动式中立柱的日光温室（冬暖大棚）；而夏秋两季育苗，是以使用经济性塑料薄膜（塑膜是可是用5~6年的）连栋温室为主，辅之使用拱圆塑料大棚。

四、工厂化蔬菜穴盘育苗前的准备工作

（一）准备穴盘

目前，生产中使用的塑料穴盘外形大多为54.9cm×27.8cm，常用穴盘为32孔、50孔、72孔、98孔、105孔、128孔6个规格。

1.培育南瓜自根苗或嫁接西葫芦苗　苗龄28d左右，植株3叶1心的苗子使用50孔穴盘为宜；苗龄32d左右，植株4叶1心的苗，使用32

孔穴盘为宜。

2.培育嫁接黄瓜、甜瓜、丝瓜和瓠瓜苗　苗龄期，夏季20d左右，冬季25d左右，植株1叶1心即可定植的苗子，使用72孔穴盘为宜；若培育3叶1心定植的嫁接苗子，宜使用50孔穴盘。

3.辣椒、甜椒和番茄　培育4~5叶苗，应使用98孔或105孔穴盘；培育5~6叶苗应使用72孔穴盘。

4.茄子嫁接苗和苦瓜嫁接苗　培育4~5片真叶的茄子嫁接苗，应使用72孔穴盘；若培育定植时5~6叶的大苗，应使用50孔穴盘；若培育定植时1对真叶之上，又1叶1心的苦瓜苗，应使用72孔或98孔穴盘。

5.茄子、辣椒、甜椒、番茄的二级（苗龄40~50d）自根成品苗，应选用105孔或128孔的穴盘为宜。

（二）设施、设备消毒

1.育苗温室消毒　每亩温室内，可用高锰酸钾1.65kg、甲醛1.65kg、白开水8.4kg，先将甲醛加入开水中，再加入高锰酸钾，产生烟雾反应。严封闭48h消毒，待气味散尽后即可使用。

2.穴盘消毒　用40%福尔马林100倍液浸泡穴盘15~20min，然后在上面覆盖一层塑料薄膜，闷闭7~8d后揭开，再用清水冲洗干净。

（三）育苗基质的物料、性质及选用、配制

1.用作育苗基质的物料　最早作为栽培基质的是砂砾，随后作为栽培用的固体基质很快扩展到石砾、陶粒、炉渣、岩棉、海绵、硅胶、珍珠岩、泡沫塑料、离子交换树脂、泥炭、锯末、树皮、花生壳、稻壳、菇渣、芦苇末以及一些混合物等，有各种各样的天然基质和人工合成物做基质。基质可以分为无机基质、有机基质、复合基质等。后来相继开发了蛭石、珍珠岩等，用作栽培基质。

2.栽培基质的性质

①容重：基质的容重在0.1~0.8g/cm^{3}范围内栽培效果最好。

②通气性状：主要用基质的总空隙度、通气孔隙和大小孔隙来表示，一般来说，基质的总空隙度在54%~96%范围内即可，适宜的基质空隙

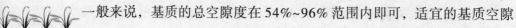

状况是同时能提供 20% 的空气和 20%~30% 易利用水，大小孔隙比在 6 ：（2~4）范围内为宜。

③基质的水分特性：由于基质与普通的土壤不同，基质不良的结构和水分特性可以通过基质的加工工艺和使用前的预处理得到调整，从而满足作物根系对水分的需求。建议使用透水透气性好的基质进行育苗。

④基质的生物学性状：主要指基质中有机类物质的稳定性。在微生物的作用下，有机质的腐蚀和降解会改变基质的物理、化学性质与生物特性。有机质分解速率与 C/N（即碳氮比）有密切的关系，C/N 高的基质，使用时由于微生物生命活动对氮的争夺，会导致植物缺氮，使用前必须加入超过植物生长所需的氮，以补偿微生物对氮的要求。通常碳氮比宜低不宜高，以 C ：N 为 30 ：1（即 C/N=30/1）左右比较适宜作物的生长。

⑤基质的 pH 值：绝大多数作物要求栽培基质为弱酸性。因此，基质的 pH 值以 6.2~6.8 为宜。

3. 基质的选用和基质的配比　目前，使用的基质，主要成分为草炭、珍珠岩、蛭石。草炭的主要功能是保证幼苗生长所需的有机质，应选用纤维多的浅层草炭为好，深层草炭或者重金属含量过高的草炭不能用，以免造成肥害；使用珍珠岩的目的是增加根系的通透性；蛭石的主要作用是保持基质的湿度。

基质的合理配比是育成壮苗的重要环节。在生产上尽可能利用当地的优良基质。如选用 55%~70% 的优良草炭，20%~25% 的珍珠岩，5%~10% 的蛭石，5%~10% 的陶粒，陶粒的主要作用是提高离子交换性能，这一比例混合的基质是比较理想的。菜农也可选择由专业公司所生产的育苗基质进行育苗或采用已经配比好了营养的基质，直接用来育苗。在山东寿光蔬菜集中产区，多采用草炭、珍珠岩、蛭石来配置育苗基质，并因不同作物和不同季节育苗，配制的比例略有不同。例如，用黄瓜、丝瓜、甜瓜、西瓜等瓜类作物育苗的基质，夏季和秋季育苗时按草炭：珍珠岩：蛭石为 3 ：1 ：1 的比例配制为宜，而冬季和早春育苗则按草炭：珍珠岩：蛭石为 2 ：1 ：1 的比例配制为宜，或按草炭：蛭石为 3 ：1 的比例来配制营养也可以。而用草炭、珍珠岩、蛭石这3种材料来配制茄子、辣（甜）椒、番茄育苗所用的基质，夏秋两季按草炭、珍珠岩、蛭石以7：2：1的比例为宜；而冬季和早春育苗则按草炭：珍珠岩：蛭石比例为6：3：1为宜。配制基质时，以1m³加入氮、磷、钾含量各为15%的三元复合化肥1.0~1.2kg，或加入尿素和磷酸二氢钾各1.5kg。将肥料用水完全溶解后，喷洒在基质上，边喷洒，边搅拌，使肥料在基质中掺混均匀。

在基质材料选用上，选用草炭以进口丹麦品氏牌泥炭、德国克拉斯曼等品牌为上乘；国产的草炭可选用熊猫、华美品牌为好。对不熟悉的草炭品牌，在规模使用前须做实验。

4.基质消毒　进口基质已经过消毒处理，可以直接使用。国产基质的消毒方法为每1m³加入70%的百菌清（四氯异苯腈）可湿性粉剂200g，或采用70%甲基硫菌灵800液，每1m³喷洒45~60kg，拌均匀。

（四）催芽室的准备

催芽室是为了促进种子萌发出土的准备，是工厂化规模育苗必不可少的设备之一。催芽室可用于大量种子浸种后催芽，也可将播种后的苗盘放进催芽室，待种子60%拱土时移出。建造催芽室应考虑以下几个问题。

①育苗规模要与催芽室相匹配。

②催芽室与育苗温室的距离要尽可能的近些。

③催芽室要有较好的保温性，在寒冷季节，白天能维持30~35℃，夜间不低于20℃。

④催芽室内应设置育苗架盘，播种后可以错开摆放在架子上，节省能源和使用面积。

⑤催芽室内应配备水源，播种后当催芽室内空气湿度不足时，可以向穴盘和地面上喷水，以保持较高的空气湿度。

（五）肥水供给系统和育苗床架的准备

1.肥水供给系统　喷水喷肥设备是工程化育苗的必须设备之一，应用喷水喷肥设备可以减少劳动强度，提高劳动效率，操作方便。较为实用的是使用水泵接上软管喷头进行水分供给，需要喷肥时在水池中配好所需肥料的浓度，或使用自动吸肥器，进行养分供给。浓度为 1 000kg 水中对上 500g 三原复合肥（视基质情况选择 N-P-K 为 20-10-20 或 15-10-25）。

2. 育苗床架的准备　设置育苗床架，一是方便育苗作业操作，二是可以提高育苗盘的温度，三是可防止底部有孔穴盘幼苗的根扎入地下，有利于根坨的形成。育苗床架高度一般为 50~80cm。冬天床架可以稍高些，夏天可以稍矮些。育苗床架有移动式、拆装式、固定式，要因地制宜，实用、省钱、方便、利于育苗为原则。

（六）基质预湿和装盘及压穴

1. 基质预湿　调节基质含水量至 55%~60%，即用手紧握基质，有水印而不形成水滴。堆置 2~3h，使基质充分吸足水。通常情况下，装盘用的基质含水量达到手握成团，落地即散为宜。

2. 装盘　将配好的和已预湿好的基质装在穴盘中，装盘时应注意不要用力压实，因为压实后基质的物理性状受到破坏，使基质中空气含量和可吸收的含量减少；正确的方法是用刮板从穴盘的一方刮向另一方，使每个孔穴都装满基质，尤其是四角和盘边的孔穴，一定要与中间的孔穴一样，基质不能装得过满，刮平后各个格室应能清晰可见。

3. 压穴　装好的盘要随机进行压穴，以利播种时将种子播入穴中。可用专门制作的压穴器压穴，也可将装好基质的穴盘垂直码放在一起，4~5 盘一摞，上面放几只空盘，用手通过平板在盘上均匀压至达到要求深度为止。具体要求压穴深度应因播种的作物制宜，一般掌握：播种黄瓜、甜瓜、丝瓜、冬瓜、西葫芦、西瓜、苦瓜和黑籽南瓜及白籽南瓜的压穴深度 1.2~1.5cm 为宜；播种辣椒、甜椒的压穴深度 0.6~0.8cm 为宜；播种番茄、茄子的压穴深 0.4~0.5cm 为宜。

五、瓜类、茄果类蔬菜砧木和接穗种子的处理与播种

（一）黄瓜、甜瓜、越瓜、丝瓜、冬瓜、西葫芦、苦瓜、西瓜及其砧木种子的处理和播种

1. 砧木与接穗的播种错期　不同的嫁接方法，要求嫁接的适宜苗龄不同。要使两种苗达到适宜嫁接的同一时间，就要错开播种期。

应用靠接法，要先播种接穗，再播种砧木。一般掌握黄瓜、甜瓜、越瓜、梢瓜为接穗，比黑籽南瓜砧木早播种5~7d，比白籽南瓜砧木早播种4~5d；西葫芦、丝瓜、西瓜、冬瓜、瓠瓜等较大籽瓜种为接穗，要比黑籽南瓜砧木早播种4~5d，比白籽南瓜砧木早播种2~3d，尤其是苦瓜出苗较慢，应提早播种10~15d。如此可使砧木和接穗这两种苗子茎粗相称（即下胚轴的粗度相近），易于靠接，成活率高。而穴盘育苗多采用插接法或劈接法嫁接，一般采用先播种砧木黑籽南瓜或砧木白籽南瓜。接穗黄瓜、甜瓜、越瓜、梢瓜的播种日期要比黑籽南瓜延后3~4d，比白籽南瓜延后2~3d；而西葫芦、丝瓜、西瓜、冬瓜、瓠瓜等较大籽瓜种为接穗，要比黑籽南瓜延后2~3d播种，比白籽南瓜砧木晚播种2d，或白籽南瓜催芽后播种，而接穗西葫芦、丝瓜、冬瓜、西瓜、瓠瓜不催芽与砧木白籽南瓜同时播种；而苦瓜因出苗慢，应比砧木早播种5~7d。这样可使砧木苗的下胚轴比接穗的下胚轴略粗，而利于插接或劈接、嫁接的成活率高。

2. 砧木黑籽南瓜或白籽南瓜的种子处理和播种　按照亩（667m²）定制田用根砧黑籽南瓜种子2 000~2 500g或根砧白籽南瓜种子1 500~2 000g备足种子。浸种的水温为55~60℃，用水量一般为种子量的3倍。种子倒入热水中后一直搅拌到水降温至30℃时为止。搓掉种皮上的黏液，换上25℃的温水浸泡10~12h，捞出沥去多余的水分，置于催芽室或日光温室内催芽，一般经36h即可露芽，当达到50%的种子发芽时即播种。也可不经过催芽阶段，浸泡结束后将种子直接播种。

播种砧木的穴盘，也是采用插接法或劈接法嫁接，培育嫁接苗的穴盘。培育1叶1心即可定植的嫁接苗，以使用72孔穴盘播种为宜；若培育3叶1心的嫁接苗子，宜使用50孔穴盘播种。每穴点播一粒种子，点在穴中央压成的凹处，种子平放，发芽一头朝下。避免漏播和重播。播种后用蛭石覆盖，方法是将蛭石倒在穴盘上，用刮板从穴盘的一方刮向另一方，去掉多余的蛭石，覆盖蛭石不宜过厚，与格室相平为宜。然后洒浇足水，置于催芽室或温室内，促芽出苗。

3.接穗黄瓜、甜瓜、越瓜、西葫芦、丝瓜、冬瓜、瓠瓜、苦瓜、西瓜嫁接育苗的种子处理与播种　依据不同瓜种的千粒重和种植密度不相同，按每亩定植棚田，穴盘育苗需种子量为：黄瓜或甜瓜200~250g，西葫芦350~450g，丝瓜、冬瓜、瓠瓜、苦瓜、西瓜各400~600g，提前备足。应选择质优、纯度高、洁净无杂质、籽粒饱满、高活力、高发芽率、发芽势强的种子。为使种子萌发整齐，出苗好，播种之前要进行种子处理。先将种子在晴朗天气暴晒一天，然后放入温水中（浸种水温，除苦瓜种子用60~65℃的，其他用55~60℃）随即搅拌25~30min。当水温降至30℃时，停止搅拌，然后在水中浸泡的时间是：苦瓜种子48~60h，西瓜、冬瓜、瓠瓜、丝瓜18~24h，黄瓜、甜瓜、越瓜6~10h。漂去秕粒、瘪粒，在水中搓除种子上的黏物，捞出，用清水冲洗干净后沥去多余的水分，置于适温条件下催芽。催芽适温：苦瓜30~33℃，西瓜、黄瓜、甜瓜、越瓜28~30℃，丝瓜、西葫芦、瓠瓜、冬瓜25~29℃。催芽温度偏高，发芽快，生长快，胚轴偏细，不利于嫁接；催芽温度偏低，发芽偏慢，胚轴偏粗、偏短，也不利于嫁接。只有在适宜温度下，才使发芽和下胚轴都正常，有利于嫁接。一般催芽室和日光温室内，通过温度调节，都能达到不同瓜种发芽所需的适宜温度。

当接穗的种子发芽率达50%以上时，即可于穴盘播种。因接穗苗子在穴盘中生长时期短，苗小占空间小，所以，勿需用大孔穴盘育苗。通常播种105孔或128孔穴盘为宜。播种方法和覆盖蛭石的方法及厚度与砧木相同，可参阅。

（二）番茄、辣（甜）椒、茄子穴盘育苗的种子处理及播种

1.自根育苗和嫁接育苗的种子处理和播种

（1）用种子数量的计算：目前，穴盘育苗所采用的番茄、辣（甜）椒、茄子的种子，绝大多数是由国外引进或国内专业公司生产的杂交一代品种。种子包装上都标有千粒重、发芽率等标准，可依据质量标准计算用种量，其计算式为：

用种子数量（g）=需苗株/发芽率/出苗率/壮苗率/1 000× 千粒重（g）。

一般需种子量（粒）是需苗数的 1.2~1.5 倍。

（2）砧木与接穗的选用及播种错期：培育茄子、番茄嫁接苗，宜选用托鲁巴姆、托托斯加、黏毛茄、坂砧 2 号、JZM-1 作砧木，选用布里塔、黑帅、天津快园等茄子良种作接穗。其形成的嫁接植株，既能高抗根结线虫病、黄萎病等病害，又能实现高产优质。

培育甜椒、辣椒嫁接苗，宜选用布野丁、威壮贝尔作砧木，选用红罗丹、桔西亚、贝多利、特威、黄菲娜 2 号、纳塔利等甜椒良种和蒂王尖椒、极限 39-79、公牛尖椒、长剑、欧特莱 15-19、迪康尖椒、贝奇、雷诺尖椒等辣椒良种作接穗，如此搭配形成的嫁接植株既能高抗辣（甜）椒各种根腐病和疫病，又能实现高产优质。

为了使接穗和砧木苗的嫁接适期协调一致，必须在播种期上进行调整。砧木和接穗的播种期因所用砧木的品种不同而异，因此，砧木和接穗的播种期主要取决于砧木苗的出苗和生长速度，所以，要提前播砧木进行错期。待砧木露出子叶时，再播接穗，番茄、辣（甜）椒、茄子的砧木一般要比接穗提前 7~10d 播种。若采用野生茄子类作砧木，如托鲁巴姆，则提前 25~30d 播种，托托斯加提前 15~20d 播种。

（3）种子处理：在砧木播种前用赤霉素处理托鲁巴姆、托托斯加、布野丁、威壮贝尔等砧木的种子催芽。即把包好的种子用 500~600mg/kg 浓度的赤霉素溶液浸泡 24h，取出后用清水洗净，再用清水浸泡 24h，然后放入恒温箱内，开始温度调至 20℃处理 16h，再调至 30℃处理 8h，每天如此反复调温两次，同时每天用清水淘洗一次，约 8d 开始发芽，10~12d 后芽基本出齐，芽子长出 1~2mm 长时播种最为适宜。这一方法主要是利用赤霉素处理砧木种子，打破种子的休眠期，提高种子的发芽率，又缩短了催芽时间。目前，绝大多数寿光菜农都使用这一方进行催芽。

对接穗种子的处理是将备足的番茄、辣（甜）椒、茄子种子放入 50~55℃水中浸泡，随机不停地搅拌约 25~30min，当水温降至 25~30℃时，停止搅拌，再持续浸泡种子，番茄浸泡 5~6h，辣椒和甜椒浸泡 12h。将浸泡过的辣（甜）椒、番茄种子再放入 10% 磷酸三钠溶液中浸泡25~30min，然后用清水淘洗干净，并在淘洗过程中搓掉种子上的黏液，以利种子加快吸水和呼吸，促进发芽。浸种完毕将种子捞出，摊晒10~15min，沥去种子表面多余的水分，用洁净的湿纱布包好，置于27~30℃条件下催芽，当50%以上种子露白时，即可于穴盘人工精量播种（如果当70%以上的种子露白时播种，先露白的胚根已过长）。另外，辣椒、甜椒、番茄、茄子均可干种子直播。

茄子穴盘育苗多采取干种子直播。播种方式有机播和人工播种。播种前要检测种子的发芽率和发芽势，选择发芽率达90%以上且发芽势强的优良种子。为提高茄子种子的萌发速度，可对种子进行活化处理。即将种子用500mg/kg赤霉素溶液浸泡18~24h，捞出晾风干后备用。

（4）根据计划培育成品苗的标准，使用穴孔大小相适应的穴盘播种：茄子、辣椒、甜椒、番茄的一级自根成品苗和嫁接成品苗的标准为辣椒和甜椒需苗龄80~85d，茄子和番茄需苗龄60~70d，株高15~18cm，茎粗0.4cm左右，单株有真叶6~7片，叶面积70~100cm^2。子叶完好，根系发达并能紧密缠绕基质成团，定值时取出苗株，根坨不散。培育这样的一级壮苗，应选用72孔穴盘播种。茄子、辣椒、甜椒、番茄的二级自根成品苗和嫁接的接穗苗的标准为：苗龄期，辣（甜）椒50~65d，茄子和番茄40~45d，株高8~12cm，茎粗0.3cm，单株有真叶4~5片，叶面积30~50cm^2。子叶完好，根系发达并能紧密缠绕基质成团，取苗时根坨不散。培育这样的二级自根苗和接穗苗，应选用128孔苗盘或105孔或98孔苗盘播种。

辣（甜）椒、茄子、番茄干种子一穴一粒精播时，需要适量增加安全系数，通常安全系数要>20%。如果是按平均每穴1.2粒的播种方法，则是在播种时采取4穴单粒+1穴双粒的播种方法，如此出苗后多余出来的苗子可以用于补苗。采用机械播种时通常是使用丸粒化种子。如果是人工播种，要注意劳动力的计划和准备。通常1个人工每天可人工播种1万粒左右，所以要依据育苗数量的要求计算人工用量。播种深度番茄、茄子播种0.5cm为宜，辣椒和甜椒的播深0.8cm为宜。播种后覆盖蛭石或基质，洒淋透水并使水滴从穴盘底孔流出，移置于催芽室或温室内进行催芽或促进出苗。

六、瓜类、茄果类蔬菜砧木和接穗幼苗期的苗床管理

（一）黄瓜、甜瓜、越瓜、丝瓜、冬瓜、西葫芦、苦瓜、西瓜及砧木等瓜类作物幼苗期的苗床管理

1. 砧木苗的管理　播种后出苗前的温湿度管理，白天保持26~28℃，夜间保持14~16℃，基质水分保持在65%~80%。当4~5d出齐苗后，及时除去"带帽苗"的种皮。出苗后的管理，白天保持在20~25℃，夜间温度降低至12~15℃，基质含水量55%~65%。为防止发生猝倒病，可喷雾72.2%霜霉威1 000倍液，以培育健壮的砧木幼苗。夏天气温高，温差小，砧木苗易徒长，为防止出现高脚砧木，出苗后可根据幼苗长势强弱，喷施25%助壮素水剂对水500倍液或15%多效唑可湿性粉剂500~700倍液。嫁接前3~4d砧木不可喷洒抑制剂，以免影响接穗的正常生长。冬季不可施用抑制剂，而是用降低夜间温度利用温差来抑制苗子的长势。

2. 接穗幼苗的管理　播种后出苗前的温湿度，除苦瓜出苗需要20~24℃的夜温和33℃左右的昼温外，其他瓜种所需求的温度：白天28~30℃，夜间18~22℃。基质含水量65%~75%。5~7d出齐苗后，待子叶平展时即可进行嫁接。

（二）番茄、辣（甜）椒、茄子自根苗和根砧苗及嫁接苗的管理

1. 温度管理　番茄、辣（甜）椒、茄子在出苗期的适宜温度范围内是25~30℃，最佳温度是28℃。

茄子出苗后，两叶一心前幼苗期温度管理，控制在白天20~26℃，夜间15~18℃，夜间不能低于15℃。在三叶一心至成苗期，温度控制在白天20~26℃，夜间12~15℃。防止温度过高造成苗子徒长。

番茄和辣（甜）椒在两叶一心前幼苗期温度管理，控制在白天20~25℃，夜间12~15℃，适当降低温度的目的是防止形成高脚苗。两叶一心后至成苗，温度要稍高，以促进生长，温度控制在白天24~28℃，夜间温度15~20℃。

多数育苗设施条件，难以达到上述温度的要求，但应当尽量使其接近这个范围。冬季要加强增光、增温和保温措施。夏季首先采用通风口通风降温和水泥地面洒水降温；力度不足时改用风机和湿帘降温。这些措施效果仍不够时，再加用遮阳网。

2. 水肥的供应 在子叶展开前，若基质表面干燥，应轻喷清水，不可喷透，也不可用肥。适当控制水分，使基质有效水分含量保持在60%~70%。在幼苗的两片子叶展开至两叶一心期间，洒水量要逐渐增大，使基质中有效水量为最大持水量的70%~75%。在幼苗两叶一心后至成苗期，水分供应要及时，每次洒水都要浇透基质。但洒水不可太勤，一般3~5d洒水一次，使基质中水分含量控制在70%~80%之间。夏季或大苗期耗水较多时，往往穴盘边缘部分于傍晚出现缺水现象，应及时喷少量水。并要经常旋转边盘，使边盘与床中央的穴盘调换和洒水时要均匀淋洒。要经常通风换气排湿，增强幼苗的抗逆性，促进蒸腾作用。要选择晴日上午洒水，尽可能使苗在夜间处在干燥空气环境中，促进植株对水分养分的吸收，使幼苗生长健壮。夏季洒水要防水温过高，冬季洒水要防水温过低，喷洒的水要在16~22℃，必要时要做加温或降温处理。若基质中积盐或其他需要清洗基质时，务必用清水。

结合喷水，喷施肥水。冬春两季，应在中午前后两个小时半时间内喷施。肥水浓度为氮磷钾三元复合化肥2 000倍液，或"永富"高效氨基酸液肥1 500倍液。夏秋两季喷肥水，应在上午阳光进棚后1h开始，喷施浓度为氮磷钾三元复合化肥1 500倍液或由美国进口的"绿芬威"1 200倍液。

要视苗的生现状况，及时调节水肥供应。苗黄证明肥少，苗深绿证明肥水太浓，苗深绿且干枯叶缘，表明因喷肥过多已出现肥害。喷施肥水量是根据苗子大小和天气情况来确定的，天冷苗小供应肥水少，甚至不供应；天热苗大的时候多喷施肥水，甚至浇透。还要通过肥水供应调节根系的生长，使根系生长量大，在穴盘内均匀分布。在可能的情况下采取"大一小一小，大一小一小"的浇水方式。一般喷洒浇透一个较干燥的穴盘基质，大约需要1L水（即1kg水）。

3.**光照管理** 在重视温度和水肥管理的同时，必须重视光照管理。冬季，尽可能早揭晚盖温室的覆盖物，争取延长每天的光照时间。要勤擦拭棚膜，保持较高的采光率。遇到连续寒流阴雪天气时，在中午前后各两小时内只要停止了降雨雪，就应揭开草帘等覆盖物，争取散光照和雾时间多云天气光照，并在正午前后小开通风口，通风换气半小时。连续阴雪天气骤然转晴后，切勿把草帘等覆盖物全揭开；而是要采取"揭花帘，喷温水，防闪秧"的保苗救苗措施。

夏季，在光照时间过长和光照强度过大时，可于中午前后各两个半小时内，于棚面覆盖遮光率30%~40%的灰色遮阳网。不可用遮光率过高的黑色遮阳网覆盖遮光时间过长。

茄子和辣（甜）椒是对短日照比较敏感的作物。夏季育苗往往因日照时间长，致使苗期花芽分化不正常，定植后现蕾开花推迟，持续结果前期畸形花朵和畸形幼果率高，严重影响前期产量。因此，茄子和辣（甜）椒于夏季育苗，应实施短日照处理，即用黑色塑料薄膜每日上午遮光4~5h，一天也不可间断地连续遮光25~30d，以促进正常分化发芽。

4.**使用抑制剂，防止徒长** 当第一片真叶接近展开时，为防止苗子徒长，可使用抑制剂。一般采用50%矮壮素水剂对水1 500~2 000倍液或25%助壮素水剂对水2 500倍液。抑制剂宜于早上喷施，每平方米穴盘苗的喷药液量最好不超过60ml。还要注意在喷抑制药剂的前1天，对穴盘基质喷洒浇透水。

5.**补苗、挪苗** 补苗是在缺苗的孔穴基质上，通过取预备苗移栽补苗。挪苗是把出苗不齐的苗子，通过把大小差不多的苗子移栽到一起，使差别大的苗子分别管理。如此，既便于苗期管理，又提高成苗率，使成苗更多。苗子有两次生长最慢的时期，都是挪苗的好时期，第一次在子叶展开前，第二次在两叶一心时，第一次挪苗和移栽补苗时，可将未展平子叶的小苗拔出来，用细签挖穴植入。第二次应当连同穴内基质一起挪。挪过和补栽的苗子要立即浇透水，集中管理。

6.**病虫害防治** 苗子出后可用72.2%的普力克（霜霉威）水剂对水

800倍液或95%噁霉灵3 000倍液喷洒防猝倒病。并交替喷洒3%中生菌素700倍液或农用链霉素1 000~1 500倍液，以预防细菌性病害。育苗棚室内要张挂黄板以诱杀烟粉虱、白粉虱和蚜虫。

七、瓜类、茄果类蔬菜嫁接育苗的优点及其嫁接育苗技术

（一）瓜果和茄果类作物嫁接育苗的好处

1. 增强抗病能力　瓜类和茄果类作物的枯萎病、黄萎病、青枯病、根腐病、根结线虫病等土传病害，病菌在土壤中存活时间长达7~8年，根结线虫在温室的土壤中也繁衍不绝，多年为害。这些病原菌或病原虫，都具有一定的专化型。对一些小果型野生型茄科植物和某些野生型南瓜、西瓜品种几乎不产生为害。利用这一特性，采用野生型同科或同种植物作砧木，可避免病菌侵入接穗，有效地防止土传病害的发生。由于嫁接植株根系发达，生长快，长势强，增强了抗病性能，不仅土传病害几乎不再发生，而且如绵疫病、褐纹病、菌核病等病害发生程度也明显低于自根植株。

2. 解决了茄科和瓜类蔬菜作物不能连作的难题　茄科和瓜类蔬菜作物都忌连作和隔年作，绝对不能重茬栽培，茄科蔬菜作物必须与非茄科作物实行5年以上轮作换茬，而黄瓜、西瓜等瓜类蔬菜作物必须与非瓜类蔬菜作物实行8年以上轮作换茬。而一家一户种植的冬暖大棚（日光温室）很难做到轮作调茬口。实践证明，如果连作重茬种植作物发生了上述土传病害，靠采用农药防治，也难以奏效，控制不住土传病害的发生。而采用嫁接苗栽培，因砧木对上述土传病害高抗甚至免疫，有效地防止上述土传病害的发生，从而节省了农药，提高了土地利用率，使经济效益大幅度提高。

3. 促进植株生长势　由于砧木根系发达，吸水吸肥能力强，抗逆性也强，嫁接后接穗得到了充足的水分和养分，生长迅速，生长势旺盛，秧苗健壮。据观察，嫁接苗定植15~20d后，生长势明显超过同期的自根植株，叶面积大，植株高，叶色深，蕾花多，结果多，单果重量增加。尤其是以黑籽南瓜为砧木，以矮生型或短蔓型西葫芦为接穗的嫁接植株，主茎由30~60cm的矮生型和短蔓型，变成了主茎长达150~200cm的长蔓型。

持续结果期由原来的60~80d，增长到180~200d，且不易早衰。

4.增产增效　由于嫁接植株抗逆性强，植株寿命长，采收果期延长，所以产量大增。与自根植株相比较，黄瓜、丝瓜、苦瓜等嫁接的瓜类和茄果类蔬菜作物，都增产30%以上。尤其是以西葫芦，自根植株持续结果期不超过80d，单株结果仅7~11个，而嫁接植株持续结果期起过180d、单株结果18~35个，而且平均单果果重不减，产量增加2~3倍。

（二）瓜类和茄果类蔬菜嫁接育苗技术

1.对砧木的要求和目前常用的砧木品种

（1）对砧木的要求：不论是瓜类作物嫁接所需的根砧，还是茄科作物嫁接所需的砧木，都要求具备如下优良特性。

①高抗土传病害。对枯萎病、黄萎病、青枯病、辣（甜）椒疫病、根腐病、根结线虫病等高抗或高耐并且抗性稳定，不因栽培时期以及环境条件变化而发生改变。

②嫁接亲和力、共生力强而稳定。要求嫁接后嫁接苗成活率不低于85%，并且嫁接苗定植后生长稳定，不出现中途夭折现象。

③不改变果实的形状和品质。

④不削弱植株的生长势，也不造成植株徒长。

（2）常用砧木品种：目前用作瓜类和茄果类蔬菜作物嫁接砧木的主要是野生型、半栽培种及野生型和半栽培种与栽培种的杂交一代种。很少品种用作砧木。

①用作嫁接黄瓜、甜瓜、越瓜、丝瓜、瓟瓜的砧木：国产的砧木南砧1号F1、越丰F1、仁武F1、勇士F1、壮士F1、共荣F1、永康F1、云南黑籽、金马砧龙104F1（金马魔根）、金马强势F1（103）、金马能代F1（102）、金马卧龙F1（101）等南瓜品种砧木。还有从国外引进的硕根领袖F1、青峰台木F1、黑龙台木F1、青日台木F1、东亚力王台木F1、青松F1、超霸台木F1、辉太郎F1、根霸F1、鼎盛台木F1、圣砧1号F1、日本青秀台木F1、新动力F1、石川303F1、雪松206F1、荷兰冬青基木F1等黑籽南瓜或白籽南瓜或白黄籽南瓜杂交一代砧木品种。

②用作西葫芦、西瓜、冬瓜嫁接的砧木品种：云南黑籽南瓜、某些日本白籽南瓜杂交一代砧木品种，以及新土佐 F1、永康 F1、共荣 F1、台湾壮士 F1、仁武 F1、金马砧龙 101F1、金马砧龙 102F1、金马砧龙 105F1、金马砧龙 107F1 等南瓜杂交一代品种和台湾野生西瓜"勇士"等砧木品种。

③用作嫁接苦瓜的砧木：绿冠苦瓜 F1 和王力 F1、金马砧龙 106F1、金马神力（105）F1、云南黑籽、台湾壮士 F1、台湾共荣 F1 和某些日本白籽南瓜杂交一代砧木品种。

④适合茄子品种嫁接用的砧木：有托鲁巴姆、托托斯加、黏毛茄、坂砧子 2 号、JZM-1、无刺常青树、黑杂 F1、黑茄 F1、刺茄 F1、红茄 F1 等。

⑤适合尖椒类品种嫁接用砧木：主要有威壮贝尔、铁木砧、神威、"PFR-K64"、"PFR-S64"、"LS279" 等。

⑥适合甜椒类品种嫁接用砧木：主要有铁木砧 F1、士佐绿 B、威壮贝尔、神威等。

⑦适合番茄品种嫁接用砧木：主要与兴津 1 号 F1、斯克番等。

⑧其他砧木：一般茄子嫁接用砧木，如托托斯加、托鲁巴姆、黏毛茄、刺茄、无刺茄砧、黑杂等，在各地所作的番茄和辣（甜）椒嫁接试验中也取得了理想的效果。但选用此类砧木的品种时，一般要先做小面积试验。

2.选择嫁接方法和嫁接与砧木苗的调节

（1）选择嫁接方法：适合黄瓜、丝瓜、西瓜等瓜类作物嫁接和番茄、茄子、辣（甜）椒等茄果类蔬菜作物嫁接的方法很多，主要有劈接法、靠接法（图 2-3）、插接法、贴接法、套接法等。在山东省寿光蔬菜集中产区，采用营养钵或营养块培育嫁接苗，多采用靠接法（也叫舌接法）；而穴盘培育嫁接苗，多采用插接法和劈接法。现将插接法和劈接法的特点分别介绍于下：

①插接法：是用竹签或金属签在砧木苗茎的顶端或上部插孔，把削好的接穗苗的茎插入孔内而形成一株嫁接苗的嫁接方法（参见图 2-2）。其特

点是：插接法的操作工序少，简单省事，嫁接功效比较高，通常一般人员每天可嫁接 800~1 000 株；嫁接部位不易发生劈裂和折断，接穗和砧木间的结合比较牢固；砧木苗茎的截面面积较大，嫁接后接穗和砧木间的苗茎接合面积也较大，对接穗和砧木间的上下营养畅流有利，利于培育壮苗；接穗距离地面比较远，不容易遭受土壤的污染，嫁接苗的避病效果比较好；但插接法属于断根嫁接法，嫁接苗穗对缺水、干燥、高温的反应较为敏感，嫁接苗的成活率高低受气候和管理技术水平的影响很大，不容易掌握。

②劈接法：是先将砧木去掉心叶和生长点，然后用刀片由苗茎的顶端把苗茎劈一切口，把削好的菜苗接穗插入并固定牢固形成嫁接苗（图2-1）。其特点是：属于顶端嫁接法，苗穗离地面较高，接合部位也不留多余的段茎，不容易遭土壤污染，嫁接的防病效果比较好；技术简单、易学、容易进行嫁接操作，嫁接质量也容易掌握；但嫁接苗成活期间对苗床的环境要求较为严格，嫁接苗的成活率受管理技术水平的影响很大，嫁接苗的成活率不容易掌握；劈接苗的接口处容易发生劈裂。

（2）接穗与砧木苗的调节：嫁接适宜时间主要取决于砧木苗茎的粗度，当砧木茎粗 3~5mm，接穗长达 5~7 片真叶，茎木质化时为最佳嫁接时期。嫁接部位一般是在砧木第 2 和第 3 真叶之间节上，所以要特别注意这一节的长度和粗度。同时为确保嫁接部位远离地面，以加强防病效果，一般要求砧木苗的高度不小于 10cm。实际育苗过程中，由于砧木苗前期生长缓慢以及环境不良等因素，尤其是于低温期育苗，由于温度偏低、光照不足等原因，嫁接前苗子粗度和高度往往达不到要求。此种情况下，一方面应改善苗床环境条件，促进砧木苗生长；另一方面可用 20mg/kg 的赤霉素液喷洒幼苗促苗生长。

3.劈接法的具体操作方法

（1）黄瓜、西瓜等瓜类作物劈接的过程（图2-1）：瓜类作物采用劈接法嫁接时砧木苗应高 6~7cm，并显露第一片真叶。嫁接时，可用刀片去除砧木上的生长点，并在与子叶垂直方向的胚轴上，自上而下的劈切，切口横向深度为子叶节处横切面的一半，纵向长 1cm 左右。削接穗时，在距子叶下方 1~1.5cm 处下刀，削成双楔面，切面长度为 1cm 左右。将削好的接穗插入砧木切口，并用嫁接夹固定好。嫁接 10~20 株瓜苗后，用小喷雾器喷雾一次，以保护好嫁接苗湿度。

（2）茄子、辣（甜）椒、番茄等茄果类作物劈接的过程（图 2-4）：当砧木具有 5~6 片真叶，接穗具有 3~4 片真叶时即可嫁接。嫁接时砧木基部留 1~2 片真叶，将其上部茎切断，从切口茎中央向下直切深约 1.2cm。接穗留 2~3 片真叶断茎，将切断的接穗基部茎削成楔形，插入砧木切口，使其与砧木吻合，并用嫁接夹固定。注意不能太紧或太松。

（3）采用劈接法嫁接，应注意的问题：

①接穗茄子苗、辣（甜）椒苗、番茄苗都应带叶的数量要适宜。一般来讲，接穗苗稍大一些，留叶稍多一些，有利于嫁接后嫁接苗生长和培育壮苗；但留叶过多，接穗的失水将增多。由于砧木苗茎切面的供水能力是一定的，接穗失水过多时，必然会因水分供不应求而导致苗穗失水萎蔫，影响嫁接苗的成活率，因此应按照嫁接要求留叶，留叶不宜过多。

②茄子、辣（甜）椒、番茄的砧木苗茎留叶不宜过多，砧木苗茎上适量留叶，对提高砧木根系的生长，增强根系的吸水能力，保证嫁接苗成活期间苗穗有充足的水分供应以及提高嫁接苗的成活率有一定帮助；但留叶过多，势必会造成砧木苗生长偏旺，接穗苗生长受抑制的不良现象。因此，砧木苗茎留叶数不应过多，一般要求不超过 2 片。

③要根据接穗的茎粗来确定砧木苗茎的劈接口位置和宽度。如果接穗的茎粗与砧木苗的茎粗相接近，应在砧木苗茎的中部劈一切口进行嫁接；如果接穗的苗茎较砧木的苗茎稍细，但接穗苗茎粗超过砧木苗茎粗的一半以上，应在砧木苗茎的一侧切口进行嫁接；如果接穗的苗茎粗度尚不及砧木苗粗度的一半，应在砧木苗茎的断面上，把砧木的苗茎只劈开二分之一左右宽的口，将接穗苗茎的一侧形成层对齐即可。

④要选用松紧适宜的嫁接夹固定接口。夹得过松时不易夹牢固，但夹得过紧时容易把苗夹伤。嫁接夹子夹的适宜的松紧度是使苗茎在夹内不发生滑动或晃动，苗茎也不被夹得变形。

4.插接法的具体操作方法

（1）黄瓜、丝瓜、西葫芦、西瓜等瓜类作物嫁接的过程：瓜类作物穴盘嫁接育苗，多采用插接法嫁接。嫁接前取一根一端较尖的竹签。用刀片将先端的一面削平，另一面不削。使其断面呈半圆形。竹签的粗细与接穗的下胚轴相同。嫁接时，先用左手扶住砧木，右手拿住竹签，使平面向下，拨去生长点。再使竹签与子叶呈45~60℃角斜面，将下胚轴插至1cm深的孔。然后，用左手拇指和中指轻轻将接穗两片子叶合拢捏紧，食指顶住下胚轴，右手拿刀片，在距离子叶节1cm处，向下斜切一刀，削面长1~1.5cm。再把削断的接穗平面向下轻轻插入砧木孔中，使嫁接后的砧木和接穗的子叶呈十字形即可。

（2）茄子、辣（甜）椒、番茄等茄果类作物插接的过程：当砧木长到3片真叶、接穗长到1~2片真叶时即可进行用插接法嫁接。先把砧木在一片真叶以上部位水平剪断，在剪口部位用细竹签（竹签粗细应与接穗茎粗细相仿）插一个3mm深略有倾斜的小孔，接穗小苗用刮胡刀片切去根系（嫁接前需对刀片、竹签等嫁接工具进行消毒），再将小苗子叶下部削成2.5mm长的楔形。把接穗插入砧木的小孔中。嫁接操作必须在遮阴棚内进行。

（3）茄子、辣（甜）椒、番茄苗用插接法嫁接时应注意的问题：

①要适时嫁接，由于嫁接苗茎实心原因，插孔时容易将苗茎插裂，特别是砧木苗偏大，苗茎变硬后，更容易被插裂，造成嫁接后苗穗松动，与砧木接触不紧密，而降低嫁接质量。因此，插接法嫁接，应在砧木苗茎尚幼嫩时进行，适时的嫁接时期为3~4片真叶期。嫁接过早，苗茎偏细，容易被插裂。嫁接的茄子、番茄、辣（甜）椒接穗苗的苗茎通常比砧木苗的苗茎加粗的块，所以应比砧木苗小一些、细一些，一般插接时应较砧木苗少1~2叶，以2叶期插接为宜。嫁接过早，虽然苗茎较细，利于插接，但苗茎组织太嫩，容易萎蔫，成活率不高。

②接穗苗和砧木苗留叶数量不宜过多。适量地留叶数量是接穗苗2片，砧木苗1片。

③要选用苗茎粗细相协调的接穗苗和砧木苗进行配对嫁接。适宜的

接穗苗的苗茎粗应比砧木的苗茎稍细一些，以不超过砧木苗茎粗的 3/4 为宜。如果接穗苗茎过粗，插孔时会因为竹签太粗而把砧木苗茎插裂。但接穗苗茎也不应过细，过细会由于两苗的结合面积太小，而不利于培养健壮的嫁接苗。一般要求接穗苗的茎粗不小于砧木茎粗的 1/2。

④要注意接穗的保湿。插接法嫁接的苗穗偏小，苗茎幼嫩，失水快，容易萎蔫。特别是削切后的接穗，由于得不到根系供水，更容易失水变软，导致插接困难。

⑤接穗苗茎的插入深度要到位。一是要把接穗苗茎的切面全部插入砧木苗茎的插孔内，不要露在外面；二是接穗苗茎插到砧木苗茎插孔的底部，避免留下孔隙。

5.嫁接苗的管理

（1）愈合期的管理：嫁接后 5~7d 是接口的愈合期，这一时期必须创造有利于接口愈合的温度、湿度、光照条件，以促进接口快速愈合。

①温度：不同种类的嫁接苗要求的温度不同：白天，苦瓜要求 33℃ 左右，西葫芦要求 27℃ 左右，黄瓜、甜瓜、冬瓜、丝瓜、西瓜等大多数瓜类和茄子、辣椒、番茄等茄果类的嫁接苗要求 29℃ 左右；而夜间，要求的温度要比白天低 10℃ 左右。

②湿度：嫁接后伤口愈合期，需要较高的空气湿度，如果嫁接苗所处的环境内空气湿度较低，很容易引起接穗凋萎，严重影响嫁接成活率。因此通常要保持空气相对湿度 95% 以上。保持环境高湿度的方法，可将嫁接苗放在畦内，苗盘（或营养钵）靠紧，畦四边起高埂围上，上插竹拱，在嫁接苗底下浇水，不要从嫁接苗上浇水，防止嫁接口感染，然后用塑料薄膜严密封闭。前 4~5d 不通风，之后应选择正常天气日的清晨或傍晚通风，每天 1~2 次，以后逐渐揭开塑料薄膜，增加通风量和通风时间，每天喷水 1~2 次，直至完全成活，才可转入常规管理。

③光照：嫁接后要随即遮光，避免阳光直射秧苗引起接穗萎蔫；嫁接后的 3~4d 内要完全遮光，以后逐渐在早晚放进阳光。随着伤口的愈合，逐渐撤掉覆盖物，成活后转入常规管理。遇阴雨天气可不用遮光，注意遮

光时间不可过长，否则会影响嫁接苗的生长。

（2）愈合后的管理：首先摘除砧木萌芽。接口愈合时，经过一段时间的高温高湿和遮光管理，砧木侧芽生长极其迅速，如果不及时摘除，很快长成新枝条，直接影响主枝的生长发育，所以要及时、彻底地摘除砧木萌芽。以后的管理同不嫁接的自根苗，达到成苗标准后即可出苗床移栽定植。

（3）识别"假成活苗"："假成活苗"是指接穗与砧木的切面没有愈合在一起，但接穗却表现出新叶增长，茎加粗等一系列嫁接成活苗的特征。

"假成活苗"多发生在靠接的接穗苗上，因为接穗借助自身的根系，仍从土壤（或基质）中汲取水分和养分，从而进行正常的生长，但用劈接法和插接法嫁接的苗床上也发生"假成活苗"，这是因为苗床内的空气湿度较高、温度偏低以及弱光光照条件下，尽管接穗与砧木的接合面没有愈合，也仍然有一些嫁接苗的接穗，在相当长的时间内保持鲜艳状态，呈假成活状。区别"假成活苗"与真成活苗，一是看嫁接苗的生长快慢，同样条件下，"假成活苗"的苗穗生长速度大多不如真成活苗的快；二是在晴天的中午前后，苗床内温度较高、湿度较低、光照变强时，观察嫁接苗的长势，凡是出现萎蔫症状的苗，是"假成活苗"的可能性大；三是对于嫁接苗，应在接穗苗断根后作最后鉴定，凡萎蔫后不易恢复，难以成活的苗子就是"假成活苗"。

（4）病虫害防治：同培育自根苗的管理（略）。

（5）黄瓜、茄子苗嫁接图示，见图2-1~图2-4。

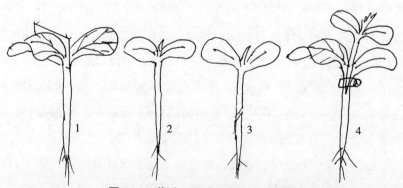

图2-1　黄瓜、西瓜、甜瓜劈接示意
1.用刀片劈砧木接口；2.接穗苗；3.制成的接穗苗；4.用嫁接夹固定住接穗的嫁接苗

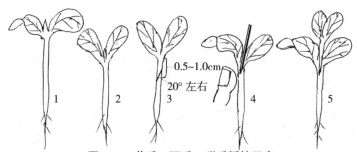

图2-2　黄瓜、西瓜、甜瓜插接示意

1.砧木苗；2.接穗苗；3.制成的接穗苗；4.插入竹签的接木；5.插入接穗的嫁接苗

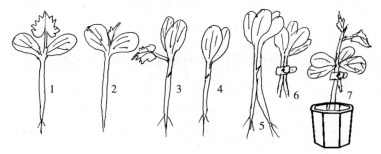

图2-3　黄瓜、西瓜、甜瓜靠接示意

1.砧木苗（南瓜）；2.接穗苗（黄瓜、西瓜、甜瓜）；3.砧木处理（剔去生长点，在胚轴上割上切口）；4.接穗处理（胚轴割上朝下的切口）；5.砧木与接穗靠接在一起；6.用嫁接夹固定住接穗的嫁接苗；7.接穗断根后的嫁接苗

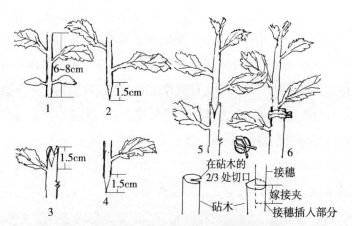

图2-4　茄子、辣（甜）椒、番茄劈接示意

1.砧木切口的高度；2.接穗；3.砧木切口深度；4.接穗插入砧木口内的长度；5.劈接上接穗的植株；6.用嫁接夹子固定住接穗；7.在嫁接比砧木细的情况下应注意的技术

第二节　棚室保护地蔬菜常规育苗技术

　　保护地蔬菜常规育苗技术，虽然不具备工厂化蔬菜穴盘集约育苗所具有的特殊优点，但具有适用性强、适用性广泛等工厂化蔬菜穴盘育苗所不具备的优越性：一是能广泛适用于根菜类、茎菜类、叶菜类、果菜类和葱韭类等多种类蔬菜的育苗；二是在不具备草炭、蛭石、珍珠岩等育苗基质材料的情况下，可就地取材，用农家腐熟的有机肥和肥沃的农田土壤，配制营养土育苗；三是可于定植田附近育苗，就近运苗移栽，做到一边取苗，一边及时移栽；四是可培育黄瓜等瓜果类和番茄等茄果类作物已现花蕾的大壮苗，因苗龄期增长而推迟移栽定植，使前茬作物延长生产期而增加产量。并因定植的是已现蕾的大壮苗，减少了接茬作物在定植田的苗期，使其节省时间，提早进入结果期，也相对延长持续产果期而增加产量；五是在育苗过程中遇到特殊问题时，可视具体情况，以恰当的技术措施解决问题，育好苗。因此，在引进推广蔬菜工厂化穴盘集约育苗的同时，对当地使用的蔬菜常规育苗技术不可放弃，应从中择取精华推广使用。同时对其进行研究、更新，进一步提高技术水平。

一、芹菜育苗新技术——芹菜地坑催芽、弹播盖沙育苗法

　　本芹、香芹、西芹、根芹等芹菜的种子发芽所需的温度为 15~20℃。而在我国北方秋芹菜的播种时间在 6 月中旬至 7 月中旬，冬芹菜的播种时间在 7 月中旬至 8 月中旬。不论是秋芹菜的催芽播种期还是冬芹菜的催芽播种期，自然气温都高出其发芽所需的温度界限。因此，芹菜传统的催芽方法是将已浸泡过的湿润种子吊置于土井或砖井里水面之上 50~60cm 的空间，利用井内 17℃左右的气温催芽。但自 20 世纪 90 年代以后，随着电力机井灌溉水利设施的发展，在北方地区，土井和砖井都已很少见到了。1999 年，本书主编通过试验研究，采取于地坑内进行芹菜种子催芽，获得成功，从而解决了在夏伏高温时期秋芹菜、冬芹菜催芽的难题。

　　芹菜的果实为双悬果，成熟时开裂为两粒近扁圆球形半果种子，种子

褐色，千粒重 0.4~0.5g。因种子太小，顶土力弱，尽管播种时种子上面覆土厚度只有 3mm 左右，仍然出苗困难。其主要原因是播种期处在土壤蒸发量较大的夏伏期，很容易发生播种后覆土被晒干而种子落干；若采取浇水，又易形成表土板结，造成种芽受迫，出苗率低，出苗不均、不全、不齐。针对上述问题，本书编著者们近年来在山东省寿光棚室蔬菜主产区的秋芹菜和冬芹菜育苗技术指导工作中，推广了与地坑催芽相配套的用炊帚弹播芹菜种芽后筛盖细沙的播种方法，连年都取得理想的育苗效果。现将芹菜地坑催芽、弹播盖沙的具体做法介绍于下。

（一）地坑催芽

1. 挖掘地坑　选择于遮阳（或背阳）成阴（或搭阴）的阴凉处，挖掘一个直径 80cm 左右，深度 120~150cm 的地坑，坑底填上 10~15cm 厚的干草，坑口覆盖能透光的塑料薄膜，以备在坑内放置芹菜种子催芽。

2. 浸种催芽　按照 1 亩（667m²）苗床用芹菜种子 500g（即 1m² 苗床用芹菜种子 0.75g），约可定植本田 10~15 亩（本芹、香芹可定植 10 亩，西芹可定植 15 亩）的比例，依据定植本田的面积备足种子。为防治芹菜斑枯病、炭疽病等病害，用 50% 福美双可湿性粉剂 200 倍稀释液浸种 50~60min，然后将种子装入纱布袋里，于清水中轻轻揉动纱布袋，对种子淘洗后放置在填有沙子或玉米秆穰的皿器中，将盛着种子的皿器放在系着绳子的网兜内，放入备好的地坑中催芽。地坑口要用透光的塑模盖严，以防坑外的高温空气进入坑内而使坑内的气温升高。注意：按照种子发芽对光的需求，芹菜属需光种子，其在有光下发芽良好，而在黑暗中几乎不能发芽或发芽不良。因此，地坑口不可用不透光的遮光物覆盖。在催芽期间，要每天从坑内提出种子，用清水淘洗 1 次，再放回坑里，历经 9~11d，当 90% 以上的种子都发芽，洁白的种芽（胚根）达 2~5mm 长时，即进行播种。

（二）弹播盖沙

1. 除草做畦　为使秋芹菜和冬芹菜在育苗期，避免遭受夏季风雨袭击及强光暴晒，要选择日光温室或塑料大棚保护地为育苗地。芹菜因种粒太小，出的幼苗也特别弱小，幼苗很怕杂草欺压，且幼苗期又不便于人工拔除杂草（因为人工拔除杂草时，很容易把芹菜幼苗也带出来）。为了防除育苗畦的杂草，要于育苗地做畦之前 8~10d 施用除草剂，一般每亩（667m^2）施 48% 地乐胺（双丁乐灵）乳油 250 毫米，对水 60~75kg，均匀喷洒地面后，通过耢地或耙地使药土混合，以提高除草效果。在播种前 1~2d 做畦，一般畦宽 1.6~2.0m，其中，畦埂宽 0.4m，畦面宽 1.2~1.6m，畦埂高 15cm 左右，畦长视保护地情况确定。按畦田面积每 1m^2 施入磷酸二铵 18g 和硼砂 1.5g，并把肥料与土掺均匀，把畦面整平。

2. 灌足水造墒，把畦面推得呈水平　在播种前 2~3h，对已整平的育苗畦灌足水，造足墒。并趁畦内有积水的时机，用推板（在晒粮场上用于推堆粮食的木推板）把畦面推得呈水平。

3. 弹播种芽　苗畦渗水后，即要播种，将催出芽的芹菜种子放入面盆里的清水中，用手轻轻搅动，使种芽散开在水中漂浮。这时作业人员的右手持炊帚（最好用新的），蘸取脸盆里漂在水中的芹菜种芽，右手腕伸向育苗畦，往离畦面 50~70cm 高的左手腕部搕，使手持的炊帚震动而把挂在炊帚上的芹菜种芽弹播于畦面上。一般用炊帚蘸取一下种芽，连续往左手上搕 3 下，3 次使炊帚上的种芽弹播于畦面上。左手腕离畦面越高，弹播种芽的范围越大，弹播的种芽之间的距离也越大；反之则越小。由于刚浇灌过的畦面湿土呈褐色，而芹菜种芽呈洁白色，种芽弹播于畦面上的距离大小，清晰而辨。因此，比较容易掌握弹播密度。一般掌握弹播的种芽间的距离 1.5~2.0cm 为宜。当弹播完一个苗畦后，随即对其筛盖细沙。

4. 筛盖细沙　芹菜弹播种芽后要及时用铁丝筛子筛盖细沙，并要掌握如下技术要点：一是弹播完一个畦床，筛盖一个畦床，做到筛盖及时，防止畦床失水板结，避免种芽受暴晒而落干。二是选用的铁丝筛子，以筛孔粒径为 2~3mm 为宜，若粒径过大，则筛过的沙粒过大，阻挡芹菜种芽出苗。三是筛盖细沙厚度以 2~3mm 为宜，而且要求厚度均匀。四是筛盖细沙后，跟上洒水。筛完一个苗床后，随即用洒壶或喷雾器喷洒一遍水。使湿润的细沙与种芽密切接触，以便种芽吸收水分，加快出苗。一般弹播后48h，即可出全苗。

（三）苗期管理

一般秋芹菜的苗龄期60~80d，定植时间在8月中旬到9月上旬；冬芹菜的苗龄期70~90d，定植期在9月下旬至10月中旬。如果把秋冬芹菜的苗龄期都分为前后两段时间，前期与后期的自然条件明显差异较大，因此栽培管理技术措施也明显不同。

1. 苗龄期的前半期管理　弹播盖沙的芹菜种芽历经2d即可出全苗。栽培管理的首要措施是浇水。因幼苗小，尚未行根，盖沙薄，不可浇灌。又因此期晴日光照强烈，温度高，土壤水分蒸发量大，苗床易落干，所以必须勤喷洒，播种后10d内，于每天上午洒水1次；11~20d隔一日洒水浇1次；21~35d，相隔2~3d洒水1次，要保持畦面见湿不见干，间隔天数越多，洒水量越大；35d之后，苗子已生长的较大，可改为浇灌。

第二项重要栽培措施是大风雨过后及时通风降温。在夏伏期，当大风雨到来之际，为避免大风刮棚膜，不管是在白天还是在夜间，都要及时关闭通风口。但关闭通风口后，棚室内很快形成高温高湿的不良小气候，这对芹菜苗生长极为不利，如果不及时通风降温排湿，棚室内芹菜苗易遭受蒸闷而产生高温障害，或发生软腐病倒苗。因此，风雨过后要及时打开所有通风口，昼夜大通风。必要时采取强制通风，加大通风排湿量，确保芹菜苗不受灾害。

其次，要在烈日中午前后覆盖遮阳网，避免强光日灼菜苗，并与所有通风口安装上避虫网，防止潜叶蝇、白粉虱、烟粉虱、有翅蚜等害虫，潜入棚内为害芹菜苗。

2. 苗龄期的后半期管理　此期间已是秋季，自然光照和温度条件都适宜芹菜苗的需求，在安装避虫网的前提下，可昼夜通风换气，不需要释放二氧化碳施气肥，也不必打药预防害虫。栽培管理的重点应转向水肥供应。掌握7~8d浇灌1次水，保持畦面见湿不见干。隔1次浇水冲施1次氮磷钾三元复合高钾化肥，每亩每次冲施7~8kg。一直冲施到移栽取苗前的10d。芹菜对钙、硼元素都敏感，如果缺钙发生心腐病，缺硼易出现植株外叶黄化，叶柄和茎劈裂等症状。芹菜对钙和硼的吸收，靠钾带动，如果土壤中不缺钙、硼，而缺钾，因钙和硼不能被芹菜吸收，仍然出现缺钙病和缺硼症。为培育芹菜壮苗，在育苗期就应特别重视增施速效钾肥。

在芹菜育苗后半期，易发生芹菜斑枯病，此病又称芹菜叶枯病。

目前，该病已成为秋、冬、春保护地芹菜的重要病害。对育苗及其产量和品质都影响很大。无公害防治此病的措施，一是栽培防治：要降温排湿，要尽可能降低昼间和夜间的温度，使育苗后期白天温度控制在15~20℃，高于20℃及时通风降温，夜间控制在15℃左右；缩小昼夜温差，减少结露，切忌大水漫灌，遇旱要小水勤浇，使苗畦土壤相对湿度不超过80%，创造阻止此病原菌发生发展，而有利于芹菜苗生长的环境条件。二是使用药剂喷雾防治：15kg清水中加入10%噁醚唑（世高）水分散粒剂7.5g，再加入70%甲基硫菌灵（甲基托布津）可湿性粉剂15g；喷雾全株。或用75%百菌清（达克宁）可湿性粉剂对水600倍液喷雾全株。也可亩用45%百菌清烟剂300~350g，严闭棚室熏烟7~8h。

注：此育苗方法，也适用于莴苣、莴笋、菊苣、苦苣、菊花脑、荠菜等小粒种子蔬菜作物播种育苗。

二、茄果类蔬菜育苗技术——营养钵（块）苗床培育大壮苗法

（一）大壮苗形态标准及其苗龄

1.茄子　高度20~25cm，有展开真叶8~10片，叶片较肥厚；茎秆粗Φ0.6~0.8cm，茎色深紫（白茄、绿茄茎色呈鲜绿色）；根系发达，乳白色；80%植株已现门茄蕾；无病虫为害。不同栽培茬次的苗龄；冬春茬80d左右；秋延茬65d左右。越冬茬70d左右。

2.辣椒、甜椒　苗高20~23cm，有展开真叶9~12片，叶片较肥厚，叶色深绿，具光泽，顶部刚展开的新叶无纵向褶皱；茎秆粗Φ0.5~0.7cm；根系发达，乳白色；植株普遍进入现蕾期；无病虫为害。不同栽培茬次的苗龄为：冬春茬90d左右，秋延茬75d左右，越冬茬80d左右。

3.番茄 苗高 19~22cm，茎秆粗 Φ0.5~0.6cm，多茸毛，茎节较短，茎秆直立挺拔；第一花序现大蕾，着生于 6~9 片真叶节间；单株有展开真叶 7~9 片，叶片肥厚，叶色深绿；秧苗顶部稍平而不突出；根系发达，须根多，根色乳白；植株未遭受病虫为害，不同栽培茬次的苗龄期为：冬春茬 70d 左右；越夏茬 65d 左右；秋延茬 55d 左右；越冬茬 60d 左右。

各栽培茬次的播种期和定植期见表 2-1。

表 2-1　茄子等各栽培茬次的播种期和定植期

作物名称	栽培茬次	育苗播种期（旬/月）	于保护地定植期（旬/月）	苗龄期（d）
茄子	冬（早）春茬	中、下/10	上、中/1（翌年）	85d 左右
	秋延（冬）茬	上、中/10	中、下/8	70d 左右
	越冬茬	上、中/8	中、下/10	75d 左右
辣（甜）椒	冬（早）春茬	上、中/10	中、下1（翌年）	95d 左右
	秋延（冬）茬	上、中/6	上/8~下/9	80d 左右
	越冬茬	中/7~上/8	上、中/10	85d 左右
番茄	冬（早）春茬	上、中/11	上、中/1（翌年）	75d 左右
	越夏（伏）茬	上、中/2	中、下/4	70d 左右
	秋延（冬）茬	上、中/6	上、中/8	60d 左右
	越冬茬	上、中/8	中、下/10	70d 左右

注：表中所列播种期和定植期，是指在位于北纬 36°41′，东经 118°32′~119°10′ 的山东寿光市菜区的。如果在北纬 38°~42° 地区育苗，播种期应适当提前，苗龄期适当延长；而在北纬 32°~35° 地区育苗，播种期应当适当推后，苗龄期相应的缩短。表中所列的播种期和定植期仅作参考

（二）配制育苗营养土，建苗床（畦）

1.配制育苗营养土　施用配制的营养土育苗，是培育茄子、辣椒、甜椒、番茄大壮苗的主要措施之一。直播苗床、苗盘和分苗移栽苗床的营养钵或营养纸筒或营养土块，都需要填制营养土而成。营养土要求保水、保肥、透气性都好，并富含有机质和氮、磷、钾等各种重要营养元

素，同时没有蔬菜病虫害的污染。为使营养土达到上述要求，配制营养土时，要选用肥沃而未种植同科作物的菜园土和必须经过充分发酵腐熟的厩肥等有机肥，然后经过筛后相配制。配制的比例为6~7份土，3~4份有机肥。在配制的每 1m³ 营养土中加入：16% 的过磷酸钙 1~2kg，草木灰5~10kg，氮、磷、钾三元复合速效化肥 1kg；70% 甲基硫菌灵可湿性粉剂 80g，20% 复方华光霉素乳油 100g，要将后两样先与少量干细土混合均匀后，再将其掺入所有营养土中调拌均匀。从而使配制的营养土达到营养全面，并能杀灭病源虫源。

2. 建苗床　在播种前几天，先在棚室保护地选择的育苗处建畦池。在冬暖塑料大棚内建苗床时，畦池应南北走向；而在改良阳畦内建苗床，畦池内应东西走向。畦池长视棚室内南北受阳光的宽度和育苗面积而确定；畦池宽度一般 1~1.2m，深度 15cm。畦池地面要取平，底面取平后撒铺上 0.5cm 厚的一层细炉渣灰或细沙，然后往畦池内铺营养土。采取营养方块育苗的苗床，先将营养土填满畦池后搂平，略加压实后，厚度约为 12cm，待浇水沉实后，按 8~10cm 见方划割成方块。为便于将来好起苗，营养方块之间的空隙（划割的缝隙）要填入细沙或细炉渣灰做隔离。采用营养钵育苗的，可先将上口直径 10cm，下底直径 8cm，高 8~10cm 的塑料育苗钵（市上销售的育苗专用塑料钵）或纸筒，排置于畦内，装满营养土，略加压实后，浇水，使钵土沉实。在播种前（或分苗移栽前）浇足苗床底墒水的第二天，当浇水后的营养土晾至能中耕起垄时，用小铲刀将营养钵中央处铲松暄 2~3cm 深，以备随后在此暄土处点播种子（或 2~3 片真叶期分苗时在此移栽）。对比试验结果说明：把营养钵中央处铲松暄至营养土 2~3cm 深点播种子的，比不铲（对照）而点播种子的显著苗壮，在相同 35d 苗龄期调查的情况是单株多 0.7~1.3 片真叶，植株高出 4.7cm，且茎秆粗壮，叶片肥大。因此，在点播种子前非常必要将营养钵中央处（点播种子处）铲松暄 2~3cm 深。

（三）计算用种子量及种子消毒与催芽

1. 计算用种子量　蔬菜营养钵苗床每亩用种子量，因定植密度、播种方法、种子质量、千粒重等情况不同而相差较大。

茄子、辣（甜）椒、番茄传统的二级育苗法是于籽苗畦（床）撒播种子，先育出籽苗，当籽苗2~3片真叶期进行分苗移栽于普通苗床（畦），育成大苗。因此，育苗方法不够节省种子，也难以较准确地计算种子用量。现在茄子、辣（甜）椒、番茄育苗用的种子都是杂交一代良种，种子价格较贵，一粒茄子良种购价0.4~0.8元。菜农为了节省用种和培育大壮苗，目前多用营养钵（块）苗床直播一级育苗，即直接于营养钵点播，1个钵用1粒已经催出芽的种子。对传统的二级育苗法已进行了改进，一是由籽苗畦（床）撒播种子，栽培籽苗，改为于塑料平盘填基质等距离单粒点播种子或于30cm×60cm的200孔穴盘，每穴点播一粒种子，培育籽苗。二是由传统的将籽苗移栽于普通苗床（畦）育大苗，改为在籽苗小十字（2片真叶期）至真十字（4片真叶期）期分苗移栽于营养钵（块）苗床，每钵（块）栽植1棵，并适当延长育苗期，育成大壮苗。上述两种育苗方法均是单粒种子播种，容易计算用种子量。计算的方法是：

每亩（667㎡）用种子量（g）＝计算亩定植株数/苗床育苗成活率（％）/种子发芽率（％）/1 000×千粒重（g）

通常苗床育苗成活率按90％。种子发芽率按80％，而种子的千粒重见表2-2。

例如，计划每亩（667㎡）定植番茄3 000株，营养钵（块）苗床育苗成活率为90％，种子率为80％，种子千粒重2.9g。则每亩（667m²）用种子量（g）＝3 000/0.9/0.8/1 000×2.9（g）＝12.08（g）

再例如，计划每亩定植茄子嫁接苗2 500棵，用营养钵苗床育苗成活率90％，接穗种子发芽率85％，千粒重4.5g，而砧木种子发芽率78％，千粒重3.2g。则每亩用接穗种子＝2 500/0.9/0.85/1 000×4.5（g）＝14.7g，每亩用砧木种子＝2 500/0.9/0.78/1 000×3.2（g）＝11.40（g）。

表2-2　主要蔬菜作物种子千粒重、使用年限、寿命

蔬菜种类	千粒重（g）	使用年限（年）	寿命（年）	蔬菜种类	千粒重（g）	使用年限（年）	寿命（年）
番茄	2.5~3.5	2~3	4~5	大白菜	2.5~4.0	1~2	4~5
茄子	3.5~5.0	2~3	5~6	油菜（青菜）	2.5~3.5	1~2	4~5
辣椒	5.0~7.5	2~3	4~5	结球甘蓝	3.0~4.5	1~2	4~5
黄瓜	16~30	2~3	5~6	花椰菜	2.5~4.0	1~2	4~5
甜瓜	16~55	2~3	5~6	绿菜花	2.5~4.0	1~2	4~5
南瓜	140~340	2~3	4~5	萝卜	7~13	1~2	4~5
冬瓜	40~65	1~2	4~5	胡萝卜	1~1.5	2~3	5~6
西葫芦	130~250	2~3	4~5	菠菜	8~13	1~2	5~6
西瓜	40~160	3~4	5~7	芹菜	0.4~0.6	2~3	5~6
丝瓜	60~85	3~4	4~5	莴苣	0.8~1.2	2~3	5~6
豇豆	80~140	1~2	4~5	菊苣	0.8~1.5	2~3	5~6
菜豆	300~400	1~2	3~4	大葱	2.3~3.5	1	1~2
豌豆	115~140	1~2	2~3	圆葱	2.1~3.6	1	2
扁豆	200~500	1~2	2~3	韭菜	2.6~4.4	1	2

2. 种子灭菌消毒　种子带病毒、病菌是传播病害的途径之一。因此，播种前应进行种子的消毒灭菌。种子消毒灭菌的方法有以下几种。

（1）温汤浸种：将选用的种子，先在30℃左右清水中浸泡15~30min，然后使种子在50~55℃热水中不停地搅拌浸泡15~20min。再加凉水，使水温降至25~30℃，浸泡4~6h后捞出催芽。此法可消灭种子表面上携带的黄萎病、枯萎病、褐纹病、疫病、早疫病、斑枯病、黑斑病、炭疽病、白星病、褐斑病、叶霉病等多种病的病原菌。

（2）福尔马林浸种：将用25~30℃的温水浸泡3~4h的番茄、辣（甜）椒、茄子的种子，放在1%福尔马林液中浸泡15~20min，捞出来用湿布包好闷2~3h，再用清水淘洗后进行催芽。此法可预防早疫病、疫病、绵疫病、猝倒病等多种为害。

（3）高锰酸钾浸种：将3种作物的种子在0.1%的高锰酸钾溶液浸泡15~20min后，用清水冲洗干净，再行浸种催芽。可防治细菌性斑点病、青枯病、溃疡病等细菌性为害。

（4）药剂拌种和药液浸种：用20~30℃温水浸泡4~6h的种子，再用50%克菌丹或50%福美双可湿性粉剂拌种，用药量为种子重量的0.2%，或用50%多菌灵可湿性粉剂800倍液，加50%福美双可湿性粉剂800倍液浸种60min。然后用清水淘洗干净，催芽或播种。可防治立枯病、猝倒病、斑枯病、早疫病、褐纹病、黑斑病等苗期多种病害。

（5）磷酸三钠浸种：先将种子用25~30℃水浸泡20~30min，然后捞出，再放入10%的磷酸三钠溶液中浸泡20~30min，取出后用清水淘洗干净，再进行催芽。此法可消灭种子上携带的多种病毒，防治烟草花叶病毒病等多种病毒病。

（6）种子干热消毒：把干燥的种子放在恒温箱中，保持在75℃恒温条件下处理72h，可使种子上携带的病毒失去致病能力。

3. 种子催芽　经过催芽处理的种子，播种后可缩短出苗时间，减少干种、烂种等损失，提高出苗率。一般种子经过4~8h浸泡后，即可捞出置于适宜温度条件下催芽，但对于嫁接茄子、辣椒、番茄的砧木"托鲁巴姆""托托斯加"等野茄子的种子，需要用500mg·kg^{-1}浓度的赤霉素，即用85%赤霉素原粉1g，对上清水1 700g的溶液，或用4%赤霉素乳油10ml，对上清水800ml的溶液浸泡24h，捞出冲洗后在变温条件下催芽，才有利于发芽。种子催芽的具体方法是将浸泡过的种子与等量细沙均匀混合，用温水浸湿，再用湿布包好，放在底部用木棍或玉米秸秆穰垫悬空的器皿中，置于25~28℃的温度条件下催芽。在催芽期间每天用清水淘洗1~2次，并翻动数次，确保种子在发芽过程中有充足的水分和空气。当大多数种子"破嘴露白"时，即可播种。

（四）播种及出苗期的管理

1. 冬春茬（早春茬）和越夏茬（春夏茬）茄子、辣（甜）椒、番茄的播种及出苗期管理　这两茬的育苗期分别处在春季和冬季。棚室保护地由于受外界自然气候条件的影响，此期日光温室内的环境是昼短夜长，每天的光照时间较短（即黑暗时间较长），昼夜温差较大，平均温度较低。这样的棚室保护地小气候，对于短日照作物的茄子、辣（甜）椒、番茄而言，能控制徒长，促进花芽分化。并因花芽分化的好，前期蕾花分化的多，畸形蕾花率低，植株具高产优质生态基础。在播种育苗上无需采取先育籽苗，分苗移栽二级育苗方法。而是采取于营养钵（块）苗床直接播种，实行一级育成大壮苗的方法。如果培育嫁接苗，应按砧木和接穗错期播种的天数，先后将砧木种子直播于营养钵苗床，接穗按 3cm 的匀距直播在营养土苗床。当砧木长有 4~5 片真叶，接穗有 3~5 片真叶，茎秆半木质化，茎粗 0.35~0.4cm 时，采用劈接法。取接穗嫁接于生长在营养钵苗床的砧木上，在营养钵苗床培育成大壮苗。具体播种方法是：播种前 2~3d 提前浇透营养钵（块）苗床水和接穗苗床水，浇后一天，待营养钵土晾至铲土能成垡时，在每个营养钵（块）的中央处铲暄松（接穗苗床，按接穗种子点播匀距划方格，把每个方格中央点播种子处铲松暄），以备在此处点播种子，同时搞好冬暖塑料大棚等育苗设施的采光增温和御寒保温，使苗床温度维持在白天 25~30℃，夜间 12~16℃。或在播种前用 30℃的温水洒浇苗床，是营养钵土湿透后播种，一个营养钵或 1 个方格里点播 1 粒已催出芽的种子。为预防立枯病、猝倒病等苗病和各种根腐病和枯萎病，点播种子后，先用 15% 土军消（有效成分噁霉灵、甲霜灵、噻氟菌胺等）对水 1 500 倍液喷洒畦（床）面，喷洒药水量 100ml/m^2。然后撒盖 0.4~0.6cm 厚（茄子、番茄）和 0.8~1.0cm 厚（辣椒、甜椒）的营养土作覆土。种子上面的覆土，即使含腐殖质丰富、质地疏松、透气性好，其覆盖厚度茄子畦和番茄畦也不超过 0.8cm，辣椒和甜椒畦也不超过 1.3cm。当全苗床播种和覆土完毕后，及时覆盖地膜保温保湿。

因茄子、辣（甜）椒、番茄冬春茬的育苗期正处严寒冬季；越夏茬（春夏茬）的育苗期也正处在早春寒冷时期，为促进出苗快和出苗全，必须采取一切措施来提高和保持苗床温度适宜，应控制在昼温 25~28℃，夜温 15~20℃。在冬暖大棚或改良阳畦内建苗床育苗的，要严封棚膜，适时早揭晚盖草苫，充分利用阳光提高苗床温度。同时在播种前浇足苗床水的情况下，播种后不浇水，不开窗通风，严盖地膜，以增强保温性能。幼苗开始顶土时，如果因覆土过薄（茄子、番茄覆土厚度不到 0.4cm，辣椒和甜椒覆土厚度不到 0.6cm）而出现顶种壳现象，菜农称"戴帽出土"。故此时应立即揭开地膜，再适当加覆细土，当苗基本出齐时，将覆盖的地膜改为低拱覆盖，以防地膜压苗。

2. 秋延茬和越冬茬茄子、辣（甜）椒、番茄的播种及出苗期管理　不论是培育自根苗还是培育嫁接苗的接穗苗，茄子、辣（甜）椒、番茄秋延茬和越冬茬的育苗，都需要于苗盘播种，培育籽苗。在籽苗 1~3 片真叶期分苗移栽于苗畦（床），以培育自根系大壮苗或培育成接穗，与直播于苗床（畦）的砧木苗嫁接，育成嫁接大壮苗。

那么，为什么不直接于苗床（畦）播种一级育成大壮苗，而采用先育成籽苗，再分苗移栽于苗床（畦），二级育苗呢？这主要是因为茄子、辣（甜）椒、番茄等短日照作物反季节秋延茬和越冬茬栽培，其播种育苗期处于夏伏至早秋期间，采用一级育苗难以克服日照时间过长、夜间温度过高。昼夜温差过小等不利于植株苗期分化花芽的障碍因素，育成的苗子虽然从外表形态上看无不良之处，但内在品质差，定植后表现出现蕾开花推迟，蕾花着生的节位过高，蕾花秕瘦，畸形花率高，植株前期易徒长，坐果率低，产量和品质都低。

上述短日照（也称短光照）作物在自然气候条件下栽培，于春季播种育苗，此期间的气候因素利于苗期花芽分化。当番茄幼苗 2 片真叶期，植株生长点内已分化形成第一花序，4 片真叶期已开始分化第五花序，前四穗花序已分化形成。当茄子、辣（甜）椒 2 片真叶期，"门茄"的花芽已分化形成，开始分化"对茄"的花芽，4 片真叶期时，"四姆斗"茄的花芽已分化形成，开始分化"八面丰"茄的花芽。在主茎生长点内分化形成的花芽，历经 20~30d 的生长发育而现蕾、开花。苗期花芽分化形成的好坏，直接关系到蕾花的质量和坐果率高低、畸形果多少以及前期产量和品质的高低。因此，在夏伏至早秋时期播种育苗，采取先育成籽苗，再进行籽苗分苗移栽于苗床（畦），促进苗期分化花芽的二级育苗方法，对于提高苗子内在品质至关重要。秋延茬和越冬茬育苗中的浸种、催芽等种子处理和砧木与接穗的播种错期与冬（早）春茬和越夏茬（春夏茬）相同。

而不同的是采取于苗盘播种，先育成籽苗，再实行籽苗分苗移栽于苗畦（床），育成大壮苗。其具体做法和好处是：

（1）采用苗盘填上营养土或基质，浇水后点播种子：通常是采用宽50cm，长60~80cm，深10cm，用木板钉制的苗盘，或选用宽30cm，长60cm的200穴的塑料穴盘，填上营养土或基质，浇透水后，对木制苗盘内的营养土按3cm见方划方格，待浇水后半天或第二天当苗盘的营养土用铲刀铲，能铲起土垡时，将每个方格的中央处或每个穴土的中央处铲松暄3cm深，随后在此处点播上1粒已催出芽的种子，然后于种子上面覆盖营养土或基质，茄子和番茄苗盘覆盖厚度0.4~0.6cm，辣（甜）椒苗盘覆盖厚度0.8~1.0cm。苗盘育籽苗的好处是种子单粒点播，节省用种，且因苗子集中，便于集约栽培管理。

（2）从播种后至籽苗移栽于苗床（畦）之前，一直对其实施降低夜温和短日照处理。每日傍晚将苗盘移置于通风条件良好处，并于地面上洒凉水以降低苗盘的夜温，从而相对加大昼夜温差。同时每日黎明之前对苗盘略加集中，严盖上黑色塑料薄膜遮光，一直遮光至正午前2h（北京、兰州、阿克苏地区，大约分别遮光至10时、11时、12时40分），实行每日9~10h的短日照处理。这两项技术措施，尤其是短日照处理，有效地促进籽苗分化花芽，使花芽分化提前，花芽质量好，能使茄子、辣（甜）椒于植株7~9片真叶的茎节现门茄或门椒花蕾，实现大壮苗带蕾定植。

（3）籽苗分苗移栽。依据育苗的目标不同，籽苗分苗移栽的叶龄稍有差别：培育嫁接苗的接穗苗，当籽苗2~3片真叶龄分苗移栽于接穗苗畦（床）。若培育自根苗子，待籽苗3~4片真叶龄时分苗移栽于自根苗畦（床）。分苗移栽时，现将营养钵（块）苗床每个营养钵（块）中央处铲松暄，刨一个2~3cm深、3~4cm见方的小窝，然后用小铲刀将籽苗带营养土（或基质）掘出，放置运输盘内，运至营养钵苗畦，轻轻栽植，随即用水壶溜水稳苗。当全苗畦分苗移栽完毕，普洒一遍缓苗水，并使用遮阳网遮阳2~3d。

籽苗分苗移栽的主要好处是分苗移栽因籽苗主根尖端被截断，主根上多发生侧根，使植株形成"龙瓜根"，能防止苗子徒长节间过长，保持苗期正常进行花芽分化，促进育成带蕾定植的大壮苗。

（五）第 4 片真叶至定植前的苗床（畦）管理

即使是同一种作物，因不同栽培茬次的育苗期所处不同季节自然气候条件，设施保护地苗床的管理措施也不同。

1. 冬（早）春茬和春夏茬（越夏茬）育苗期管理　这两茬茄果类作物的育苗期正处于严冬至仲春寒冷季节，苗床管理的重点是争光、保温、排湿、轻水肥供应。具体管理措施是：适时早揭晚盖草苫，延长光照时间；经常震动擦拭棚膜，及时清除黏盖的污尘和凝雾的水珠，保持棚膜应有的良好透光性能和光照强度。同时注意苗床低拱膜的除尘和适时开放、关闭通风口，加强苗床的排湿和保温，使苗床温度控制在：昼间 25~28℃，夜间 15~18℃。晴日中午前后棚室内气温高于 28℃时逐渐打开温室的天窗，同时在苗床两头揭开低拱覆盖的塑料膜；当棚内气温降至 24~25℃时关闭天窗，同时封严苗床的低拱覆盖的塑膜。即使遇到阴雪天气，白天也要及时扫除棚面积雪后揭草苫，争取散光照。中午前后应进行短时通风、换气、排湿。遇不良天气时要特别重视夜间严密覆盖保温，防止大风吹揭覆盖物后而使苗遭冻害。

若遇连续两天及两天以上的阴雪天气而骤然转晴后，要采取揭花苫（或卷帘机间隔时间轮流揭盖草苫），喷温水（15~20℃），防闪秧死苗的措施。苗床营养土或基质湿度，以保持表面（在揭开低拱膜两头通风时）见湿也见干为适。若见干不见湿，说明干旱，应揭开低拱塑料膜，往苗床喷洒 15~20℃的温水。喷洒水量不宜过大，以能够渗透营养钵土层为准。若已浇水量过大，应及时采取划锄松土散墒和通风排湿以及往苗床撒干土吸湿等措施。防止因浇水过大而造成秧苗沤根。育苗期一般不缺肥，若发现有缺肥症状，可结合喷浇水进行叶面喷洒 0.1% 绿芬威 3 号。

足够的苗龄期是育成大壮苗的主要因素之一，冬春茬育苗，茄子和辣（甜）椒大壮苗的苗龄分别为 85d 左右和 95d 左右。番茄的大壮苗苗龄较短，也得 75d 左右。低拱塑模覆盖下的苗床高于冬暖大棚内苗床外的空气温度，且昼夜温差相对小，为使秧苗定植后能适应大棚内的温度，在定植前 7~10d 要揭去苗床低拱覆盖的地膜和适当加大棚室的通风量，使苗床温度控制在白天 20~25℃，夜间 12~15℃。

为使在取苗定植时营养钵（块）完整不破而减轻伤根，定植前 5~7d 不宜浇苗床水。

2. 秋延茬和越冬茬育苗期管理　茄子、辣（甜）椒、番茄秋延茬和越冬茬的育苗期，正处于夏伏和早伏强光、高温、病虫害高发期，苗床栽培管理的主要措施是：

（1）在 4 片真叶期之前未实施短光照处理的苗，不论是嫁接苗还是自根苗，都在 4~7 片真叶期进行短光照处理，即每日在黎明前黑暗时对苗床覆盖不透光的黑色塑料薄膜，至正午前 2h 前后揭去，连续 25d，使每天的光照时间只有 9~10h，以促使植株分化花芽。

（2）于苗床扎搭低拱，覆盖 25~30 日的银灰色避虫网，一网两用，既防止白粉虱、烟粉虱、蚜虫等害虫潜入苗床直接为害和间接为害传播病毒病，又白天遮阳，防暴晒高温。同时加强育苗棚室夜间通风，降低夜温，加大昼夜温差，促进幼苗壮长。

（3）实施防止秧苗徒长的措施：一是适当控制苗床浇水，掌握"不旱不浇，旱时喷洒轻浇"。二是化控，4~7 片真叶期喷洒两次助壮素（丰产灵）100mg/kg，即 50kg 清水中，加入含有效成分 25% 的助壮素 20g，隔 7~10d 喷洒 1 次，共喷洒 2 次。

（4）及时防治病虫害：夏伏至早秋季节是植物病虫害频发时期，尤其是斑潜蝇、白粉虱等虫害和斑枯病、炭疽病、白粉病等病害易发生。一旦发现苗床有病、虫害发生，要立即进行药剂防治，灭菌杀虫，避免遭受为害。

（5）要用足够的苗龄天数，培育成大壮苗。

3. 选用劈接法或插接法嫁接　茄子、辣（甜）椒、番茄嫁接育苗，嫁接方法较多，但目前多采用劈接法或插接法。这主要因为：一是在不移栽砧木苗的情况下，采用劈接法或插接法嫁接，最便于操作。二是在嫁接后，砧木苗畦变成了嫁接苗畦，砧木未移栽，不经历嫁接缓苗过程，利于嫁接伤口愈合，嫁接成苗率高。三是在砧木苗龄较长、茎秆较粗的情况下也适应与茎秆较细、苗龄较短的接穗苗嫁接。四是可将茄子、辣（甜）椒、番茄优良品种植株上的新发嫩枝作为接穗嫁接。

劈接法和插接法的具体操作技术参见上述工厂化蔬菜穴盘育苗嫁接技术部分。可参见图 2-4。

三、瓜类蔬菜育苗技术——三畦育苗、裸根嫁接、培育大壮苗

培育黄瓜、丝瓜、西瓜、甜瓜等瓜类蔬菜嫁接苗宜采用三畦育苗裸根嫁接培育大壮苗法。因为不管是采用靠接法，还是采用插接法或劈接法嫁接，都是接穗苗和砧木苗裸根嫁接，由于裸根嫁接便于操作，嫁接速度快，成苗率高，且能直接观察到砧木苗和接穗苗的根部有无病害、虫害、机械伤害，对根部有病虫为害的苗淘汰。因此。嫁接苗质量高，同时，就是苗垛较大，苗床上苗不拥挤，便于苗龄期延长，培育大壮苗。

（一）黄瓜、丝瓜、甜瓜、西瓜嫁接大壮苗的形态标准及其苗龄

1. 大壮苗形态标准　株高 20cm 左右，茎粗 0.7~0.8cm，单株有 4~5 片展开真叶，叶片平展、较宽大，叶色绿而具光泽。秧姿挺飒，未遭受病虫为害。

2. 大壮苗的苗龄（播种至定植）和定植至开始坐瓜期　不同作物和不同栽培茬次所用的中熟品种，从播种至定植和定植至开始坐瓜所需的天数见表 2-3 所示。

表 2-3　黄瓜、甜瓜、丝瓜、西瓜于冬暖大棚（日光温室）
内不同栽培茬次的嫁接育苗，播种至定植，定植至开始坐瓜，各需天数

项目 作物	冬春茬			秋延茬			越冬茬		
	播种至定植（d）	定植至坐瓜（d）	播种至坐瓜（d）	播种至定植（d）	定植至坐瓜（d）	播种至坐瓜（d）	播种至定植（d）	定植至坐瓜（d）	播种至坐瓜（d）
黄瓜	55	27	82	45	30	75	48	27	75
甜瓜	55	25	80	45	29	74	47	25	72
丝瓜	58	29	87	48	29	77	50	29	79
西瓜	60	30	90	49	31	80	52	30	82

注：1. 冬春茬育苗于温室内低拱覆盖。2. 上述四种瓜类作物嫁接育苗的苗龄是以中熟品种记载的天数。一般早熟品种减去 5d，晚熟品种加上 5d。3. 播种时间均以错期播种，先播的砧木或接穗为准。各茬播种期，秋冬茬 8 月上旬，越冬茬 9 月中旬，冬春茬 12 月下旬

（二）配制育苗营养土，设3个育苗畦（苗床）

1.配制苗床营养土　对配制苗床营养土施用的有机肥和定植前日光温室内铺设的大量圈粪等农家有机肥，都要在施入前1~2个月（冬季2个月，夏季1个月）按每立方米掺施50%辛硫磷乳油150g，然后拌湿，实行高温堆肥，沤制，使有机肥充分发酵腐熟。以此有机肥一份，肥沃的田园土三份的比例相掺，捣碎过筛，每立方米加入磷酸二胺1~1.5kg、70%甲基硫菌灵可湿性粉剂200g，拌均匀后运至棚室内，供作建苗床用。

2.设置苗床　要设置3个苗畦（床），一个是播种砧木（一般用黑籽南瓜作砧木）的苗床；另一个是播种黄瓜或甜瓜、丝瓜、西瓜的接穗苗床，再一个是栽植嫁接苗的苗床。接穗苗床和砧木苗床都按东西向建成宽1.2m，高出地面7~8cm的两个畦，长度可按苗多少而定。秋延茬栽培的育苗期因在夏伏高温期，接穗苗床最好建在日光温室入口近处，以利通风炼苗。而砧木黑籽南瓜因耐高温，苗床宜建在日光温室里边。栽培嫁接苗的苗床按南北走向建成1.2~2m宽，高出地面10cm左右的畦，长度根据需苗量而定。3个苗床的育苗营养土，均为上述土运至棚室的营养土。

（三）对种子和苗床消毒灭菌

1.对种子的消毒灭菌　按需要定植苗子棵数和种子的千粒重、发芽率、嫁接育苗成活率计算出需种子量，备足种子，在浸种催芽之前，先将种子在太阳光下晒7~8h，然后根据当地瓜类作物常发生的主要病害选择下列方法之一，对种子进行消毒灭菌。

（1）防治疫病、霜霉病：用72.2%霜霉威（普力克）水剂800倍液浸种30min，或用25%甲霜灵（瑞毒霉）可湿性粉剂800倍液浸种30min。

（2）防治枯萎病、炭疽病、褐斑病：用冰醋酸100倍液浸种30min或用40%福尔马林200倍液浸种30min，或用50%福美双可湿性粉剂500倍液浸种20min。

（3）防治黑斑病、根腐病、黑星病、枯萎病：用50%多菌灵可湿性粉剂800倍液，加上50%扑海因（异菌脲）可湿性粉剂800倍液浸种

1h。

（4）防治细菌性叶枯病、缘枯病、角斑病等：用次氯酸钠 300 倍液浸种 30min，或用 40% 福尔马林 200 倍液浸种 1h，或用 100 万单位硫酸链霉素 500 倍液浸种 2h，或将种子在 70℃ 干热条件下处理 72h。

（5）防治苗期立枯病、猝倒病、红腐病的苗病：用 15% 土军消（噁霉灵、甲霜灵、噻氟菌胺等）乳油 1 500 倍液浸种 6h 后，带药催芽或直播，或用 30% 苯噻氰（倍生）800 倍液浸种 6h 后，带药催芽或直播。

（6）防治病毒病：先用 30℃ 温水浸种 1h，再用 10% 磷酸三钠溶液浸种 30min，捞出冲洗后，再浸种、催芽或直播。

2.对苗床（畦）消毒灭菌　用 15% 土军消（噁霉灵、甲霜灵、噻氟菌胺等）乳油 1 500 倍液喷洒苗床面，播种前喷洒一遍，播种覆土后再喷洒一遍。或按 1m² 苗床面积施农药 3g，将农药与 2 000 倍的细干土掺拌成药土，播种前于苗床撒施 1/3，播种后撒盖 2/3。也可选用以下农药之一与适量细干土掺拌成药土撒施。

（1）70% 甲基硫菌灵（甲基托布津）可湿性粉剂。

（2）50% 多菌灵可湿性粉剂。

（3）50% 拌种双粉剂。

（4）50% 甲霜灵可湿性粉剂。

（5）25% 苗菌敌可湿性粉剂。

（6）40% 地菌一次净（40% 新型敌磺钠等复配剂）。

（四）浸种、催芽

1.浸种　黄瓜、甜瓜、小籽西瓜种子温汤浸种 50~55℃ 的热水，用水量不可过多，以水浸没种子为宜，浸种时要不停地搅拌，一直搅拌到水温降至 25~30℃，用手搓掉种子表面的黏液，把水倒掉，再换上 25℃ 左右的温水浸泡 6~8h 后捞出。黑籽南瓜或白籽南瓜、丝瓜、大籽西瓜种子浸种用 60℃ 左右热水浸种，用水量为种子量的 3 倍。种子倒入热水中后，务必一直不停地搅拌至水温降至 30℃ 左右为止，搓掉种子上的黏液，换上 25℃ 温水浸泡 10~12h 后捞出。砧木南瓜种子与接穗黄瓜等种子浸种错期是：采用靠接法嫁接的砧木种子浸种时间要比接穗黄瓜等种子浸种时间推迟 5~7d；如果采用劈接法或插接法嫁接，砧木种子的浸种时间应比接穗种子的浸种时间提前 3~4d。

2. 催芽　砧木种子和接穗种子催芽的方法相同，即将温汤浸种的种子用湿纱布包裹好，盛于浅盘中，置于 25~30℃ 的黑暗条件下催芽，在催芽期内每天 25~30℃ 温清水淘洗种子两次，一般历经 36~48h 即可露芽（胚根），当 2/3 的种子露出白芽时，即可选取已发芽的种子精细点播于苗床。也可不经催芽阶段，浸种泡种结束后，直接播种。

（五）采用靠接法嫁接育苗

1. 接穗和砧木的错期播种　要先播种接穗黄瓜、丝瓜、甜瓜、西瓜，接穗播种后 5~7d 才播种砧木黑籽南瓜或白籽南瓜。这样可使接穗与砧木的两棵种苗子的幼茎（下胚轴）粗度相称，易于靠接，嫁接成苗率高。因此，必须错期播种。

（1）播种接穗：在播种过程中，要进行苗床土壤消毒灭菌。方法是按上述苗床消毒灭菌的 6 种方法中，选用其中一种药土，取其 1/3 充分拌匀的药土，均匀撒铺于苗床面上，然后播种接穗黄瓜等，播种的密度要适当稀些，以种子粒距 3cm 为宜，以使接穗苗墩壮而幼茎增粗。播种后再将其余 2/3 药土撒盖于种子上面，达到种子下铺上盖药土。如果药土覆盖厚度达不到适宜的覆土厚度时，可覆盖营养土，使播种深度（即覆土厚度）为 1~1.5cm。然后盖上地膜，以利保墒、提温，促使出苗齐快。出苗期要求苗床温度达到：白天 25~30℃，夜间 15~20℃，尽管冬暖塑料大棚的增温保湿性能好，但在冬春两季育苗，播种后还需要覆盖地膜，并设置小拱棚保护，以保墒、提温，使苗床温度和湿度适宜，促使出苗快，出苗齐。当黄瓜等接穗出苗达 2/3 时，要揭去地膜，出齐苗后要撤去小拱棚，通过冬暖大棚通风降温，使苗床温度降至白天 23~25℃，夜间 12~20℃，炼苗，促墩壮。在冬暖塑料大棚内，于盛夏至早秋育苗（即秋延茬和越冬茬的育苗），播种后不需覆盖地膜，仍需上小拱棚覆盖遮阳网保护。这是因为在加强冬暖塑料大棚昼夜通风降温的同时，苗床上小拱棚遮阳网覆盖，一是能遮阳降温；二是由于黄瓜等瓜类作物点的种子是属嫌光种子，在盛夏烈日强光条件下，对种子发芽出苗不利，而小拱棚遮阳网遮光的黑暗条件，有利于种子发芽出苗。当出苗后，撤去小拱棚，继续加强大棚通风，控温炼苗。

（2）播种砧木：砧木黑籽南瓜或白籽南瓜的播种日期比接穗黄瓜等的播种日期晚5~7d，播种的方法基本与接穗黄瓜的播种方法相同。但有不同之处是：砧木南瓜播种的密度越大越好，目的是使其幼茎长得细而长，与黄瓜等接穗苗的幼茎粗细相称，有利于下一步靠接黄瓜等接穗苗。一般采取粒挨粒播种，要求南瓜苗的幼茎（下胚轴）长度达到8cm左右。播种后种子上面覆土2cm厚为宜。不论是冬、春两季，还是夏秋两季，播种后都要覆盖地膜保墒（湿度）保温。出苗期要求苗床温度达到白天30~35℃，夜间18~22℃，因要求的温度高，即使在冬暖大棚内建苗床育苗，冬春两季也需要苗床设小拱棚，覆盖塑膜加强采光，增温和保湿；而盛夏至早秋育苗，需设小拱棚，上遮阳网，遮光控温，促使南瓜出苗快、齐。当出苗达2/3时，要揭去地膜，出齐苗后要撤去小拱棚。在嫁接前2~3d内，要控温炼苗。

2.裸根苗靠接技术　所谓裸根苗靠接技术是将砧木苗和接穗苗，都从苗床连根取出，把根上的泥土或基质洗去，都以裸露着洁白主根的苗用靠接法嫁接后，将嫁接苗（连同接穗的根）栽植于嫁接苗床，培育嫁接苗的技术。

裸根苗靠接法嫁接的主要好处是：

①便于靠接操作，能嫁接切口割的准，嫁接的快，砧木与接穗靠的紧密适中嫁接伤口愈合得快，接得牢，嫁接成苗率高。

②能直观检查砧木苗与接穗苗的质量如何，对根部或胚轴（幼茎）基部有病有伤的都能直接看到，便于剔除病残苗。

③便于防病。如果在育苗时未进行苗床或种子消毒，可先将裸根的砧木苗和接穗苗用75%百菌清可湿性粉剂600~700倍液浸蘸一下，稍晾后再进行嫁接，能有效防治嫁接苗发生猝倒病、立枯病、疫病、根腐病等病害。

④通过嫁接苗栽植（实际上是砧木苗移栽），使苗有一段 1~3 片真叶期的缓苗期，能激发嫁接植株加强花芽分化。这一点，对于秋延茬育苗来说至关重要。

⑤因便于操作，嫁接功效高。一般 3 人一组，操作嫁接，一人掘出砧木苗和接穗苗，并将苗根上的土或基质洗净；一人操作靠接，另一人将嫁接好的苗随即栽植于嫁接苗床和对嫁接苗进行保护作业。如此 3 人一天能嫁接苗 1 000~2 000 棵。

（1）嫁接时间及准备。当南瓜苗展开子叶，第一片真叶出露和黄瓜苗第一片真叶刚展开，第二片真叶微露，是靠接的最佳时机。在嫁接前要整理好栽植嫁接苗的苗床，准备好苗床覆盖保温物料。同时要备好靠接黄瓜等嫁接操作所需用的刮脸刀、竹签、嫁接夹、脸盆、清水。

（2）靠接的具体操作技术：用竹签宽头一端将两种苗取出，用竹签的尖头先将南瓜苗的顶心剔除；用刮脸刀片从子叶节下 1cm 处自上向下呈 45°角下刀，斜割茎粗的一半，最多不超过 2/3，然后轻轻握于左手。再取黄瓜等接穗苗，从子叶节下 1.5cm 处自下向上呈 45°角下刀，向上斜割茎粗的一半深。然后两种苗子对挂住切口，立即用嫁接夹夹上，随后栽植于嫁接苗床。栽植方法是用小木棍或小铁铲在育嫁接苗的苗床，按东西行向 10~12cm 行距，划出 5cm 深的沟，浇透水。水渗到 2/3 时，按株距 10~12cm 将嫁接苗的两条根轻按入泥土中，用土把沟填平（不能埋住嫁接夹，刀口处不能沾土和水）。边栽植，边盖拱棚膜。在大棚前坡面朝嫁接苗床射光处随放草帘子遮阴。

嫁接时应切记掌握的技术要点：一是苗取出后，要用清水冲掉根系上的泥土；二是嫁接速度要快，切口要不小于幼茎粗的 1/2，不大于幼茎粗的 2/3，镶嵌得准，夹子要从黄瓜茎一面夹；三是嫁接好的苗子立即栽植，栽植时刀口处一定不要沾上泥土，并把黄瓜等接穗苗茎一边（夹嫁接夹的一边）栽植在北边；四是边栽植，边遮阴（图 2-3）。

3. 靠接法嫁接苗的管理　嫁接成活率高低，固然与砧木的种类、嫁接方法、嫁接技术有关，但与嫁接后的管理技术亦有直接关系。值得注意的是嫁接后的管理技术与苗期花芽分化早晚，雌花比例数多少、结瓜早晚、早期产量高低都密切相关。嫁接后管理的技术要点是为嫁接苗创造适宜的温度、湿度、光照、通风条件，加速接口的愈合，促进幼苗生长发育。

（1）温度：适于黄瓜接口愈合的温度为 25℃。如果温度过低，接口愈合慢，影响成活率；温度过高，则易导致嫁接苗失水萎蔫。黄瓜苗期适宜花芽分化、增加雌花比例的温度为：昼温 20~25℃，夜温 13~15℃，昼夜温差 8~12℃。因此，嫁接后 3~5d 内的温度应控制在：昼温 24~25℃，不超过 27℃，夜温 18~20℃，不低于 15℃。3~5d 以后，开始通风，降低温度，控制在昼温 22~24℃，夜温 12~15℃。

（2）湿度：如苗床空气湿度较低，接穗易失水萎蔫，会严重影响嫁接苗的成活率。若成活缓苗期过后，湿度过高，会导致瓜苗徒长，不利于花芽分化和雌花形成，还易发生苗病。因此，嫁接后 3~5d 内，苗床的湿度应控制在 85%~95%，这是关系到嫁接成活的主要因素之一。3~5d 后，通过放风散湿，使苗床湿度控制在 80%~85%。

（3）遮阴和光照时间：遮阴的目的是防止高温和保持苗床的湿度。遮光方法是在小拱棚的外面覆盖稀疏的苇帘，避免阳光直射秧苗而引起秧苗萎蔫，夜间还起保温作用。一般嫁接后 2~3d 内，可于上、下午强光照时间遮阴，而早晚弱光和散光照时间揭除草帘，使嫁接苗接受弱光或散射光照。以后要逐渐增加见光时间，一周后不再遮光。但应通过敞揭和放盖大棚草苫的时间，调节光照时间为 8~10h，以短光照促进花芽分化和雌花形成。

（4）通风：嫁接 3~5d，嫁接苗开始生长时，可开始通风。初通风时通风量宜小，以后逐渐增大通风量，通风时间也随之逐渐延长，一般 9~10d 后可进行大通风。若发现嫁接苗萎蔫，应及时遮阴喷水，停止通风，避免通风过急或通风时间过长造成损害。

（5）接穗断根：嫁接黄瓜等接穗苗栽植 10~11d 后，即可给接穗断根，用刀片割断接穗根部以上幼茎，并随即拔出。断根 5~7d 后，黄瓜等接穗已长到 4~5 片真叶时，于温室大棚内移栽定植。

（六）采用裸根插接或劈接法嫁接育苗

1.接穗和砧木的错期播种　一般采用先播种砧木南瓜，接穗黄瓜等播种的日期比砧木南瓜延后 3~4d。但也有的采取砧木南瓜浸种后催芽而接穗黄瓜等不催芽。砧木南瓜与接穗黄瓜等同一天播种。

（1）接穗的播种：插接法或劈接法的接穗的播种育苗，基本与靠接法的相同。应特别注意的育苗措施是：要使接穗（黄瓜、甜瓜、丝瓜、西瓜）的下胚轴（幼茎）生长得较细较长，才能与较粗壮的砧木南瓜苗便于插接或劈接。接穗播种的种子粒距 1~2cm，覆土厚度 1cm 左右。覆土后盖地膜，并设小拱棚覆盖。夏伏期育苗，温度过高时，可用遮阳网或草帘于小拱棚上适当搭阴。培育接穗苗应在较高的温度、湿度条件下，尽量使接穗黄瓜、丝瓜等苗子的幼茎细一些高一些，但也不能过分细弱而影响嫁接。一般掌握自播种后至插接或劈接前，昼温保持在 26~28℃，夜温 18~20℃。接穗播种后 6~8d 出齐苗，苗高达 4cm 左右，子叶平展，叶色变绿至第一片真叶露出时，即可用于插接或劈接。

（2）砧木南瓜的播种：砧木南瓜比接穗黄瓜等早播种 3~4d。种子粒距 4cm 左右，不能播种的太密集，以防止出现高脚苗。播种后种子覆土厚度 1.5~2cm 为宜。覆土太薄易戴帽（种壳）出苗；太厚而影响出苗。播种后至种芽顶土前覆盖地膜，无须设置小拱棚保温。利用冬暖大棚和覆盖地膜增温保温。苗床白天温度控制在 24~28℃，夜间 16~20℃。种芽顶土时即揭去地膜，以免地温过高引起徒长。出苗后温度控制在：白天 20~25℃，夜间 12~15℃。同时，适当控制洒浇水，以促苗壮，嫁接前砧木标准是株高控制在 2.5~3.0cm，第一片真叶控制在 5 分硬币大小为宜。

2.裸根苗插接和裸根苗劈接技术　瓜类作物传统的插接法和劈接法嫁接，都是只设接穗苗畦和砧木苗畦，而不另设嫁接苗育苗畦。采取砧木南瓜苗不取出，而直接把黄瓜等接穗苗插接或劈接于砧木南瓜苗床的南瓜苗上。人们称之为"自木插接"或"自木劈接"。如此嫁接的好处是因砧木南瓜苗不移栽而省去缓苗过程，嫁接后苗长得快，长势旺，特别适于冬、春两季嫁接育苗。

但是也存在不少缺点：一是不便于嫁接操作，嫁接费工多；二是因砧木南瓜苗不够整齐一致，嫁接苗也会不够整齐一致；三是南瓜的播种密度须按培育嫁接苗的密度来处理，因而不便于培育适于插接或劈接的砧木苗；四是不便于检查砧木苗的根病，若用了有根病的砧木苗，嫁接成的苗则成了有根病的嫁接植株；五是秋延茬栽培需用的嫁接苗是于盛夏育成的，盛夏期育苗因光照时间长，温度过高，尤其是夜温过高，昼夜温差小，所以原本就不利于嫁接苗分化花芽，而"自木插接"或"自木劈接"的嫁接苗易徒长，就不利于嫁接植株分化花芽。因花芽分化不良，定植后表现出现蕾开花迟、畸形蕾花果率都高，影响植株前期产量和品质。

所以，自20世纪90年代末期以来，改为三畦育苗，即砧木苗畦、接穗苗畦、栽植嫁接苗的育苗畦。嫁接时起出砧木南瓜苗和起出黄瓜等接穗苗，洗去苗子根上携带的泥土或基质，持裸根砧木苗和裸根接穗苗实行插接或劈接，嫁接后栽植于培育嫁接苗的苗床（畦）。采取裸根苗插接法或劈接法嫁接育苗的好处，同裸根苗靠接法嫁接育苗的诸多好处相同，不再重述。

插接或劈接法嫁接苗子前应做好的准备工作：备嫁接刀一包（刮脸刀片）、竹签4~5个、修理竹签用的小刀一把、板凳、茶盘、脸盆、75%百菌清可湿性粉剂、水桶、清水等。并整理好面积足够的栽植嫁接苗的育苗床。在嫁接前一天，将砧木苗床和接穗苗床都浇足水，以利取苗和插接、劈接。嫁接苗时，应在棚室内进行，做到防风、避雨、防日晒、保温、保湿，便于嫁接技术操作。嫁接作业的棚室内，温度控制在20~25℃为宜。

（1）裸根砧木苗插接技术：（图2-2）同靠接法嫁接一样，也是三人一组，互相配合作业。一人起苗洗苗，一人专操作砧木与接穗的插接技术，另一人将嫁接好的苗株及时栽植于嫁接苗培育苗床（畦）。掌握在操作插接前半小时前后，将砧木苗和接穗苗同时起出，分别用清水洗去根上的泥土或基质，再用75%百菌清可湿性粉剂600倍液浸蘸一下，分别放入白瓷盘，用湿布覆盖保湿。首先，用竹签剔除砧木苗的真叶和生长点，要求剔除的干净彻底，减少再次萌发，并注意不要损伤子叶。手持砧木苗时左手轻捏子叶节，右手持一根宽度与接穗下胚轴粗细相近、前端削尖略扁的光滑竹签，紧贴砧木一片子叶基部内侧向另一片子叶下方斜插，深度0.5~0.7cm，竹签尖端在子叶节下0.3~0.5cm显现，但不要穿破胚轴表皮，以手指能感觉到尖端压力为度。插孔时要避开砧木胚轴的中心空腔，插入迅速准确，竹签暂不拔出。然后用左手拇指和无名指将接穗两片子叶合拢捏住，食指和中指夹住其根部，右手持刀片在子叶节以下0.5cm处呈30°角向前斜切，切口长度0.5~0.7cm，接着从背面再加一刀，角度小于前者，以划破胚轴表皮，切除根部为目的，使下胚轴呈不对称楔形。切削接穗时速度要快，刀口要平、直，并且切口方向与子叶伸展方向平行。拔出砧木上的竹签，将削好的接穗插入砧木小孔中，使两者密接。砧木与接穗的子叶伸展方向呈十字形，利于见光。插入接穗后用手稍晃动，以感觉比较紧实，不晃动为宜（图2-2）。嫁接好的苗要及时栽植于嫁接苗床。

采用插接法时，也可用竹签剔除其真叶和生长点后向下直插，接穗胚轴两侧削口可稍长，如此直插嫁接易成活，但往往接穗由中部向下易生不定根，影响嫁接苗质量。

（2）裸根砧木苗劈接技术：（图2-1）嫁接时人员分工和配合、砧木苗和接穗苗前冲洗、用药水浸蘸等都与裸根苗插接相同。不同的是砧木与接穗嫁接的方法。劈接的嫁接适宜时期为接穗两片子叶充分展平，砧木苗第一片真叶出现。砧木比接穗提早出苗一般3~5d，但也有的早出苗5~8d。嫁接时将砧木苗的心叶摘除，然后用刀片在胚轴正中央或一侧垂直向下纵切，切口长1~1.5cm，再把接穗胚轴削成楔形，削面长短与砧木切口长度相对应。最后将接穗插入砧木切口，并用嫁接夹固定。

3. 裸根苗插接和裸根苗劈接后的苗床管理　嫁接成活率的高低固然与砧木的种类、嫁接的方法和嫁接技术有关，但与嫁接后的管理技术也有直接关系。对嫁接苗床管理的重点是为嫁接苗创造适宜的温度、湿度、光照及通风条件，加速接口的愈合和幼苗的营养生长（生长根、茎、叶）和生殖生长（进行花芽分化）。

（1）管理温度：适于黄瓜、甜瓜接口愈合的温度为25℃，适于丝瓜和西瓜接口愈合的温度分别为27℃和28℃。如果温度过低，接口愈合慢，影响成活率；温度过高，则易导致嫁接苗失水萎蔫。因此嫁接后一定给予秧苗适宜的温度。一般嫁接后3~5d内，掌握黄瓜、甜瓜嫁接苗昼温为24~26℃，不超过27℃，夜温16~20℃，不低于14℃。丝瓜、西瓜嫁接苗昼温26~29℃，不超过30℃，夜温18~20℃，不低于16℃。5d以后，开始通风降温，黄瓜、甜瓜昼温降至22~24℃，夜温降至12~15℃，丝瓜、西瓜昼温降至24~27℃，夜温14~18℃。

（2）管理湿度：嫁接苗床的空气湿度如若较低，接穗易失水萎蔫，会严重影响嫁接苗的成活率。因此，保持适宜的湿度是关系到嫁接成败的关键。嫁接后3~5d内，不论是黄瓜、甜瓜还是丝瓜、西瓜的嫁接苗，苗床的温度都要控制在85%~95%的高湿度。

（3）遮阳搭荫：遮阳搭阴的目的是防治高温和保持苗床湿度。遮阳光的方法是于小拱棚的外边覆盖稀疏的苇帘，避免阳光直接照射嫁接苗，引起苗凋萎，夜间还起保温作用。一般在嫁接后2~3d内，只在早晚揭除草帘接受散光照（散射光）。3d以后要逐渐增加见光时间，一周后不再遮光。

（4）通风：嫁接后4~5d后，嫁接苗开始生长时可开始通风。初通风时通风量要小，以后逐渐加大通风量，通风的时间也随之逐渐延长，一般9~10d后可进行大通风。若发现有的嫁接苗萎蔫，应及时遮阳喷水，停止通风，避免通风过急或通风时间过长造成损失。

（5）实施促进花芽分化的措施：黄瓜、丝瓜、甜瓜、西瓜等瓜类作物属短日光作物，对于反季节秋延茬和越冬茬栽培的播种育苗期，是处在日照时间长、昼夜温差小、强光、高温的盛夏至早秋，此期的自然条件不利于瓜苗花芽分化，而利于瓜苗徒长。如果对嫁接瓜苗不采取控制徒长和促进花芽分化的措施，势必造成定植后植株现蕾、开花、坐瓜过于推迟，雌花少，瓜胎质量差，前期产量低，品质差。因此，在嫁接苗3~5片真叶期，对其采取短光照处理或喷施坐瓜灵，是至关重要的措施。短光照处理的方法是：在嫁接瓜苗定植前 30~40d 内，选择连续 25~30d，每天上午用黑色塑料薄膜或黑布严密遮光，使每日对瓜苗的光照时间缩短为 9~10h（即使瓜苗连续 25~30d 内每日处于黑暗时间 14~15h）。增瓜灵的施法和有效成分是：对秋延茬瓜苗（盛夏或早秋）用 40% 乙烯利水剂 3 000~4 000 倍液（3~4 叶期）和 2 000~3 000 倍液（5~7 片真叶期），各喷洒瓜苗全株一遍，将全株喷湿为度。上述两项措施都必须从严实行，短日照处理必须连续进行，必须严格管控每日的遮光时间。若中间有一天未遮光，就造成全过程失效，毁于一旦。喷洒乙烯利要严格调好施用浓度，浓度过小，则不起作用；若浓度过大，对植株摧残，造成瓜苗受害。只要严格实施这两项措施，就能获得良好效应。

第三章

冬暖塑料大棚保护地瓜类蔬菜栽培技术

第一节　冬暖塑料大棚保护地黄瓜高产高效栽培技术

一、概述

黄瓜，又名胡瓜，为瓠科甜瓜属，以幼嫩果实为蔬菜的一年生攀缘性草本植物。我国目前栽培的黄瓜有 3 种栽培型：一是华北系黄瓜，其果形较细长，棒形，皮薄色绿，表面瘤刺多，近果柄端形成较细的瓜把。因较耐低温弱光，多年来一直是我国北方地区的主栽黄瓜种。二是华南系黄瓜，其果实圆筒形或杙形，皮薄色浅，味淡，表面无刺瘤，有的略被白粉，或有很少的刺瘤。无瓜把。历史上一直是我国广东、海南、福建、台湾等南方地区的主栽黄瓜品种。三是 20 世纪末从荷兰等南欧地区引入中国的水果型无刺小黄瓜，果实杙形，一般长 10~15cm，直径 3cm 左右，皮较薄，深绿色，表面光滑无刺瘤，瓜肉硬脆可口，且比较耐低温弱光，适于棚室保护地反季节栽培。

对于黄瓜的起源问题，多数学者认为黄瓜原产印度北部喜马拉雅山南麓林间地带。但 20 世纪在东南亚考古中发现了 12 000 年前的黄瓜种子，因此，有些学究认为黄瓜起源于东印度（今印度尼西亚）和马来群岛等东南亚，后传入中亚和印度的。西汉以后黄瓜分别从北、南两路传入中国。成书于公元 533—544 年的《齐民要术》卷第二种瓜第十四中："种越瓜、胡瓜法：四月中种之。胡瓜宜竖柴木，令引蔓缘之。"明《本草纲目》中【时珍曰】："张骞使西域得种，故名胡瓜。按杜宝拾遗录云：隋大业四年避讳，该胡瓜名黄瓜。"黄瓜原名胡瓜。这是因为我国古代曾把生活于西部和北部边远地区的少数民族统称为"胡"。东晋、十六国时期，石勒建立的后赵政权将胡瓜改称黄瓜，但到唐宋的古籍中又将黄瓜称为胡瓜。黄瓜、胡瓜称谓在我国历史上交替变更。凡少数民族居统治地位的地区，因忌讳"胡"字，顾改称"黄瓜"。而凡汉族居统治地位的时期，多以古称"胡瓜"为正名。

黄瓜属耐热性蔬菜作物。例如：近25年以来，山东省寿光市利用冬暖塑料大棚（日光温室）反季节多荐次周年种植黄瓜，全市目前种植面积已达18 000公顷，平均每公顷年产30万kg使其成为主要商品蔬菜之一。

二、因栽培茬次制宜，选用优良品种

目前，我国北方地区棚室保护地种植黄瓜采用的品种，主要是华北系密刺型黄瓜种，其次是近年来从南欧引进的水果型无刺型小黄瓜种。同一个栽培型种中，又分为适宜于棚室保护地栽培的越冬茬品种、冬春茬品种、秋延茬品种、越夏（露地）茬品种。因此，应因各栽培茬次所处的温度、光照等自然环境条件制宜，选用相适应的优良品种（包括杂交一代种）。

（一）适于越冬茬栽培的主要优良品种

①德瑞特39；

②津优21-10；

③27-915（喜旺）；

④京研107；

⑤京研108；

⑥京研E31；

⑦京研迷你2、4、5号（水果黄瓜）；

⑧京研瑞光2号；

⑨京研优胜；

⑩京研绿精灵4号、5号（水果黄瓜）；

⑪翠玉迷你二号（水果黄瓜）；

⑫ 其他优良品种。

（二）适于冬春茬栽培的主要优良品种

①德瑞特 D19；

②德瑞特 79；

③津优 21-10；

④ 27-915（喜旺）；

⑤德瑞特 727；

⑥德瑞特 736；

⑦德瑞特 787；

⑧德瑞特 A6；

⑨德瑞特 95；

⑩津优 35；

⑪ 京研优胜；

⑫ 京研绿精灵 4、5、6 号（水果黄瓜）；

⑬ 京研 108-2；

⑭ 京研 108；

⑮ 京研 107；

⑯ 京研 106；

⑰ 京研 109；

⑱ 北京 203；

⑲ 北京 204；

⑳ 京研迷你 2、4、5 号（水果黄瓜）；

㉑ 翠玉迷你二号（水果黄瓜）。

（三）适于秋延茬栽培的主要优良品种

①德瑞特 79；

②德瑞特 A11；

③德瑞特 95；

④德瑞特 A6；

⑤德瑞特 727；

⑥德瑞特 736；

⑦德瑞特 787；

⑧津优 35；

⑨津优 21-10；

⑩ 德瑞特 D19；

⑪ 京研优胜；

⑫ 京研春秋绿；

⑬ 京研绿精灵 4、5（水果黄瓜）；

⑭ 京研 108；

⑮ 京研 108-2；

⑯ 京研 109；

⑰京研迷你 2、4、5 号（水果黄瓜）；

⑱ 北京 203；

⑲ 北京 204；

⑳ 京研 207。

（四）适于越夏茬（露地）栽培的主要优良品种

①德瑞特 F16；

②德瑞特 741；

③京研夏美；

④京研春秋绿；

⑤北京 403；

⑥北京 402；

⑦京研 407；

⑧北京新 401；

⑨京研 LZ49；

⑩ 京研 LZ78；

⑪ 其他优良品种。

三、确定各茬次适宜的播种期和定植期

（一）棚室黄瓜播种期和定植期适宜的重要意义

棚室黄瓜在播种期上，与露地黄瓜的主要不同点是：棚室黄瓜是翻茬反季播种栽培，其播种期不依据季节农时的自然气候条件来确定，而是依据反季节生产商品瓜果的经济效益来确定。适应播种期的主要标准是能使此茬黄瓜的盛产商品瓜期，也正是市场上需求黄瓜的盛期和畅销价高期。因此，棚室保护地栽培黄瓜的播种期与经济效益关系密切。如果播种期不适宜，高产不一定高效益，只有播种期适宜，才能获得高效益。

（二）棚室保护地栽培黄瓜，各茬次适宜播种期和定植期的推算方法

1. 首先要了解黄瓜从播种至始收商品瓜所需天数　棚室黄瓜不同栽培茬次和不同熟性品种，从播种至定植和从播种至始收商品嫩瓜所需天数如下表。一般从黄瓜的始收商品嫩瓜日期到进入盛产商品瓜日期需15d。因此，从播种到始收期所需天数再加上15d，便是从播种至进入盛产商品嫩瓜日期所需天数。

表 3-1　日光温室黄瓜不同栽培茬次
不同熟性品种播种至定植、定植至始收商品瓜各所经历天数

品种熟性	冬春茬			秋冬茬			越冬茬		
	播种至定植（d）	定植至始收（d）	播种至始收（d）	播种至定植（d）	定植至始收（d）	播种至始收（d）	播种至定植（d）	定植至始收（d）	播种至始收（d）
早熟	55	25	80	48	34	82	50	32	82
中熟	55	30	85	48	40	88	50	37	87
晚熟	55	35	90	48	45	93	50	42	92

注：1.播种期，按嫁接砧木或接穗播种最早者计起。2.因不同品种的早、中、晚熟性有差别，故表中熟性差别天数，仅供参考

2. 推算日光温室黄瓜的播种日期、定植日期　依据市场信息，把黄瓜进入盛产商品瓜日期，正安排在市场上黄瓜刚进入价高而畅销日期，由此日期往回推算冬暖大棚黄瓜各茬的播种期。

从进入盛产商品瓜日期往回推15d是始收商品瓜日期；再往回推算

减去定植至始收瓜所需天数就是定植日期，由定植日期再往回推算，减去从播种至定植所需天数，便是播种适宜日期。中熟品种比早熟品种提前5d播种。晚熟品种比早熟品种提前10d播种。

近几年来，在寿光市冬暖大棚黄瓜各茬的播种期、定植期、始收瓜期、进入盛产瓜期、市场上价高而畅销期，见表3-2。

表3-2　日光温室黄瓜不同栽培茬次的播种、定植、始收期

栽培茬次	播种期旬/月	定植期旬/月	始收期旬/月	产收商品瓜盛期（即市场上价高而畅销期）旬/月至旬/月
秋冬茬	下/7	中/9	下/10	中/11至翌年下/3
越冬茬	中/9	上/11	中/12	下/12至翌年下/4
冬春茬	下/12	第二年中/2	中/3	下/3至上/7

温室黄瓜三茬的生产实践证明：

越冬茬黄瓜在春节之前产瓜量仅占总产量的30%左右，然而由于此时期市场上黄瓜价格最高和社会需求量大而畅销，所以经济收益却占总收益的70%左右。若将此茬黄瓜的播种期推迟拖后，就会因生育进程推迟而减少春节之前的产瓜天数，相应地降低了春节前的产瓜量，大大减少经济收益。故越冬茬黄瓜的播种期不宜拖晚。

秋冬茬黄瓜栽培，应掌握霜降前伸蔓高1m上下，立冬后开始收瓜，小雪前后进入摘收瓜盛期（翌年春分后控秧）。如此使整个产收瓜盛期处在冬季和早春市场上黄瓜价格高峰期和比较高价期。若此茬黄瓜的播种期提前过早，就会出现：一方面因育苗高温和多雨高湿，而易发病虫害，尤其易发生病毒病，使其难以形成壮苗，而影响冬春季的产瓜量；另一方面提前过早播种会使结瓜期提前，在霜降前，仲秋和晚秋蔬菜旺季产的黄瓜，因价格偏低经济效益不高。故秋冬茬黄瓜的播种期不宜过早。

冬春茬黄瓜，在早春冬暖大棚保护地能够倒茬后及早定植的条件下，其播种期宜提早不宜拖后。因为播种期越适当提前，越延长春季陆续产瓜期，增加春季产瓜量。由于春季黄瓜的价格比夏季高，故播期越提前，越能够提高冬春茬黄瓜的经济效益。

四、以黑籽南瓜或白籽南瓜为砧木嫁接黄瓜，培育大壮苗

（参照第二章第二节"黄瓜、丝瓜、甜瓜、西瓜育苗"部分技术培育苗黄瓜苗，或从种苗销售单位购黄瓜苗。）

五、定植黄瓜前的准备和定植

（一）定植前的准备

1. 清洁棚田，高温闷棚　在秋冬茬、越冬茬黄瓜的前茬作物拉秧倒茬后，立即清洁棚田，将棚室内的残枝败叶和烂根等物清除干净后，用15%的菌毒清[一·二（辛基胺基）甘氨酸盐]可湿性粉剂对水300倍液，加20%吡虫啉（康福多、高巧、艾美乐）浓可溶剂对水2 000倍液，对棚室内的地面、墙面、水道、走道、立柱等都喷布一遍。然后仔细检查棚膜，黏补封严棚膜缝隙，严闭棚室，连续高温闷棚3~5d。当闷棚的第二天中午前后，棚内气温可高达65℃左右，5cm处地温高于50℃。可有效杀灭菌毒和害虫。

2. 备足肥料，结合耕翻地施足基肥　所施有机肥必须是经过充分发酵腐熟的。日光温室越冬茬黄瓜的持续产瓜期是露地黄瓜持续产瓜期的4倍长，产量也是露地黄瓜的4倍左右。秋冬茬黄瓜的持续产瓜期加上冬春茬黄瓜的持续产瓜期是露地黄瓜持续产瓜期的5~6倍，产量也是露地黄瓜的5~6倍。每亩每年的需施肥量，日光温室黄瓜是露地黄瓜的4~5倍。据调查，在山东寿光棚室蔬菜主产区，亩产22 500kg黄瓜的亩（667m^2）施化肥量如表3-3所示。

表3-3　温室黄瓜亩产2.25万kg的亩施化肥量

亩施商品化肥（kg）	折合每亩施纯化肥（kg）	按30%利用率被吸收的纯化肥（kg）
尿素 158.0	纯氮 72.7	纯氮 43.6
硫酸钾 456.0	氧化钾 237.1	氧化钾 142.3
过磷酸钙 253.5	五氧化二磷 35.5	五氧化二磷 21.3
钙盐 271.0	钙 81.3	钙 48.8
镁盐 58.0	镁 17.5	镁 10.5

注：所施化肥除磷、钙、镁肥主要从基肥施入外，氮、钾肥主要于黄瓜生育期内追施

寿光菜农对日光温室黄瓜高产栽培的实践证明：亩施有机肥量也是露地黄瓜亩施有机肥量的 5~6 倍。一般露地黄瓜亩（667m²）施农家有机肥（厩肥、鸡粪、鸭粪、土杂肥等）0.4 万 ~0.5 万 kg，年亩产黄瓜 0.4 万 ~0.5 万 kg。而日光温室黄瓜一般年亩（667m²）施农家有机肥 2.5 万 ~3.0 万 kg，平均年亩产黄瓜 2.5 万 ~3.0 万 kg。对于这样的实践规律，菜农们叫作"斤有机肥产斤瓜"。不过所施的有机肥中，有 1/3~1/4 是鸡粪或鸭粪加入人粪尿混合的优质有机肥。日光温室黄瓜所施的有机肥与露地黄瓜所施的有机肥，都几乎全部作基肥施入。日光温室是封闭的园艺设施，施入耕作层中如此多的有机肥料，当这些有机肥料在发酵腐熟过程中，释放出的二氧化硫、一氧化氮、氨气等有毒气体，若不能及时散发到棚外面的大气中时，就会因棚内毒气浓度大而熏害黄瓜。还因近年来绝大多数养鸡、养鸭产业户都不再使用高锰酸钾对禽舍消毒，而是换用火碱（氢氧化钠）消毒，致使鸡粪、鸭粪（稻壳粪）中含火碱，未经沤制脱碱的鸡粪、鸭粪、鹌鹑粪施入棚田作基肥，黄瓜等瓜类苗定植后不久即被火碱烧根枯死。农家有机肥中往往混杂着带病菌的秸秆和残枝病叶，施入棚田传染病害。因此，为了既多施、施足有机肥料，又避免有机肥料在棚内释放产生有毒气体而伤害黄瓜和避免火碱烧苗及防治传染病害，在往棚田施有机肥之前一至两个月，应将有机肥料掺拌上过磷酸钙、碎草、人粪尿等，加水调拌得湿润程度为手握成团从一米高抛下跌散为度。选择高燥处，堆积成半球形，80cm 高，表面抹上一层泥，再盖上塑料薄膜沤制。冬春两季沤制 50~60d，夏秋两季沤制 30~40d，就会历经高温充分发酵腐熟和脱碱。如此处理过的有机肥施入棚田，既不烧苗，也不熏秧、不烧根，肥效又快。此为日光温室蔬菜高产技术之一。

3.及时备足苗　按照黄瓜高效益栽培推算的定植大壮苗的日期，每亩（667m²）3 000 株的定植密度和面积，把黄瓜苗备足。

（二）起垄定植，地膜覆盖

1.起垄定植　当秧苗长到 4~5 片真叶，20cm 高，茎粗 0.7~0.8cm，达到适宜苗龄大壮苗标准时，即可定植。定植前首先按 120cm 的垄距打线，顺线南北向起垄，垄面搞成高弓形，垄与垄之间呈"V"形沟。然后按小行距40cm设在垄背上，大行距80cm跨垄沟，于南北两端定点，用镢头照南北两对应点划出3~5cm深的直沟，顺沟浇透水，把嫁接黄瓜苗带土垛取出，按30cm左右的株距，趁沟里的水未完全渗下时把苗垛摆在沟内，并注意将苗垛略往上取后略栽，待水下渗后，再用镢头从大行中间和小行中间调土扶垄栽苗。扶得垄基高25cm，垄底盘宽30~35cm，切不可埋住嫁接夹，要使嫁接夹所夹的部位离开垄脊面。

2. 覆盖地膜　定植结束后，立即覆盖幅宽1.2~1.3m的地膜。覆盖地膜时要从一头开始，一次覆盖两行黄瓜苗，将膜边置于大行中间（即大沟中间）。覆盖地膜的具体方法是：南北对照双行黄瓜苗把地膜伸开平展后，用刀片在正对苗垛处按东西向割开8~10cm长的口。把瓜苗轻轻地从膜口中放出，膜两边扯紧压实，并用湿土封好口。然后在棚内拉好吊黄瓜秧蔓的顺行铁丝，铁丝上拴上吊绳，每一行扯上一根铁丝，冲每一棵瓜秧拴一根吊绳。

棚室黄瓜起垄定植和地膜覆盖有以下主要好处。

一是垄作利于土壤通气和根系呼吸。

二是垄作便于浇水和冲施肥料，尤其便于大小行距间隔沟浇水和冲施肥料。容易控制浇水量。

三是垄作能加大土壤耕作层的昼夜温差，有利于促进苗壮和花芽分化，能抑制徒长，促进株壮。

四是地膜覆盖能保墒，维持土壤适宜湿度，并能增加耕层土壤的容积热容量，便于调节棚内昼夜温差，是昼间棚温上升不致过快，温度不致过高；夜间棚温下降缓慢，夜温不致过低。

五是地膜覆盖因能减少地表水分蒸发，而能降低棚内空气湿度，利于防病，并能缓解放风排湿与保温的矛盾。

六是地膜覆盖避免了某些病菌和害虫与土壤直接接触，可有效地防止某些土传病害和地下害虫发生。

七是地膜覆盖适于嫁接黄瓜落蔓盘蔓。瓜蔓落盘于盖有地膜的垄脊上，因不与土壤接触，避免了接穗秧蔓节间产生不定根扎入土壤而感染枯萎病。

六、定植后按各生育阶段的生育特点加强管理

（一）缓苗期管理

从定植至定植后长出一片新叶时为缓苗期，一般需 10d 左右。此期管理的主攻方向是：防萎蔫、促伤口愈合和发生新根。在浇足定植水的基础上，在管理上掌握：高温促生根、遮阳防萎蔫。不浇水、不追肥、3 天内不通风散湿。前 3 天内保持高温度（地温 25℃，昼间气温 28~32℃，夜间气温 20~25℃）和较高的空气湿度（90%~95%）。若遇晴朗天气，中午前后盖草苫，防止秧苗凋萎。3d 后，若中午前后棚内气温高达 38~40℃时，开天窗通风降温至 32℃，以后棚内最高气温不超过 32℃，并逐渐降低夜温，使夜间气温不高于 18℃。

（二）缓苗后至坐瓜初期的管理

此期是指定植后植株长出一片新叶时至多数植株的第一个雌花已开放或坐瓜。一般经历 30~35d，是棚室黄瓜管理上技术性最强、最重要的时期。

1. 管理主攻方向　即促进根系发育，又保持地上部分有一定生长量，从而形成强壮的营养体；即促进花芽分化，增加雌花数量，又使植株长势不弱，茎叶充实，蕾花发达；既要求植株旺盛，多数植株开花后能坐住瓜，又不出现徒长现象。总的要求是：植株组织充实，积累有机物质多，长秧与坐瓜齐头并进，并能较强地适应突变天气带来的低温、连阴、雨雪等不良影响。

2. 管理上应掌握的技术原则　主要协调好光照、温度、水分三者关系：

光照：通过拉揭和放盖草苫（帘）等不透光覆盖物的早晚，争取每天 8~10h 短光照。勤擦拭棚膜除尘，增加棚膜透光性；张挂镀铝反光幕，增加反光照，尽可能增加光照强度。深冬阴天可安装农艺钠灯补光。

温度：通过覆盖保温和通风降温等措施，使棚内气温控制在：昼间 24~28℃，夜间 14~18℃，凌晨短时 8~10℃，昼夜温差 10~12℃。垄脊地膜之下土壤温度比气温，白天低 2℃，夜间高出 3℃左右。

土壤湿度：在地膜覆盖条件下，减少浇水，是黄瓜垄土湿度保持在70%~80%，最高不高于85%，最低不低于65%。

3. 遇不良天气时间的管理技术　棚室黄瓜秋冬茬、越冬茬、冬春茬，从缓苗至坐瓜初期，分别处在11月上旬、12月上旬、3月上旬，当此生育阶段遇到连阴、雨雪等不良天气时，要突出加强防寒保温和争取光照的管理技术。要注意收看电视天气预报，当寒流和阴雪天气到来之前，要严闭大棚，夜间加盖整体浮膜（即草苫盖后，再覆盖一层整体塑膜）。冬暖大棚后墙和山墙达不到应有厚度的，可在墙外加护草帘加强保温。当夜间降雪，白天漫阴（即阴的不太重，但不见光），应扫除棚上积雪，揭浮膜后适时拉揭草苫，争取棚内有散光照和弱光照。当白天下小雪时，也应适时拉揭草毡，勤扫除棚膜上的积雪，争取棚内有弱光照。为了保温，一般情况下不放风。当棚内空气湿度超过85%时，可在中午前后短时开天窗，小放风排湿。

当不良天气已过时，开晴的第一天，要采取揭草苫喷温水，对受强光照而出现萎蔫现象的植株及时放草苫遮阴，随即喷洒15~20℃的温水，并注意逐渐通风。勿必做到防止闪秧死棵。

另外，此期要及时引蔓上吊架。为避免喷雾施药而增加棚内湿度，应采用熏烟防治病虫害。

（三）结瓜期的前期、中期管理

1. 冬暖大棚三茬黄瓜的前期、中期结瓜期间　越冬茬处在12月上旬至翌年3月下旬；冬春茬处在3月上旬至6月下旬；秋冬茬处在11月上旬至翌年2月下旬。

2. 冬暖大棚黄瓜结瓜前、中期的生育特点

（1）植株营养生长与生殖生长同时并进而双旺，叶面积大，果实收获量逐渐加大。此期产瓜量占总产量的70%以上，而经济收益却占总收益的90%以上。

（2）植株光合作用强盛，要求光照时间长，光照强度大，温度较高，昼夜温差大，水肥供应及时和充足。

（3）随着此期植株生长逐渐加强和棚内环境条件的变化，病虫害发生，往往有逐渐增多和加重的趋势，要求及早及时防治。

3.此阶段的管理技术措施

（1）光照管理：一是适时揭盖草苫，尽可能延长光照时间。所谓适时揭草苫，是指揭草苫后，棚内温度不降低也不立即升高。所谓适时放盖草苫，是指放盖草苫后1h，检查棚内气温，以不低于18℃和不高于20℃。二是勤擦棚膜除尘，保持棚膜透光率良好。三是于后墙内面张挂反光幕，增加棚内反光照。四是及时降蔓、吊蔓、调蔓、顺叶去衰老叶，以改善行间株间透光条件。五是遇阴雪阴雨天气时，也应揭草苫争取光照。

（2）温度管理：通过增光提温和保温、通风降温等一系列措施，使棚气温控制在：深冬（12月至1月）晴日棚内气温：晨时揭草苫前10℃左右，揭草苫后至正午前1h16~24℃。中午前后20~30℃，下午24~28℃，上半夜20~18℃；下半夜12~16℃，凌晨最低温度为10℃左右。深冬多云天气棚内气温：上午16~22℃，中午前后24~26℃，下午20~24℃，上半夜14~18℃。下半夜10~14℃，凌晨短时最低气温9℃左右。深冬连续阴雪天气棚内气温：上午12~18℃，中午前后20~22℃，下午18~20℃。上半夜16~18℃，下半夜12~16℃，凌晨短时最低温度8.6℃。春季正常天气棚内气温：上午18~26℃，中午前后28~32℃，下午24~28℃。上半夜18~22℃，下半夜12~16℃，凌晨短时最低温度10℃。

（3）水肥管理：掌握"前轻、中重、三看、五浇五不浇"的肥水供应技术原则。所谓前轻、中重：是在第一次摘黄瓜之后的浇水时，开始随水冲施化肥，浇水间隔期10~15d，隔1次浇水冲施一遍化肥，每次亩（667m²）冲施尿素和磷酸二氢钾各5~6kg或冲施宝10kg左右。进入日亩（667m²）摘收黄瓜50kg以上的产瓜盛期，7~10d浇一遍水，冲施速效化肥，每次亩（667m²）冲施氮磷钾三元复合化肥6~8kg，并喷施40%利农800倍稀释液、高效氨基酸液肥和金田宝等叶面肥300~500倍稀释液。还应于每个晴日的上午通风前半小时之前的3h内，追施二氧化碳气肥。具体方法是在棚内立柱的1.5~2m高处，挂有4~6个盛有稀硫酸罐头瓶（硫酸：水 =1：3），每个晴天上午拉揭草苫后 lh 左右，按 $1m^2$ 施碳氨 11.5~16.3g 往稀硫酸瓶内放碳氨（碳氨用塑料袋装着，袋上扎 4~5 个孔）。也可使用二氧化碳发生器，于温室内定时定量释放二氧化碳气体。所谓"三看、五浇五不浇"：是通过看电视天气预报、看土壤墒情、看黄瓜植株长势来确定浇水的具体适宜时间，并做到晴天浇水，阴天不浇；晴日上午浇水，下午不浇；浇温水，不浇冷水；于地膜下沟里浇暗水，不在膜上沟里浇明水；缓流水汩浇，不急流水漫浇。

（4）及时摘收嫩瓜，防止和减少连续节间坐瓜而化瓜。

（5）及早施药防治病虫害，把病虫害消灭于株点发生阶段。

（四）结瓜后期管理

1. 各茬黄瓜结瓜后期所处时期和生育特点

秋冬茬、越冬茬、冬春茬黄瓜的结瓜后期，分别处在 12 月中旬至翌年 1 月下旬、3 月中旬至 6 月上旬、6 月中旬至 7 月中、下旬。此阶段植株生育特点是：生殖生长占主导地位，营养生长呈衰弱趋势。

2. 管理主攻方向及技术措施

管理主攻方向是防止营养生长衰弱，延长结瓜期，增加后期产量，减轻品质下降。主要技术措施是。

（1）温度管理：12 月中旬至翌年 3 月上旬，尽可能提高棚温，使气温昼间中午前后达到 28~30℃，而夜间不低于 10℃，凌晨短时绝对最低气温不低于 9℃。3 月中旬至 5 月中旬棚温控制在：上午 16~28℃，中午前后 28~32℃，下午 24~28℃，上半夜 18~22℃，下半夜 14~18℃，由中午前后通风至全日通风。5 月中旬以后，揭去草苫，撩起前窗棚膜和大开天窗全日大通风，棚内温度基本与外界自然温度相同。

（2）植株调整和光照管理：3 月上旬至 5 月中旬以后，不仅自然光照时间大大延长，而且随着太阳高度角增大，光照强度也大大增加。光照条件足以能满足黄瓜挑株的需求。但此阶段由于于黄瓜植株蔓长叶多，往往遮阴影响植株间的光照条件。因此，采取调整植株，是改善株间光照条件的主要措施，一般每株保持 20~25 片绿色功能叶片，且使均匀分布，使中层和下层绿色叶片也能受到良好的光照。

（3）肥水管理：结瓜后期，植株长势趋弱，根系的吸收能力降低，在肥水供应上要掌握少吃多餐和地面冲施与叶面喷施速效肥料并重。一般7~8d追肥一次，以追施氮、钾肥为主，配合喷施含有氨基酸和多种微量元素的叶面肥。每次追施量，为中期每次追施量3/5左右。即每次每亩追施氮钾复合肥4~5kg。

（4）加强结瓜后期病虫害防治：黄瓜蔓枯病、黑星病、白粉病、黑斑病、斑点病、炭疽病、叶点霉斑点病、霜霉病、靶斑病均可用下面配方防治。即15kg清水中加入：10%苯醚甲环唑水分散粒剂7.5g、70%甲基硫菌灵15g、3%多抗霉素30ml，喷雾全株。若用72.2%霜霉威防治霜霉病不见良好效应时，可于此药剂稀释液中加入300倍液蔗糖，方可提高防治效果。对茶黄螨、截形叶螨、二斑叶螨等螨虫的防治，不宜总是单用阿维菌素防治，因为近年来螨虫对此药抗性增强，致使防效降低。应选择20%一品红（20%螺螨酯）或20%双甲脒2 000~3 000倍液，0.5%虫螨灵（藜芦碱醇）水剂800倍液，10%浏阳霉素乳油1 000倍液，5%尼索朗（噻螨酮）乳油1 500倍液，73%炔螨特乳油2 000倍液，1.2%易胜（高效氯氰菊酯与齐螨素）2 000~3 000倍液，2%罗素发乳油1 500倍液，喷雾全株，要轮换交替使用上述药剂。对于烟粉虱、白粉虱、蓟马的药剂防治，可选用10%高手（烯啶胺+Bt乳剂）或5%展刺（啶虫脒+百树得）对水2 000倍液，20%诺打（吡虫啉+杀虫丹）2 000倍液，58%金手指（58%吡虫啉）可湿性粉剂4 000~5 000倍液，20%霹雳火（20%啶虫脒）2 000倍液，10%虱马光（联苯菊酯+氟啶虫酰胺）750倍液，5%大清扫（联苯菊酯+阿克泰）乳油1 000倍液喷雾，轮换交替使用上述药剂。

七、对棚室黄瓜发生化瓜和花打顶的防治

（一）化瓜

1.发生化瓜的主要原因

（1）瓜节密，下面先坐住的瓜正在迅速生长，争得大量养分，上面后

坐的瓜因营养供应跟不上而化瓜。

（2）低温、阴雪雨天，植株光合作用差，制造和积累光合物质少，其有机养分不能满足幼瓜生长膨大需求，幼瓜因严重缺少营养供给而化瓜。

（3）氮肥过多，植株徒长，植株体缺乏碳素营养供给幼瓜，也会导致化瓜。

2. 防止化瓜的措施

（1）配方施肥、改善光照条件，适当增加昼夜温差，促进植株营养生长与生殖生长协调，增加光合物质积累，适当提前摘收嫩瓜，勤摘收瓜。

（2）使用强力坐瓜灵蘸瓜胎。强力坐瓜灵，又名吡效隆2号，是0.1%氯吡脲。每袋装药10mg，依据不同气温，每袋对水量如表3-4所示。

表3-4　不同气温条件下，每袋（10mg）药对注水量（kg）

棚内（露地气温）	12℃以下	13~25℃	26~30℃	30℃以上
每袋（10mg）对水量	0.5~0.6kg	0.75~1kg	1.25~1.5kg	1.75~2kg

在黄瓜雌花开花的前一天、当天和第二天，用药液浸蘸瓜胎，要均匀浸蘸整个瓜胎，不可浸蘸一半或半边，也不可重浸蘸。

（二）花打顶

1. 发生花打顶的主要原因

主要是营养生长太弱造成，营养生长弱的主要原因是根系衰弱，吸收养分差，植株缺乏氮、钾供应。或生育中期、后期，氮素和钾素养分供应不及时。

2. 防止和防治花打顶的措施

（1）定植前施足基肥。尤其是施足有机肥和增施钾肥。

（2）在棚室黄瓜操作管理过程中，多从大行间走，到结瓜中、后期，大行间被踩板结后，不易透气和渗水，抑制了根系在此生长。对大行间耕层土壤中的养分不能吸收，造成植株弱而出现花打顶。因此，在结瓜中、后期，每一个月对大行间中耕、追肥一次，结合浇水冲施壮根剂，促使植株在大行间发生新根，扩大对养分吸收，从而能解决花打顶问题。

（3）叶面喷施肥料：主要喷磷酸二氢钾、绿芬威2号、绿芬威3号、润果型芬绿，均为1000倍稀释液。

第二节　冬暖塑料大棚衬盖内二膜苦瓜周年栽培技术

一、概述

苦瓜别名凉瓜，古名癞葡萄、锦荔枝，属葫芦科苦瓜属中的栽培种，一年生攀缘性草本植物。苦瓜原产于东印度，后广泛分布于热带、亚热带和温带地区。东南亚和南亚地区栽培历史悠久。历史上称谓的"东印度"，是当今的印度尼西亚和马来群岛。荷兰殖民者侵占了这些地区后，称这些地区为荷属东印度。中国古代所指的"南番"就是当今的东南亚一带。大约在公元960~1127年北宋时期，苦瓜由"南番"传入中国，当时称其为锦荔枝，直至南宋时期才有苦瓜之称谓。元代熊梦祥撰《析津志》、明代朱棣撰《救荒本草》、徐光启撰的《农政全书》、李时珍撰的《本草纲目》中，都有关于苦瓜的记载，且内容较为详细。在《本草纲目》中，苦瓜被列入菜部，有："［时珍曰］苦瓜原出南番，今闽、广皆种之。五月下籽，生苗引蔓，茎叶卷须，并如葡萄而小。……结瓜长者四五寸，短有二三寸，青色，皮上痱瘤如癞及荔枝壳状，熟则黄色自裂，内有红瓤裹子，瓤味甘可食。其子形扁如瓜子，亦有痱瘤。南人以青皮者肉及盐酱充蔬，苦涩有青气。……瓜，主治：除邪热、解劳乏，清心明目。籽主治：益气壮阳。"

苦瓜因其味苦而得名，其果实、嫩茎叶、卷须、花都可食。印度尼西亚人除喜食嫩果外，还喜食嫩茎、嫩叶。马来西亚和文莱人除喜食果实外，还特别喜食卷须、嫩叶和花朵、幼果。苦瓜营养丰富，其果实的抗坏血酸含量在瓜类和茄果类中为最高，是黄瓜的14倍，冬瓜的5倍，番茄的7倍。苦瓜的根、茎、叶、花、果、种子均可入药，其性寒味苦，入心脾胃，清暑涤热，明目解毒。因具明显的降血糖功能，所以是糖尿病患者的保健食品。

苦瓜因起源于热带，能耐高温高湿，强光，而不耐低温、干旱和弱光。低于10℃受寒害，低于16℃不能坐果，低于22℃不肯坐果，其生育适温为25~35℃，开花结果的最适宜温度为33℃左右。所以苦瓜在我国长江流域及其以北地区以夏季栽培为主，而在华北地区是作为希特菜于日光温室内夏季栽培。近年来，山东寿光蔬菜主产区在发展棚室蔬菜生产中，将苦瓜作为主要蔬菜之一，利用冬暖塑料大棚（日光温室）于冬春两季衬盖内二膜，反季节周年栽培，实现了一年四季大量苦瓜上市供应。既丰富了城乡居民的菜篮子，又增加了广大菜农的经济收益。

二、栽培历期及经济收益

于8月中旬播种育苗，9月下旬定植于日光温室内，11月上旬进入结果期，持续结果至翌年9月中旬，栽培历期400d。其中，播种至定植40d，植于日光温室栽培360d，于温室内持续结果320d，平均亩产量2万kg左右，其中，冬春两季产7 500kg，按每千克8元计算，销售收入6万元；夏秋两季产苦瓜12 500kg，按每千克1.6元计算，销售收入2万元，合计年收入8万元。

三、采用采光、保温性能强的日光温室和优质内二膜

越冬茬苦瓜衬盖内二膜栽培，要选择采光性能好和保温性能强的日光温室（冬暖塑料大棚），如果用拱圆形塑料大棚或用采光、保温性能不良的日光温室，即使于晚秋至翌年春末期间实行衬盖内二膜栽培，也达不到苦瓜开花结果所需的温度条件。

内二膜又叫二膜，具有柔韧性强、透光性好、保温性、流滴性、消雾性、防老化性等功能。在日光温室衬盖一层内二膜与不衬内二膜膜相比，冬春两季温室内夜间最低气温要高出3~5℃。而且每天中午前后通过轮换开闭温室外层棚膜和内二膜的通风口，基本解决了通风换气与保温的矛盾，保证了苦瓜正常开花结果。在保护地蔬菜生产上，内二膜的用途较广，既可在日光温室内用，又可在拱圆形塑料大棚内用，还可直接作小拱棚的棚膜。用作内二膜一年后，第二年可作地膜应用。因目前内二膜产品规格不统一，现将山东省寿光菜区采用较多的"地王牌"内二膜介绍如

下：幅宽 600~1 000cm，厚度 0.025cm，即 2.5 丝，比重 0.94，银白色，柔韧性强，耐用。使用面积一般为净栽培面积的 1.7~1.8 倍。按上述标准，1 千克内二膜的展开面积为 43m²，每亩净栽培面积需衬盖内二膜 1 134~1 201m²，折合 26.4~27.9kg。

四、选用优良品种

苦瓜于日光温室中周年栽培，所选用的品种必须具备以下特点：既要耐低温，又较耐高温、高湿；既要早熟，又要高产，不易早衰；为适于连作，还必须抗苦瓜枯萎病和黄萎病。考虑到鲜果的内销和出口，其果实应具备以下特点：果面油绿或乳白或翠绿，瘤状粒平缓而排列均匀，果肉厚；瓜条长度适中，顺直，耐贮运。在寿光菜区，菜农多选用的品种有：万盛碧龙、新农村、美国绿、中华领秀、绿秀 6016、中华玉秀、广东丰绿、荷兰翠绿、短绿、夏蕾等。

五、采用穴盘育苗

苦瓜穴盘育苗需要用 65℃热水浸种，并不停搅拌至水温降至 30℃左右时停止搅拌，在 25~33℃温水中浸泡 48~60h 后捞出，在高温条件下催芽后播种。

苦瓜发芽出苗需要 33~35℃的高温；苗期生长和花芽分化需要 20~30℃昼温，14~18℃夜温和 11~12h 的短光照。而 8 月中旬播种育苗，虽然高温有利于发芽出苗，但昼夜温差小和日照时间长，不利于苗期花芽分化。尤其是日照长达 13~14h，使幼苗发育迟迟不能通过短日照阶段，势必造成现蕾开花迟，开花结果少，前期产量低。而穴盘育苗，因幼苗集中，苗盘便于移运，也便于遮光进行短日照处理和加大昼夜温差，从而创造促进幼苗壮旺和花芽分化的环境条件，使苦瓜苗壮早发，早现蕾开花，多开花结果，提高前期产量。

六、增施基肥，高温闷棚

前作倒茬后，立即清洁田园，每亩撒施已腐熟的农家有机肥（厩肥、杂肥、人粪尿）10m³、磷酸二铵和硫酸钾各 25kg，均匀撒于田面后耕翻地 30cm 深，使肥料分散于耕作层中，然后耧平地面。

苦瓜定植前 7~10d，选连续晴朗天气，用 15% 的菌毒清（二辛基胺乙基甘氨酸盐）可湿性粉剂对水 450 倍液，喷布日光温室内的地面、墙面、立柱面消毒，严密闭棚 4~5d，当第二、第三天中午前后室内气温可达 60℃以上；5cm 土层地温可达 50℃以上。然后大开通风口，通风降温至适于苦瓜苗期生长的温度。

七、搭高架，衬盖内二膜

日光温室苦瓜周年栽培，"秋分"前后开始衬盖内二膜，翌年"立夏"前后撤去。膜的宽度为：室内苦瓜种植行距乘以行数再加上 30cm。例如苦瓜的平均行距为 90cm，每 8 个行距盖一幅内二膜，采用的内二膜的幅宽为 750cm（90cm×8+30cm=750cm）。这样，衬盖内二膜时，可使各幅膜 15cm 宽的膜边相重叠，并正覆盖于吊架的顺行铁丝上，以便用铁夹子夹固。

衬盖内二膜时要先搭高架。日光温室内用东西向拉紧钢丝（26 号的）与南北向顺行铁丝（14 号的）搭成的吊架，可兼作衬盖内二膜的骨架，但应比单纯作吊架用的要略高些。并因大棚的采光斜面是北高南低倾斜和便于内二膜流水，防水滴，所以搭架必须北高南低呈倾斜状。搭架时对北、中、南三条东西向拉紧钢丝的固定高度，宜分别为 250~270cm，210~230cm，160~180cm，并将各条南北向顺行吊架铁丝拉紧，套拴于南、北两边的东西向拉紧钢丝上。上盖内二膜时，将膜伸展开，以南北向拉紧，从室内的一头开始，一幅挨一幅地伸展，盖于顺行铁丝和东西向拉紧钢丝上，往另一头衬盖。并将重叠的膜边用铁夹子夹固于顺行铁丝上。衬盖于四周围的内二膜，垂直落地后要余 30~40cm，以便铺地面后用土或用砖压住，同时用铁夹子将围盖的内二膜夹固于四周的架膜钢丝上。

八、起垄定植，覆盖地膜

按东西向垄距 180cm 开沟起垄，沟深 25cm，沟上口宽 50cm，垄面宽 130cm，每垄定植 2 行，采取大小行，小行距 60cm，大行距 120cm，株距 46cm，每亩定植 1 600 棵。先按计划行、株距于垄面顺线开定植穴，将苗坨从穴盘中轻轻取出置于穴内，少埋土稳苗坨，然后逐穴浇水，水渗后分别从小行中间和大行中间往定植行基处培土，形成屋脊形，使小行间有小浇水沟，大行间有较大的浇水沟，以便于大、小沟轮换浇水。全田定植完毕后，随即逐垄覆盖地膜，并使膜边在大行中间（沟底中间）。覆盖地膜后，于膜下小沟浇足定植水。

九、伸蔓前期管理

定植后苦瓜植株生长缓慢，茎细、叶小、长势弱。此期处于9月下旬至11月上旬栽培管理的主攻方向是促根壮秧，加快地上部营养生长。具体管理措施如下。

（一）调温、增光、通风换气

"霜降"前后及时覆盖草帘等保温物，通过适时揭盖草帘和通风换气，调节温度，补充 CO_2，使温室内白天温度保持 25~30℃，夜间 17~20℃。勤擦拭棚膜，增加室内的光照强度。

（二）适当控制浇水，结合浇水冲施肥料

在浇足定植缓苗水的基础上，不干旱不浇水，一般轻浇水 2~3 次，保持地表见干见湿。结合浇水每亩冲施三元复合化肥 7~8kg。

（三）整枝吊蔓，及时防治病虫害

当主蔓伸长至 40cm 左右时，抹去主蔓下部的侧枝、侧芽、卷须。在顺行铁丝上系吊绳，及时将主蔓攀绕在吊绳上。于温室的通风口覆盖 40 目左右的防虫网，防止害虫侵入。及时防治炭疽病、角斑病、白粉病等苦瓜常发病害，可用 20% 克菌星（过氧乙酸 + 多抗霉素）乳油 600~800 倍液喷雾防治。

十、持续结果期管理

（一）不同天气的室内环境调节

1.冬春两季正常天气时，要适时早揭晚盖草帘，延长每日的光照时间。适当推迟通风，缩短通风时间，使内二膜内的气温白天保持 28~35℃，以长时间保持 33℃左右为宜；夜间保持在 16~22℃，以长时间保持 18~20℃为宜，入夏后及时撤去草帘等覆盖物和内二膜。夏秋两季晴朗或少云、多云正常天气时，要加强通风，既开天窗，又开前窗，昼

夜对流通风。通过掌握通风口的大小，调节室内温度，使白天气温最高不高于37℃，最低不低于28℃，长时间保持30~35℃为宜，夜间气温保持在20~27℃。在遇到伏季高温天气时，可于傍晚在室内洒凉水，以降低夜间温度。

2. 冬春寒流阴雪等不良天气时，要及时收听收看天气预报，提早做御寒防冻准备。在不良天气到来的前一天，要提早覆盖草帘，并加盖保温物覆盖。为防止雪雨淋湿草帘等覆盖保温物和进一步加强御寒保温，必须在日光温室最外层覆盖整体浮膜，严堵缝隙。沿温室前脚外，从东到西覆盖1m宽的草帘和塑料膜。白天，只要停止降雪，就立即将棚面上的积雪扒掉，揭去浮膜，拉开草帘等保温覆盖物，使苦瓜接受阴天散光照和短时间光照，并于中午前后短时间开天窗和开内二膜缝口，通风换气30~40min后关闭。冬春阴天，日采光5~6h即可提前覆盖草帘，并加盖浮膜保温。夏秋两季遇风雨天气，要及时关闭天窗和前窗，避风避雨。并于温室前脚处筑埂，防止雨水灌入室内。风雨过后，立即打开天窗和前窗，通风降温，切防高温闷伤苦瓜植株。

3. 连续阴雪天气，骤然转晴后，为防止"闪秧"，要采取"揭花帘，喷温水"的管理措施。即采取反复多次揭盖草帘，喷温水，当室内的苦瓜受到直射强光照30min也不出现萎蔫现象时，即可停止喷温水，并将所有草帘揭开，转入常规管理。

（二）水肥供应：在苦瓜持续结果期，要满足水肥供应

冬春两季，10~12d浇1次水，浇水时间选在晴天上午，浇水量以浇水后半天能洇透垄脊为标准。隔一水施一次化肥，每次每亩随水冲施高钾复合肥8~10kg，或尿素、硫酸钾、磷酸二铵各3~4kg。夏秋两季，7~8d浇一次水，浇水时间宜选在晴日下午。每次每亩随浇水冲施三元复合肥7~8kg或沼液1 000~1 500kg。若发现苦瓜长势弱或有早衰现象，应及时将大行的地膜折至两边，对浇水沟两边进行中耕松土，每亩沟施腐熟的农家肥1 500~2 000kg，然后将地膜盖好，浇水，促进肥效，壮秧。

（三）整枝理蔓

苦瓜分枝性很强，日光温室内越冬周年栽的苦瓜，其密度是露地栽培的 3~5 倍，更需要加强整枝理蔓。首先，保持主蔓生长，以主蔓和 2~3 条侧蔓持续结果。当主蔓上第一雌花出现后，在其节位之上发生的侧枝中，选留 2~3 条侧蔓与主蔓一起吊架，其余侧枝一律抹去。其后再发小的侧枝，也包括各级分枝，有雌花即留枝，并于雌花后留 1 叶摘心；无雌花的则将整个分枝从基部剪去。如果各级分枝上出现相邻两朵雌花，应去掉第一朵，保留第二朵雌花结果。通过整枝理蔓，能控制营养生长过旺，改善株行间通风透光条件，集中营养供应结果。

（四）采用人工辅助授粉和熊蜂或蜜蜂授粉

1. 人工辅助授粉　人工授粉的方法是摘取新开放的雄花，去掉花冠，与正在开放的雌花的柱头相对授粉，也可用毛笔取雄花的花粉，往正在开放的雌花柱头上轻轻涂抹。

2. 用熊蜂和蜜蜂授粉　苦瓜是虫媒花，在日光温室封闭环境下，可采用熊蜂或蜜蜂授粉。因熊蜂耐 10℃ 低温，在越冬期，多采用熊蜂授粉，600~1 000m² 棚内放一箱熊蜂（约计 150~250 头）即可。熊蜂授粉虽然具有耐低温、授粉及时、授粉率高等突出优点，但熊蜂授粉也有较为突出的缺点：一是熊蜂对雌花没有选择性，一些发育不良的雌花也授粉，会结畸形瓜果，还必须人工去畸形雌花、去畸形果。二是熊蜂授粉后的苦瓜，易出现大肚或大头果，大头瓜果的种子特别多，而且货架期短。因此，造成商品品质降低。三是熊蜂很胆怯，风力稍大，棚膜上下一动，就把熊蜂吓得不敢出箱。由于上述原因，目前在寿光棚室蔬菜主产区，用熊蜂给苦瓜授粉的并不多。仍然采取蜜蜂授粉与人工授粉相结合的方式，即采取人工去畸形花，蜜蜂授粉后，加上人工疏果，疏去不良果和畸形果，选留授过粉的好幼果。

十一、适时采收商品成熟嫩瓜

苦瓜从开花至采收商品成熟嫩瓜，一般在冬春两季需 14~15d；夏季8~12d。用剪刀将瓜柄一起剪下。采收标准：瓜条充分长大，表皮瘤状凸起饱满，且具光泽。白皮苦瓜表皮由浅绿变乳白，有光亮感时即可采收。采收过早，食味欠佳，而且产量低；采收过晚，货架期短，且瓜条顶端易开裂露出鲜红瓜瓤，失去商品价值。

第三节　棚室保护地西葫芦栽培技术

一、概述

西葫芦属于葫芦科南瓜属，又名美洲南瓜、角瓜等。原产于墨西哥等北美洲西南部地区，为一年生矮性或蔓性草本植物。约于 1850 年传入中国。自 20 世纪 90 年代以来，我国西葫芦生产的发展突飞猛进，目前已是栽培面积和总产量仅亚于黄瓜的瓜类作物。并实现了全国范围内一年四季都能供应。这主要取决以下原因。

（一）西葫芦营养丰富

西葫芦是全国各族人民都喜爱食用的保健性蔬菜，它除了含有人体所需的碳水化合物、蛋白质、维生素 A、维生素 C、硫胺素、胡萝卜素、粗纤维和钙（Ca）、磷（P）、钾（K）、铁（Fe）、锌（Zn）、碘（I）等矿物质元素外，还含有多种游离氨基酸和丙醇二酸。具有食之能促进人体正常代谢、提高消化功能、清热利尿、降低高血压、预防老年人冠心病、防治大脖子病和抑制糖类物质变为脂肪，帮助肥胖症状的人减肥等保健功能；而且西葫芦的鲜嫩幼果和成熟果实均可食用，适合炒食、做汤、做馅和糖渍、醋渍，酱渍，均具独特风味，不论男女老少，都喜欢享食。

（二）蔬菜保护地设施和流通业的快速发展，使西葫芦生产已经能够做到周年供应

主要是北方地区实施日光温室越冬茬、冬春茬、秋冬茬栽培；而南方地区实行塑料拱棚春提前和秋延后栽培，以及露地遮阳网越夏栽培。再加上市场经济调节，绿色通道运输，可北菜南调，南菜北运，不同地区间互通有无，使得西葫芦一年四季都能在人们的餐桌上占有"一席之地"。

（三）优良品种的选育

由国外引进和国内自育了大量西葫芦优良品种，并良种良法配套实施高产优质栽培，从而大幅度提高了西葫芦的产量和商品品质。主要从法国、美国、荷兰、意大利、韩国、以色列等国引进的西葫芦品种。在引进的品种中，种植区域较广，起示范带头作用的品种有：法国的纤手、冬玉、法国68，荷兰的玉龙，美国的碧玉、黑美丽、绿宝石等。近几年来又从法国引进的寒笑、恺撒、法拉丽、天玉、早玉等棒形西葫芦，从美国、韩国引进了飞碟瓜和黄、绿、浅绿等圆形西葫芦等品种，也有一定种植面积。国外西葫芦品种优势在于植株整齐一致、结瓜性好，成品率高，商品性优，持续结瓜能力强，易于长途运输。而国内原来推广种植面积较大的西葫芦杂交一代种"早青一代"、"阿太一代"均出自山西省农业科学院蔬菜研究所。其后，该所及山西省其他育种单位和种子公司还培育出了长绿、嫩玉、翠青、益丰白玉、晋圆1号、晋圆2号和晋西葫芦1号、2号、3号、4号、5号等品种。近年来，北京、甘肃、山东等省市也育成了一批西葫芦杂交一代良种。整体上，国内培育成的西葫芦品种与从国外引进的品种相比较，依然存在着整齐度不高，商品性欠优良，对保护地越冬栽培适应性差、高产性能不突出等差距。但国内育成的西葫芦品种，在早熟性能和对茬口调节、间作套种等适应性能方面。具有一定的优势。

（四）结合实际，形成相应配套栽培管理

各地在选用上述国内外西葫芦优良品种中，针对不同设施环境条件的适应性能，在栽培上形成了日光温室越冬茬和冬春茬，拱圆形大、中塑料棚秋延茬和早春茬，露地覆盖遮阳网越夏茬等几种集中的高产高效益栽培模式并通过这些栽培模式，建立起合理的轮作制度，减少病原菌的传播，防止连作障碍，避开病虫害为害期，使西葫芦生产由数量增长向数量增长与质量提高并重转变。对矮性和短蔓性类型品种实行嫁接栽培，以增加主茎长度和持续结果期。同时提高栽培环境内控制能力，如采取吊架茎蔓，立体栽培等，充分利用空间、时间，发挥西葫芦生产潜力，最大限度地增

加产量和提高品质。

（五）目前已形成了一些知名的西葫芦集中产区

山东省陵县、昌乐县、淄博市临淄区、五莲县和辽宁省义县的棚室西葫芦产区；河南省扶沟县和河北省南和县、清县早春西葫芦产区；甘肃省天水市武县麦后复种西葫芦产区；广西壮族自治区田和县、田阳县"南菜北运"生产基地，有些还被授予各种称号，如山东省五莲县许孟镇、院西乡，被中国农学会分别命名为"中国西葫芦第一镇"、"中国西葫芦第一乡"等。不仅如此，还形成了较大的籽用西葫芦（裸仁西葫芦、有皮西葫芦籽用种）产地，如内蒙古自治区、东北地区、甘肃省、新疆维吾尔自治区的籽用西葫芦产地。各地还成立了西葫芦产销合作社、西葫芦产销协会、西葫芦批发交易市场，使西葫芦达到四季生产，周年供应，促进了种植户的增产增收，获得最大商品效益。目前，我国西葫芦生产正朝着特色化、规模化、品牌化、集约化、专业化、区域化的方向发展，走产业化的道路。

二、确定适宜播种期和选用优良品种

（一）不同地区不同季节栽培茬次的适宜播期（表3-5）

表3-5　西葫芦不同地区的不同季节保护地栽培茬次适宜播种期

棚室保护地不同季节栽培茬次 不同地区的适宜播期（旬/月至旬/月）	位于北纬35°以南的安徽省、江苏省、河南省、陕西省南半部、湖北省的北半部地区	位于北纬35°~39°的山东省、山西省南半部、陕西省北半部、河北省南半部、宁夏、甘肃省南半部地区	位于北纬39°~42°的辽宁省南半部、河北省北部、京津地区、甘肃省北部和位于北纬39°以南的高海拔地区的青海省、新疆西南部	位于北纬42°以北的吉林省、辽宁省北半部、内蒙古北部、黑龙江省、新疆的北部地区
日光温室（冬暖大棚）越冬茬栽培	中旬/10月至下旬/10月	中旬/9月至下旬/9月	下旬/8月至上旬/9月	不适于越冬茬栽培

日光温室或拱棚早春茬（冬春茬）栽培	下旬/12月至翌年中旬/1月	下旬/1月至上旬/2月	下旬/2月至上旬/3月	中旬/3月至下旬/4月
拱棚盖遮阳网或露地越夏茬栽培	下旬/3月至上旬/4月	上旬/4月至中旬/4月	中旬/4月至下旬/4月	下旬/4月至上旬/5月
拱棚或日光温室秋延（秋冬）茬栽培	上旬/8月至中旬/8月	下旬/7月至上旬/8月	中旬/7月至下旬/7月	下旬/6月至上旬/7月

（二）因栽培季节茬次制宜，选用优良品种

1.越冬茬和早春茬（冬春茬）应选用的品种必具备耐寒性能和耐弱光性能都强，早熟，植株生长旺盛，持续结瓜性能好的高产优质品种。例如：万盛盛美、万盛绿丰1号、万盛盛丰、法国盛玉、万盛冬秀、万盛胜冬酷极、贝里达、绿香生1号、安利亚、安巴尼、寒笑、纤手、法国冬玉等由国外引进的杂交一代高产良种。

2.拱棚覆盖遮阳网越夏栽培高产的关键是采用耐热性能强、抗病毒病、白粉病的高产优质品种。例如，万盛碧秀1号、万盛碧秀2号、三季丰、比德利、曼谷绿1号、曼谷绿2号、天王、碧绿、捷绿、黑美丽、绿宝石、越夏皇后等由国外引进的良种和国内育成的翠莹、寒丽等。实行滴灌，盖黑色地膜，降低地温，充分发挥良种增产性能。

3.拱棚保护地秋延茬栽培：应选用对短日照要求不严格，能在盛夏和早秋日照较长、气温高和昼夜温差较小的环境条件下，亦然能苗壮早发，正常分化花芽，增加雌花数比例，为早熟、提高前期产量，实现丰产优质奠定良好基础。如选用万盛绿丰2号、万盛盛美3号、万盛绿丰4号、万盛秋宝、万盛丰宝、万盛翠丰、万盛绿莹、恺撒、美葫39号、绿嘉、美葫41号、美葫53号、冬岩等西葫芦杂交一代良种。

三、直播前或定植嫁接苗前备耕
（一）撒施底肥，耕翻土地

底肥以农家牲畜圈粪和鸡粪、鸭粪、鹅粪、土杂肥等有机肥为主，化

肥为辅。所施的鸡粪、鸭粪、牛羊圈肥必须是经过堆积沤制，发酵腐熟的。一般结合耕翻地，每亩撒施农家有机肥10m³左右，过磷酸钙50kg左右，氮磷钾三元复合化肥40kg左右，镁肥5~6kg，锌、铁、硼等微肥1.5~2kg。通过深耕翻地25~28cm，将所施的底肥均匀混入整个土壤耕作层中。

（二）整地起垄，高温闷棚

通过耢、耙、耧等措施，把耕翻过的田整平，把土壤整得较细，然后按计划垄距180cm拉线，踩线印，顺线印开沟调土起垄，垄间沟深20cm，沟上口宽50cm，垄面宽130cm，略呈弓形。

在西葫芦移栽定植前或直播前7~8d，选择连续3~4d晴朗日，严闭棚室，高温闷棚3~4d。在闭棚闷棚前，先用15%菌毒清（二〔辛基胺乙基〕甘胺酸盐）可湿性粉剂对水450倍液，喷洒棚室内面（地面、墙面、立柱面、路面、水沟面），实施药剂消毒。把温度表挂在棚室内中心处的顺行吊架铁丝上，并系上1根拉线，当闷棚的第二天中午前后，将温度表拉至近棚膜处，可隔棚膜观察到棚内气温高达35℃以上；第三天中午前后，棚内气温高达60℃以上。高温闷棚3~4d后，大开通风窗口，使棚温降至适宜于西葫芦生长的温度，待移栽定植或待直播。

（三）备足地膜和种子及育苗需用的塑料钵

目前，市场上销售的地膜是聚乙烯高压膜其厚度0.005cm（即0.5丝），幅宽130cm，比重0.94，这样的地膜6 000cm长就达0.5kg。即0.5kg的面积78m²。由于覆盖地膜时并不是覆盖的水平面，而是覆盖的"M"形垄面，所以按1平方米栽培面积需要1.09m²地膜来计算每亩（667m²）棚田的用地膜量为：667m²÷78m²×0.545kg=4.65kg，即每亩需用地膜量为4.65kg。应按西葫芦实际栽培面积备足地膜。

在日光温室或拱圆大棚保护地连作西葫，多采取以黑籽南瓜为砧木和西葫芦为接穗，培育嫁接苗时，往往因黑籽南瓜种子发芽出苗时间不齐和出土早的西葫芦幼苗下胚轴空心，影响苗齐苗壮和嫁接成苗率。因此，以黑籽南瓜为砧木嫁接西葫芦育苗，要求选用成熟度好、籽粒饱满、发芽势强的种子（催芽时，前 3 天发芽种子数，能占总发芽种子数的 50% 以上），使插接成苗率达 90% 以上。黑籽南瓜种子和西葫芦种子的千粒重分别为 250g 左右和 150g 左右。按上述要求，采用植株紧凑型品种亩需用嫁接苗子数 1 800 棵，每亩需用黑籽南瓜种子 1 250g 和西葫芦种子 750g。若采用植株开放型品种亩需用嫁接苗子 1 000~1 200 株，每亩需用黑籽南瓜种子 834g 和西葫芦种子 500g。应及早按计划种植面积备足种子，以便在催芽前选择晴日晒种 1~2d，以增强种子发芽势。

目前，西葫芦嫁接育苗，农户多采用上口直径 8cm 的塑料钵，所需准备钵数，应比计划需钵数多一成。

四、嫁接育苗

（一）配制营养土，建嫁接育苗的苗畦

西葫芦嫁接育苗所用的营养土，是用无病虫的肥沃园田土 6~7 份，腐熟的家畜圈粪等农家有机肥 3~4 份，混合过筛后，每立方米内加入腐熟的碎鸡粪 15kg，过磷酸钙 3kg，尿素和硫酸钾各 1kg，70% 的甲基硫菌灵可湿性粉剂 100g，将配制的肥料充分混合均匀后，即为所用的营养土。

西葫芦嫁接育苗设两个苗畦：一个是摆置着营养钵，播种砧木黑籽南瓜，培育嫁接苗的苗畦；另一个是填铺上营养土，播种西葫芦，培育接穗的苗畦。这两个苗畦，冬春两季设在日光温室内，而夏秋两季是设在有遮阳网设施的大、中拱棚内。一般苗畦宽 1~1.5m，比地面高 8~10cm，播种西葫芦的畦内营养土厚 6~7cm；播种黑籽南瓜的畦内营养土厚度为钵高的 2/3。苗畦的长度，酌育苗数量而确定。

（二）浸种催芽，精细播种

将晒过的黑籽南瓜种子放入 50~55℃ 温水中，不断搅拌至水温降至 30℃，继续浸泡 10~12h，搓去种皮上的黏物，用温水冲洗洁净后捞出，稍晾后用洁净湿纱布包上，置于 25~30℃ 处催芽。当黑籽南瓜种子接近一半露白时浸泡西葫芦种子，先将晒过的西葫芦种子放入 50~55℃ 温水中，不断搅拌至 25℃ 左右时停止，再浸泡 6~8h，捞出放入 10% 磷酸三

钠溶液中浸泡20~30min，同时搓去种皮上的黏物，然后换上清水冲洗干净，捞出稍晾后和黑籽南瓜种子同时播种。

播种前应在播黑籽南瓜苗畦先把营养钵摆好，在播西葫芦的苗畦整平营养土畦面，两畦都同时浇透水。水渗后，在营养钵苗畦一钵内点播一粒萌发的黑籽南瓜种子，而在平铺营养土的苗畦按种距3cm点播西葫芦种子。播种子时要种子平放，芽端向下，播后覆盖1.5cm厚的营养上。上盖地膜保温保湿促使其早出苗。

（三）搞好播种后温度管理，适时嫁接

播种后5~7d可出苗。出苗达70%时，要揭去地膜。从播种至出苗，砧木苗畦的温度要控制在30℃左右，70%的苗露出真叶时，白天温度要保持在25~30℃，夜间温度为15~18℃。揭去地膜后的幼苗生长期，白天控制在25~28℃，夜间15~18℃。接穗西葫芦从播种至出苗期，白天控制在25~30℃，夜间20~25℃。揭去地膜后的生长期，白天控制在20~25℃，夜间15~18℃。防止砧木、接穗苗徒长高脚。

以营养钵播种砧木黑籽南瓜的，适宜采用顶插接法嫁接西葫芦。当西葫芦苗和黑籽南瓜苗都刚露出第一真叶时，就应及时嫁接。如果推迟4~5天嫁接，往往因接穗的下胚轴中空，嫁接时影响接穗与砧木吻合切面，降低嫁接成苗率。嫁接时用竹签剔除砧木生长点，然后用竹签从一侧子叶基部叶脉处，向另一侧子叶下方胚轴内穿刺到另一侧隐约可见为止。扎孔深0.4~0.5cm，暂不拔出竹签。接穗削法视竹签平面而定。单面竹签接穗削成单面。双面楔形竹签，接穗削成双面。嫁接时，从砧木中拔出竹签，立即将接穗插入孔中，使接穗平面与签孔平面吻合。且接穗平面向下，接穗子叶方向与砧木子叶方向呈交叉状即可。为便于嫁接技术操作，可在苗畦边安一张矮桌，把砧木幼苗营养钵置于桌面上进行嫁接操作，插接好后将营养钵嫁接苗放回砧木苗畦中的原处。全畦的砧木苗都嫁接上西葫芦苗后，原来的砧木苗畦就变成了西葫芦嫁接苗畦。

（四）搞好嫁接苗管理

全苗畦嫁接完后，立即扎拱条，上遮阳网或旧薄膜或草帘遮光、保湿和保温（冬春两季）或防高温（夏秋两季）。注意不可遮光过严，通常用灰色遮阳网或单层透光不好的旧薄膜即可。待嫁接苗完全成活时再取出遮阳物。注意在撤掉遮阳物时要逐渐进行，从早晨和傍晚撤，逐渐到全天撤，不可一下完全撤掉，否则植株忽然暴晒易萎蔫死亡。嫁接后的前3天，由于插接苗伤口较大，接穗没有吸收水分和养分的根系，其水分除少部分来源于砧木外，要求自身水分尽可能地减少蒸腾和散发，因而对湿度的要求极为严格，要保持湿度98%以上。温度，白天保持在28℃左右，夜间保持在20℃。3d后，伤口基本长出愈合组织，可逐渐降低温度、白天湿度控制在24℃左右，夜间湿度15℃左右，湿度85%~90%，并逐渐增加光照时间。经7d左右，接口基本愈合好，白天可不再进行遮光，进入正常管理。此时嫁接植株生长出第一片真叶。

从第一片真叶出现到定植，嫁接西葫芦幼苗期白天温度掌握在25℃，夜间保持在15℃左右，苗畦要见湿也见干，干湿交替。此时易发生立枯病和猝倒病，一旦发生，应立刻采取综合防治措施。定植前7~8d，要进行炼苗，具体措施是：降低温度，控制水分。具体指标：白天温度保持在20~25℃，夜间温度降至12~13℃，甚至短时降至10℃。

当西葫芦苗龄25~27d，幼苗长到2叶1心或3叶1心时，茎粗0.4~0.5cm，株高8~10cm时，即可定植。

五、定植和定植后的管理

（一）定植和缓苗期管理

按大行距120cm，设在相邻垄之间跨沟；小行距60cm设在垄面中间，拉行线，踩线印，顺线印按计划株距，调角开定植穴，穴深6cm。采用株型松散、宽株幅的品种，按株距74~62cm开穴，每亩定植1 000~1 200株；采用株型紧凑、窄株幅的品种，按株距62~49cm开定植穴，每亩定植1 200~1 500株。定植时先将苗坨正摆在穴中，少埋土后浇少量水稳苗，然后从大行距和小行间壅土封埯，使苗株茎基处的土呈"八"形。但要注意不可栽的过深或壅土过厚，要使茎基嫁接口处在垄脊面之上，以免接穗茎部触土产生次生根，失去嫁接抗土传病害的意义。

全园定植完后，随即覆盖幅宽 130~150cm 的地膜，温室或大拱棚越夏茬栽培的应覆盖黑色地膜，以控制地温过高。要使膜缝盖在大行中间的沟里，定植后要于膜下浇足缓苗水。在缓苗期要提高棚室内温度，利于缓苗，白天保持 25~30℃，不超过 30℃，不放风。夜间保持 15~20℃。经过 4~5d 缓苗后，植株转入正常生长发育期。

（二）缓苗后和持续结瓜期的管理

1.温度调控　缓苗后要适当降低温度，此时白天温度控制在 20~25℃，夜间温度控制在 12~15℃，持续开花坐果和瓜果膨大期，温度控制在：白天 18~25℃，夜间 13~16℃。西葫芦不耐高温，尽管越夏栽培选用耐热性品种，还应采取盖遮阳网和对流通风等措施，使棚温控制在：白天不超过 30℃，夜间不超过 25℃。

2.水肥供应　以黑籽南瓜为砧木嫁接的西葫芦，植株生长发育情况变化较大，矮生型变为蔓生型，短蔓型变为长蔓型。由原来自根植株持续结瓜期 60~80d，单株结瓜 5~8 个，变为嫁接植株持续结瓜期 200d，单株结瓜 35 个以上，单株产量增加 2~3 倍。因此，要求水肥供应增加。浇定植水、缓苗水后，要适当控制浇水，促进根系生长。当根瓜坐住后，一般相隔 10~14d 浇一次水，结合浇水，每次每亩冲施氮磷钾三原复合化肥 8~10kg 和硫酸镁 0.5~1.0kg。在持续结瓜期，以保持地面见湿少见干和"少吃多餐"为原则，10d 左右轻浇 1 次水，水冲施速效肥料。有条件的最好实行滴灌，在坐瓜盛期，还应叶面喷施"永富"高效氨基酸液体叶面肥。始终保持植株营养生长与生殖生长平衡，持续结瓜不歇秧。

3.光照管理　经常清扫擦拭棚膜，保持膜面清洁，并张挂镀铝反光幕。冬季要适时揭盖草帘，阴天也要揭草帘，争取接收散光照和雾时间多云天气光照，延长光照时间。夏秋强光高温期，要于每日中午前后 4~5h 内，覆盖遮光率 30%~40% 的灰色遮阳网。

4.人工授粉和使用坐瓜灵　西葫芦单性结实能力差，因此，每天日出后 1~1.5h 内，雌花开放后，要进行人工授粉。方法是用雄花直接涂抹雌花柱头，使柱头黏着上花粉即可。结瓜前期往往无雄花或有雄花而无花粉，对此要用坐瓜灵或2,4-D涂抹果柄、果实和花柱，用时要防止药液滴在茎叶上产生药害，人工授粉时可结合疏果。并将疏下的幼果供食用。

还可采用寿光万盛种苗有限公司销售推广应用的西葫芦免点花坐果灵。按说明使用。

西葫芦免点花坐果灵说明（表3-6）：

（1）本产品是由荣获科技进步奖、星火计划奖的专家团研制而成，经过几年的使用证明，不但在正常温度下坐果良好，而且在低温期和高温期仍具有良好的坐果膨果作用。

（2）秋茬西葫芦前期气温高，用2,4-D等很多坐果产品化瓜率极高，瓜条上凹凸不平，果面显得老、无光泽；而用本产品处理的瓜条顺直，色泽鲜亮、嫩绿，不出现化瓜现象。

（3）深冬栽培，很多坐果产品需人工点花，本品只需叶面喷施即可坐果，无需蘸花，省工省时，并且效果好，不出现节间过短现象，植物长势弱时用上本品能迅速恢复生机。

（4）本品为创新升级配方，独特坐果营养成分，与多种元素协同作用，促进细胞分裂、愈合植物伤口能力比一般细胞分裂素高千倍以上，能诱导抗病、抗寒、抑制衰老，延长采收期，提高叶绿素含量，用后瓜条更长，色泽更亮绿，增产显著。

（5）众多菜农深有感触地说："西葫芦坐果药我们用过很多，但从来没见过效果这么神奇的产品，它能让我们轻松快乐地种好西葫芦。"

（6）初次使用，建议留一小片做对比试验，以便验证本剂效果。

（7）本品若超量施用会出现严重药害，因此应严格按照要求使用。施用时期、药量、间隔天数、喷洒面积（瓶装20ml/瓶）（袋装10ml/袋）。

表3-6　西葫芦免点花坐果灵

月份（阳历）	每15kg水对药量（ml）	间隔天数（d）	喷洒面积（亩）
1	10	11~15	0.9~1.1
2	10	9~12	0.8~0.9
3	10	8~10	0.8

月份（阳历）	每15kg水对药量（ml）	间隔天数（d）	喷洒面积（亩）
4	10	7	0.6~0.7
5	10	7	0.6~0.7
6	10	7	0.6
7	10	7	0.6
8	10	7	0.6
9	10	7	0.6
10	10	7~8	0.7
11	10	9~12	0.8
12	10	10~13	0.8~0.9

（8）西葫芦第三雌花开放前叶面喷雾，喷雾器用小孔喷片，气压要足，雾化要好，喷头在植株顶部0.5m以上均匀移动，只喷叶子正面即可，不喷叶子底面。严禁近距离喷生长点及幼瓜，遇灾害性天气不使用本品，可使用人工点花，几天没有阳光，喷药间隔期增加几天。西葫芦没开花时瓜已长成，说明用药量过大，应减轻用药量，增加喷药间隔天数。

2,4-D或防落素中毒的田地勿使用本品。施用本品前应加强肥水供应，并根据植株长势及时摘除第一、第二个根瓜，保证植株健壮，并形成足够的叶面积，坐果过多或低温寡照营养不良时应适度疏果；严禁中午高温强光用药，宜在傍晚喷洒；用洁净中性水随配随用，不能放置过夜，禁止和其他药肥混用，一次用不完的原药要随时把盖拧紧，在阴凉避光处防火保存。

（9）使用多年成功经验，鲜食尖辣椒坐果后用本品10ml对水15kg，每隔15d喷施1次，增产40%以上。

（10）另供喷叶型椒类特效坐果剂、喷叶型豆类特效坐果剂。

5.吊蔓整枝　当秧蔓长至30cm时，用吊绳将主蔓吊架在南北向顺行铁丝上，实行立体栽培，防止相互遮阴。经常适时剪除侧枝和除去下部已衰的老叶、病叶，以改善通风透光条件。及时摘除化瓜、弯瓜和病瓜，防止养分无效消耗和病害传播。当中、后期主蔓老化或生长不良时，可选留一条健壮侧枝，侧枝出现雌花后，将主蔓剪掉，将此侧枝培养为主蔓，持续结瓜。

6.适时采收　西葫芦从开花坐果到采收需10d左右时间，要及时用剪刀采收嫩瓜，防止茎蔓损伤。根瓜要早采摘，防止坠秧，影响正常生长。其余的瓜长至800~1 200g时，根据市场价格和畅销量等情况，适时采收上市供应。

第四节　冬暖塑料大棚保护地丝瓜高产高效栽培技术

一、概述

丝瓜属瓠科含丝瓜属中的两个栽培种，即有棱丝瓜和普通丝瓜，均为一年生攀缘性草本植物。有棱丝瓜又称棱丝瓜、棱瓜、胜瓜等。我国南北各地均有栽培，但以广东省、广西壮族自治区、湖南省、海南省区栽培最多，故又名粤丝瓜、湘丝瓜等。北方地区以山东省、山西省、河北省种植棱丝瓜的农户较多，但多为于庭院、园篱处零星分散栽培，面积不大。普通丝瓜又称线丝瓜、布瓜、天罗等，我国南北各地种植分布较广。近年来，在我国北方塑料大棚（日光温室）保护地反季节大面积种植的丝瓜，所采用的品种几乎都是普通丝瓜种。这是因为与棱丝瓜相比较，普通丝瓜的蔓粗壮、叶片大、生长势强，单瓜果重量和单位面积上的产量是棱丝瓜的1.5~2.0倍。但嫩瓜品质亚于棱丝瓜。

棱丝瓜和普通丝瓜都是深受人们喜食的优质蔬菜。其营养丰富，每百克嫩瓜含蛋白质0.8~1.6g，碳水化合物2.9~4.5g，维生素A 32mg，维生素C 8mg，还含有胡萝卜素和钙、磷、铁等人体所需的矿质元素。在瓜类中，丝瓜提供的热量仅次于南瓜，名列第二。丝瓜不仅可以炒食、凉拌，而且做汤的味道更为鲜美。丝瓜还是保健蔬菜，常食丝瓜可生津止渴，止咳化痰，清热解毒，润肠通便；饮丝瓜的汁液能够治疗气管炎，涂抹丝瓜汁液能护肤美容。《本草纲目》中对丝瓜入药的阐述是："瓜［气味］甘、平、无毒。入药用老者。［主治］痘疮不快，枯者烧存性，入朱砂研末，蜜水调服，甚妙。煮食，除热利肠。老者烧存性服，祛风化痰，凉血解毒，杀虫，通经络，行血脉，下乳汁，治大小便下血，痔瘘崩中，黄积，疝痛卵肿，气血作痛，痈疽疮肿，齿䘌，痘疹胎毒。暖胃补阳、固气和胎。时珍曰：丝瓜老者，筋络贯串，房隔联属。故能通人脉络脏腑，而祛风解毒，消肿化痰，祛痛杀虫，及治诸血病也，［附方］新二十八……"。

丝瓜起源于热带亚洲，分布在亚洲、澳洲、非洲、美洲的热带和亚热带地区。我国著名蔬菜园艺学家吴耕民先生在《蔬菜园艺栽培学》（1936年）中认为丝瓜原产印度，公元前 2000 年在印度已有栽培。但也有人认为丝瓜原产于东印度（今印度尼西亚和马来群岛）。据中国云南植物研究所考察报告，在云南西双版纳发现有野生丝瓜资源。我国历史上最早记载丝瓜的书籍是南宋中期陆游的《老学奄笔记》："丝瓜涤砚磨洗，余渍皆尽，而不损砚。"以及宋代杜北山的《咏丝瓜》："寂寥篱户入泉声，不见山容亦自清。数日雨晴秋草长，丝瓜沿上瓦墙生。"这说明丝瓜最迟应该在北宋或者五代时期引入我国。丝瓜在古代还被称谓"蛮瓜"。"蛮"在我国古代通指南方边远之地，蛮瓜一称标明丝瓜传入中国的途径是由南向北传播的。约在 16 世纪初，丝瓜从中国传至日本，最早传入的是普通丝瓜，有棱丝瓜传入日本的时间在 19 世纪。普通丝瓜传入欧洲的时间是在 17 世纪 40 年代，有棱丝瓜传入欧洲的时间是在 17 世纪末。

二、反季节种植丝瓜采用的主要良种

主要选用普通丝瓜良种，但也有的采用棱丝瓜良种。

（一）普通丝瓜

别名线丝瓜、圆丝瓜、布瓜、天罗、蛮瓜、水瓜（广东）。生长期较长。瓜为短圆柱形和长圆柱形，嫩瓜有茸毛，无棱，皮光滑和具细皱纹，肉柔嫩，种子扁而光滑，黑色或白色，有翅状边缘。印度、日本、东南亚等地的丝瓜多属此种，中国长江流域和长江以北各省区栽培较多。近年来已成为山东省各菜区的主要栽培种。目前，寿光推广的主要优良品种有：欧诺Fl、完美Fl、寿研特丰2号、泰国中绿Fl、美国绿龙Fl、桂花Fl、三比2号丝瓜等。

1. 欧诺Fl　由泰国引进的线丝瓜杂交一代早熟品种。以主蔓结瓜或分枝第1节发生的雌花结瓜主茎第1雌花始现于主茎7~8节，间隔1节后，连续有雌花。瓜长圆柱形，顺直，光滑嫩泽，瓜长40~55cm。横径5~7cm，单瓜重400~600g，肉质嫩，味香甜，耐贮运。于日光温室越冬一长茬栽培，每亩的产量可达20 000kg以上。

2. 泰国中绿Fl　由泰国引进的线丝瓜杂交一代品种。早熟，耐热、耐寒性强。以主蔓结瓜为主，也可利用分枝第1节结瓜。瓜长40cm，横径7~8cm，单瓜重500~600g：瓜皮鲜绿，光滑，瓜条顺直。抗病性强。连续结瓜不歇秧，产量高。适于保护地及露地栽培。

3. 美国绿龙Fl　为线丝瓜杂交一代良种。其突出特点是抗病、高产、早熟性好。耐热、耐寒、耐贮运性好：以主蔓插头留杈，杈第1节雌花结瓜。瓜长38~42cm，横径6~7cm。单瓜重500g左右，圆柱状，瓜皮鲜绿色，光滑，瓜条顺直。适合保护地及露地栽培，一般亩（667m²）植2 400~3 000株，亩产2万kg。

4. 完美Fl　寿光万盛种业有限公司推出的线丝瓜杂交一代良种。植株生长势强，茎蔓粗，节间短，叶片厚，综合抗病性好，坐瓜率高，产量高。瓜条圆柱状，顺直，嫩绿。瓜长40cm左右，横径5~6cm，单瓜重400g左右。肉厚腔小，有弹性，耐贮运。该品种既耐低温，又耐高温高湿，适宜春、夏、秋、冬日光温室和拱棚保护地及露地一年内四季栽培。越冬茬栽培，亩（667m²）产2万kg以上。

5. 寿研特丰2号丝瓜　植株蔓生性强盛，抗逆性强。瓜长40~50cm，横径5~6cm，单瓜重450~500g，带花上市，瓜面黄绿色，绿筋、弹性好，耐运输。播种至采收嫩瓜时间45~50d。经试种，平均亩产20 439kg，高产棚田达25 586kg。

6. 三比2号丝瓜　由湖南省常德市鼎牌种苗有限公司推出的像黄瓜

224

一样搭架栽培，坐瓜多、上市早的线丝瓜品种。该品种蔓不粗，叶不大，节节都有靓丝瓜。瓜长35~45cm，横径7~8cm，平均单瓜重500~800g。肉质厚，瓜皮有蜡粉，弹性好，耐运输，产量高，像黄瓜一样保护地或露地栽培，都容易获得丰产。

（二）棱丝瓜

别名有棱瓜、索罗子（山东）、水瓜、胜瓜（广东）等。植株生长势比普遍丝瓜稍弱，不耐瘠，瓜条一般较短，棒形无茸毛，具8~12棱，皮绿色，嫩瓜肉脆。种子稍厚无翅状边缘。品种有广州乌皮丝瓜，夏棠一号丝瓜等。

1. 广州乌皮丝瓜　为广州郊区地方品种，叶片掌状七角形，枝叶繁茂，主茎8~12节着生第一朵雌花。瓜棍棒形，长35~40cm，单瓜重150g左右，有10棱，棱边深绿色，肉白色，肉质柔软，品质优良。该品种耐热、耐湿。大棚亩（667m^2）产4 000~5 000kg。

2. 夏棠一号　是华南农业大学园艺系培育的丝瓜新品种，植株生长势强，一般10~12节位出现第一朵雌花，雌性强，结瓜多。瓜呈长棒形，皮青绿色，棱10条，棱色墨绿，皮薄肉厚、纤维少、维生素C和总糖含量高。对高温、高湿适应性强。大棚栽培亩（667m^2）4 000~5 000kg以上。

3. 其他棱丝瓜品种　三喜、满棚喜、正杂1号、碧丽喜、济南棱丝瓜、北京棱丝瓜等。

三、密植单蔓整枝吊架高产高效栽培技术

（一）培育壮苗

1. 育苗时间　育苗时间的早晚与商品丝瓜上市期密切相关。丝瓜大量结瓜期与一年中价格最好的时期相一致，才能取得最好地经济效益。通过多年的市场观察，笔者们认为，丝瓜育苗时期，安排在8月下旬至9月上旬较为适宜，延长了丝瓜的生长期（可一直延续到翌年的6~7月），增加产量，显著提高经济效益。

2. 种子处理　越冬丝瓜密植栽培，每亩（667m^2）用种量在0.5kg左右。为防止种子带菌，提高发芽的整齐度，播种前要搞好种子处理，一是

晒种，晒种可促进种子后熟，提高发芽率，一般浸种之前晒种 2~3d；二是种子消毒，可用 10% 的磷酸三钠溶液浸种 20~30min；三是浸种催芽，可用 60~70℃的温水浸种 10~15min。浸种时要不停地搅动，当水温下降到 30℃左右时，再继续浸泡 6~8h。然后将种子捞出放在 28~30℃的条件下催芽。每天用清水淘洗 1~2 次（包括包种子用的洁净纱布）。约 3~4d 种子露白即可播种。

3.营养钵育苗　为培育壮苗，避免移栽时伤根、缓苗，给病菌侵染造成可乘之机，应采取营养钵育苗。营养杯钵选用 8cm×10cm 规格即可。

营养土配制：可由肥沃园土 6 份，充分腐熟的粪肥 4 份配合而成。土、肥都要过筛，此外，每 m³ 的营养土中要加入 1~1.5kg 三元复合肥，70% 甲基硫菌灵可湿性粉剂 80~100g，辛硫磷 50~60g。然后将营养土充分混匀，装入钵内。并把营养钵整齐排入已预先整好的育苗畦内，育苗畦要支好拱条，覆盖薄膜，播种前要浇足水，播种时将种子平放在营养钵内，每个钵 1~2 粒种子，播后立即覆 1~1.2cm 的细土。根据情况可设防虫网。

4.育苗期的管理　一是温度管理，白天保持在 25~32℃，夜间在 18~20℃，促使幼苗快出土，一般 4~6d 即可出齐苗。幼苗出土后要适当降温，白天控制在 22~28℃，夜间在 15℃左右为宜；二是水分管理，如水分不足要适当浇水或喷洒水，注意不要大水漫灌；三是病虫防治，出苗 50% 以上. 就要用大生 M-45、500~600 倍喷淋幼苗：也可用 50% 的多菌灵可湿性粉剂 500 倍或 72.2% 普力克水剂 400~500 倍喷雾。对于病毒病、蚜虫、粉虱、斑潜蝇等也要及时防治，病毒病可用病毒 A 或植病灵，蚜虫等可用吡虫啉或阿维菌素类制剂进行防治。定植之前一般要喷药 3~4 次。当苗长出 2~3 片真叶，约 30~35d 即可定植。

（二）定植

1.高温闷棚　为减少病虫害，在移栽定植之前，提前把棚膜上好。选晴天密闭棚室，进行高温闷棚，棚内白天中午气温可达 60~70℃，大约 7d 左右，可将棚内表土及墙体、立柱等处的病虫基本杀死，是一项行之有效的消毒方法，可显著减少棚内的病虫基数。

2. 整地施肥　整地前要施足基肥，一般每亩（667m²）施腐熟的有机肥 8 000~10 000kg，过磷酸钙 100~120kg，硫酸钾 40~50kg，可地面撒施与开沟施相结合，施肥后灌水造墒。然后深翻地，再用旋耕机反复施耗两遍使土肥充分混合：开沟集中施的部分肥料，可在起垄时先开沟集中施入垄之下，然后按大垄 80cm，小垄 60cm，垄高 20~25cm 的规格进行起垄。

3. 定植　为提高丝瓜的亩产量和前期产量，越冬丝瓜采取密植栽培，定植株距 35~40cm，每亩（667m²）栽 2 400~2 700 株，定植时在垄顶开穴浇水，然后将营养钵育好的苗子取出放入穴内，当水渗下后，将苗壅土扶正。栽植时营养钵的土面略低于垄面为宜。定植后进行地膜覆盖，打孔把苗引出地膜。

（三）结瓜前的管理

用营养杯育成的苗，移栽之后，一般无缓苗期，因此也无须特殊管理。移栽后可提高地温，以促进根系和茎蔓生长，为高产打好基础。主要管理措施：一是中耕除草，疏松土壤（从大行中间，往两边折地膜后，进行中耕，大行间的垄土，中耕后再将地膜恢复覆盖）；二是水肥管理，此期浇水宜少宜小，结瓜之前可结合浇水、追肥 1~2 次，肥料以三元复合肥、磷酸二铵或腐熟的人粪尿为主，每 667m² 追施三元复合肥或磷酸二铵 8kg 左右或腐熟的人粪尿 300~500kg；三是整枝吊蔓，蔓长 30cm 以上即可吊蔓，结合吊蔓把茎上卷须以及第一朵雌花以下的侧枝及时去掉。如果是极早熟品种也可把第一朵雌花去掉，留瓜要离开地面 40cm 以上。结瓜之前，一般不留侧枝，以免消耗养分；四是温度管理，白天棚温一般保持在 25~30℃，如高于 32℃可适当放风，夜温以 15~18℃为宜。

（四）结瓜期的管理

丝瓜进入结瓜期，逐渐转入旺盛生长时期，枝叶生长量大，瓜生长迅速，需肥需水的数量也大大增加。因此，必须加强肥水供应和整枝及留瓜等各项管理措施。

1. 肥水供应　丝瓜进入结瓜期每隔 8~10d 要浇 1 次水，要保持地表见湿不见干，每3次浇水要两次冲施肥。结合浇水，可冲施腐熟的人类尿800~1 000kg、三元复合肥或尿素加钾肥8~10kg。但深冬季节肥水施用要根据气温变化灵活掌握，施肥以多冲施腐熟的有机肥为主。

如果温度较低，阴天日数较多，浇水时：一是浇水间隔期要适当加长；二是要隔沟灌水，膜下灌水；三是要选晴天中午前后进行，水量宜小不宜大。进入3月下旬后要加大灌水量，大小沟都要灌水。同时，因此期光照增强，温度提高，生长量增加，相应地也要增加施肥量。

2. 整枝 在棚室密植栽培的条件下，丝瓜的整枝与露地栽培有很大差异，棚内栽培密度大，吊蔓生长，每株丝瓜同时只能留1~2条瓜，采摘1条再留下1条。一般主茎生长到15片叶后出现雌花即可打顶。当发生许多侧枝后，只留顶部1个侧枝，此侧枝第1节出现雌花结瓜，瓜后留一片叶，再把侧枝打顶，打顶后侧枝顶部发生的次生侧枝第1节再留瓜，瓜后再留1叶打顶，以此类推，以发生的各级侧枝相连接形成1条主蔓，在主蔓上每两节结1个瓜。为保证瓜能坐住且生长迅速，可用吡效隆蘸瓜胎或涂抹果柄。也可采取人工授粉的方法，随着茎蔓的伸长，可不断将茎蔓下落，就地将其盘在基部。对下部的叶片只要不是病叶或黄叶，可保留不动；对黄叶、病叶要及时打掉。

3. 温度管理 越冬期间要加强保温措施，例如用玉米秸秆和塑料薄膜对墙体加护保温，增加草苫厚度，双膜覆盖、加护保温板或加温设施等，以提高棚室的保温性能提高室温，使白天的气温控制在25~32℃，如高于35℃可进行放风，夜间温度保持在15~20℃，最低不要低于12℃。

4. 二氧化碳气体施肥 实践证明，二氧化碳施肥，对丝瓜有显著的增产效果，一般增产20%~40%。根据现有条件，一般二氧化碳的浓度在1 000~1 500 μl · L^{-1}为宜。使用时间一般从11月下旬至4月上旬、中旬。在一天中使用时间上午通风前3h为宜，阴雨天不施，温度太低时也不要施。最好是使用二氧化碳气体发生器，定时定量施气肥。

5. 尽量多采光 光照是大棚温室能量的重要来源，也是植物光合作用不可替代的能量源泉。因此，尽量多采光是提高产量的重要措施，具体措施包括：采用无滴膜、防雾膜、地膜覆盖，膜下灌水，浇水后及时排湿，张挂反光幕，经常擦拭棚膜，提高棚膜透光率；日出后要早揭草苫，争取每天有较长的光照时间；阴天也要及时揭开草苫争取一些散射光，如遇连续阴雨阴雪天气有条件的可增设人工光源。

6. 丝瓜的采收　由于丝瓜的纤维化进程比较快，必须及时采收，一般情况下丝瓜从授粉到采摘需 8~9d。越冬期间由于温度低，瓜发育较慢，一般需 12~14d。采收时瓜皮略有光泽，手捏略有紧实感。若采收过早，产量降低，但采收过晚纤维老化，品质下降，甚至失去食用价值。一般进入盛瓜期，每两天可采收 1 次。采收时，用剪刀从果柄上部剪下．避免损伤茎蔓，以免影响产量。

第五节　冬暖塑料大棚
保护地瓠瓜高产高效栽培技术

一、概述

瓠瓜别名瓠子、扁蒲、长葫芦、长柄大头葫芦，为葫芦科葫芦属中的栽培种，一年生攀援性草本植物。对于我国栽培的瓠瓜（包括葫芦）的起源地，有两种说法：一种说法是瓠瓜原产赤道非洲南部低洼地区，后广泛传播于热带非洲、南美洲的巴西、哥伦比亚和亚洲的印度尼西亚和马来西亚等东南亚、印度和斯里兰卡等南亚、伊朗等中亚地区。西汉张骞使西域归，开通丝绸之路，瓠瓜由西域传入中国。另一种说法是瓠瓜起源于中国，是中国的古老植物。对这一种说法的正确性由考古挖掘发现和历史古籍所证明。在 20 世纪的考古挖掘发现，新石器时代浙江河姆渡遗址中有葫芦种子，距今已有 7 000 余年历史。在湖北江陵、广西贵县罗伯湾、江苏连云港等地，均发现西汉时的葫芦种子。中国关于瓠瓜的最早记录见于新石器时代的陶壶及甲骨文中的象形文字。周初至春秋中叶（公元前1066 至公元前 541 年）搜集的诗歌集——《诗经》就有对瓠瓜的记载，

《幽风·七月》有"七月食瓜，八月断壶"之句，所谓"断壶"是说采摘"壶芦"（葫芦）。成书于公元533~544年的《齐民要术》，是北魏时期我国农学家贾思勰所撰的农业名著，该书卷二种瓠瓜第十五载有卫诗曰："匏有苦叶"，毛云"匏，谓之瓠"。《诗义疏》云："匏叶少时可以为羹，又可淹煮，极美，故云"匏叶"幡幡，采之烹之。河东及扬州常食之，八月中，坚强不可食，故云"苦叶"。"译成白话文：《诗经·邶风》的诗说："匏有苦叶"，毛家（汉代传诗者有"鲁、齐、乾、毛"四大家）解释说："匏叫做瓠"。《诗义疏》上说：匏叶嫩时可以做羹，又可以腌藏或煮了吃，很好吃，所以《诗经》说"嫩嫩的瓠叶，采来煮了吃"。河东和扬州地方常常吃它，到八月里，老硬不能吃了，所以说'苦叶'。先不论《诗经》记载的瓠瓜起源于何年代，就只说记载瓠瓜的年代，就比张骞使西域归汉（公元前126年）开启丝绸之路的时期早940年。因此，上述考古发现和古籍记载，充分证明中国也是瓠瓜的起源地。瓠瓜是中国古老的作物。

　　我国历史上记载瓠瓜的古籍甚多，如《论语》《说文》《广志》《四时月令》《氾胜之书》《家政法》《名医别录》《本草纲目》等。其中《本草纲目》中有［时珍曰］："长瓠、悬瓠、壶卢、匏瓜、蒲卢，名状不一，其实一类也。处处有之，但有迟早之殊。"这与当今葫芦科葫芦属（即瓠科瓠属）中的瓠子、长柄大头的瓠子、束腰葫芦、有把大葫芦、球圆大葫芦，虽形态不一，但均为瓠科瓠属的说法是相同的，通称为"瓠瓜"。

　　《本草纲目》对瓠瓜的入药记载是：壶瓠，［气味］：甘、平、滑、无毒。［主治］消渴恶疮，鼻口中肉烂痛。利水道。清热，除烦，治心热，利小肠，润心肺，治石淋。叶和蔓、须，［气味］：甘、平、无毒。［主治］为茹耐饥。解毒。预解胎毒。

　　我国古代人们习惯用葫芦盛酒，并非只为携带方便，而是有利于身体保健。近代医学研究发现，在瓜类作物中，以瓠瓜含锶和硅比较丰富，锶和硅都是人体必需的微量元素。锶是人体骨骼及牙齿的正常组成部分；锶与人体血管的构造及功能有关，锶在肠内与钠竞争的吸收，能减少人体对钠的吸收，增加钠的排泄，从而防止体内钠过多而引起高血压和心血管病。锶还与神经及肌肉的兴奋有关，临床上锶的化合物能治疗荨麻疹和副甲状腺功能不全引起的抽搐症。

硅是以硅酸的形态被人体吸收，硅酸是人体皮肤和关节的结缔组织、关节软组织的必需的元素，能提高皮肤的弹性，保持弹性的纤维周围组织的完整性，有助于骨的钙化，促进生长发育，特别是有利于儿童智力的发展及骨骼的生长，还可以防止老年骨质疏松。硅能软化血管，对心脏病、高血压、动脉硬化、神经功能紊乱、胃炎及消化道溃疡具有一定的保健医疗作用。因此，瓠瓜也是保健蔬菜。常食瓠瓜能促进身体健康。

近几年来，笔者在寿光市利用日光温室试种瓠瓜获得成功后进行大面积推广，至 2004 年春全市日光温室栽培面积达 27 000 亩，平均每亩产瓠瓜 17 533~25 066kg，产值 52.5 万 ~67.6 万元。现将其栽培技术介绍如下。

二、选用高产优质品种，实现周年栽培

选长瓠瓜类型的中长绿作主栽品种。该品种早熟、优质、高产、抗逆性强。播种至现第 1 雌花需等于和大于 10℃的活动积温 1 200℃左右，雌花授粉后 8~13d 子房发育成长 40~45cm，质量 800~1 000g 的嫩瓜。瓜条顺直整齐，便于包装运输，皮薄、绿色、肉厚、白色，味清淡香甜，口感滑润，无苦味。于日光温室密植栽培，可连续结瓜 5~7 个月，单株结瓜 30~40 个，达 24~32kg。高抗枯萎病、病毒病和霜霉病，耐低温、高温性强，适于周年栽培，亩（667m²）产瓜 20 000kg 以上。

该品种可周年产嫩瓜上市，但以 11 月中旬至翌年 6 月中旬销售价格较高。因此，在寿光多以秋冬茬和冬春茬栽培为主，秋冬茬 8 月上旬播种，11 月中下旬进入结瓜盛期，结瓜盛期可持续至翌年 5 月中下旬。一般前期产量占总产量的 40% 左右，而经济收益却是总收益的 70% 左右。冬春茬多于 11 月下旬至 12 月上旬播种，翌年 2 月下旬至 3 月上旬进入结瓜盛期，结瓜盛期持续到 9 月中下旬。此茬前期产量占总产量的 60% 左右，而经济收益占总收益的 70% 以上。

三、培育自根壮苗，促进花芽分化

该品种高抗枯萎病等土传病害，勿需嫁接，即使重茬栽培，亦可用自根苗。

（一）建营养钵苗床

秋冬茬育苗宜于室外建小拱棚营养钵苗床，苗床面积：如计划单蔓整枝吊架，每亩（667m²）定植 2 000 株，则需上口径 10cm、高 10cm 的塑料钵 2 100 个，苗床面积 22m²；如计划双蔓整枝立架，每亩（667m²）定植 1 000 株，（双蔓整枝吊架的）则需同规格塑料钵 1 050 个，苗床面积 11m²。冬春茬育苗宜于日光温室内一头处建营养钵苗床，除不需搭小拱棚外，苗床与秋冬茬相同。配制营养土：用 3~4 份充分腐熟的厩肥等农家有机肥，6~7 份肥沃园田耕作层土壤，分别过筛后混匀，1m³ 加入硝酸钙 1 300g、过磷酸钙 1 500g、硫酸钾复合肥 1 000g，拌均匀后填装入塑料钵中，填装量以占钵体容积的 3/4 为宜。

（二）催芽播种

中长绿的千粒重为 125g，培育 1 000 棵苗需种子 160g。播种前用 60℃温汤浸种 20min，再用常温水泡 6~8h 后捞出，用湿纱布包裹置于 28~32℃条件下催芽，同时浇足苗床水，当 2/3 的种子露芽时，挑出露芽的于每个营养钵中央处点播 1 粒，播后覆 2cm 厚营养土，当发芽率达 80% 时，发芽种子数即足够播完苗床面积。

（三）苗床管理

秋冬茬瓠瓜苗床因设于日光温室外，需搭上小拱棚保护，同时因育苗期处于气温较高的 8 月中旬至 9 月上旬，小拱棚勿需固定棚膜保温，应先覆盖 34~40 目避虫网防虫。遇雨天可临时覆盖棚膜避风雨，但务必在苗床两头留通风口，以防止高温蒸苗。要昼夜通风控温，保持拱棚内气温白天 25~30℃，夜间 20~25℃。勤洒水，保持钵土表面湿润。此期因日照时间较长，昼夜温差偏小，不利于苗期花芽分化，为使各级分枝的第 1、2 节都着生雌花，应于整个育苗期每天白昼的前 4h 覆盖黑色塑料薄膜 25~30d 遮光。冬春茬瓠瓜苗床因设在日光温室内，勿需搭小拱棚，苗床的环境调节与室内共生作物相同。

四、重施有机肥作基肥，起垄定植

前作腾茬后清洁棚田，在整地前后选连续晴天严闭温室 3~5d，高温闷棚以消灭病虫源。

日光温室瓠瓜持续结瓜期长，产量高，故需施基肥较多，尤其需施大量有机肥。寿光菜农实践，计划每亩（$667m^2$）产瓜 20 000~25 000kg，需基施经发酵腐熟的厩肥 10~11m^3 和鸡粪 4~5m^3，磷酸二铵、硫酸钾各 15~20kg。将上述肥料均匀撒施于地面，翻耕 28cm 深，把肥料翻施入整个耕作层，然后耧平地面起垄，垄面宽 125cm，沟宽 55cm，深 25cm，按大行距 120cm 跨垄沟，株距 37cm；小行距 60cm，株距 37cm；若密度为每亩（$667m^2$）1 000 株，则株距为 74cm 开穴。苗龄 30d 左右时，将脱去塑料钵的苗连土坨定植于浇过水的穴中。定植后覆盖地膜，轻浇缓苗水，浇水量以浇后半天能润湿苗行垄脊为准。

五、精细管理，适时采收

（一）光照、湿度

除秋冬茬的苗期和冬春茬的后半期外，其他栽培期均应争取延长光照时间，增加光照强度和加强保温，上午日出后只要揭开草苫室温不下降，就应及时揭草苫，要勤擦拭棚膜除尘，保持其良好透光性。冬季于后墙面张挂镀铝反光幕，以增加栽培床后半部的光照。并通过去老叶和调整蔓叶合理分布来改善株行间透光条件。室内气温白天控制在 22~30℃，高于 30℃时开天窗通顶风，低于 25℃时关闭通风口保温，傍晚降至 21℃时覆盖草苫，上半夜由 21℃降至 17℃，下半夜由 17℃降至 13℃，凌晨最低不低于 12℃，此时室内 5~10cm 地温比气温高出 4~5℃。遇寒流阴雪天气，提前加盖整体浮膜保温和防融雪湿草苫。雪后应揭开草苫争取光照，并于中午短时开天窗通风换气排湿。连续阴雪天气骤然转晴后，应于转晴后第 1d 揭花苫，喷温水，防止闪秧死棵。

（二）浇水追肥

缓苗至甩蔓一般不追肥浇水。进入结瓜期每结 1 茬瓜要浇 1 次水，随水冲施速效化肥，宜膜下隔沟轻浇，切勿大水漫灌，结合每次浇水每亩冲施三元或二元复合肥 7~10kg。深冬 30~40d，宜于上午离中午 1.5~4.0h 补充二氧化碳，采用碳酸氢铵与过量稀硫酸反应产生二氧化碳法，$1m^2$ 温室日用碳酸氢铵量 10~12g。

（三）架蔓整枝

单蔓整枝，以吊绳引蔓吊架，当主蔓生长到一定高度后掐去卷须和下部老叶降蔓盘蔓。双蔓整枝，用顺行铁丝搭成立架，引双蔓攀架。当主架上呈现茎叶郁蔽应去老叶并适当掐去卷须，调整蔓叶合理分布。单蔓和双蔓整枝均为留三节打一次头，即于各级分枝第 3 节以上摘心，促发分枝，以第 3 节发出的分枝为主蔓，利用侧蔓的第 1 或第 2 节着生的雌花结瓜。

（四）保坐瓜

瓠瓜是虫媒花异花授粉作物，在日光温室封闭条件下无昆虫传粉，必须进行人工授粉或用激素处理子房才能坐瓜。因此，宜于日出后 2h 内人工授粉，也可用吡效隆 10mg 对水 0.75~1kg，于雌花开放的当天或前后一天浸蘸瓜胎。

（五）病虫防治

瓠瓜很少发病，偶尔发生蔓枯病、白粉病时，可选用 10% 世高（恶醚唑）水分散剂 2 000 倍液，加 70% 甲基硫菌灵可湿性粉剂 1 000 倍液，于发病初期喷雾防治。对蚜虫、白粉虱、斑潜蝇、葫芦夜蛾等瓜类常见害虫，可设置避虫网和采用阿维菌素等低毒高效农药进行防治。

（六）采收

当授粉后 8~13d，嫩瓜长 40~45cm，横径 6~7cm 时，即为商品成熟，此时采收的瓠瓜柔软多汁，食用品质最佳。但采收期早晚往往受气候条件影响，冬季温室温度较低，光照时间较短，嫩瓜发育较慢，授粉后 12~13d 才采收；春夏和夏秋温室温度较高，日照时间长，瓜条发育快，授粉后 8~9d 即可采收。采收的嫩瓜贮存逾 20d 仍鲜嫩。

第六节　冬暖塑料大棚保护地
越冬茬黄瓜套种苦瓜高产高效栽培技术

一、概述

冬暖塑料大棚保护地定植上越冬茬黄瓜几天后，再套种苦瓜。因为黄瓜生长发育所需的温度比苦瓜低4~5℃，所以，冬季黄瓜能正常生长发育持续结瓜，而苦瓜生长极为缓慢，不能开花坐果。苦瓜开花结果需要33~35℃的高温，最低夜间气温也需要14℃左右，或短时12~13℃。如果遇到一次10~12℃的低温，则会5~6d不生长。因此，苦瓜从10月中、下旬于黄瓜田内套播上，至翌年3月底茎蔓生长长度一般1~1.5m，结1~2个发育不正常的小瓜果。并因种植密度稀和株体小，对黄瓜的生长发育无相克作用。黄瓜如纯作无二样地正常生长发育，持续结果。而苦瓜虽然早播种，却不能早结果。但在整个冬春两季的日照时间较短，昼夜温差较大，温度低而不利于营养生长的条件下，苦瓜花芽分化充分，分化的花芽多，花芽壮。这为下一步大量开花结果打下了良好的基础。进入夏季（4月下旬），苦瓜生长较旺，营养生长和生殖生长双双加快，双旺盛。此时越冬茬黄瓜已进入结果后期，植株已衰弱，对其拉秧后，棚田转为纯作苦瓜田，五月上旬即攀满架，进入持续结瓜果盛期。

近年来，在山东省寿光市30 000hm^{2}日光温室中，约有4 670hm^{2}是越冬茬黄瓜套种苦瓜，平均每亩（667m^2）纯收益40 000~50 000元。其中，越冬茬黄瓜一般每亩（667m^2）产量15 600~17 550kg，纯收益43 600~58 130元；越夏茬苦瓜每亩产量8 860~13 880kg，纯收益15 060~23 600元。

二、选用良种

黄瓜宜选用耐低温弱光，高抗霜霉病，抗枯萎病等多种病害的高产优质品种，如"津优35号""中农21号""津绿21-10""津旺6号""博耐""兴科8号"等。苦瓜应选用苗期耐低温弱光，结果期耐高温高湿，高抗炭疽病和细菌性角斑病等多种病害的中早熟和早中熟高产优质品种，要求果色油绿，果肉较厚，瓜条顺直，瓜长25~30cm，适于夏秋季装箱贮运，例如新农村、夏蕾、早优、大肉王、金船8号等。

三、计算播期，适时播种

播种期的推算方法：

①越冬茬黄瓜从播种至结瓜初盛期约需92d，在寿光蔬菜批发市场上，历年来越冬茬黄瓜销售量开始较大幅度增加，且销售价格也显著升高的时期在大雪前后10d，即12月2~12日，因此，9月5~12日为越冬茬黄瓜的适宜播种期。

②苦瓜在播种后175d进入结瓜初盛期（孙蔓结瓜株率达95%以上），在寿光蔬菜批发市场上，历年来温室苦瓜的销售价高出黄瓜一倍，且苦瓜批售量显著增大的时期出现在立夏前后10d，即5月1~10日，因此，上一年的10月17~27日为越冬茬黄瓜温室内套种越夏苦瓜的适宜播种期。

四、育苗

越冬茬黄瓜持续结瓜的前期产量仅占总产量的40%左右，而经济收益却占总收益的60%以上。所以应注重培育壮苗，促进花芽分化，增加雌花。首先，以黑籽南瓜为砧木嫁接，培育壮苗，防治枯萎病等土传病害。第二，配制能促进壮苗和增加雌花的苗床营养土。用腐熟的农家有机肥3~4份，与肥沃农田土6~7份混合，再按1m³加入尿素480g、硫酸钾500g、过磷酸钙3kg70%甲基硫菌灵可湿性粉剂和70%乙瞵铝锰锌可湿性粉剂各150g，拌匀后过筛，作为苗床营养土。第三，育苗期给予适当的昼夜温差和短日照条件。苗床要高于地面，育苗期宜在下午浇水，夜间加大通风量，使床温不超过25℃，昼夜温差不小于8℃。黎明至正午前遮光2~3h，使育苗期每天的光照时间为9~10h。第四，1m²苗床浅埋固体二氧化碳气肥1块（约5g），以使苗床拱棚内空气中二氧化碳含量高于300μl·L^{-1}。苗床土壤湿度控制在75%左右，保持床面见湿少见干。

五、施肥

笔者于 2005 年对寿光市蔬菜集中产区 4 个村 12 户菜农约 6 000m² 的日光温室越冬茬黄瓜套种苦瓜进行了调查，平均每亩（667m²）施入腐熟农家肥 16 364kg 和过磷酸钙 198kg 作基肥。12 月上旬至翌年 4 月底约 150d 为黄瓜结瓜盛期，追施三元复合肥 17 次，平均每亩（667m²）追施 170.5kg；5 月上旬至 8 月底约 120d 为苦瓜结瓜盛期，追施三元复合肥 7 次，平均每亩（667m²）追施 100.3kg。调查结果，平均每亩（667m²）黄瓜产量 15 559.5kg，苦瓜产量 9 390.4kg。

六、定植黄瓜和套种苦瓜

当嫁接黄瓜苗接穗断根后 10~12d，于嫁接口下 1.0~1.5cm 处割断黄瓜接穗的下胚轴后 10~12d，嫁接黄瓜苗 4~5 片真叶时即可定植。定植前南北向做畦，畦距 120cm，畦间沟呈"V"形，沟宽 35~40cm，深 25cm，畦面呈弓形。每畦定植双行，在畦面上按小行距 40cm 开宽 15cm 左右、深 8~10cm 的浅沟，顺沟浇水后，按株距 33~37cm 将黄瓜苗定植在浅沟里，并使嫁接口高于畦面。然后覆盖宽 130cm 的银白色地膜，破膜放苗，并用土封严膜口。

10 月 17—27 日在黄瓜植株南北向行间隔 2~3m 开穴，浇水后点播苦瓜，（每亩开 370~556 穴）。播种前 2~3d，将苦瓜种子用 60℃左右热水搅拌浸泡 30min，再用 25~30℃温水浸泡 48~72h，捞出后直接点播，每穴 3~5 粒，覆土 2.0~2.5cm 厚。出苗后每穴只选留 1 株壮苗。

七、黄瓜田间管理

（一）结瓜前管理

此期历经 40~50d，管理主攻方向是防萎蔫，促嫁接伤口愈合和发新根。黄瓜定植后 3d 内不通风散湿，保持地温 22~28℃，白天气温 28~32℃，夜间 20~24℃；空气相对湿度白天 85%~90%，夜间 90%~95%。晴天中午前后盖"花帘（苦）"，以防止幼苗萎蔫。3d 后若中午前后气温高达 38~40℃时，要通风降温至 30℃，以后保持温室内白天最高气温不超过 32℃，并逐渐推迟关闭通风口和下午盖草帘的时间，夜间气温不高于18℃。缓苗后至结瓜初期，每天8~10h光照；勤擦拭棚膜除尘，保持棚膜良好透光性能；张挂镀铝反光幕，增加光照。温室内白天气温24~30℃，夜间14~19℃。凌晨短时最低气温10℃，土壤温度比气温白天低2~3℃，夜间高出3~4℃。在地膜覆盖减轻土壤水分蒸发条件下，通过适当减少浇水，使土壤相对湿度保持在70%~80%。

寒流和阴雪天气到来之前要严闭温室，夜间在盖草帘后，再覆盖整体塑料膜。及时扫除棚膜上积雪，揭膜后适时揭草帘。

白天下小雪时，也应适时揭草帘，争取温室内的黄瓜能接受到弱光照（即散光照）。为了保温，一般不放风，但当温室内空气湿度超过85%时，于中午短时放风排湿。连阴雪天骤然转晴后的第一天，一定不要将草帘等不透明覆盖保温物一次全揭开，应"揭花帘，喷温水，防闪秧"，即将草帘隔一床或隔两床多次轮换揭盖。当晴天时黄瓜和苦瓜植株出现萎蔫时，要及时盖草帘遮阴并向植株喷洒15~20℃的温水，以防止闪秧死棵。

（二）结瓜期管理

越冬茬黄瓜结瓜期为12月上旬、中旬至翌年4月下旬。

1. 光照管理　一是适时揭、盖草帘，尽可能延长光照时间。以盖草帘后4h温室内气温不低于18℃和不高于20℃为宜。二是勤擦拭棚膜除尘，保持棚膜透光率良好。三是在深冬季节于后墙面张挂镀铝反光幕，增加温室内光照。四是及时降蔓吊蔓，调蔓顺叶，去衰老叶，改善田间透光条件。五是遇阴雨阴雪天气时，也应尽可能争取揭草帘采光。

2. 温度管理　深冬（12月至翌年1月）晴天和多云天气，温室内气温凌晨至揭草帘之前9~11℃，揭草帘后至正午前2h16~24℃，中午前后28~32℃，下午从28℃降至22℃，上半夜17~20℃，下半夜12~16℃，凌晨短时最低温度10℃。深冬连阴雨雪、寒流天气，温室内气温，上午12~18℃，中午前后20~22℃，下午18~20℃。上半夜18~15℃，下半夜10~15℃，凌晨短时最低温度8℃。春季晴天和多云天气，温室内气温白天18~28℃，中午前后30~34℃，下午24~28℃。上半夜18~22℃，下半夜14~17℃，凌晨短时最低温度11℃。

3. 水肥供应　掌握"前轻、中重、三看、五浇五不浇"的水肥供应原则。所谓"前轻、中重",是第 1 次黄瓜采收后浇水,浇水间隔 12~15d,隔 1 水冲施 1 次肥,每次每亩冲施尿素和磷酸二氢钾各 5~6kg 或冲施宝 10kg 左右;进入结瓜盛期,8~10d 浇 1 次水,每次每亩随水冲施高钾高氮复合肥 8~10kg,并喷施叶面肥,可选用台湾永富氨基酸液肥,对水 500 倍液,均匀喷洒。还可于晴天正午通风时半小时之前追施二氧化碳气肥 3h。所谓"三看、五浇五不浇",是通过看天气预报、看土壤墒情、看黄瓜植株长势来确定浇水的具体时间。做到晴天浇水,阴天不浇;晴天上午浇水,下午不浇;浇温水,不浇冷水;地膜下沟里浇暗水,不浇地表明水;小水缓流洇浇,不大水漫浇。

八、苦瓜结瓜期管理

苦瓜的结瓜盛期为 5 月上旬至 9 月上旬,长达 4 个月。4 月下旬至 5 月上旬及时将黄瓜拉秧倒茬,随即清洁田园,揭除地膜,深中耕培土。

(一)整枝架蔓

将原来吊架黄瓜的顺行铁丝和吊绳都保留,并于吊绳中部再架设一道顺行铁丝,形成一垄双行壁式架。寿光地区温室苦瓜整枝多采用两种方法:一种方法是当主蔓长 1m 时摘心,促使侧蔓发生,选留基部粗壮的侧蔓 2~3 条,当侧蔓及各级孙蔓着生雌花后摘心,以增加前期产量;另一种方法是保留主蔓,将基部 33cm 以下侧蔓摘除,促使主蔓和上部子蔓结瓜。及时引新蔓,防止越架攀缘,并及时摘去多余的卷须和叶龄 45d 以上的老叶,抹去多余的腋芽,去除已衰败的枝蔓,合理调整新蔓的分布。

(二)人工授粉和蚂蚁传粉

日出 1h 后摘取当日开放的雄花进行人工授粉,1 朵雄花能授粉 3~4 朵雌花。蚂蚁是苦瓜的主要传粉媒介,应尽可能保护温室内蚂蚁,以提高坐果率。尽可能采用黄板诱杀等物理措施防治虫害。

(三)肥水供应和环境调控

自 5 月上旬进入结瓜盛期后,每隔 10d 左右浇 1 次水,浇水前每亩埋施生物菌肥 18~20kg,或随水冲施高钾复合肥 8~10kg。同时要做好光照、温度、空气、湿度调控，在改善光照条件的同时，做到通风降温、排湿。尤其要加大夜间通风量，使伏季温室内白天气温不高于35℃，夜间不高于27℃，昼夜温差不小于8℃。土壤相对湿度80%~85%。

（四）病虫害防治

越夏苦瓜常发生细菌性角斑病、叶枯病和炭疽病、蔓枯病、白粉病、菌核病、灰霉病等病害，可用21%克菌星（过氧乙酸）乳油600~800倍液全株喷雾。常发生的害虫有白粉虱、蓟马、美洲斑潜蝇等，在设置防虫网的同时，温室内发现害虫，立即用30%泰乐马（吡虫啉）乳油4 000~5 000倍液喷雾防治。

第四章

冬暖塑料大棚
保护地茄果类蔬菜栽培技术

第一节　冬暖塑料大棚
保护地番茄高效栽培技术

一、概述

　　番茄又名番茄、番柿、洋柿子、红柿子或粉红柿子，把迷你型番茄称为樱桃番茄、小柿子等，是世界各国主要蔬菜之一。野生的番茄原产于南美洲秘鲁、厄瓜多尔、玻利维亚等国的热带山川密林中，果实小，形如纽扣，当地人误认为其果实有毒，管它叫"狼桃"、"疯苹果"、"怒苹果"等不雅之名。后来传到墨西哥，墨西哥人较早对其进行了驯化栽培，使其果实的颜色更加鲜艳夺目。1523—1550 年由墨西哥先后传到西班牙和意大利、美国、葡萄牙等地。16 世纪初，哥伦布发现美洲大陆后，英国女王的丈夫俄罗达拉里公爵把美丽的番茄果实从美国带到了英国，作为观赏植物献给女王。女王心喜非常，便称其为"爱情苹果"。由此在英国的国民中，将美丽的番茄果实献给自己的情人，曾盛行一时，使番茄作为观赏植物在欧洲各国繁衍。传说 18 世纪初，法国有位画家在给番茄写生后，感情冲动，冒死品尝番茄果实，并穿好衣服，躺在床上等待死神降临。但是，画家不但安然无恙，那番茄果实的酸甜适度风味，反而给了他美好的向往。从此，番茄才去掉了"狼桃"、"疯苹果"等不雅的名字。从有毒植物行列中解放出来，进入人类食品行列，开始进行较大面积栽培。1812年，商品番茄果初见于罗马市场，1853年，始见于波士顿。此期番茄在欧洲的种植面积并不算很大，而从欧洲传到美国后发展速度加快，到19世纪中后期番茄的种植面积急剧增加，到20世纪中后期几乎普及世界各国，成为全球种植最广泛、消费最多的蔬菜作物之一。据联合国统计，1990年全世界番茄产量已达5 000万吨。

欧美各国栽培的番茄品种，由传教士、商人和华侨从东南亚引入我国沿海城市，种植约有300年历史。明末（1630年）王象晋所著《群芳谱》中首次提到"番茄"。当时国人把西方国家视之为落后地区，鄙视之如"番"，列为番邦。由番邦引来之物要低一等，故名冠之"番"字，又因形似茄，故名"番茄"。1708年清代《广群芳谱》中有"番柿，一名六月柿，茎似蒿，高四五尺，叶似艾，花似榴。一枝结五实或三四实……草本也，来自西番，故名番柿"等记载。近代西方经济发达，故国人中多数已不再以"番"字呼之，乃将"番茄"称谓"番茄"，还有很多人将其称谓"洋柿子"。

今天我国广泛栽培的番茄，是由外域引进的固然不可否认，但我国自古早有番茄也确系事实。云南省西双版纳和大理有一种野生"酸汤果"，果实小如豌豆，食者都说味如番茄。当地居民以此作汤而得"酸汤果"之名。经植物学家鉴定，其实是野生番茄。山西省农业科学院曾试种广西壮族自治区的野生番茄，植株蔓生，成穗结果，繁殖后只是未见性状变异罢了。20世纪60年代初，有人在位于川滇交界的渡口山区，采到野生番茄。倘溯源到古代，成都博物馆研究人员，1983年，在成都凤凰山一座西汉墓室底层，从随葬藤筍（用藤草编织而成的短时存放杂物的器具）中发现一些未炭化的植物种子，为避免盛有种子的器具干裂，他们用湿布覆盖其上，不料从中萌生出40多株嫩芽，经移植培育，这些幼苗开花结果，果实红色枣形，竟是番茄，其抗寒性特别强，果实滋味良好宜人。由此证明，我国也是番茄的发源地之一。两千多年前，我们的祖先就种植番茄了。不过，我国现在种植的番茄，不是起源于国内的野生番茄，而是起源于南美洲的野生番茄。

由国外引入我国的番茄，虽有 300 余年的种植历史，但直到 20 世纪初期，仅在台湾、海南、广东、浙江、福建东南沿海地区种植，20 世纪 30~40 年代在华北、东北地区的大城市郊区才有零星栽培。因此，在建国前后，番茄仍是鲜为人知的稀有蔬菜。20 世纪 50~60 年代，我国北方大、中城市郊区和广大农村，推广种植番茄，使其种植面积迅速扩大，成为人人皆知的大路蔬菜。到 70 年代番茄已成为老少宜食的蔬菜。80 年代以来，随着我国北方地区冬暖塑料大棚等设施园艺的发展，实施番茄翻茬反季栽培，实现了全年均衡上市供应的新目标。

番茄是营养价值较高的蔬菜之一。据测定：番茄含糖 3.0%~5.5%，有机酸 0.15%~0.75%，蛋白质 0.7%~1.3%，脂肪 0.2%~0.3%，纤维素 0.6%~1.6%，矿物质 0.5%~0.8%，果胶质 1.3%~2.5%。还含有丰富的维生素，平均 100g 鲜果中，含维生素 A 0.27mg，维生素 B_1 0.03mg，维生素 B_2 0.02mg，维生素 C 18.5~25.0mg。据研究，如果每人每天吃上 200~400g 鲜番茄，就可满足机体对维生素 A、维生素 B_1、维生素 C 的需要。番茄果中还含有钙、铁、磷、硫、钠、钾、镁等矿物盐类。

番茄为一年四季之佳蔬。生吃，细嫩酸甜，风味鲜美；熟食，滋味浓香宜口。可将其烹饪、爆炒、熬汤、凉拌、糖渍、蜜脯、制酱、制罐头、制饮料等。

古今医家对番茄的赏识是：其性微寒，味甘酸，生津止渴，凉血养肝，清热解毒，治高血压、坏血病，胃热口干舌燥，预防动脉硬化、肝脏病、牙龈出血等。近代医学发现番茄所含有机酸，能软化血管，促进对钙、铁元素吸收，对肠黏膜有收敛作用。所含糖类多半为果糖、葡萄糖，既易被吸收，又护肝养心。所含纤维素可促进肠道败腐食物排泄，有助于预防肠癌。所含苹果酸和柠檬酸，能帮助胃液对脂肪和蛋白质的消化吸收。所含番茄素有消炎、利尿作用，对肾脏病患者尤有补益。常饮番茄汁，能使面容光泽红润。这是因为番茄所含谷胱甘肽是维护细胞正常代谢不可缺少的物质，能抑制酪氨酸酶的活性，使沉着于皮肤和内脏的色素减退或消失，起到预防蝴蝶斑和老人斑的作用。

现代药理研究发现，未成熟的番茄中含有少量番茄碱，能抑制多种细菌和致病真菌繁殖，有预防菌痢、肠炎作用。但若在短时间内过多地吃未成熟的番茄果实，会使大量番茄碱被吸入体内，容易引起中毒，出现恶心、呕吐、头昏、流涎、全身发热等症状，严重者甚至危及生命。难怪古人传说番茄含剧毒，把番茄叫做"狼桃"、"疯苹果"。今人应注意，对未成熟的番茄切莫生食，即使熟食也应烧透。若在烧煮时加点醋，则能破坏其中的番茄碱而避免中毒。

当今山东寿光是蔬菜之乡，也是番茄生产之乡。近20多年来，寿光菜农在发展棚室保护地蔬菜生产中，将番茄作为主要菜种之一，应用冬暖塑料大棚（日光温室）和大、中拱棚等园艺设施，实施了番茄反季节栽培，实现了大量番茄鲜果周年上市供应。从而既丰富了城乡居民的菜篮子，又显著增加了广大菜农的经济效益。现将冬暖塑料大棚保护地番茄栽培技术介绍如下。

二、合理确定播种期

以采收果实上市供应正处最佳销售时机，来确定恰当的播种期。利用冬暖塑料大棚保护地栽培番茄，一般分为秋冬茬（秋延茬）、越冬茬、冬春茬（早春茬）、越夏茬（伏茬）。能否使各茬番茄的采收期正处于市场上番茄鲜果价格高而又畅销的最佳时机，是关系此茬番茄经济效益高低的主要因素。要使各茬番茄于最佳时机上市，获得高效益，就必须使播种期恰当；要播种期恰当，就需要依据不同茬次番茄所采用品种的熟性，从播种至采收所需天数，由上市最佳时机的日期往回推算到最恰当的播种时期播种。最恰当播种期的推算方法是：根据市场信息，把一年四季中各茬番茄供果上市的最佳时机，作为本茬番茄的采收初盛期（即第一穗果成熟采收期）；由采收初盛期往回推算，减去从定植至采收初盛期所需天数，便是定植日期；再由定植日期往回推算，再减去从播种至形成适于定植的适龄大壮苗，所需天数，便是恰当的播种日期。笔者于1999—2000年对冬暖塑料大棚内越冬茬栽培的番茄中熟杂交一代种"凯来"的生育期记录情况是：从播种至主茎第一花序结的果实进入坚熟期，共需 ≥ 10℃活动积温3 072℃，历经139d。其中，从播种至形成大壮苗（株高 18~22cm，单株有真叶 7~8 片，茎杆粗 0.6~0.8cm）定植，历经40d左右；从定植至主茎第一花序开花坐果，历经27d左右；从第一花序开花坐果至本花序上的果实进入坚熟期，历经72d。早熟品种的生育期较中熟品种短 5~7d，而晚熟品种的生育期比中熟品种长 5~7d。

例如，在长江以北的大部分地区，采用保护地育苗，于4月下旬终霜期后露地定植栽培的番茄，到6月下旬才可进入始收果期；而冬暖塑料大棚保护地越冬茬番茄，已于4月中旬进入采收果实末期，甚至已采收完毕。因此，从 4 月中旬至 6 月中旬这 60d 内，市场上番茄果的售价比较高，也比较畅销。菜农即可把这 60d 作为冬暖塑料大棚冬春茬番茄上市的最佳时机，以 4 月 11 日为此茬番茄进入采收果实初盛期的具体日子，从 4 月 11 日往回推算，减去 72d，是 1 月 28 日，第一花序开花坐果期；再减去 27d 是 1 月 1 日，便是此茬番茄的定植期：再往后推算，减去 40d，是上一年的 11 月 21 日，便是冬春茬番茄中熟品种的恰当播种期。若采用早熟品种，其恰当播种期拖后 5~7d；若采用的是最较晚熟品种，其恰当播种期需提前 5~7d。

寿光菜农在冬暖塑料大棚保护地番茄高效益栽培技术上，多以此方法来推算确定各茬次的恰当播种期。各茬的播种、定植、采收果初盛期多为如下方式。

秋延茬（秋冬茬）："小暑"至"大暑"播种，"处暑"至"白露"定植，"立冬"至"小雪"进入采收初盛期。

越冬茬："处暑"至"白露"播种，"寒露"至"霜降"定植，"小寒"至"大寒"进入采收初盛期。

冬春茬（早春茬）："小雪"至"大雪"播种，"大寒"至"立春"定植，"谷雨"前后进入采收初盛期。

越夏茬（伏茬）："春分"至"清明"播种，"立夏"至"小满"定植，

"大暑"前后进入采收初盛期。

番茄第一花序的果实达半熟期时为商品果始收期。始收期后 7~10d 进入采收初盛期。此时采收的果实为坚熟。植株生长自封顶型品种，一般单株留 4~5 穗果，其陆续收获期为 50~60d。晚熟大棵品种的陆续收获期可达 3 个月。植株无限生长类型品种可单秆留果 16 穗之多，不论适于哪个茬次栽培的，其持续采收果实期可长达 7~8 个月。

三、选用适宜于不同茬次栽培的番茄优良品种

1.适宜于冬春茬（早春茬）栽培的抗番茄黄化曲叶病毒病的番茄优良品种

①瑞星 5 号；

②爱吉 112 ；

③静欣；

④维也纳；

⑤齐达利；

⑥粉抗 97 ；

⑦秋光 206 ；

⑧京番 101 ；

⑨京番 102 ；

⑩其他优良品种。

2.适于越夏茬（伏茬）栽培的抗番茄黄化曲叶病毒病的番茄优良品种

①瑞星 5 号；

②宙斯盾；

③京番 103 ；

④京番 401 ；

⑤秋光 253 ；

⑥其他优良品种。

3.适于秋延茬（秋冬茬）栽培的抗番茄黄化曲叶病毒病的番茄优良品种

①爱吉 112 ；

②瑞星 5 号；

③威尼斯；

④齐达利；

⑤京鲁 3 号；

⑥京鲁 4 号；

⑦秋光 253 ；

⑧秋光 69 ；

⑨其他优良品种。

4.适于越冬茬栽培的抗番茄黄化曲叶病毒病的番茄优良品种

①京番 101

②其他优良品种

5.迷你型（樱桃型）番茄抗番茄黄化曲叶病毒病（即抗 TYLCV 病毒病）的优良品种

粉红果型抗番茄黄化曲叶病毒病的优良品种

①千禧；

②粉贝贝；

③京番粉星 2 号。

红果型抗番茄黄化曲叶病毒病的优良品种

①恋红；

②京番红星 1 号；

③京番红星 2 号；

④京番红串 1 号；

⑤红贝贝；

⑥红曼 1 号。

黄色果型抗番茄黄化曲叶病毒病的优良品种

①京番黄星 1 号;

②金曼 10。

紫果型抗番茄黄化曲叶病毒病的优良品种

①京番紫星 1 号。

四、培育适龄大壮苗

(参照第二章育苗部分)

五、定植前的准备和定植

1. 安排好轮作倒茬　番茄忌连作,轮作茬口以葱蒜韭和豆科作物最好,十字花科等叶菜类次之,需要在定植前 15d 左右拉秧倒茬,清除前茬残枝败叶。

2. 施基肥和土壤消毒灭菌　有试验证明:每亩(667m²)产 10 000kg 番茄,需从土壤中吸收氮 20~34kg,五氧化二磷 10kg,氧化钾 52~66kg,氮:磷:钾 =2.5:1:5。在寿光,计划每 667m² 产番茄 15 000kg 的棚田,一般施经过发酵腐熟的鸡粪 5~7m³,猪栏粪 9~10m³,尿素 25~30kg,硫酸钾 30~40kg,磷酸二铵 20~30kg。旧温室大棚,茄果类蔬菜作物连作田,为防治番茄疫霉根腐病、绵疫病等土传病害,要进行土壤消毒灭菌,按每平方米撒施 40% 土壤菌毒净(主要成分为敌克松等)可湿性粉剂或 80% 乙膦铝可湿性粉剂 6~8g,将药粉掺上少量细土,均匀撒施于田面。结合耕翻地,把肥料和农药施入整个耕作层土壤中。

3. 起垄、喷药消毒、高温闷棚

①起垄:寿光冬暖大棚是 3.6m 宽一间,栽培番茄多采取每间定植 6 行,需每间起 3 个垄,每个垄的宽度 120cm。其中,垄面宽 80cm,垄沟宽 40cm,垄高 20~25cm。

②喷药消毒:用 15% 菌毒清 [15% 一·二(辛基胺乙基)甘氨酸盐] 对水 300 倍液喷布温室大棚的内面,即杀菌又消毒。

③高温闷棚:在定植前 7~10d,选择连续 3~5d 晴日,严闭大棚,使中午前后棚内最高气温达 60℃ 以上,以消灭棚内的病虫害。

4. **定植时间和定植密度**　只要苗子达到了大壮苗标准，就要尽快定植。定植时间宜往前提，不宜往后推迟。在定植密度上应掌握：早熟品种比中晚熟品种密；主茎自封顶类型的比主茎无限生长类型的密；侧芽生长弱、株型较紧凑的比植株松散的密；肥少土壤肥力又差的要比肥多土壤肥力强的密；单秆整枝的比双秆整枝的要密。在寿光多采用两种密度规格：一是大行70cm，小行50cm，株距32~37cm，亩（667㎡）定植密度3 000~3 500棵；二是大行75cm，小行45cm，株距46~53cm，亩（667㎡）定植密度2 100~2 400棵。见图4-1示意。

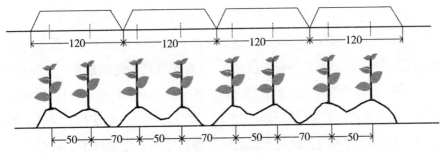

图4-1　番茄、辣椒、茄子、黄瓜、菜豆等起垄定植示意图（单位：cm）

5. **定植的方法**　采用坐水稳苗，扶垄栽苗定植。具体工序是：按计划行距划线定行；再按计划株距顺行开穴；往穴里浇水，当水渗下2/3时，将取来的营养钵苗垛脱去塑料钵壳后轻放入穴里，放端正，并使垛顶面略高出垄面。当同垄相邻两行的穴都摆好苗垛后，用镢头先后从大小行间往苗行处调土栽苗，使苗行处形成垄脊，小行间呈浅沟，大行间呈较宽较深的沟。

6. **覆盖地膜**　将幅宽120~140cm的地膜顺垄平展开，拉紧贴近苗行，按垄顺苗行，对准苗掩在地膜上打孔放苗。即用小刀横划"一"字口，将定植苗放出地膜之上，然后把地膜周边用湿土埋压住。

7. **定植后浇透缓苗水**　当全棚田定植的苗子都覆盖地膜后，应及时于大行间膜下沟里灌浇缓苗水，基本上要浇得水满大沟，能渗透垄脊整个耕作层土壤。

六、定植后各生育阶段时期管理

（一）缓苗期管理

定植后 7d 之内，管理的重点是改善土壤透气条件，减少叶面蒸腾量，调节好温度，尤其要调节地温，以促进加快生根缓苗。

1.越冬茬和冬春茬番茄缓苗期管理　这两茬的定植期分别在"寒露"至"霜降"，"大寒"至"立春"。都处于外界气候寒冷期，管理上应从提高温室温度、防寒为重点。定植后随即进行一遍中耕松土后，覆盖地膜，把温室温度调节为昼温 25~30℃，夜温 15~17℃，10cm 地温夜间 16~20℃。午间最高气温不超过 32℃，32℃时应立即通风降温。

2.秋冬茬（秋延茬）和越夏茬（伏茬）番茄缓苗期管理　秋冬茬番茄的定植期处在"处暑"至"白露"，越夏茬番茄的定植期处在"立夏"至"小满"。都处于外界气温较高时期，棚室内温度比较高，而且易调温。管理的重点是遮阳降温，减轻叶面蒸腾；松土通气，以利于根呼吸和发生新根；避雨和防风雹，防虫害。具体管理措施是：定植后不盖地膜或推迟盖地膜，在第 2~3d 及时中耕松土。在棚室前坡面先盖上遮阳网（蓝色的最适宜，其次是银灰的），推迟盖棚膜；5~6d 以后揭去遮阳网，盖上棚膜昼夜通风，棚内气温控制在白天 22~27℃，夜间 14~17℃。在浇足定植缓苗水的基础上，一般此期不灌水。若伏茬番茄此期遇干热风天气，秧苗表现干旱时，可于晴日上午轻洒浇一遍。秋冬茬番茄定植期因汛期尚未结束，在大雨到来之前必须盖好棚膜防雨。并注意昼夜通风，使棚室内空气湿度维持在 60% 左右。

（二）缓苗后至第一花序果实膨大期管理

此期是番茄由营养生长旺盛，逐渐过渡到营养生长和生殖生长同时双旺，搭丰产架子的时期，也是植株对土壤养分的吸收愈来愈多的时期，管理的主攻方向是：蹲苗，防止徒长，促进营养生长和生殖生长协调稳健，具体管理措施是：

1.温度、湿度调节　①越冬茬、秋冬桂、冬春茬番茄，此阶段分别处在"立冬"至"大雪"、"白露"至"霜降"、"雨水"至"春分"。棚室保温与放风排湿矛盾。为了保温，要开天窗放上风，小放风；为了排湿，晴日中午气温低于30℃时也放风，还可提早于上午揭开草苫后放风。主要是通过揭盖草苫的时间和放风等措施来调节好棚温和空气湿度，使棚室内保持：昼温20~25℃，夜温12~15℃。白天空气湿度50%~60%，最大不超过75%，夜间空气湿度80%~85%，最大不超过85%。②伏茬番茄此阶段处在"芒种"至"小暑"，外界日平均气温22~24℃，在网膜共覆盖和昼夜大通风的管理措施下，棚室内气温可控制在昼温25~30℃，夜温17~20℃。白天空气湿度不超过65%。

2. 肥水供应　在施入的基肥中掺有速效氮磷钾肥料和在定植时已浇足定植缓苗水的基础上，自缓苗后至第一花序的果实未达到核桃大小时这一生育阶段，在水肥供应上掌握"控"字。一般不宜追肥，也不宜浇水控制营养生长过旺。只有在因施入的基肥中显著缺乏速效肥而影响促进生长的情况下，才可轻追一次肥，每亩追施尿素6~8kg，一般采取揭地膜后条施，距植株基部15~20cm处埋施。追肥后如果地湿，也不必浇水。只有在同定植时浇水不足，而在第一花序开花坐果期呈现较重旱情时，才可于小行间膜下浅沟中轻浇一次水。当番茄主茎第一花序坐住的果实达到核桃大小时，要及时重追施膨果肥，重浇膨果水，一般亩追施氮磷钾三元复合化肥10~14kg，并结合这次重浇膨果水于大行间的沟里冲施化肥。这次追施速效化肥，每亩冲施量不宜少于10kg，也不宜超过15kg。

3. 化控防徒长　若发现植株生长有徒长苗头，要及时进行化控：用25%助壮素对水1 500~2 000倍液，或用15%多效唑（pp333）对水700~1 000倍液，或用"复合比久"对水400~500倍液喷雾中部和上部叶片。

4. 实施防止落花和落果，提高坐果率的措施　影响番茄坐果的因素很多，除花器自己构造有缺陷外，持续高温或低温、阴雨、阴雪、弱光以及病虫为害等，都可导致花芽分化不好和授粉受精不良，而造成落花落果。目前，防止番茄落花落果，提高坐果率的主要措施，除有针对性地搞好温度调控、肥水供应、改善光照条件、控制植株徒长、促进花芽分化，及时防治病虫害外，利用熊蜂、蜜蜂授粉、使用植物生长调节剂和人工辅助授粉，都是防止落花落果，提高坐果率的行之有效措施。

（1）利用熊蜂授粉。熊蜂体性泼辣，尤其能耐10~11℃的低温。目前利用熊蜂授粉已成为一项高效益、无污染现代化农业增产措施。在荷兰等农业发达国家已把熊蜂授粉作为常规技术应用到农业生产当中。番茄、茄子使用熊蜂授粉的方法是：在进入盛花期之前4d，将蜂箱搬至温室内，绑在温室中间位置的立柱上，离地面40~50cm高（无立柱温室可做一个木架放置蜂箱），蜂箱的进出蜂的口朝南。靠近蜂箱处放置上一盆清水，水里放置上麦秸秆，以便于熊蜂采水，盆里的清水要每隔3~4d换一次。要在温室的所有通风口都安装上20~30目的避虫网，一定将温室严密封闭，防止熊蜂从一些缝中飞逸。每天上午揭开温室的草帘等覆盖物后，把熊蜂箱的进出口打开即可。一箱熊蜂一般约有100~130只蜂，可供1 334m²）棚田的番茄或茄子授粉，不超过2亩地的温室，用一箱熊蜂足以达到熊蜂授粉的需求。

依据实际经历，使用熊蜂给番茄授粉时应特别注意遵循如下事项：一是因杀虫剂对熊蜂具杀灭性为害。所以喷杀虫药剂的前一天下午等熊蜂全部飞回蜂箱后，将蜂箱的进出口关闭，然后将其搬至于避农药气味而又温暖的地方。第二天喷药，第三天通风，第四天上午将蜂箱搬回原处绑好或放置好，下午打开巢门即可。而杀菌剂（不掺兑任何杀虫剂的纯杀菌剂）对熊蜂的影响不大，喷药前1d晚上待熊蜂全部回巢后，将蜂箱进出口关闭，第二天喷洒杀菌剂，第三天上午通风，下午就可将蜂箱进出口打开。二是不要拆开蜂箱或用力敲打蜂箱，以免激怒蜂群蜇人。熊蜂与蜜蜂相比，熊蜂耐低温性强，在10~11℃低温条件下仍可进行授粉。但熊蜂胆怯，当棚室的压膜绳松了，遇较大的风刮时，棚膜会"呼哒"发出声音，此时，熊蜂吓得不能正常进行授粉。因此，利用熊蜂授粉，必须保持安静的环境条件。三是下午盖草帘时，需留下蜂箱顶上的1帘，待天黑熊蜂全部回巢后再放盖下。

利用熊蜂给茄果、瓜果类蔬菜作物授粉，有好处，但也有弊端。主要有四大好处：一是可提高番茄、茄子的产量。保护地番茄、茄子用熊蜂授粉的比使用激素处理花朵的一般增产15%~30%。二是能提高果实品质。主要表现在果实大小均匀，果形周正，畸形果率降低，果实内不含激素。三是省时省力。蜂箱内配备3个月的饲食，供熊蜂食用，将蜂箱放入温室内高于地面的位置，任由熊蜂完成授粉，不需任何人力劳动。四是提高生态环境效益。使用蜂类等昆虫授粉，减少有毒农药的施用，而相对增加对低毒高效安全农药的施用，并有意识地侧重于采用生物防治技术，从而减少激素造成的污染，保护生态环境，提高产品品质，有益于生产者和消费者的身体健康。但利用蜂类授粉也存在如下弊端：一是黄瓜、苦瓜等长形果蔬，用熊蜂授粉后，果实的下半部（靠脐的半部）易形成含籽多的大肚果，而降低果实的商品性质。熊蜂对番茄、圆茄和长茄授粉后，一般果实的形状不发生大肚或畸形，只有极个别长茄品种的果实有大肚现象。二是熊蜂或蜜蜂授粉都无择优性，一些秕瘦花朵、畸形等劣质花朵被熊蜂或蜜蜂授粉后，坐住的幼果也是劣果，还得人工进行疏果去劣选优。三是有些作物的花朵构造（如甜椒、辣椒）不适于熊蜂授粉。

（2）使用2,4-D处理花朵，防止落花落果：2,4-D的学名2,4-二氯苯氧乙酸，是一种植物生长调节剂。该调节剂在大于0.01%浓度下可杀灭植物，而在0.001%~0.003%的浓度范围内则刺激植物生长，促进发芽、茎叶伸长、减少落花落果。因低温、弱光或高温高湿引起的番茄落花落果，要用2,4-D处理花朵后，不授粉也能坐住果，而且果实膨大较快，可提早成熟，形成的果实大、种子少或无籽。使用2,4-二氯苯氧乙酸处理番茄花朵需掌握如下4项具体技术。

一是配制使用药液的方法：100%纯度的2,4-D是一种白色结晶粉状物，需配制成溶液才可使用。市面上销售的1.5%2,4-D水剂、80%2,4-D钠盐粉剂和55%2,4-D胺盐液体都溶于水，而100%纯2,4-D结晶粉不溶于石油，也几乎不溶于水（25℃水中溶解度为0.62%），但溶于醇（酒精）和碱液中。如果买到2,4-D原粉，应先将其配制成可溶于水的原液。配制的方法是：先把1g2,4-D原粉末倒入5ml

的无水酒精中，隔水加温，使其迅速溶解，成为橙黄色的透明溶液，然后倒入 995ml 的温开水中，配制成浓度为 $1\,000ml \cdot L^{-1}$ 的原液。也可用烧碱溶解，把水烧开，冷却到 50℃，再加入 2,4-D 原粉末搅拌，同时边加入碱粉边搅拌，当观察到 2,4-D 原粉末溶解完为止。测定溶液的 pH 值，调整为 pH 为 7 左右为宜，使用时可按所需浓度对原液进行稀释。

二是掌握好使用浓度。2,4-D 在茄果类蔬菜作物的使用浓度为：番茄上 0.001%~0.002%（即 $10~20mg \cdot L^{-1}$），辣甜椒上 0.002%~0.0025%（$20~25mg \cdot L^{-1}$），茄子上 0.002%~0.003%（$20~30mg/L^{-1}$）。在同一种作物上，依据棚室内气温不同而使用浓度略有不同。例如，用于处理番茄花朵，在冬春两季温室内气温低至 15~20℃时，使用的 2,4-D 溶液浓度以 $15~20mg \cdot L^{-1}$（即 0.0015%~0.002%）为宜。而在夏秋两季棚室内温度高达 25~30℃时，使用的 2,4-D 溶液浓度以 $10~15mg \cdot L^{-1}$（即 0.001%~0.0015%）为宜。推算出原液的对清水倍数可用如下计算公式。

2,4-D 原液浓度 / 使用浓度 =2,4-D 原液对清水倍数。

例如，原液 1.5%2,4-D 水剂，需要使用浓度为 0.002%，求 2,4-D 原液对水倍数？

1.5% ÷ 0.002%=750（倍），即 1g 浓度为 1.5%2,4-D 原液水剂，对上 750g 清水，便是冬春两季棚室内气温 15~20℃时使用的 0.002% 的浓度。

三是处理花朵方法：采用浸花柄和涂花柄两种方法。浸花柄处理是先将配兑好的 2,4-D 溶液放在小杯中，然后把刚开放的花朵的花柄放入溶液中浸一下即取出，并将留在花上多余的溶液在杯边刮掉，防止花朵因 2,4-D 溶液过多而造成畸形果、裂果、空洞果等劣果。涂花柄法是将配制好的 2,4-D 溶液放在小杯中，并将少量红色颜料加入溶液中作为标记，用毛笔蘸取溶液涂到花柄上即可，开 1 朵花则涂 1 朵。在番茄开花盛期，应每天处理，在开花初期和末期，开放花朵数量少，可隔 1~2d 处理 1 次。夏秋季节处理花朵应早晨露水晾干后，避开中午高温时间；冬春两季处理花朵应在中午前后温室内温度回升到 20~25℃时，阴雨雪天气下不要处理。

四是处理花朵的时机。2,4-D处理番茄花朵的时机以花朵刚开放或半开放时为宜，每朵花只能处理一次，重复处理会产生裂果和畸形果。未开的花朵不能处理，开足的花朵处理效果不好。

（3）使用防落素溶液喷花，防止落花落果。防落素的学名为对氯苯氧乙酸，又名4-CPA、番茄灵。防落素也是一种植物生长调节剂。由于防落素对番茄、茄子、辣椒等的生长点和嫩叶的药害比较轻，使用较低浓度时几乎没有副作用，因此，使用比较安全。而且使用防落素可以采用喷花处理，尤其是更适用于樱桃、番茄（迷你型）喷花处理。省工、效率高，保花保果效果显著。使用防落素也要掌握如下具体技术：

一是配制方法：防落素能溶于乙醇、乙酸、酮和酯，微溶于水。剂型有95%的粉剂，10%的乳油，2.5%的水剂。先配制1 000mg·kg^{-1}的原液，然后稀释为所需浓度使用。将1g防落素溶解于少量的95%酒精中，加水到1 000ml，即成1 000mg·kg^{-1}原液。若取1 000mg·kg^{-1}原液30ml加水997ml，便成为30mg·kg^{-1}的溶液。

二是使用浓度：药液浓度一般掌握在30~50mg·kg^{-1}之间，尤多以4 040mg·kg^{-1}为宜。气温低时（15~20℃）浓度可高些；气温高时（20~25℃）浓度可低些。用防落素处理的果实膨大速度在开始稍慢于用2,4-D溶液处理的花朵。但半月后就逐渐赶上。所以，不能认为防落素的效果差而任意增加使用浓度。如果浓度过高，就会带来药害。出现果实大脐等畸形果现象。

三是处理花朵的方法。将配制好的药液倒入小型喷雾器里，用喷雾器喷花，喷时右手持喷雾器对准要喷的花朵进行喷雾，以喷湿为度，但尽量避免药液溅到嫩叶上。为此，用左手的食指和中指轻轻夹住要喷雾的花梗并用手掌遮住不需喷的部分，花序上的花朵比较多时，可一起处理，不必分别处理。

四是处理时机。当番茄花序上有一半的花朵盛开时进行处理。宜在花朵开得稍大些时，但不宜过大、过多时。每朵花只处理一次即可，一般相隔3~5d处理一次。由于处理间隔时间较使用2,4-D的间隔时间稍长，因此当进行下一次处理时，上一次处理的花朵的子房已发育膨大，用肉眼即可分辩，故不必在药液中添加颜料作标记。如果气温较高，开花又集中，1个花序喷雾1次即可。当白天气温达到25~30℃，夜间气温为15~20℃时，即可停止使用。改为人工震动授粉或吹风授粉。

（4）人工震动或吹风辅助授粉。从仲春至仲秋，棚室内昼夜气温都高（昼温25~32℃，夜温15~22℃），可采用人工机械辅助授粉。方法是：一是震动授粉即于每天正午前2~3h内，手持木杆，轻度敲打挂着植株吊线的顺行铁丝，使全行番茄植株花序都震动。二是吹风授粉，用喷粉器不装药粉，而摇空吹风，每天的正午前2~3h内，对正盛开花期的花序部位吹风1次。勿要吹的风力过大，掌握以花序轻度飘动为宜。并注意间隔反向吹风。即这次向南吹，下次向北吹。

另外，可保护棚室内的蚂蚁，利用蚂蚁给番茄授粉。

（5）病虫害防治：此期对病虫害是以预防为主，多采用生态、物理防治。如①生态防治：改中午开天窗通风为上午揭开草苫后就开天窗放风，这样有利排湿和中午前后棚温升得更高，当棚温升到32~34℃时也不通，利用棚内高温干燥的环境条件抑制早疫病、晚疫病、灰霉病、叶霉病的发生。②物理防治：于大棚的所有通风窗口处设置32~40目的避虫网，可防止媒介害虫迁入棚内直接为害和传播病毒间接为害。

（6）整枝与搭架：对植株2无限生长型品种，采取单秆整枝，留果穗较多，宜采用顺行铁丝拴吊绳，吊架茎蔓。对自封顶型品种，采用双秆或三秆整枝，宜采用竹竿搭人字架或篱笆架绑蔓。

（三）结果期管理

从第一花序的果实如核桃大小，到最上部花序的果实进入半熟期，为结果期。此阶段各栽培茬次的主要特点：一是越冬茬和秋冬茬番茄的此阶段都处在外界低温时期；而冬春茬和伏茬此阶段是处在外界较高温度和高温时期。二是番茄植株处在生殖生长占主导地位阶段，植株耗营养大，需要大量营养供给结果。三是此阶段易发生病害。故在管理上必须因各茬番茄在结果期遇到的外界气候条件不同及植株生育生态特点，采取相应的控制温度、光照、湿度及病害防治等措施。

1. 温度管理　控制在昼温 20~30℃（以 23~27℃ 最适宜）；夜温 12~18℃（以 14~18℃ 最适）。增温措施主要是：

①适时揭草苫争光增温；

②夜晚加盖浮膜；

③放上风，不放下风，减少通风时间；

④浇水用温水。忌用冰凉水。

降温措施主要是：上下大开通风口，大通风，昼夜整天通风；盖银灰色或绿色遮阳网，遮光率分别为 57% 和 44%；降温分别为 3.5~4.5℃ 和 3~4℃。

2. 湿度管理

①浇水时掌握"五不浇五浇"。即阴天不浇水，好天浇水；下午不浇水，上午浇水；不浇冷水，浇温水；不浇明水，膜下浇暗水；不浇大水，要轻浇。

②浇水后注意放风排湿。

③对于伏茬和冬春茬番茄的结果期，在大雨到来之前要盖棚膜避雨。

④当棚内空气湿度大时，防治病虫害最好选用烟剂和粉尘剂，以减少因喷雾而增加棚内湿度。

3. 光照管理

①对秋冬茬番茄和越冬茬番茄来说，在结果期阶段，要加强光照管理，尽可能延长光照时间。张挂镀铝反光幕和把棚内墙面涂成白色，增加反射光照。阴雨天气，也要注意适时揭草苫，争取散光照和刹那间晴光照。

②对于伏茬和冬春茬番茄，此阶段要适当遮光，因为番茄忌强光，既要整枝除去老叶，改善透光条件，又要覆盖遮阳网，防强光暴晒嫩果。

4. 追肥

①每采收一层果，则要结合浇水追施一次速效肥料。每次每亩（667m²）埋施氮磷钾三元复合肥或多元复合化肥，或氮钙、钾镁等二元

复合肥8~10kg。不可追施量过大。还可冲施螯合钾宝、高效海藻蛋白、全能佳多肽有机肥、奇葩锌等有机肥和微量元素肥料。

②叶面喷肥：在番茄结果中、后期，为防止缺素症，保持结果期植株不衰增加产量，应10d左右喷施一次"台湾"产的永富牌高效氨基酸液肥、糖醇锌、糖醇钙、金田宝和芬兰产的润果型"芬绿"或美国产绿芬威系列叶面肥和国内产的菜大丰、番茄王、茄博士、康丰素、植健宝、田秀才、乡下人等叶面肥，一般对水500~1 000倍液，亩（667m²）喷肥水液40~60kg。

5.整枝、疏果　要及时抹杈、绑蔓，浇水后中耕松土。对地膜覆盖田要从大行中间膜缝处，向两边折揭膜后中耕，然后再恢复地膜覆盖。当幼果如蚕豆大小时，要及时疏果，大型果品种，每穗留果2~3个；中型果品种，每穗留果4~6个；小型果品种，每穗留果7~9个；樱桃型番茄品种，每穗留果20~40个，疏果时要注意：用来苏尔水将双手消毒；不要留对把果；不要吸烟，以防传染烟草花叶病毒病。

6.叶面喷施番茄展叶灵2号，预防和防治卷叶病，兼抗各种病毒病　具体用法是：每包40g对水量（表4-1）。

表4-1　棚内气温与对水量关系

棚内气温	20℃以下	20~25℃	25~30℃	30℃以上
对水量（kg）	10.5	12.0	15.0	18.0

防治番茄主要病虫害的常用农药及对水倍数（表4-2至表4-5）。

表4-2　防治番茄早疫病、晚疫病、绵疫病等常用农药及对水倍数

农药名称	对水倍数
72.2%霜霉威（72.2%普力克）	400~800
50%乙膦铝·锰锌（乙膦铝·代森锰锌）	500~600
72%烯酰霜脲·锰锌（霜荣）	800~1 000
72%霜脲氰锰锌（霜标）	800~1 000
69%烯酰·锰锌（霜苦）	800~1 000

农药名称	对水倍数
58% 甲霜灵·锰锌（雷多米尔）	500~800
60% 琥·三乙膦铝（百菌通）	500~600
75% 百菌清（达克宁）	600~800
20% 松脂酸铜（一铜天下）	500~1 000
50% 喹啉铜（必绿）	2 000~3 000
80% 三乙膦铝（霜疫净）	500~600
50% 甲霜·铜（瑞毒霉·铜）	800~1 000
25% 甲霜灵（瑞毒霉）	400~600
47% 加瑞农（春雷霉素、氧氯化铜）	800~1 000
86.2% 氧化亚铜（铜大师）	800~1 000
77% 氢氧化铜（可杀得、护丰安）	600~800
10% 霜脲氰（霜疫清）	800~1 000

表4-3　防治番茄灰霉病、菌核病、煤霉病等病害常用农药及对水倍数

农药名称	对水倍数
65% 甲硫·霉威（甲霉灵或克得灵）	1 000~1 500
52% 乙烯菌核利（农利灵）	1 000~1 500
50% 腐霉利（速克灵）	1 000~1 500
50% 多霉威（多菌灵·乙霉威）	800~1 000
50% 异菌脲（扑海因）	1 000~1 500
20% 克菌星（多抗霉素·过氧乙酸）	600~800
40% 嘧霉胺（施佳乐）	1 000~1 200
2% 武夷菌素水剂	100~200
50% 福异菌（灭霉灵）	700~800
70% 甲基硫菌灵（甲基多保安）	800~1 000
50% 菌霉灵（硫菌灵·乙霉威）	1 000~1 200
40% 菌核净（环丙胺、纹枯利）	800~1 000
10% 腐霉利烟剂	每亩用 300~400g
15% 扑霉灵烟剂	每亩用 300g

表4-4　防治番茄叶霉病、白粉病、锈病常用农药及对水倍数

农药名称	对水倍数
40% 氟硅唑（福星、新星）	8 000~10 000
10% 噁醚唑（世高、敌萎丹）	2 000~2 500
70% 甲基硫菌灵（甲基托布津）	800~1 000
50% 多菌灵（四骈唑）	500~800
25% 丙环唑（敌力脱·必扑尔）	2 000~2 500
24% 腈菌唑（应得）	3 500~4 500
47% 春雷氧化铜（加瑞农）	800~1 000
50% 多霉灵（多菌灵·乙霉威）	700~1 000
50% 异菌脲（扑海因）	1 000~1 500
60% 甲霉灵（甲托·乙霉威）	1 000~1 500
50% 抑霉唑（万利得、仙亮）	1 000~1 500
12.5% 烯唑醇（绿马特谱唑）	2 500~3 000
30% 特富灵（氟菌唑、三氟咪唑）	1 000~1 500
15% 三唑酮（粉锈宁、佰利通）	2 500~3 000
10% 多抗霉素（宝丽安）	500~750
20% 克菌星（多抗霉素·过氧乙酸）	600~700

表4-5　防治棚室番茄发生的螨虫、蚜虫、白粉虱、烟粉虱、蓟马、
斑潜蝇等害虫常用农药及对水倍数

农药名称	对水倍数
1.8% 齐墩霉素（阿维菌素、爱福丁）	2 000~2 500
5% 氟虫腈（锐劲特）	1 500~2 000
10% 虱马光（联苯菊酯·氟啶虫酰胺）	750~1 000
20% 啶虫脒（霹雳火）	2 000~2 500
10.5% 阿维哒（开螨）	3 000~4 000
25% 吡虫啉（泰乐吗、康福多）	3 000~5 000
58% 吡虫啉（金手指）	5 000~8 000
5% 氟虫脲（卡死克）	1 000~1 500
5% 定虫隆（抑太保）	1 500~2 000
10% 氯氰菊酯（安绿宝）	1 500~2 000

续表

农药名称	对水倍数
5% 高效氰戊菊酯（来福灵）	2 000~2 500
20% 双甲脒（螨克、双虫脒）	1 500~2 000
25% 单甲醚（杀螨脒）	800~1000
10% 虫螨腈（除尽、溴虫腈）	2000~3000
2.5% 多杀菌素（菜喜、催杀）	800~1000
25% 联苯菊酯 + 阿克泰（大清扫）	1000~1500
5% 啶虫脒 + 百树得（展刺）	1500~2000
10% 烯啶虫胺 +BT（高手）	1500~2000
5% 吡虫啉 + 航天助剂（毒蝎子）	3000~5000

第二节　冬暖塑料大棚
保护地辣（甜）椒生产实用新技术

一、概述

辣（甜）椒为茄科辣椒属，为一年生或多年生植物，原产于中美洲和南美洲热带地区。我国自明代引入辣椒栽培。依据其植物学性状不同，分为毛辣椒、长柄辣椒、木本辣椒、一年生辣椒 4 个种。我国南北各地区目前大面积栽培的辣椒属于一年生辣椒种。该种在温带地区为一年生蔬菜作物，而在亚热带及热带地区可露地越冬，成为多年生草本蔬菜植物，辣椒营养丰富，每 100g 鲜辣椒果实含水分 70~93g，淀粉 4.2g，蛋白质 1.2~2.0g，维生素 C 73~342mg；成熟后的干辣椒果实，则含维生素 A。因果实内含有辣椒素，所以味辣。有些品种含辣椒素少，而含淀粉较多，果实辣味淡而发甘，称其为甜辣。依据栽培方式和产品"鲜"与"干"及食用方法的不同，辣椒果实又分为"菜椒"和"椒干"两类。冬暖棚室保护地栽培的辣椒主要为菜椒。在菜椒中，又有辣菜椒、半辣菜椒、甜菜椒之分。近 25 年来，随着我国北方地区棚室保护地菜椒栽培面积的扩大和产量的增加，目前菜椒已成为我国南北各地周年供应的主要鲜菜之一。

二、对环境条件的要求

（一）温度的要求

辣椒是喜温耐热性作物，对温度要求介于番茄、茄子之间。种子发芽的适宜温度为 25~30℃，低于 12℃ 和超过 35℃ 都不能发芽。植株生长的适温为 20~30℃，在低于 15℃ 的条件下，个体生长发育完全停止。长期低于 5℃ 则植株死亡。植株生长发育的适宜昼夜温差为 10℃ 左右，即昼温 25~30℃，夜温 15~20℃，在不同生育阶段对温度的要求有所不同，一般在生育前期要求的温度较高，而到了生育后期要求的温度较低。例如在开花坐果期，低于 15℃ 影响正常授粉，高于 35℃ 时开花授粉不正常，易落花脱果。有利于开花坐果的温度为：昼间 26~28℃，夜间 16~18℃，在果实膨大盛期，适当降低夜温，加大昼夜温差有利于促进果实膨大。以白天 26~28℃，夜间 15~17℃，昼夜温差 10~12℃ 时，最利于促进果实膨大。

当结果期处在夏伏季节，因阳光直射地面，地温过高，易诱发辣椒病毒病。

（二）湿度的要求

辣椒的需水量不大，但由于根系不够发达，吸水力弱，不耐旱，也不耐涝。土壤干旱时叶片少，发棵慢，果实僵小。但过于潮湿，易发生各种病害，积水一昼夜即会受涝，植株萎蔫，甚至死亡。因此，要及时适量浇水，保持田间地面上见湿也见干的土壤墒情，植株才生长发育良好，坐果率高，果实长得大，产量高。空气湿度也直接影响辣椒茎叶生长和结果率。因此，要注意通风排湿，要求棚内空气相对湿度控制在 60%~80%，以有利于辣椒生长发育，提高坐果率。如果空气湿度过大，不利于授粉受精，引起落花，并容易发生病害。

（三）光照的要求

辣椒要求中等强度的光照，其光饱和点为 3 万 ~4 万 lx，光补偿点为 1 500lx。辣椒虽属短日照作物，但对日照长短反应不敏感。在日照

10~12h下开花结果较快，但对较长的日照也能适应。由于辣椒喜中光照和耐弱光，所以对光照的适应性较广，要求不严格，在幼苗生长期和开花坐果期，给予充足的光照条件，有利于提高苗子素质和促进花器生长发育。如辣椒种植密度过大，开花坐果期因株行间郁闭，光照不足，则会引起落花落果。辣椒不耐强光，怕暴晒，夏季植株不封行的地块，经暴晒后根系发育不良，不仅易发生病毒病，还易发生日灼病。

（四）对土壤和肥料的要求

辣椒喜土层深厚、排水浇水条件好、中性和微碱性、透气性较好的肥沃土壤。盐碱地栽培辣椒，因根系发育差，易感染病毒病。辣椒对氮、磷、钾三要素的需求比例大体为1∶0.5∶3。且需求量较大。

三、适宜于日光温室栽培的辣（甜）椒的主要优良品种

（一）微辣和半辣大果型（单果重量达到100g）优良品种

①国福901；

②国福308；

③京硕3号；

④京创；

⑤京锐4号；

⑥京椒5号；

⑦京椒115号；

⑧京研锐宝；

⑨其他优良品种：百耐、贝奇、蒙特、阪田、特奇、寿研11号、中寿12号等。

（二）辣和浓辣中果和大果型（单果重量达到50g）优良品种

①国福208；

②京椒1号；

③京椒2号；

④京椒4号；

⑤京椒6号；

⑥京旋1号、2号、3号；

⑦京研皱皮辣1号、2号；

⑧其他优良品种：加州牛角王、金妈妈316、博椒1号、东方正美等。

（三）浓辣和麻辣小果和中果型（单果重50g以下的）优良品种

①国福413；

②国福412；

③京线1号、2号、3号、4号；

④京线110；

⑤京线114；

⑥其他优良品种：天丹、红盛、红将、红帅、因特网、多佛、真爱2号、多佛、多佛3号等。

（四）适于不同茬次栽培的甜椒（包括彩椒）优良品种

适用于越冬茬栽培的甜椒优良品种：

①曼迪（红色）；

②黄太极（黄色）；

③玛索（红色）；

④国福808（绿转红）；

⑤国禧109；

⑥京博1号、2号、3号、4号；

⑦华彩1号（杏黄色）；

⑧华彩2号（杏黄色）；

⑨其他优良品种。绿正、德盛特、安琪、贝多利、斯特尔、雅迪、布瑞特等。

适用于冬春茬（早春茬）栽培的甜椒优良品种：

①太阳红（红色）；

②国禧113绿椒；

③京甜3号；

④京博1号、2号、3号、4号；

⑤其他优良品种：雷盾、普拉多、莫西特、拜思奇、福德、红罗丹、塔兰多等。

适用于越夏茬（露地）栽培的甜椒优良品种：

①红贝拉（红色、科园春）；

②国禧105；

③京甜3号；

④京博1号、2号、3号、4号；

⑤其他优良品种：世纪红、红欧特、黄菲娜1号、玛利贝尔、红塔、威纳、翡翠5431等。

适用于秋延茬（秋冬茬）栽培的甜椒优良品种：

①132（红色）；

②国禧105；

③国禧113；

④其他优良品种：圣迪、黄菲娜2号、长方椒616、奥迪、考曼奇、优秀、莫西特等。

四、冬暖塑料大棚保护地菜椒不同栽培茬次的栽培季节

大棚菜椒的栽培茬次季节、播种育苗方法、定植方法与番茄基本相同。不同之处是：菜椒定植的适宜苗龄较长；定植的密度比番茄增加一倍，即一般采取每穴双株；辣椒比番茄耐低温和耐弱光，要求管理温度略低，光照偏弱。在山东省乃至华北地区的气候条件下，辣椒比番茄更适宜于大棚和温室栽培。

在北纬40°以南我国北方地区，在冬暖大棚保护地栽培条件下，菜椒可周年生产，常年供鲜椒果上市。各地依据气候和园艺设施等情况确定的栽培茬次，一般可分为秋冬茬、越冬茬、冬春茬、早春茬。各茬的播种、定植、持续采果、拉秧倒茬期分别为：

（1）秋冬茬菜椒：夏至至小暑播种，秋分至寒露定植，立冬至小雪进入持续采果期。延长陆续结果期，一般于翌年夏至至小暑拉秧倒茬，或继

续延长陆续结果期，到霜降至立冬拉秧倒茬。

（2）越冬茬菜椒：立秋至处暑播种，立冬至小雪定植，小寒至大寒进入采收青果期。延长持续结果期，可于翌年夏至至小暑时拉秧倒茬，也可继续延长产果期，到霜降至立冬时拉秧倒茬。

（3）冬春茬菜椒：立冬至小雪播种，小寒至大寒定植，春分至清明进入采收青果期，延长陆续产果期，一般于霜降至立冬时拉秧倒茬。

（4）早春茬菜椒：冬至至小寒播种，惊蛰至春分定植，立夏至夏至进入采收青椒果期，延长陆续产果期，一般于霜降至立冬拉秧倒茬。

冬暖大棚保护地栽培辣椒，之所以秋冬茬比越冬茬产量高，越冬茬比冬春茬产量高，冬春茬比早春茬产量高，就是由于其持续结果期，秋冬茬比越冬茬长，越冬茬比冬春茬长，冬春茬比早春茬长，越冬一大茬（即越冬延春夏茬）最长。在山东寿光，菜椒于冬暖大棚内栽培，多为秋冬茬和越冬茬以及越冬一大茬，而且多采取延长持续产果期，实现周年供青椒上市。

五、备苗株数和培育大壮苗技术

（一）每亩（667m²）备苗株数

由于辣椒、甜椒于持续结果期形成的植株形态大小，与不同类型的品种密切相关，因此不同生态类型的品种的栽培密度不同，每亩的用苗数量差别较大。

1. 尖椒小果型辣椒品种　一般株型较紧凑，植株较矮小，尤其是一些植株自封顶（非无限生长）型品种，植株更矮小。因此多采取一埯栽双株密植，每亩（667m²）定植 6 000~8 000 棵（即 3 000~4 000 埯）。要依据此密度和栽培面积备足苗。

2. 尖椒大果型（单果重达 100g）辣椒品种　一般持续结果期较长，形成的植株较高大，多采取每埯栽植 1 株，每亩（667m²）3 000~4 000株的密度。需按此密度依据计划栽培面积备足苗子。

3. 甜椒品种　甜椒属持续结果期较长、果型大，植株较松散高大的生态型，不易栽培密度大，一般每亩（667m²）2 000~2 500 株。可依据计划栽培面积，按此密度备足苗。

上述各生态类型的辣（甜）椒的亩（667m²）用苗子数都有一个幅度。这是因为同一生态类型的辣椒甜椒品种，因栽培茬次不同，也就栽培历期长短不同，一般定植后栽培历期较长的植株相对高达，则栽培密度应偏稀，亩用苗子数也就少。反之，则栽培密度偏密，每亩用苗子数就相对多。

（二）培育辣椒甜椒大壮苗的技术

辣椒和甜椒的苗龄期较长，从播种至现蕾一般为90~110d，为了减少定植非结果占用期，要培育带蕾的大壮苗，带蕾定植，使定植后通过缓苗期即进入开花结果期。培育大壮苗的技术方法，参见第二章第二节育苗技术部分。

六、冬暖塑料大棚各茬辣（甜）椒的定植

（一）定植期及定植前的准备

1. **各栽培茬次的定植期**　秋冬茬、越冬茬菜椒定植期分别在秋分至寒露、立冬至小雪；而冬春茬、早春茬棚室辣甜椒的定植期宜分别在小寒至大寒、惊蛰至春分。由于品种和育苗保护设施条件不同，苗龄期不一样长，一般苗龄期短者80d，长者110d。在适宜的定植苗龄期内，定植日期宜适当提前，而不宜拖后。

2. **定植前的准备**　冬暖塑料大棚保护地菜椒秋冬茬、越冬茬定植前10d左右要对棚田撒施基肥、深耕翻地、喷药消毒灭菌、严闭棚室、高温闷棚连续3~5d。其准备工作与冬暖大棚番茄秋冬茬和越冬茬定植前的准备工作大致相同。其差别之处是：辣椒甜椒每667m²施基肥量比番茄少。一般亩施经过沤制充分发酵腐熟的优质厩肥10m³，氮磷钾三元复合肥50~60kg，南北向起垄，不同植株生态的辣椒甜椒品种，作垄的宽度不同：株型紧凑而又较矮的，垄宽120cm，每垄定植两行，小行距50cm，大行距70cm；植株高大而株型较松散的大果尖椒和甜椒品种，垄宽180cm，也是每垄定植两行，小行距60cm，大行距120cm。都是垄沟在大行间，小行距之间略呈小沟，垄高15~20cm。冬暖塑料大棚冬春

茬和早春茬辣椒和甜椒定植前，一是因前茬蔬菜倒茬后农耗期较短，二是正处在 12 月至翌年 1 月的深冬期，此时每日的光照时间短，光照强度较低，故难以在定植前进行高温闷棚消毒。但必须在清除前茬作物残留的基础上，再进行棚内面喷布药剂杀菌消毒。同时采取使用烟剂，闭棚熏烟 8h 左右，消灭棚室内的烟粉虱、白粉虱、蚜虫等传播辣椒甜椒病毒病的媒介害虫。对于棚田施用的农家有机肥和商品鸡粪、鸭粪、稻壳肥等有机肥，因禽舍用火碱消毒，使肥中带火碱，因此，必须是经过充分发酵腐熟和掺拌过磷酸钙沤制而脱碱后施用。还要调节好棚温，以适宜的温度定植椒苗。

（二）定植的方法和密度

按照计划大小行距在垄的两头定点，相对应的两点之间划线，用镢头顺线开沟深 12cm，沟内集中施腐熟的饼肥（豆饼、菜籽饼、麻饼肥更好），每 667m^2 施用 400~500kg，或大粪干 1 200~1 500kg，并使肥料与沟内的土掺混匀。然后将取来的苗坨（钵块）按计划埯距排置于沟里，并使苗坨的顶面高于垄面约 2cm。对于植株较矮小、株型紧凑的生态类型品种，采用平均行距 60cm（垄宽 120 ㎝，每垄定植两行）的，定植埯距 28~30cm，每 667m^2 棚田定植 3 000~4 000 埯，每埯双株，每 667m^2 密度 6 000~8 000 株。对于植株松散而又较高大的生态类型尖椒品种，采用平均行距 90cm，定植株距 19~25cm，每 667m^2 密度 3 000~4 000 株。对于持续结果期长、植株较高大的甜椒品种（包括彩色方椒），宜采用 90cm 的平均行距，株距 30~37cm，每 667m^2 定植 2 000~2 500 株。为了减轻起苗时伤根和苗坨完整，要用专制的起苗铲起苗坨。营养块育的苗，要用"L"形直角铲起苗；营养钵（筒）苗床育的苗（不是塑料钵筒）要用"U"形半圆铲起苗。整垄的双沟排置上苗坨后，即可顺沟浇水，以水稳苗，水渗下后用镢头从沟两边往沟里拢土栽苗，达到土埋苗坨，苗行处呈畦脊形，小行中间呈小沟，大行中间（即两垄之间）呈大沟。棚内全田栽植完苗后，采用幅宽 120cm 或 180cm 的地膜，双行根区覆盖。盖地膜的具体方法是：把地膜在垄面上平展拉紧，贴近椒苗，先将一头埋实固定住，然后对准每个苗堆，在平展的膜面上横割一道 10cm 左右长的"一"字形膜孔，把每堆的双株椒苗轻轻地放于地膜之上面，随即用湿土把膜孔堵严。一垄的双行椒苗都放出地膜之上后，将地膜的另一头和两边都埋严并略加踏实。全棚的椒苗盖完地膜后，于大行中间的沟里浇水，浇水量不可过大，以浇后半天能洇湿全部垄背为宜。在寿光，实行起垄定植菜椒的，一般实行地膜根区（垄背）覆盖，以后不再培垄。而平畦定植的一般不盖地膜，当菜椒进入结果期后，分期逐次进行平沟壅土扶垄。两相比较，起垄盖地膜者不仅保温、保墒、防涝性好，而且能降低棚内空气湿度，增加地膜反射光、减轻棚膜内面凝结水滴，保持棚面良好透光性，减少减轻土传病害。

七、冬暖塑料大棚菜椒定植后的管理

（一）光照、温度管理

冬暖大棚菜椒在定植后缓苗期，需要较高的温度促进生根，加快缓苗，因此，在管理上应闭棚提温，使棚内保持昼温 26~30℃，夜温上半夜 16~20℃，下半夜 12~16℃，凌晨最低温度也不低于 10℃，秋冬茬菜椒定植后缓苗期处在"寒露"前后，此时外界气温尚高，白天棚内保持较高的适宜温度不成问题，但应注意在定植前上好棚膜，备好草苫（帘）等覆盖保温物，当定植后晴日午间出现棚内温度过高时，应采取短时间盖草帘遮阴，当夜间棚内温度降到 15℃时，应及时上草帘，适时覆盖保温。越冬茬和冬春茬菜椒定植于大棚后的缓苗期分别处在"小雪"前后和"大寒"前后，均处寒冷季节。在定植后缓苗期为使棚温保持在白天 26~30℃，夜间 12~14℃，昼夜温差 10~18℃的适温范围，基本上掌握闭棚提温，适当早揭早盖草苫增温保温。当晴日中午前后棚内气温高达 32℃，短时间开天窗，适当通风降温，当棚温降至 26℃时即关闭天窗。下午当棚内气温降至 22℃时即盖草苫保温，使大棚内夜温不低于 13℃。早春茬菜椒的缓苗期处在"春分"前后，此时每日的光照时间已比冬季大有延长，光照强度也比冬季增强，晴日白天大棚内的气温升的较高，中午前后当棚内气温高达 32℃时应开天窗和适当开前窗通风降温，当棚温降至 26℃时关闭前窗，当气温降至 24℃时关闭天窗。下午盖草苫时间应适当延后，一般掌握棚温降至 21℃即盖草苫保温。

冬暖大棚菜椒开花结果期的光温管理：此期掌握争光调温，促株壮，促进开花坐果和加速椒果膨大。揭盖大棚草苫等不透明覆盖保温物的时间，应依据棚内气温调节确定，以保持昼温 22~27℃，夜温 15~17℃。昼夜温差 10℃为宜，掌握适当早揭盖草苫，尽可能争取延长光照时间和增加光照强度。尤其在冬季，要特别注意争光和防寒。入冬后随着太阳高度降低（太阳高度角逐渐变小），日照时间逐渐变短，光照强度逐渐变弱，天气逐渐转寒。在对大棚光温管理上，上午尽可能早揭草苫，只要揭开草苫后棚内气温不下降，就应揭开草帘，使棚内接受光照，以相对延长上午的光照时间。在使夜间棚温下降不低于适温范围下限的原则下，尽可能晚盖草苫，以相对延长下午的光照时间。并在棚内的后墙面上张挂镀铝反光幕，争取增加反光照。对大棚塑膜、勤擦除尘污，以保持棚膜良好透光性。严堵棚室的缝隙，逐渐变短白天通风时间和逐渐变小通风量，若遇雪后严寒天气，只在中午短时小开天窗，小通上风。从 12 月下旬至翌年 2 月上旬这段时间，注意闭棚储温，无特殊情况不开前窗口通下风；开天窗通上风的时间一定要短，白天棚内气温不超过要求的适温上限时，闭棚不通风。整个深冬季节，在四茬菜椒的大棚温度管理上应做到，昼温 22~27℃，夜温 15~17℃，短时凌晨最低温度也不低于 10℃。2 月中旬以后，随着太阳高度角逐渐升高，白天光照时间增长和逐渐加大，棚室的温度逐渐回升加快，应逐渐加大通风量，中午前后及时放风降温，即开天窗，又开前窗，上下通风，使晴日中午棚内气温不高于 30℃。

（二）缓苗期至开花结果期水肥供应

为预防菜椒前期植株徒长，引发落花落果和果实膨大速度缓慢，造成前期低产。从缓苗期至坐果初期，在水肥管理上要立足于"控"字，即控水控肥。菜椒比番茄耐湿，定植时要浇足底水。从缓苗期至坐住门椒果、对椒果谢花期，不浇水也不追肥。深冬季节是秋冬茬菜椒结果盛期，越冬茬菜椒开花结果初期，冬春茬菜椒定植后，缓苗及缓苗后植株生长发育前期。若出现缺水现象时，宜从小行距中间膜下小沟中进行小水缓慢淹浇，使冬季大棚内土壤湿度保持表土见干也见湿的程度，以控制土壤湿度，降低棚内空气湿度，既易于大棚保温，又利于根呼吸，从而促进根系发育，植株健壮。2月中旬以后，随着日照逐渐延长和外界气温逐渐回升，白天大棚内升温也逐渐加快，通风量也逐渐增大。同时，土壤蒸发量和植株叶面蒸腾量和植株结果需水量也日渐增加。因此，应逐渐缩短浇水间隔天数和适当增加每次浇水量。一般由12~15d浇1次水，逐渐缩短为8~10d浇一次水，由往小行间膜下小沟内浇水，改为往大行间大沟里灌水。平畦定植未覆盖地膜的，应结合逐次开沟培土于大小沟里浇水。5月中旬至6月中旬，随着昼夜通风和天气干燥，棚内土壤蒸发量大，又植株结果期需水量大，应7~8d浇一次水，而且浇水量要充足，要求浇沟后半天能淹透整个垄背行脊，切不可大水漫灌。

棚室菜椒结果期长，较露地菜椒需肥量大。所以在增施基肥的基础上还应勤追施腐熟的有机肥和化肥。第一次追肥应在门椒坐果并开始膨大时进行，一般每667 ㎡追施磷酸二铵12.5~15kg和多元素微肥，克旱寒促长剂1.5~2kg。结合浇水冲施或追施后浇水都可。若土壤湿度较大时，可只追肥不浇水。第二次追肥应在采收完第二层果后相隔12~15d，每667m² 追施氮磷钾三元复合化肥10kg或尿素、过磷酸钙、硫酸钾各4~5kg。以后追肥掌握每采收一层果实，追施一次肥。在冬季大棚内不可施用碳酸氢铵等易挥发的铵态肥，以免挥发出氨气使菜椒中毒。台湾产的"永富"牌高效氨基酸复合肥、金田宝等叶面肥，可于结果盛期叶面喷施，只要10d左右喷一次，即使在不追施其他肥料的情况下，也可使菜椒持续丰产，不见衰势。

（三）保花保果

不适宜条件下，大棚菜椒易落花落果，造成结果率低，影响高产。菜椒保花保果的主要措施除防止高温、低温、高湿障碍害外，目前，常采用的有效方法是使用坐果灵、防落素和2,4-D等激素对菜椒花朵处理。处理方法详见下表4-6。

表 4-6　棚室菜椒使用激素处理保花保果说明

激素	气温（℃）	使用浓度（ml·L^{-1}）	使用液的配制和处理方法
坐果灵	< 15	30	每 1ml 加清水 0.85kg 喷花
	> 15	20	每 1ml 加清水 1.25kg 喷花
防落素	< 15	30	每 1ml 加清水 0.375kg 喷花
	> 15	20	每 1ml 加清水 0.5kg 喷花
2,4-D	< 15	30	1kg 清水中加入药液 72~74 滴涂花柄
	> 15	20	1kg 清水中加入药液 48~50 滴涂花柄

（四）整枝疏叶

门椒以下的主茎各节易长出侧枝，应及时去除；到结果中后期，下部椒果采收完毕后，要及时摘除植株下部的老叶、黄叶、病叶和无效枝，以利通风透光和防止病害蔓延。

（五）加强中后期管理

5月中旬以后，选择好天气，白天揭掉地膜，运行中耕松土、除草。为防止因伏季强光高温使菜椒易患病毒病、日灼病，可将大棚前檐下的前窗膜撩至前檐上，并大开天窗，昼夜大通风，降低棚内温度。为防止有翅蚜、棉铃虫、烟粉虱、白粉虱等害虫迁入棚内，可于通风窗口处设置尼龙纱网。伏季利用棚膜避雨，再覆盖遮阳网，可使棚内气温降低 1~3℃，还有防冰雹作用。

为提高结果期叶片的净光合率，可叶面喷施 180mg·kg^{-1} 的亚硫酸钠，0.2% 光合微肥，还可喷施 0.2%"永富"牌氨基酸高效复合肥，0.1% 磷酸二氢钾，0.3% 克旱寒复合有机肥（黄腐植酸锌复合多元素肥），0.2% 尿素溶液等叶面肥，防止植株衰弱，增加中后期产果量。

（六）适时采收

一般于开花后 30~35d，果实长足长度和粗度，果肉变厚，果皮变硬有光泽，果色变深，在变红前 5~7d 采收最好，这时果实重量大，耐贮运。但有些早熟或中熟品种，开花后 25d 即可采摘上市，如寿光羊角黄，开花后 25 天即可长成 20~25cm 长、直径 30cm 粗的椒果，可采收上市。

八、辣（甜）椒植株换头再生栽培

辣（甜）椒植株换头再生栽培是指将后期的植株剪去头部，并保留株秆一定高度的四杈斗老侧枝，促其萌发健壮新芽，形成新侧枝，利用新侧枝进行2次或多次生产。其再生栽培技术要求如下。

（一）适度剪去植株头部，促发壮芽形成新侧枝

辣（甜）椒耐热性较差，生产上受冬暖大棚栽培，多行秋冬茬、越冬茬和冬春茬。这三茬菜椒越夏受热后，均生长势弱，且因经过多次分枝使植株生长的偏高而头部松散，枝、叶、花、果均不发达，生产力显著下降。依据菜椒易萌发新芽能形成新侧枝的特性，将其四杈斗以上的侧枝剪去，以促使植株基部和下层的侧枝萌发健壮侧芽，可形成新侧枝，提高生产力。第一次整枝宜在大暑前后进行。在剪植株四杈斗以上的侧枝时，应在侧枝的下部保留一定数量的绿色功能叶片，以继续进行光合作用，制造和积累营养，供植株需要，从而促进加快萌发壮芽。

（二）第二次整枝要留壮芽和加强肥水供应

当第一次整枝以后15d左右，促发的侧芽已长到2~3节，这时要每株选留2~3个健壮侧芽抹掉其余的芽。及时追肥浇水和中耕松土。当侧芽长到15~20cm高时，将植株老枝全部剪去。一般在处暑前后修剪完毕。

（三）加强病虫害防治

在辣椒甜椒再生栽培的前期，正值高温多雨季节，病虫为害较重，要加强药剂保护，防止新生幼芽嫩枝感病。在新芽萌发后，首先喷洒5%顶级乳油（啶虫脒·三氟氯氰菊酯）3 000倍液或58%金手指（58%吡虫啉）5 000倍液或10%虮马光（联苯菊酯·氟啶虫酰胺）750倍液或20%霹雳火（啶虫脒）可湿性粉剂2 000倍液或30%泰乐马（30%吡虫啉）乳油3 000倍液喷雾。防治烟粉虱、白粉虱、蓟马、蚜虫、跳蝉等害虫，可用10.5%开螨（阿维菌素·哒）可湿性粉剂3 000倍液，或20%双甲脒乳油2 000倍液，或1.2%易胜乳油（齐螨素·高效氯氰菊酯）乳油2 500~3 000倍液，或9.5%螨即死乳油2 000~3 000倍液，或10%螨

杀得（10% 灭蝇胺）悬浮剂喷雾防治螨虫和斑潜蝇等害虫。在防治虫害的同时，再喷洒一遍百菌通（DTM）或百菌清可湿性粉剂防治病害。

第三节　冬暖塑料大棚
保护地茄子栽培技术

一、概述

茄子为茄科茄属，一年生草本植物。在热带为多年生植物。是以浆果为产品的蔬菜作物。野生茄子起源于亚洲东南热带地区，果实小且味苦，经长期栽培驯化，风味改善，果实变大，品质变优。味甘而无苦味。现代的茄子是原产于印度的茄子与几种亲缘关系密切的野生种茄子的杂交后代改良变种。中国在公元前 5 世纪已开始种植茄子，因为有些学者认为，中国也是茄子的起源地之一。我国古籍中记载茄子的不少，其中由北魏时我国农学家贾思勰于公元 533—544 年撰著的《齐民要术》这本农业巨著中，在卷二第十四种瓜篇中，就附有种茄子，不过那时种的茄子果实是圆的，而且小。书中描述："大小如弹丸，中生食，味如小豆角"。这与野生茄子的果实大小形状近似。到元代圆茄的果实已明显变大，而且有了长形果实的茄子。远在中世纪以前，波斯人和阿拉伯人把茄子传入非洲，到 14 世纪又从非洲传入意大利。到 16 世纪南欧各国普遍栽培。17 世纪遍及中欧，后来又传入南北美洲。当今朝鲜半岛和日本栽培的茄子，则是在 18 世纪由中国引入的。

茄子的古称谓：伽（jia HIY）子、落苏、昆仑紫瓜、草鳖甲。西汉文学家杨雄（公元前 53 年至公元后 18 年）所撰《蜀都赋》有："盛冬育笋，旧菜有伽（jia HIY）"之句。表明当时在蜀中已引入叫"伽"的新型蔬菜。明代《本草纲目》茄（gie ㄑㄧㄝ（+ 梵语译音用字）的释名，"【颂曰】按段成式云：茄（音译 jia ㄐㄧㄚ加）乃连茎之名。今呼茄菜（gie'cai），其音若伽，未知所自也"。【时珍曰】陈藏器本草云：茄子一名落苏。名义未详。按五代贻子浆作酪酥，盖以其味如酪酥也，于义似通。杜宝拾遗录云："隋炀帝改茄曰昆仑紫瓜。又王隐君养生主论治疟方用干茄，讳名草鳖甲，盖以鳖甲能治寒热，茄亦能治寒热故尔。"

　　将上述《本草纲目》茄子释名译为白话文，大体意思是：宋仁宗时太常博士苏颂所撰《图经本草》中有"按照段成式（公元803~863年，唐文学家、哲学家、山东临淄人）的说法，茄（音 jia）子之名是取自荷茎的名，今才叫茄子菜，茄的读音同伽（jia ㄐㄧㄚ）字。但为什么取荷茎的名命为茄子之名呢？尚不知"。李时珍也在他所撰著的《本草纲目》中说："陈藏器（唐开元中，三原县尉）所撰的《本草拾遗》中，把茄子叫落苏。为什么叫落苏呢？不知详情。五代梁《贻子录》中记述，吃熟食茄子如同品尝酪酥一样绵软可口，故名落苏。杜宝《大业拾遗录》载述，隋炀帝时，改茄子名为昆仑紫瓜。唐王隐君撰著的《养生主论》载述，用干茄子治疟疾，因讳名才把茄子改叫草鳖甲。这是因为鳖甲能治寒热，而茄子也能治寒热的缘故"。

　　至今，中药中仍把茄子名谓草鳖甲。

　　对于茄子全株入药《食疗本草》（唐同州刺史孟诜撰）载有："治寒热，五脏劳"。《本草衍义补遗》（元代朱震亨撰）载述："治妇人乳裂，秋月冷茄子裂开者，阴干，烧存性研末，水调涂；茄根煮汤渍冻疮；折蒂烧灰治口疮；均俱获奇效"。《图经本草》（宋仁宗专命太常博士苏颂撰述成书）载述："茄子主治：大风热痰、磕扑青肿、腰脚拘挛、腰脚风血积冷、筋拘挛疼痛；发背恶疮、坠损跌扑散血止痛。"明代李时珍撰著的《本草纲目》载述："时珍曰，茄子主治：妇人血黄、肠风下血、腹内鳖症、卵溃偏坠、热毒疮肿、虫牙疼痛、喉痹肿痛；其根及茎叶主治：冻疮皲裂，散血消肿，血淋下血，血痢阴挺、齿匿口蕈，久痢不止，女阴挺出，夏月趾肿等症。"

　　国人栽培起源于中国的圆茄已有两千多年的历史，而对于从印度等南亚和伊朗等中亚引入的长茄也已栽培了千年之久。茄子在我国早已是人们喜食的主要蔬菜之一。

近 20 多年来，随着保护地蔬菜生产的发展，在我国北方地区，茄子已由夏秋生产扩至为全年生产，成为周年上市的主要蔬菜品种。茄子是强耐热作物，生长发育需求的温度比番茄、辣椒都高。因此，在 20 世纪 90 年代我国北方地区发展日光温室蔬菜生产的初期，多数人认为冬暖塑料大棚冬季的温度达不到茄子所需求的温度，所以不能实行茄子越冬茬栽培。然而，山东省寿光市孙家集镇南王村两户王姓菜农，率先于 1992 年利用冬暖塑料大棚将茄子越冬栽培，实现了于深冬摘收鲜嫩茄果上市供应。这两户菜农栽培越冬茬茄子的棚田面积分别为 $441m^2$ 和 $428m^2$（有效栽培面积）采用的品种是农家良种"高唐紫圆茄"。其单位栽培面积的经济收益，高于同村其他菜农栽培的越冬茬黄瓜。最早记述冬暖塑料大棚保护地茄子越冬茬栽培技术的书籍，是于 1993 年出版的山东省农业广播电视学校试用教材《蔬菜栽培与病虫害防治》一书。此书中的茄子越冬茬栽培技术，实际上就是上述南王村两户王姓菜农于 1992 年实施茄子越冬茬栽培，获得成功的技术总结。

目前，日光温室茄子栽培技术与 10 年前相比，有如下显著提高：一是采用的品种优良丰富。既有大批量国内新育成的紫萼、紫果柄圆茄和长茄优良品种和杂交一代良种，又有从荷兰等西欧各国引进的杂交一代绿萼、绿果柄的长茄良种。采用这些良种，较 18 年前采用的良种，一般增产 10%~20%。二是较普遍栽培嫁接植株，利用托鲁巴姆、托托斯加等野茄作砧木，以国内外优良品种作接穗嫁接，培育的嫁接植株既高抗黄萎病、枯萎病、根结线虫病，又抗各种根腐病；而且具共生优势，抗逆性增强，产量增加，品质提高。三是采取越冬一大茬或反季节周年栽培，减少开花结果前的大苗期占用棚田的时间，延长持续结果期，从而大幅度提高产量，使越冬一大茬茄子的持续结果期达 10 个月，亩产达 2.0 万 ~2.5 万 kg，可使周年栽培的茄子持续结果期达 11~12 个月，亩产达 2.5 万 ~3.0 万 kg 的高产水平。

二、不同栽培茬次的栽培日期安排

相同栽培茬次相同播种期茄子，因工厂化穴盘育苗的苗龄期较短，苗较小而使定植日期提前。农家用营养钵常规育苗培育大壮苗，因苗龄期延长，定植日期延后10~20d。但采收鲜嫩果的始期并无多大差别（表4-7）。

茄子于冬暖塑料大棚保护地周年栽培，其播种、定植期不受季节温度限制。不论哪个栽培茬次，只要延长持续结果期栽培，均可形成周年栽培。因此，各栽培茬次的播种期，也都是茄子周年反季节栽培的播种、育苗、定植期。

表4-7　茄子不同栽培茬次播种、定植、始采收、拉秧倒茬日期

栽培茬次	工厂化穴盘育苗				营养钵苗床育大壮苗			
	播种（旬/月）	定植（旬/月）	始收（旬/月）	拉秧（旬/月）	播种（旬/月）	定植（旬/月）	始收（旬/月）	拉秧（旬/月）
秋冬茬	上/7~下/7	下/8~上/9	下/10~上/11	上/1~下/1	上/7~下/7	上/9~下/9	中/10~上/11	上/1~下/1
越冬茬	下/8~上/9	上/10~下/10	上/12~下/12	下/3~上/4	上/11~中/11	上/11~中/11	下/12~上/1	下/3~下/4
冬春茬	下/11~上/12	下/1~上/2	下/3~上/4	上/9~下/9	上/2~中/2	上/2~中/2	下/3~上/4	上/9~下/9
越夏茬	下/3~上/4	上/5~下/5	下/6~上/7	中/10~下/10	下/5~上/6	下/5~上/6	上/7~中/7	中/10~下/10

注：1.若嫁接育苗，表中所指播种期是接穗品种的播种期。2.因工厂化育苗，各育苗单位对苗子出盘的苗龄天数及苗子大小标准不同，故播种至定植天数往往差别较大，可差10~20d。3.营养钵育苗，要育成大壮苗，必须有足够长的苗龄天数，如果苗龄天数少，则不能育成大壮苗

三、选用适宜于棚室保护地栽培的茄子品种和砧木

（一）适合选用的圆茄主要优良品种

1.黑丽圆茄 F1。由国外引进的杂交一代良种，植株生长强势，果实圆形，果皮黑紫色，果柄和萼片也是紫色，着色好，具光泽，单果重一般500~700g，大的达1 000g以上。耐储运，适宜于日光温室、大棚越夏及露地栽培，也适宜于棚室保护地反季节周年栽培。

②园丰圆。

③京茄 6 号。

④京茄 1 号。

⑤京茄黑宝。

⑥其他主要圆茄两种：紫瑞、紫光、黑又亮、丰产 828、天宝、韩国特早圆茄、黑秀、黑皇后、北斗早冠、西安紫罐茄、紫阳圆茄等。

（二）适合选用的绿果柄、绿萼长茄主要优良品种

目前，国内种植的绿萼、绿把（果柄）长茄两种主要是从荷兰、法国等西方国家引进的杂交一代良种。

①布利塔。植株开展度较大，萼片绿色而小，叶片中等大小，无刺。早熟，丰产性好，生长速度快，采收期长。果长 25~35cm，横径 6~8cm，单果重 400~500g，果实紫黑色。一般亩产 18 000kg 以上。适宜于冬季温室和早春保护地种植。

② 765。

③京茄 20 号。

④京茄 21 号。

⑤其他主要优良品种：月神、雷龙、曼德拉、光辉、普兰达、卡里曼 1 号、卡里曼 3 号、桑洛娜（绿皮果）、EP-1362、EP-1367、巴马、莲蒂 217、率先 365、丹比璐、美加纳、托巴兹、美国宝冠、赛奇、绿蒂 9188、亚布力、法国长茄等。

（三）适合选用的紫果柄、紫萼的长茄主要优良品种

①黑霸王长茄 F1：由日本国引进，为近年来日本新育成长茄杂交一代良种。植株生长强势，叶片中等大小，株型半开放。早熟，果实长棒形，果皮黑亮细嫩，果柄和萼片均为紫色。商品果长 28~45cm。在日本，多利用日光温室对其周年栽培，一般亩产 25 000kg 左右。

②大龙。

③京茄 13 号。

④京茄金刚。

⑤京茄 10 号。

⑥京茄 11 号。

⑦京茄 218。

⑧京茄黑霸。

⑨京茄黑龙王。

⑩其他主要优良品种：紫光、紫星、金十克、华夏骄子、黑龙王、紫龙、天姿、丽华 1 号、金丰、东阳、远太、长连 1 号、长连 2 号、紫川 1 号、紫川 2 号、亚洲黑长茄 2 号、亚洲黑长茄 4 号、黑俊长茄、黑龙、吉龙、黑将军、黑妹、特力丰、天龙、黑帅、黑阳、黑田等。

（四）嫁接茄子优良砧木的选用

选用好的砧木，对于日光温室栽培嫁接茄子来说有着非常重要的意义。山东省寿光市农业技术中心于 2010 年的茄子砧木试验结果证明，从嫁接后植株形态指标变化和嫁接植株防治根结线虫的效果，以及嫁接茄子产量和品质的表现均以选用托托斯加、托鲁巴姆、黏毛茄作砧木最优。

茄子嫁接对砧木的筛选情况可参见如表 4-8、表 4-9、表 4-10、表 4-11 所示。

表 4-8 不同砧木对根结线虫抗性的影响

品名	供鉴株数	根结数（个/株）	病级	抗性类型
赤茄	30	45	5	中感
耐病 VF	30	40	5	中感
托鲁巴姆	30	0	0	免疫
CRR	30	2	1	抗
托托斯加	30	0	0	免疫
温棚茄砧	30	4	1	抗
水茄	30	7	3	中抗
黏毛茄	30	0	0	免疫
济茄	30	80	9	高感

表 4-9　茄子嫁接后形态指标的变化　　（2010 年，寿光农技中心）

品种	砧木	愈合速度（d）	成活率(%)	植株长势	坐果力
布利塔	托鲁巴姆	6	95.5	强	中
	托托斯加	7	93.3	强	中
	黏毛茄	6	97.0	强	中
	CK1			中	中
黑帅	托鲁巴姆	6	94.8	强	中
	托托斯加	7	95.2	强	中
	黏毛茄	6	96.7	强	中
	CK2			中	中

表 4-10　茄子嫁接对根结线虫病的防治效果 （2010 年 9 月，寿光农技中心）

品种	处理	病情指数 %	防治率 %
布利塔	托鲁巴姆嫁接苗	4.25	92.4
	托托斯加嫁接苗	5.06	91.0
	黏毛茄嫁接苗	4.25	92.4
	自根苗	55.92	
黑帅	托鲁巴姆嫁接苗	4.33	92.8
	托托斯加嫁接苗	5.09	91.6
	黏毛茄嫁接苗	4.16	93.1
	自根苗	60.55	

表 4-11　茄子嫁接植株与自根株产量比较（2010 年 9 月，寿光农技中心）

品种	处理	亩产量（kg）	亩增产幅（kg）	增产率（%）
布利塔	托鲁巴姆嫁接株	17312.5	3227.3	22.9
	托托斯加嫁接株	17513.9	3428.7	24.3
	黏毛茄嫁接株	17115.7	3030.5	21.5
	自根苗株	14085.2		
黑帅	托鲁巴姆嫁接株	18811.5	3598.1	23.7
	托托斯加嫁接株	18700.9	3487.5	22.9
	黏毛茄嫁接株	18859.8	3646.4	24.0
	自根苗株	15213.4		

　　选用布利塔长茄、黑帅圆茄等长茄和圆茄优良品种作接穗，选配野茄托鲁巴姆、托托斯加、黏毛茄作砧木，培育的嫁接苗植株与自根苗相比，不仅产量高，增产幅度较大，而且品质好。通过测定，其果实的硬度、花

青素含量、蛋白质含量以及维生素 C 含量都没有什么变化。

因此，目前在我国棚室蔬菜主产区之一的山东寿光，日光温室栽培茄子，绝大多数都采用嫁接苗，而嫁接苗子所用的砧木，主要是选用托鲁巴姆、托托斯加和黏毛茄。

四、培育嫁接茄子适龄大壮苗

（参照第二章育苗技术）

五、定植前的准备和定植

（一）定植前的各项准备工作

1. 清洁棚田　前茬作物拉秧倒茬后，立即清洁棚田，将前茬遗留的残枝败叶、病根都扫除干净，运出棚外烧毁。

2. 整地施肥　一般亩撒施经过沤制发酵腐熟的农家有机肥（厩肥、鸡鸭粪、土杂肥等）10m³，氮磷钾三元复合肥 50kg 左右，硫酸钾 30kg 左右，结合耕翻地 25~28cm 深，把肥料翻施入整个耕作层土壤中。

3. 整平地面、起垄　将耕翻后的棚田耢、耙 2~3 遍，然后耧平，整得耕作层土壤上暄松下实。然后按照计划行距起垄，起垄高度要达到 18~20cm。一般早熟品种，植株较矮，而且紧凑，垄距宜 60~70cm，株距 32~37cm，每亩定植 3 000 株左右。晚熟品种，植株较高大，而且较松散，垄距宜 80~90cm，株距 37~42cm，每亩定植 2 000 株左右。

4. 越夏茬、秋延茬、越冬茬定植前要高温闷棚　选择连续 3~5d 晴朗天气，选用 15% 菌毒清［一·二（辛基胺乙基）甘氨酸盐］300 倍液，喷布冬暖大棚的所有内面，然后严闭大棚，闷棚 3~5d。一般在第 3 天的中午前后，棚内气温可达 65℃ 左右，5cm 地温也达 50℃ 左右。高温加药剂，能有效杀虫、灭菌、消毒。在定植前两天，大开通风口，通风降温，降至棚内气温为 25~30℃，适宜于定植茄子所需的温度。

5. 冬（早）春茬定植前喷药消毒，烟熏灭虫，提早提高棚温　先于棚室内面喷布 15% 菌毒清可湿性粉剂 300 倍液消毒，再用 20% 异丙威烟剂每 667m² 350~400g 闭棚熏烟 7~8h，杀灭棚室内潜藏的白粉虱、烟粉虱、蓟马、蚜虫、潜叶蝇等害虫。因茄子生长发育要求较高的温度，冬

281

（早）春茬茄子定植的时间是处于1月下旬至2月上旬外界寒冷期，所以在定植前提早采取措施提高棚温，使棚内10cm地温控制在13~15℃以上。

（二）定植

定植应选晴日进行，按计划密度用镢头于垄上开穴，穴中浇水，当水渗下一半时，将带土苗坨或基质苗坨放在穴中，水渗后壅土封埯。定植后，将垄面整修后再覆盖地膜。地膜按膜下苗的位置打孔，把茄苗引出膜外，再将膜拉紧盖严，用土堵盖膜孔和压住膜边。

六、定植后的管理

（一）缓苗期的管理

越冬茬和早春茬栽培，茄子定植期处在较寒冷的季节，温度低是影响缓苗的重要因素，因此，要重点加强温度管理，提高棚温。在定植后的10~15d内，白天中午前后使棚内气温保持在28~32℃，以提高棚内地温，促进茄苗发根。此期一般不通风，以利保温保湿。如晴天中午前后棚温过高，茄苗出现萎蔫时，可盖花苫遮阴。缓苗期一般不浇水，垄间要中耕保墒增温。夜间棚内温度一般要保持在15~20℃，不要低于12℃。

秋延茬茄子的定植期，自然温度可以满足缓苗期的需要，但此期晴天中午往往光照强、温度高，土壤蒸发和叶面蒸腾量大，使茄子出现萎蔫，所以定植后要注意适当浇水和晴天午间遮阴以减少蒸发量，促进缓苗，为茄子的早发壮长打基础。

（二）结果前期的管理

定植的茄子大壮苗，在10~15d门茄即可开花。开花授粉至门茄瞪眼期，约需8~12d。从门茄开花至商品果采收期，约需25d左右。此期称为结果前期。这段在管理上主攻目标是促进植株稳发壮长，防止徒长，搭好高产骨架，防止落花落果，提高坐果率。此间也是决定采用常规三杈留枝整枝法或采用阶梯形循环整枝新技术的关键时期。

1.温度调控　加强调控温度，使温室内白天保持在26~30℃，若超过32℃可进行适当通风换气。夜间要加强保温，加盖草毡，草毡之上再加一层薄膜，不仅起一定的保温效果，而且防雨雪，使棚内温度维持在16~20℃，最低不低于12℃。如果白天温度持续高于35℃或低于17℃以下，都会引起落花或出现畸形果。

2. 水肥供应　在门茄瞪眼期之前，在水肥管理上是立足"控"字，即通过减少浇水或不浇水和不追肥，控制植株营养生长，防止徒长。如遇干旱，可洒浇或轻浇小水。要十分警惕田间水分过多造成植株徒长，导致落花。在瞪眼期后，要转为加强肥水供应。结合浇水亩冲施尿素6~7kg和硫酸钾7~8kg，或冲施氮磷钾三元高钾复合肥13~15kg。为防止浇水引起地温降低，宜选择晴日上午浇水，并实行隔沟灌水涸垄。为防倒伏可揭开地膜培土。

3. 采用阶梯形循环整枝技术整枝　日光温室茄子传统的整枝方法是：早熟品种，植株较矮，株型较紧凑，宜采用三杈留枝；而中晚熟品种植株高大，株型较松散，宜采用两杈留枝。对一次分枝以下抽发的侧枝都及时打掉。近几年，在山东省寿光地区，菜农们采用茄子阶梯形整枝技术，对日光温室茄子整枝。具体方法是：

在植株定植后主茎第一朵花以下保留一个侧芽，与主茎共同形成的两条主秆呈"Y"形分布。将这两条主秆逐渐培养为结果母枝。每条结果母枝依次培养7条结果短枝，每条结果短枝坐住一个果时，在果后保留2片叶摘心。每条结果短枝上的茄子采摘后，在距结果母枝1cm处用剪刀把该结果短枝剪掉，促使其基部潜伏芽萌发，并再次生长成结果短枝；依次类推，以后长出的结果短枝都是这样在果实膨大时摘心，而在采摘果后就剪枝，让结果母枝的各个结果短枝基部潜伏芽由下而上不断循环萌发开花结果。

结果母枝和结果短枝的培养，两条主秆在生长过程中每隔2~3片叶着生1朵花（雌雄同花），花下面形成均衡的双杈分枝，其中，一条分枝培养成结果短枝，另一条分枝作为结果母枝的一部分让其继续生长。如此自下而上呈现规律的双杈分枝，各层分枝一条培养为结果短枝，另一条分枝作为结果母枝的一部分让其继续生长，直至依次出现了7条结果短枝后，与这条结果短枝对应出现的分枝长出两片叶后打顶。

这种茄子阶梯形循环整枝方法，适于嫁接茄子于棚室保护地栽培应用。该方法有利于设施内通风和采光，能有效避免病虫害可实现茄子高产优质。现将茄子双杆整枝与阶梯形循环整枝，茄子产量对比情况如表4-12所示。

表4-12　阶梯形循环整枝对产量的影响（寿光市农业技术中心提供 2010 年 6 月）

试验地编号	处理	品种	小区产量（kg）				每亩产量（kg）	增产率（%）
			I	II	III	平均		
I	阶梯形整枝	月神	852.6	838.2	878.1	856.3	31 730.7	30.6
	双干整枝		659.2	668.7	639.3	655.7	24 297.3	
II	阶梯形整枝	黑帅	879.5	841.8	840.0	853.8	31 636.5	31.9
	双干整枝		620.3	656.3	665.2	647.3	23 986.1	

注：试验 I 在寿光市洛城街道蔬菜基地，种植的品种为"月神"。试验 II 在寿光市圣城街道北关村，种植的品种为"黑帅"。试验期 2009~2010 年。

4. 采取有效措施，提高坐果率　影响茄子坐果率高低的因素有很多，除花器自体构造出现缺陷外，温室内持续高温、高湿，尤其夜温过高和连续阴雨天气或遇寒流阴雪天气，温室内低温寡照，以及病虫为害，都可引起茄子授粉受精不良，导致落花落果。为防止茄子落花脱幼果，提高坐果率，除要有针对性地加强管理外，还应采取如下有效措施之一来保花保果，提高坐果率。

（1）利用熊蜂授粉：利用熊蜂授粉的技术，参见番茄利用熊蜂授粉部分。

（2）用 2,4-D 稀释液涂抹花柄。"二·四—滴"又名为"2,4-D"，学名"2,4-二氯苯氧乙酸"，是一种植物生长调节剂。用浓度为 0.002%~0.003% 的 2,4-D 溶液涂抹茄子的花柄，可防止茄子落花落果。在此浓度范围内，气温高时浓度可低些，反之则高些。在涂抹果柄时，不能把药液溅到叶片和茎秆上，以防造成伤害。使用 2,4-D 涂花柄的最佳时期是花朵含苞待放和刚开放时。要于使用的药液中加入少许红墨水作标记，以防止重复处理。为防止涂抹花柄而传播灰霉病，应在 1kg 处理茄子花朵的 2,4-D 溶液中加入 1g 50% 的速克灵（腐霉利）可湿性粉剂。

针对目前有些刚开始栽培日光温室茄子的菜农，在使用 0.003%~0.005% 浓度的 2,4-D 涂抹花柄中，因不分温度高低，用一个浓度的溶液处理花朵，温度高时致出现大量畸形果，温度适宜时也会影响茄子正常生长，果实发育不良等问题，建议于 2,4-D 溶液中加入相同浓度（与 2,4-D 同量）的赤霉素，这样即可克服存在的弊病，又可促进茄子膨果，效应良好。但上述浓度溶液，只限用于涂抹茄子花柄，既不能绕花柄涂抹一圈，也不能顺花柄拉长抹，只能点在花柄上且其长度不要超过 1cm。毛笔上的药液不可蘸得太饱，避免药液流滴对主茎、花苞、叶片造成药害。

（3）用防落素稀释液喷花朵。防落素（4-CPA）化学名称对氯苯氧乙酸，又名坐果灵、番茄灵等。也是一种植物生长调节剂。防落素在茄子上使用的浓度为 30~50mg·kg^{-1} 之间，尤以 40mg·kg^{-1} 为宜。一般掌握在温度低时 15~20℃ 浓度可高些，气温高时 20~25℃ 浓度可低些。用防落素处理的茄子花朵的方法是，将配制好的药液注入小型喷雾器里，右手拿着喷雾器对准要处理的花朵喷雾，以把花朵喷湿为度。但尽量避免药液喷溅到嫩叶上，因此，在喷时应用左手的食指和中指轻轻夹住要喷的茄子花柄，并用手掌遮住不处理的部分。在花朵盛开时喷防落素，对于尚未开放的花朵不宜喷。每朵花只喷一次。可相隔 4~5d 喷 1 次，并因间隔时间比使用 2,4-D 的间隔时间长，当进行下一次喷时，上一次喷过的花朵的子房已发育膨大，用肉眼即可分辨，故不必在药液中添加颜料作标记。当昼温达到 25~30℃，夜温为 16~20℃ 时，即停止使用。

由于采用防落素处理的果实膨大速度在开始稍慢于用 2,4-D 溶液处理的花朵，但半个月之后就能逐步赶上。所以，不能认为防落素的效果差而任意增加浓度，因过高的浓度将带来药害，出现果实大脐等畸形现象。

（三）结果盛期管理

门茄采摘以后，茄株转入结果高峰期，此期茄子的生殖生长与营养生长双旺，也是提高产量的关键时期。因此期内茄子生长量大，结果数量增加，不仅要求充足的肥水供应，而且要求较强的光照强度和适宜的较高温度。管理的主要措施如下。

1. 温度调控　越冬茬和早春茬，随着盛果期的到来，气温有所回升，但室外仍然温度很低，而且寒流反复出现，因此，搞好温度调控十分重要。白天棚温保持在25~30℃，夜间在15~20℃为宜，昼夜温差在10℃左右比较适宜。如白天棚温超过32℃，即开顶窗放风。寒流来时要注意加强保温，尤其是灌水之后，除注意排湿外，要闭棚升温，以气温提高地温。当茄子进入盛果后期、棚外气温升高，为防高温为害，晴天白天可通底风，即将棚前膜卷起，夜间棚温不低于16℃不关顶窗，保持通风。秋延茬栽培，整个盛果期，棚外气温逐渐下降，处在寒冷季节，更需加强防寒保温。

2. 尽可能多采光　光照是大棚热量的重要来源，也是光合作用不可替代的动力源泉。因此，改善光照条件是夺取高产的重要措施。在此期，要注意早揭草苫争取每天有较长的光照时间。同时，需经常擦拭薄膜上的灰尘，以提高透光率。尽量减少棚膜上的水滴，可通过选用无滴膜、棚膜防水剂以及地膜下灌水，灌水后及时排湿，降低大棚湿度等措施，来改善棚室的光照条件。长期阴雨，可考虑安装农艺钠灯等人工光源等辅助措施。

3. 增加肥水供应　在持续结果旺盛期也是茄子需要肥水量最多的时期，为加快茄果膨大速度，提高产量，必须加强肥水供应。进入盛果期后，每8~10d浇水1次，结合浇水以水冲肥，追肥除氮钾二元复合肥、磷酸二胺、尿素和硫酸钾外，也可亩追人粪干800~1 000kg，或腐熟的豆饼水、豆浆水。有机肥最好与无机肥配合施用。并注意在茄子结果期，不宜施过多的磷肥，否则会导致果皮变硬和老化而降低品质。

4. 整枝和摘除衰败老叶　因老叶已失去光合能力，且易染病，还影响群体内部的通风透光，摘除的老叶并带出棚外，烧掉或深埋。门茄以下如再有侧枝出现也要及时抹去。植株生长旺盛，可适当多摘老叶，如栽植密度大，枝叶茂密，可适当疏除空枝和弱小植株。

（四）适时采收

茄子的采收太早影响产量，过晚品质下降，还会影响后面茄果的生长发育，同样降低产量。适宜的采收期要看"茄眼"（萼片与果实相接处的浅色环带），环带呈白色或淡绿色，环带明显，则表明茄果还正在生长中，环带狭窄或已不明显，说明茄果生长已转慢，应及时采摘。采摘时还要参考市场价格，价格好可适当早采收。门茄可适当早采，因门茄采收期，植株处在结果初期，门茄早采摘有利于植株发棵。采收时宜用剪刀或刀，齐果柄割断，以免果柄在贮运中将果皮划破。

七、冬暖塑料大棚茄子二氧化碳施肥

CO_2 施肥在茄子上有明显的效果，在苗期施用对培育壮苗、在结果期施用对提高产量都很显著，日本有人研究茄子 CO_2 使用浓度在 $3\,000\text{ml}\cdot\text{L}^{-1}$。果实的产量是 $300\,\mu\text{l}\cdot\text{L}^{-1}$ 浓度下的 3 倍（详见下表 4–13）。说明茄子施用 CO_2 有较大的增产潜力。当然，不是说 CO_2 的施用浓度一定要达到 $3\,000\text{ml}\cdot\text{L}^{-1}$，但说明在此范围内效果明显。因此，应大力提倡保护地 CO_2 气体施肥。在茄子上的 CO_2 施用浓度，国内一般认为 $1\,000\text{ml}\cdot\text{L}^{-1}$ 较为适宜。但根据荷兰对 CO_2 施用研究认为，CO_2 浓度控制在 $450\sim500\text{ml}\cdot\text{L}^{-1}$ 的范围内比较经济。

表 4–13　二氧化碳浓度对茄子花数及果实产量的影响　（今津 1967 年）

二氧化碳浓度 微升 / 升 （$\mu\text{l}\cdot\text{L}^{-1}$）	花粉结实率（%）	花数（株）	果实产量 / 株		
			个数	鲜重（g）	干重（g）
200	92.5	81.2	9.8	861.8	64.8
300	97.8	90.8	8.5	734.5	58.1
900	94.0	150.1	19.8	1 335.5	105.2
3 000	95.0	158.8	28.3	2 271.0	135.9

八、冬暖大棚保护地多年种植

茄子是原产热带地区的喜温性作物，在满足温度等条件下，具有多年生长的习性。实践证明，在冬暖式大棚栽培条件下，可以一种多收，连续栽培 2~3 年，不仅节约成本，减少用工，而且可以获得高产高效的种植效果。一年两收，每亩（667m²）收入可达 5 万 ~6 万元以上。

（一）栽培品种

茄子多年生栽培，应选择生长势旺盛，分枝性强，耐寒，抗病和商品性好的中晚熟品种。例如长茄良种长杂 8 号、布里塔、黑帅、月神、光辉、紫龙、丽华 2 号、远大等，圆茄良种：圆丰 1 号、黑又亮、圆杂 16 号、黑克 2 号、宝来等。

1. 第一次修剪与剪后管理 冬暖式大棚越冬茬茄子，盛果期之后，随着夏季的到来，不仅结果减少，品质下降，而且经济效益也大幅度下降。因此，8 月中、下旬可进行第一次整枝修剪，修剪的方法是从对茄以上 10cm 处，将侧枝全部剪掉，剪口距地面约 30~35cm。如气温过高剪枝可适当拖后。剪后伤口用农用链霉素 1g 加 80 万单位的青霉素 1 支，加 75% 的百菌清可湿性粉剂 30g，加水 25~30ml，调成糊状，涂于剪口，防止感染。

剪枝结束后，结合培垄，每亩施复合肥 10~15kg、腐熟好饼肥 l50kg、培垄高 10cm，然后浇一次小水。剪枝后腋芽很快形成侧枝，8~10d 开始定枝，每株按不同方向均匀选留 3~4 个侧枝。再过 7~8d 开始现蕾。有 50% 的植株结果后，要肥水齐供。第一次追肥可亩施氮钾二元复合肥 8~12kg，以后每 8~10d 浇一水，隔一水追一次肥，保持地面见湿不见干。寒露后开始上膜，转入越冬前的栽培管理。

2. 第二次修剪与管理 第一次剪枝后，"霜降"前后茄子即可大量上市，于大雪之前 5~6d，可将茄果全部采收完，在"大雪"前后进行第二次剪枝。剪口较第一次修剪矮 5cm，剪后将剪口涂药。

剪枝后，在大行内开沟追施饼肥 200kg，小行内要进行深中耕，但不要伤根和碰伤主秆。大棚温度，白天控制在 25~28℃，夜间保持在 12℃以上。此期采取中耕保持地面松喧、保墒、升温保根，并注意防治病虫。

第二年"立春"之后，选晴天上午在小行内浇一次水，结合浇水亩追施三元复合肥 10~14kg。随着天气转暖，侧枝不断生长，每株选留 3~4 个枝条，第一花芽以下的侧枝全部去掉，以后转入正常管理。

以后的修剪可如同前两次修剪，周而复始。

（二）几个应注意的问题

（1）多年生茄子在栽培过程，一定注意加强病虫害的防治，以保持植株的健壮生长，才能确保较高的密度。

（2）多年生茄子一般前两年效益好，第三年效益下降，主要是根系老化，枝干木质化程度高，发枝较弱，再是病株逐渐增加，密度减少（包括机械损伤），产量降低。因此，一般栽培两年为宜。

九、茄子的病虫害防治方法

茄子一生中有多种病虫为害，主要有黄萎病、菌核病、枯萎病、灰霉病、叶霉病、猝倒病、褐纹病、绵疫病和青枯病；虫害主要有蚜虫、红蜘蛛、茶黄螨、白粉虱等。具体防治方法，参见第七章棚室保护地无公害蔬菜病虫害防治技术。

第五章

棚室保护地豆类蔬菜栽培技术

第一节　棚室保护地菜豆栽培技术

　　菜豆为豆科，菜豆属中的栽培种，为一年生蔓性草本植物，别名芸豆、四季豆等，是以嫩荚果和种子供食的蔬菜。菜豆起源于南美洲和中美洲，原是一个野生种。由于分别于墨西哥和秘鲁两地区别驯化栽培，在墨西哥的形成了色浅小籽粒型的品种。大约在明代中期，沿滇缅古道由印度引入中国。明代李时珍于1596年撰成的《本草纲目》中对菜豆有记载。不过把菜豆叫作"刀豆"。当时也有学者把菜豆说成是藊（扁）豆的一个类型品种，而与扁豆等嫩荚菜混淆。"菜豆"本为豆类菜的泛称，而用于专指则始于清代，清末《北京志》中载"菜豆，俗称洋扁豆，取未熟之荚进行各种调理"。清代宫廷名点，"芸豆卷"则是用菜豆种子磨粉做成的。菜豆由中国传至日本，日本人称菜豆谓"唐豆""隐元豆"。

　　菜豆除含有糖类物质外，还含有丰富的蛋白质、脂肪和多种维生素及矿质元素，是营养价值很高的蔬菜，颇受广大群众喜食。近年来，我国北方地区利用冬暖塑料大棚（日光温室）和拱圆形塑料大棚保护地，一年中多茬次栽培，从而实现了菜豆周年上市供应。

　　菜豆根系发达，主根扎深80cm以上，侧根分布直径60~70cm，根上的根瘤有固氮作用。根系吸收能力较强，对土壤要求不严格。

菜豆茎较细，有无限生长和有限生长两种类型。无限生长类型又称作蔓生型，需搭架，因茎蔓有缠绕性故不需绑蔓。无限生长型适合大棚、温室种植，能夺取高产。在我国棚室蔬菜主产区之一的山东寿光，日光温室越冬茬芸豆，每 $667m^2$ 的产量可达 10 000kg 以上。

菜豆是喜温较耐热性蔬菜，不耐霜冻，生长适宜温度为 18~20℃，开花结荚最适宜温度为 18~25℃，高于 27℃ 和低于 14℃ 则引起落蕾落花、落幼荚。0℃ 即受冻害，2~3℃ 低温叶片暂时失去绿色，当温度回升至 15℃ 后 2~3d 则可恢复正常生长。植株在 10℃ 以下生长不良。32℃ 花粉发芽力不减，但引起大量落花落荚。芸豆花芽分化的适宜温度为 20~25℃，高于 27℃ 或低于 15℃ 容易出现不完全花。9℃ 以下不能分化花芽。

菜豆要求较强的光照，是短日照作物，但对日照长短反应不敏感。因此于棚室保护地，一年四季都可种植。

菜豆是总状花序，每一个花序约有 15~25 个蕾，其花朵为蝶形完全花，紫花植株和白花植株都为虫媒花。紫花植株的花朵自花受精率 10%~30%，而白花植株的花朵自花受精率不到 10%，目前不论是露地栽培还是棚室保护地栽培，菜豆的平均开花结荚率不到 20%，如果将其开花结荚率提高到 30%，那将使目前的单位面积产量翻一番。

一、菜豆棚室保护地栽培季节茬次的安排

菜豆既不耐低温和霜冻，又不耐高温高湿。在夏季高温多雨条件下生长不良。菜豆于露地栽培的月平均气温为 10~25℃ 比较适宜。棚室保护地栽培菜豆要获得丰产，必须选用采光和保温性能良好，冬季短时的绝对最低夜温不低于 12℃，夏季当外界气温高达 30~35℃ 时，通过通风措施能使棚室内的气温降至不高于 28℃。且能浇水和排涝。可于选择的棚室保护地安排：日光温室越冬茬、冬春茬、秋冬茬生产，拱圆形塑料大棚早春茬、秋延茬生产。

（一）日光温室保护地菜豆栽培茬次安排

1. 日光温室越冬茬 9月上、中旬播种，11月上、中旬至翌年3月下旬、4月上旬为收获期。该茬温度条件差，光照弱，栽培密度要略小，产量较低，但产品价格较高，经济效益较好。

2. 日光温室冬春茬 11月下旬至12月上旬播种，翌年2月下旬至6月上旬收获。此茬苗期低温，逐渐地光照、温度都比较适宜，产量最高，经济效益也比较可观。

3. 日光温室秋冬茬 8月中、下旬播种，10月上、中旬至翌年1月下旬收获。此茬菜豆在前期温度光照还比较适宜时完成花芽分化和开花结荚过程，让荚果在低温来临期缓慢生长，维持到春节之前上市。

（二）拱圆塑料大棚保护地菜豆栽培茬次安排

1. 大棚早春茬 河南、陕西、山西南半部、山东、苏皖北部可于2月上旬至3月上旬育苗，3月下旬定植，4月下旬至6月中旬收获。山东省以北地区播种育苗，定植时间应陆续向后推迟。

2. 大棚秋延茬 8月上旬直播，9月中旬至11月中旬收获，依据各地秋末第一次较大寒流到来的时间规律，采取早打顶，及时结束收获，以免使果荚遭受冻害而失去商品价值。

二、选用适于棚室保护地栽培的良种及其育苗

（一）选用菜豆优良品种

棚室保护地栽培菜豆，一般不采用植株有限生长型品种，而是绝大多数采用无限生长型品种，并尽可能延长持续结荚果期，以增加产量。目前我国北方地区选用的主要有如下四个系列品种。

1. 绿龙系列品种 如绿龙、荷兰绿冠王、绿丰、精选绿丰王、绿意、碧丰等。该系列品种是中国农业科学院蔬菜花卉研究所和北京市农林学院蔬菜研究中心从荷兰引进的。现以"绿丰"为例，介绍其特征特性。

绿丰菜豆：植株蔓性，无线生长型，生长势强，侧枝多。花白色，始花序节位5~6叶节，每花序结荚3~5个。商品嫩荚绿色，宽扁条形，长21~23cm，宽1.6~1.8cm，厚0.7~0.9cm，含种子部分荚面稍凸出。单

荚重 14~20 克。纤维少，质脆嫩，甜味。尤其适宜切丝炒食。该品种较早熟，在山东地区春季播种后 65d 左右始收。抗逆性较强，抗锈病和锈斑病。多采用 1 埯双株播种或定植，每亩栽培 7 000~9 000 株（3 500~4 500 埯），吊架立体栽培，一般产荚果 5 500~6 500kg。

2. 泰国架芸豆系列品种　如全秋架豆王、泰国特长架豆、特长九粒青芸豆、名都架芸豆等，均由泰国引进。以泰国特长架豆为例，其特征特性如下。

泰国特长架芸豆：中熟蔓生。生长旺盛，夜深绿色，叶片肥大，自然株高 3.5m，有 5 条侧枝，侧枝继续分枝，花白色，第一花序着生于第三或第四叶节上，每花序开 4~8 朵花，结荚 3~6 个。荚果绿色，荚圆条形，长 30cm 左右，横径 1.1~1.3cm，单荚果重 30g 左右。一般单株结荚 70~80 个，最多可结 120 个，从播种到始采收 75d，每亩栽培 4 000~6 000 棵，产商品嫩荚果 6 000~8 000kg。本系列品种表现稳定高产，抗病、耐热、耐湿。其突出优点是从结荚到完熟无筋、无纤维，荚肉厚，商品性好，品质鲜嫩，属高产抗病的优良品种。

3. 油豆系列品种　如将军一点红、万生特长油豆 2 号，精选将军一点红等。因其荚果油绿，故称"油豆"。该系列品种由哈尔滨市农业科学院蔬菜花卉分院选育，其特征特性如下（以精选将军一点为例）。

精选将军一点红：蔓生，中早熟，从播种到采收 70d 左右，生长势强，叶片较深绿，花紫色，嫩荚绿色油亮，着光部位荚尖部有紫条纹，因此被称为"一点红"。荚扁条形，平均长 20cm，荚宽 2.1cm 左右，单荚重 20~30g，平均 25g 左右，外观商品性极佳，无纤维，肉质面，是典型的东北优质油豆角。种皮灰白色底带红色纹，椭圆形，千粒重 400g 左右。该品种抗逆性强，不早衰，春、秋皆可种植，露地栽培和保护地栽培兼用，尤其在保护地栽培表现更佳、更高产，是山东省各主要蔬菜产区采用的芸豆当家品种之一。

4. 白皮芸豆系列品种　如双丰 3 号、精选寿光老来少等，主要分布于山东寿光、青州、寒亭、诸城一带。以老来少芸豆为例，其特征特性如下。

老来少芸豆：又名白胖子芸豆，是寿光市农家品种。植株长势中等，蔓长 2.2m 左右。花白色稍带紫红，荚扁条形，中部稍弯曲。嫩荚近采收时由绿色变为白色，外观似老而质嫩，纤维少，品质好，较抗锈病、疫霉根腐病，播种后 60d 左右始收。种子肾形，棕色。该品种品质优，产量高，适宜于棚室保护地春、秋两季栽培。一般密度为每亩 6 000~8 000 棵。

（二）菜豆营养钵育苗技术

菜豆传统露地栽培主要采取直播，极少育苗移栽。但近年来随着蔬菜设施栽培的发展，菜豆多采用营养钵育苗移栽，其主要好处有：一是能提前上市供应，尤其冬春茬（早春茬）菜豆可于 2 月中旬或下旬采收上市。二是与直播相比，可使前茬作物推迟拉秧倒茬，延续后期结果，增加产量。三是减少了本茬苗期占用定植田的时间，相对在栽培期内增加了持续结荚时间。四是能保证苗全、苗齐、苗壮，促进早开花结荚。明显增加产量。因此，用营养钵培育菜豆壮苗是棚室保护地芸豆生产的高产高效关键性技术之一。菜豆壮苗具抗病性好，抗低温能力强，花芽分化充分，定植后缓苗快，生长壮旺，结荚早，结荚多。要培育菜豆壮苗需搞好如下各项技术措施。

1.精选种子　这是保证发芽整齐、苗全、苗壮的关键。要选择籽粒饱满、种皮有光泽、具有本品种特征的种子；剔去已发芽、有病斑、虫伤、霉烂、机械混杂的种子。二年以上的陈种子发芽力和发芽势都弱，不宜采用。

2.种子消毒灭菌　播种育苗前先将种子在晴日下晒 1~2d，如此可促进种子吸水发芽整齐。然后再针对性采用药剂消毒灭菌。如果定植的棚田前茬炭疽病、枯萎病发生重，对本茬菜豆种子处理应选用 40% 福尔马林300 倍液浸种 20min，若是多发生细菌性疫病、晕疫病，则用 0.1% 硫酸铜水溶液浸种 15min；药液浸种后捞出的种子用清水冲洗种子表面的药液。然后按每亩栽培面积的用种量，加 50g 根瘤菌粉剂拌种，以促菜豆早日发生形成根瘤。拌上根瘤菌的种子，不能再晒太阳，以免失去根瘤菌剂拌种的作用。

3.土生催芽　这是山东寿光菜农近五年来摸索到的最成功的经验，它对菜豆一播全苗、苗齐、苗壮至关重要。其方法是：先于日光温室内选择通风良好的一小块土地，整平后铺上一层塑料薄膜，在薄膜上撒上5~6cm厚的一层细土，并喷水淋湿为度（不可太湿，以防烂种），然后将种子撒于土上，摊匀，在种子上面撒盖1~2cm厚的覆土，再盖上一层地膜，以对种子萌动发芽非常有利。

4.带芽播种育苗，或仔苗断根扦插育苗　无论是带芽播种育苗，还是仔苗断根扦插育苗，都以在营养钵苗床进行最适宜。营养土的配制方法是：园田肥沃土6~7份，腐熟厩粪3~4份，掺拌均匀。营养钵采用上口径为8~9cm，高8cm的塑料钵，将营养土装入塑料钵中，装土高度达到钵高2/3，空出上部1/3。浇足底水，水渗下后，随即挑选经过3~4d土生催芽，发芽长度达1cm左右，而且健壮的带芽种子播种，每个营养钵播种两粒。播种后随即添加湿度较大而且能散开的营养土，填满钵口为止。一般从土生芽种子下种催芽至营养钵育成的苗子，移栽定植，历经24~26d，营养钵育苗，还要进行炼苗、蹲苗，以促进其花芽分化和苗子墩壮。

仔苗断根扦插育苗，可用育苗盘育幼苗，也可以使土生催芽的种子出苗后用作扦插。扦插的方法是：从刚出土和出土才1d的幼苗中挑选健壮苗，用刮脸刀片在下胚轴尖端1cm处垂直切去发根部分，把断根后的幼苗扦插于已浇足水的营养钵中1cm深，每个营养钵扦插两棵幼苗。扦插好后随即填加湿度较大的营养土，填满为止。断根扦插播种后将营养钵苗摆放在温室或大棚内，利用小拱棚盖塑料薄膜外加遮阳物，保温遮阳。如此经过5d左右发生新根，7d左右可以去掉塑料薄膜及遮阳物。扦插播种后两周内保持地温20℃左右，气温24℃左右，并注意保持钵土湿度，每天洒浇1次小水，在定植前6~7d通风降温，同时控制浇水炼苗。在移苗定植的前1d浇足水。扦插播种后22d左右就可将苗子定植于棚田。

采用土生催芽播种育苗和采用断根扦插播种育苗，均比传统的直播或传统的育苗方法提高菜豆的产量，一般增产10%左右。其增产的主要原因是能激发菜豆苗多发侧根和多分化花芽，培育的苗壮旺早发，苗子整齐，并能淘汰病苗、劣苗，不出现大苗欺小苗的现象。植株开花结荚早，结荚多。

三、定植前的准备工作和定植

（一）定植前的准备工作

1. 用土法进行棚田土壤消毒　如果棚室保护地连续几年种植同种或同科类作物，就会使很多土传病害越来越重。因此，在适当时间进行土壤消毒，切断病菌传染源，就能控制棚室保护地多种病害的发生。寿光菜农采用的稻草或麦穰、玉米秸等草或石灰进行高温杀虫、杀菌、消毒，方法简单、成本低，所用材料能就地取材，不用农药，减少污染，各地菜农都易接受。具体方法如下：

7~8 月菜豆换茬期间，彻底清除棚室内的残枝落叶，每亩棚田用碎草（铡碎的稻草、玉米秸秆、麦草等）600~700kg，生石灰 100~120kg，均匀撒施于田面上，用锨深翻地 28~30cm，使草、石灰、土均匀混合，然后筑畦埂灌水，水量要大，使耕作层土壤持水量达到饱和，盖严棚膜，密闭棚室 15~20d。石灰遇水放热，可促使稻草或麦草、玉米秸秆腐烂，放热，再加上夏季天气炎热和棚膜封闭保温，晴日中午棚内地表温度可达 65~70℃，10~20cm 地温也可达 45~50℃。土壤耕层内昼夜平均地温也达 45℃以上。

实验证明，主要靠土壤传播的枯萎病、菌核病、菜豆根腐病、立枯病、猝倒病、腐皮镰孢根腐病等病的病原菌，在 40℃以上的高温环境里几天后就可全部死亡。引致菌核病的核盘菌在 50℃经 5min 即死亡。根结线虫和地下虫害在 50℃高温下，经 10~15min 也可被杀死。另外，石灰也有杀菌作用，对棚室内潜藏的白粉虱、烟粉虱、蓟马、斑潜蝇等多种害虫，也可被晴日中午前后 60℃以上的高温杀灭。翻入棚田的碎草腐烂后还增加了土壤中的有机质。所以此土法对棚田土壤消毒是一举多效的好措施。每处理 1 次可连续栽培菜豆 2~3 茬，效果良好。

2. 整地施肥　菜豆需求耕层深厚疏松，排水和通气性好，而又肥沃的土壤。因此，对种植菜豆的棚室保护地要深耕深翻，精细整地，以农家厩肥为主，增施底肥。尽管菜豆有根瘤，但固氮能力弱，吸收的氮肥中50%来自土壤供给。因此，在种植前，结合耕翻整地每亩撒施上充分腐熟的农家有机肥3~4m^3，速效化肥不宜太多，一般三元复合肥30kg左右，磷酸二铵20kg。通过耕翻地和耙地耱地，把底肥均匀施入耕作层。然后耧平地面。

（二）起垄定植，地膜覆盖

1.菜豆起垄定植、地膜覆盖的好处　一是垄作有利于土壤耕层透气和根系呼吸；二是垄作能加大土壤耕作层的昼夜温差，有利于促进苗壮早发和花芽分化，抑制徒长，促进壮株；三是垄作便于浇水和冲施肥料，尤其便于大小行距间沟中浇水和交替冲施肥料。浇沟洇垄，容易控制浇水量；四是地膜覆盖能保墒，维持土壤适宜湿度，并能增加耕作层土壤的容积热容量，便于调节棚室内昼夜温差，使昼间棚温上升不至过快，温度不至过高，而夜间棚温下降缓慢，夜温不至过低。昼夜温差不超过13℃，比较适宜；五是覆盖地膜因能减少地表水分蒸发，而能降低棚室内空气湿度，有利于防病。并能缓解放风排湿与保温的矛盾；六是地膜覆盖避免了某些病菌和病虫与土壤直接接触，可有效防止某些土传病害和地下虫害；七是地膜覆盖适于菜豆下部翻花结荚落在地膜上，不接触土壤，减少荚果污染和发病。

2.起垄定植，覆盖地膜　在定植前首先按180cm的垄距南北向打线，顺线起垄，垄面搞成略弓形，垄与垄之间呈"V"形沟。然后按小行距60cm设在垄背上，大行距120cm跨垄与垄之间的沟。用镢头顺线开定植沟8~10cm深，要得直和深线一致。顺沟溜水后，再将菜豆苗钵蜕去钵皮，趁沟里的水未完全渗入时把苗垛按19~25cm的垛距摆放在沟内，并注意使每个苗垛的两棵苗呈与行向垂直摆放（即同垛两棵苗呈东西向排着），将苗垛略往上取略栽，再用镢头分别从大行中间和小行中间调土扶垄栽苗。扶得垄高20~25cm（指从大沟底计起），同一垄的相邻两个垄脊间（即小行之间）形成小沟。垄与垄之间形成大沟。

全棚田定植完毕，随即清理垄沟，耥平垄面，要实行滴灌的放置上滴灌管，再盖地膜。不实行滴灌的耥平垄面，立即覆盖地膜，垄宽180cm，需覆盖幅宽180~200cm的地膜。从市场上购来的地膜是卷在直径7~8cm粗的纸管上的膜卷。覆盖地膜时，一人将伸展出的膜头边压住，另一人双手持地膜卷倒退，边退行边滚动膜卷放展地膜，退行至垄头时，将地膜压低，使地膜贴近苗行时，把地膜于垄头处截断，用土压住膜的头边。然后用刮脸刀片对准苗处，按东西向在膜上划割一道10cm长的"一"字形口，然后轻轻把膜下的苗从膜口放出来，随即用湿润土堵封膜口。膜两个侧边大沟底部用土压住。

全棚田覆盖完地膜后于膜下垄中间小沟里浇灌水，灌水量不可过大，以浇灌后2h能将全垄的土壤洇湿透为宜。

有的菜农，为了防止棚田滋生杂草，对菜豆实行覆盖黑色地膜，这是顾此失彼的不科学做法。因为菜豆生长发育所需的地温总比所需的气温高3℃左右。盖黑色地膜后，因遮挡了阳光，造成地温低于棚室内的气温，而且黑色地膜无反光照，都不利于菜豆生长发育。所以建议菜农朋友不要对菜豆覆盖黑色的地膜。

四、定植后的栽培管理

（一）定植后各生育阶段的栽培管理主攻方向

棚室菜豆定植后至结束采收要历经3个生育阶段时期：即10~15d团棵期（包括8~10d缓苗期），15~30d甩蔓期；60~150d陆续开花结荚期，此期以日光温室越冬茬菜豆的最长，并包括后期于植株中、下部生新枝的现蕾开花和翻花结荚期。

上述前两个生育阶段时期是以营养生长为主，植株生根发根、伸蔓发枝，增加复叶数和增加叶面积，以搭好株体丰产架子，同时继续进行从幼苗期就开始的花芽分化，花芽分化趋势越来越强，分化的花芽越来越多，使生殖生长逐渐加强，直到发展至现蕾开花初期。这两个生育阶段栽培管理的主攻方向是：防止植株徒长，促进稳长、壮长和分化花芽，使花芽多，花芽壮，为减少落蕾、落花、落幼荚，提高结荚率奠定良好基础。

后一个生育阶段是植株营养生长与生殖生长双旺，并逐渐过渡到以生殖生长为主。即一边生长茎叶，又一边现蕾、开花、结荚，此期是关系到结荚率高低，单株结荚多少，决定产量的阶段。栽培管理的主攻方向是减少"三落"（即落蕾、落花、落幼荚），提高结荚率。据调查，蔓生性菜豆分化花芽的能力极强，每株能分化花序15~25个，每个花序着生20多个蕾，而只有未脱落的蕾开5~11朵花，结荚0~3个，结荚数占蕾数的9%，占开花数的15%左右。因此，减少"三落"，提高结荚率的主攻方向是正确的。

（二）增加花序，减少"三落"，提高结荚率的栽培管理措施

由于棚室菜豆不同栽培茬次的相同生育阶段，受到不同季节差异较大的自然气候影响，相同生育阶段的棚室小气候也差异较大。因此，在棚室菜豆的栽培管理上，要依据菜豆各生育阶段对环境等条件的需求，尽可能人为创造适宜于菜豆生长发育所需的良好条件，才能促使菜豆前期壮苗早发，植株稳健，花芽分化得早，分化得壮，分化得多。后半期减少落蕾、落花、落幼荚，提高结荚率。并延长陆续结荚期，尤其是增加翻花结荚，从而提高产量。采取的栽培管理措施是：

1.创造菜豆需求的温度条件　菜豆是一种既不抗低温，又不耐高温，而需求20~27℃中温，并有10~12℃昼夜温差的作物。其苗期生长需求地上温度为18~27℃，土壤温度20~30℃；甩蔓期根系生长和根瘤发生的适宜地温为23~28℃，地温13℃以下或气温10℃以下时，根系和根瘤则停止生长。苗期和甩蔓期也是花芽分化期，所需的昼间气温为20~25℃，夜温14~18℃，土壤温度白天23~28℃，夜间16~18℃。如果花芽分化期遇到25~30℃以上连续3d昼温或27~28℃以上的夜温，则花芽分化和生育不完全。花粉萌发和花粉生长的适温为18~25℃，10℃以下或35℃以上则受阻。开花结荚最适宜温度为18~25℃，低于14℃或高于27℃，均易发生落蕾、落花、落幼荚。

日光温室越冬茬菜豆的陆续开花结荚期从11月上、中旬至翌年4月上旬，长达150d，前90d是处在冬季和初春期；而秋冬茬菜豆的陆续开花结荚期从10月上旬至翌年1月下旬，长达110d，其中后80d处在寒冷的冬季。在冬季，要使白天气温达到开花结荚所需的适温18~25℃，是比较容易做到的，但在白天气温最好维持在18~25℃，而不高于27℃，又要达到开花结荚所需的夜间气温维持在16~18℃，最低不低于14℃，这是比较难的。因为，通常提高棚室夜温的办法是除加强夜间保温外，还要白天将棚温升至30℃的高温，才能使夜间气温不低于14℃。目前解决这个问题的办法是：白天将棚内气温升至27℃，当气温降至25℃时立即关闭风口保温，当下午棚室内气温降至21℃时，提前覆盖草帘后，再加盖保温被、覆膜等保温物，才能使夜间气温控制在上半夜从21℃降至18℃，下半夜由18℃降至15℃，凌晨最低气温也不低于14℃。

　　菜豆日光温室秋冬茬栽培和拱圆大棚秋延茬栽培的播种期至现蕾初期，分别处在8月中、下旬和8月上旬，其幼苗期、团棵期、甩蔓期均处于早秋的高温期，要使棚温控制在菜豆所需适温白天20~25℃，夜间14~16℃也是相当难的。通常采取如下3项措施控制棚温：一是适当遮阳控温，将棚膜泼上泥浆，棚膜的透光率降低，则可控制棚内气温升高；二是昼夜大通风，尤其是将前床面的棚膜掀起，盖置上避虫网，既加大通风，又避虫害；三是于傍晚在棚室内洒清水降温。通过上述措施，使白天棚内最高气温不超过27℃，昼夜温差不小于8℃。

　　2.改善光照条件　菜豆属短日照作物，中属品种的临界短日照为12~14h，因此，对光周期反应不敏感，要求不严。在全国各地棚室保护地栽培，不论在哪个季节都能开花结荚。菜豆喜光，对光照强度要求比较高，其光的饱和点为4万~5万lx（勒克斯），光的补偿点为1000lx左右。植株进入花芽分化期以后，随着光照强度增强或减弱，同化量明显增加或减少。以棚室保护地菜豆为例，光照强度降至为对照（露地）强度的70%时，同化量为对照的72.6%；光照强度降至为对照的50%；同化量为对照的51.8%；光照强度为对照的30%，同化量为对照的39.1%。光照强度减弱，同化量减少，株体的N/C（碳氮比）值增大，植株则徒长，就会落蕾、落花、落幼荚严重。因此，改善光照条件，是抑制菜豆徒长，促进隐健壮旺生长，减少"三落（落蕾、落花、落幼荚）"，提高结荚率的主要途径之一。改善光照条件的具体措施如下。

（1）选用采光性能好的冬暖塑料大棚或拱圆形塑料大棚。以前坡直线坡面上冬至正午时投射角度56°（即入射角为34°）为设计参数，建造的冬暖塑料大棚，其宽度是矢高的3~4倍，并以轴线位点高度设计的棚面高度，设计建造的拱圆形塑料大棚，则采光性能好。

（2）选用采光好的塑料薄膜作棚膜。一般新的EVA膜或PVC膜采光性能都好。

（3）选用透光的塑料绳作吊绳，对菜豆吊架立体栽培，而且吊架的高度达到180~200cm。

（4）于晚秋、冬季、早春，勤擦拭棚膜除尘，或于棚面上拴系上除尘布条，以保持棚膜良好采光性能。

（5）在冬春两季，尽可能做到适时早揭晚盖草帘，延长每天的光照时间。

（6）覆盖白色透光的塑料地膜，以反光增加菜豆株行间的反光照。

（7）于冬季在棚室内张挂镀铝反光幕，通过反光照来增强棚内的光照强度。

（8）冬春遇到寒流阴雪天气时，白天只要停止了降雪，就要扫除棚面上的积雪，拉揭草帘，争取棚室内的洒光照，因为菜豆的光补偿点为900~1 000lx，所以棚内1 000~2 000lx的散光照，仍对菜豆很有利。

（9）冬季遇连续阴雪天气时，有条件的可安装农艺钠灯补光。每亩需安装400W的钠灯泡20~25个。

（10）连续阴雪天气，骤然转晴后，不要把温室的草苫同时揭开，要做到"揭花帘（即隔1床草帘，揭1床草帘，依据棚内菜秧萎蔫和恢复情况，轮换交替揭盖草帘），喷温水"，防止闪秧死棵。

3.先"控"后"促"，做好肥水供应　所谓先"控"，是指在亩棚田施入充分腐熟的农家有机肥4m³以上和氮磷钾速效化肥30kg以上作基肥及浇足缓苗水的基础上，在初花期之前一般不追肥、不浇水，以控制菜豆植株的营养生长，防止徒长而影响花芽分化和开花结荚，并促使根系发展下扎，以扩大吸收土壤水分和养分的范围，以强大的根系提高植株的抗旱能力，为下一步开花结荚吸收更多养分物质创造良好条件。

所谓后"促"，是指初花期后幼荚长到3~4cm长时，植株已进入开花结荚初盛期，这时开始追肥浇水，及时进行适量肥水供应，促进正常开花结荚，减少"三落"，提高结荚率。菜豆持续开花结荚期，需肥量较大，一般20d左右需追施1次肥。追肥次数视持续结荚期长短而定，拱圆形塑料大棚保护地菜豆早春茬和秋延茬栽培，持续开花结荚期为50~60d，一般冲施2~3次速效肥。日光温室保护地菜豆冬春茬和秋冬茬栽培的持续开花结荚期为100d左右，需冲施（追施）速效化肥4~5次。而越冬茬栽培的持续开花结荚期长达150d，需追肥和冲施有机肥和速效化肥共计7~8次。每次的追施量，钾肥量大于氮肥量。一般每次每亩冲施硫酸钾8~10kg，或尿素7~8kg。最后一次追肥时对翻花结荚（二次结荚）提供养分，追施量增加一倍。一般1次每亩追施8~10kg硫酸钾和7~8kg尿素。因为垄作便于浇水、浇沟洇垄，也便于随水冲施速效化肥，所以追肥方法多采用结合浇水冲施。另外，还可喷施叶面肥。

菜豆田传统的浇水方法是"不浇花而浇荚"，即在初花期以控水为主，一般不浇水，此期旱时即使需浇水，也要轻浇。如果浇水偏多，可使植株营养生长过旺，消耗养分多，致使花蕾得不到充分的营养而发育不全或不开花，而造成大量蕾花脱落。但近几年来，随着在棚室菜豆生产上叶面喷施腐殖酸或氨基酸液肥的越来越多，有些菜农提出了先"补"后"调"，再浇肥水的方法。其具体做法为：在开花初期，一是选择腐殖酸（如旱地龙、克旱寒）或氨基酸液肥；二是选择不含金属离子的杀菌剂；三是选择含生物菌的冲施肥；四是选择连续3~5d的晴日；先混合补施叶面肥，间隔24h再随浇小水冲施菌肥。

菜豆持续结荚期，植株营养生长与生殖生长同时并进而双旺，需要的水分和养分较多，此时应以促为主，及时浇水，使土壤水分稳定在田间最大持水量的60%~70%，即观察田间湿度，以田面见干也见湿，一般8~12d浇1次水。山东寿光菜农对棚室保护地菜豆浇水的经验是掌握

"三看"，即看天气、看墒情、看秧蔓。"看天气"，即是低温寡照、阴雨雪天气千万不可浇水，以免地温更加降低，加大田间湿度，造成生长不良，致使"三落"加重；如果天气晴朗、温度较高，采用轻浇、早晚浇等方法，降低地表温度。

"看墒情"，即土壤过干，在开花前结合洒叶面肥，提前浇水，以供开花结荚所需。如果墒情好，应一直蹲秧到幼荚长至 3~4cm 长时再浇水。

"看秧蔓"，如果植株长势弱，应浇 1 次水，促其生长茎叶，如果植株长势很壮，就应该蹲秧至幼荚长至 3~4cm 时再浇水。

4.搞好病虫害防治　棚室菜豆，也和其他蔬菜一样，由于田间小气候改变了，病虫害也会发生较重。因此，对常发生的几种病虫害适时防治好，才能确保增产增收。

（1）芸豆锈病

症状：常年发生在 4 月底或 5 月上旬。该病主要为害叶片。发病初期叶背产生淡黄色的小斑点，后变锈褐色，隆起呈小脓包病斑。破裂后有褐色粉末散出，即夏孢子。

防治方法：发病初期用 2.5% 多硫悬浮剂 200~300 倍液喷雾，或用 25% 粉唑醇悬浮剂 1 200 倍液或 10% 苯醚甲环唑水分散粒剂 2 000 倍液喷雾，7~10d 喷 1 次，视病情连喷 1~2 次。

（2）细菌性疫病

症状：叶片染病从叶尖或叶缘开始褪绿，或呈油渍状小斑点，后呈不规则形，出现黄色晕圈，由细菌引起。

防治方法：用 50% 敌克松（敌磺钠）按种子量的 0.3% 药剂拌种；发病初期喷 1 000~2 000 倍 72% 农用硫链霉素或新植霉素；或 20% 一铜天下乳油（20% 松脂酸铜乳油）500 倍液，喷淋灌根。7~10d 1 次，连续 2~3 次。

（3）灰霉病

症状：在芸豆上为害严重。为害叶、花、果、蔓，大棚条件下，一般生灰色毛层。发病最适温度 13~21℃，产生孢子以 21~23℃ 为最适。

防治方法：用速克灵（腐霉利）、扑海因（异菌脲）、农利灵（乙烯菌核利）1 000~1 500倍液喷雾。也可用甲霉灵（甲基硫菌灵·乙霉威）、多霉灵（多抗霉素、嘧霉胺）喷雾。同时摘除病叶、病果，带出棚外销毁。

（4）菜豆虫害防治：参见豇豆常发虫害的防治方法。

（三）菜豆化控技术

蔬菜生产，尤其是日光温室和拱圆形塑料大棚保护地蔬菜生产，由于受生产条件的制约，往往有诸多方面难以取得理想结果，特别是表现在湿度大、温度高、光线弱，往往秧蔓徒长、开花迟，结荚晚，大棚芸豆表现突出。利用传统的农艺措施，控制诸多方面，很难取得满意的效果，近年来，采用化学药剂进行调控取得了满意的效果（即化控技术）。

以往，助壮素用在棉花上，主要是抑制顶端生长促进侧枝发育、效果明显。而现在经过进一步研究发现，将其用在芸豆上可促进花芽分化早开花、多结荚，效果更佳。方法如下。

①当茎蔓高30cm时，用100mg·kg^{-1}的25%或50%助壮素（20%或50%甲哌嗡）+0.2%磷酸二氢钾混用喷雾。

②当茎蔓高50cm时，用200mg·kg^{-1}的25%或30%助壮素（20%或30%甲哌嗡）+0.2%尿素液混喷。

③当茎蔓高70cm时，再用200mg·kg^{-1}的25%或50%助壮素（20%或50%甲哌嗡）+0.2%磷酸二氢钾混用喷雾。连续处理2~3遍，对促进花芽分化，早结果，提高早期和中期产量非常显著。

第二节　棚室保护地
菜用豇豆（豆角）栽培技术

一、概述

豇豆为豆科豇豆属一年生蔓性草本植物。豇豆起源于非洲东北部和印度，中国为豇豆的第二起源中心。豇豆的栽培种分为粮用豇豆和菜用豇豆两个亚种，粮用豇豆茎蔓匍匐地面爬延，分枝较多，爬蔓长1~1.5m，故俗称爬豆。爬豆荚长12~20cm，主要以豆粒为粮食，而开花后7~10d的嫩荚亦可作菜食。菜用豇豆通称长豇豆，是豇豆中能形成长形豆荚的栽培亚种，又名长荚豇豆、豆角、长豆角、带豆、裙带豆等。我国栽培豇豆的历史悠久，在三国魏时张揖所撰《广雅》载有："胡豆也。"明代李时珍所撰《本草纲目》豇豆释名中也有记载：䕉䕫（音绛双），〔时珍曰〕："此豆红色居多，荚心双生，故有豇、䕉䕫之名。广雅指为胡豆，误矣。"在〔集解〕中，又曰："豇豆处处三四月种之⋯⋯此豆可菜，可果，可谷，备用最多，乃豆中之上品。"在〔主治〕中有"理中益气，补肾健胃，和五脏，调营卫，生精髓，止消渴，吐逆泻痢，小便数，解鼠莽毒。"

菜用豇豆的荚是营养丰实的蔬菜，每100g嫩荚含水分85%~89%g，蛋白质2.9~3.5g，碳水化合物5~9g，还含有维生素A、维生素B_1、维生素B_2、维生素C，铁、镁、锰、磷、钾等矿物质和叶酸等多种氨基酸。干豇豆粒与小米或大米共煮可作主食，也可作豆沙和糕点、馅料。

菜用豇豆根系较发达，主根深达50~80cm，主要根系分布于15~18cm的土层中，根的再生能力弱，有根瘤共生。按菜用豇豆的茎长短来划分类型，可分矮生型、半蔓生型、蔓生型，均为右旋性缠绕生长。目前国内栽的品种多为蔓生型。豇豆为出土子叶，初生真叶两枚，单叶、对生，以后真叶为三出复叶互生，中间小叶较大，卵状菱形，叶长5~15cm，宽3~5cm，小叶全缘，无毛。总状花序，腋生，具长花序梗，每花序有4~8个花蕾，通常成对，互生于花序近顶部。蝶形花，萼浅绿色，花冠白、黄或紫色。龙骨瓣内弯成弓形，非螺旋状。雄蕊二束。子房无柄，有胚珠多颗，花柱长。自花授粉，每花序结荚一般2~4个，荚果线性，长30~100cm，有浓绿、绿、淡绿、白绿、紫红色等，每荚含种子8~20粒。种子无胚乳、肾形、紫红、褐、白、黑色或花斑色等，千粒重120~150g。依据菜用豇豆荚果的颜色可分为青荚、白荚和红（紫）荚3个类型，每个类型各有许多品种。

菜用豇豆是强耐热性植物，在热带地区春秋两季都可栽培，而在我国长江以北温带地区，多于夏季栽培，一般于4~6月播种。近年随着北方地区棚室保护地反季节蔬菜生产的发展，菜用豇豆已成为日光温室周年栽培，一年四季都能上市供应的鲜菜。但因其开花结荚所需的适宜温限为20~35℃，最适温度为28~33℃。故此，越冬茬栽培必须选用采光性强、保温性能好的日光温室（冬暖大棚）。在山东省寿光市，利用冬暖塑料大棚保护地实行豇豆越冬茬栽培，最早始于1991年冬季，该市马店乡朱桥村一名农民把新建成的有效栽培面积446平方米的冬暖塑料大棚保护地全部直播上了豆角。到了深冬，这名农民温室内的豆角生长得棵棵壮旺，挂满了80cm长的绿豆角，一派丰产景象，十分喜人。于深冬至早春采收的鲜豆角，在寿光蔬菜批发市场上的售价为1kg 12~13元，是黄瓜售价的2.4~2.6倍。而且这温室豆角采收完头茬后，又发生二茬茎蔓和花序，翻花结荚甚多，持续结荚期延后至第二年6月中旬，采收期长达7个月，全棚产鲜嫩豆角4 320kg，折合每亩豆角6 460.6kg，其经济效益可观。

二、棚室保护地豆角栽培茬次及选用品种的安排

（一）温室豆角栽培茬次及选用品种

1. 冬春茬　12月中旬至下旬播种育苗，翌年1月中旬至下旬定植，2月下旬至3月上旬开始采收，6月中旬、下旬至9月中旬、下旬拉秧倒茬，持续采收期120~180d。

应选用早熟和中早熟品种，如新杂1号、新杂2号、绿领玉龙、特育103、新亚908、丰豇青优、之豇特早30、荷兰长龙、翠皮肉豇、汕美2号、新杂5号、新杂7号、特长早生王豇豆、蛟龙豇豆等优良品种。

2. 春夏茬　2月中旬、下旬播种育苗，3月中旬、下旬定植，4月中旬、下旬开始采收，9月中旬、下旬拉秧倒茬，持续采收期150d左右。

应选用早中熟或中熟品种，如之豇106、绿领玉龙2号、新杂6号、汕美4号、鸿盛特育103豇豆、大润发豇豆、万生特大油豇豆、玉豇、挂满棚长豇豆、全美350长豇豆等优良品种。

3. 秋冬茬　6月中旬、下旬直播或播种育苗，7月中旬、下旬定植，

8月上旬开始采收，翌年1月下旬至2月上拉秧倒茬。持续采收期180d左右。

应选用耐热性较强的早中熟品种，如荷兰长龙豇豆、鸿盛特育103豇豆、鸿盛3尺油青甜豇豆、精品三尺白玉豇豆、绿领玉龙豇豆2号、汕美3号豇豆、汕美8号豇豆、之豇106、之豇60等优良品种。

4.越冬茬　9月上旬、中旬直播或播种育苗，10月上旬、中旬定植，11月上旬、中旬开始采收。翌年6月上旬、中旬拉秧倒茬，持续采收期180d左右。

应选用耐低温、耐弱光性较强的中早熟品种。如美满天下豇豆、海美瑞、湘豇2001-4、姑苏玉豇、新杂6号、新杂4号、汕美3号、汕美8号、之豇106、万事如意、金手指、翠皮肉豇、丰豇青优、长丰等优良品种。

（二）拱圆大棚豆角栽培茬次及选用品种

1.早春茬　2月上旬、中旬播种育苗，3月上旬、中旬定植，4月上旬、中旬开始采收，9月上旬、中旬拉秧倒茬，持续采收期达150d左右。

应选用早熟和中早熟品种：如绿领玉龙之豇28-2、新亚908、好收成、新杂1号、新杂2号、之豇特早30、翠皮肉豇、蛟龙豇豆、荷兰长龙、汕美2号、极早佳等优良品种。

2.越夏茬　3月上旬、中旬直播或播种育苗，4月上旬、中旬定植，5月上旬、中旬开始采收，9月上旬、中旬拉秧倒茬。持续采收期120d左右。

应选用中熟或早中熟品种：如之豇106、新亚909、新杂6号、绿领玉龙2号、汕美4号、大润发豇豆、金美350、挂满棚长豇豆、特育103、万生特大油豇豆、玉豇等优良品种。

3.秋延茬　5月上旬、中旬直播或播种育苗，6月上旬、中旬定植，7月上旬开始采收，11月上旬拉秧倒茬，陆续采收期120d左右。

应选用中早熟或早中熟品种。如荷兰长龙、之豇106、之豇60、绿领玉龙2号、鸿盛3尺油青甜豇豆、精品三尺白玉豇豆、汕美8号、汕美

3 号、大润发豇豆等优良品种。

三、播种育苗

　　豆角（菜用豇豆）于露地菜园传统栽培是直播而不育苗移栽。棚室保护地反季节栽培豆角多实行用小塑料袋或纸筒装营养土或装基质的营养钵育苗。其主要好处：一是可充分保护根系不受伤害。二是便于上下茬安排，不但可以早播种，早采收，提前供应市场所需，而且还能减少苗期阶段占用棚田时间，相对延长持续结荚期而增加产量。三是育苗移栽，能保证豆角苗全、苗齐、苗壮，促进花芽分化后开花结荚，增加产量。试验证明，育苗移栽的比直播的增产 27.8%~34.2%，提早上市 10~15d。豆角直播茎叶生长旺盛而结荚少，育苗移栽结荚多。也就是说，豆角通过育苗移栽，能抑制营养生长，促进生殖生长。对促进花芽分化很有利，故开花结荚部位低，花序上花朵多而增加结荚，提高产量。

（一）播种前的准备工作

　　1.建造苗畦（床）　在前茬蔬菜拉秧倒茬期前 25~30d 需建好苗床。由于豆角是强耐热性蔬菜作物，出苗期需要 28~35℃昼温，20~25℃夜温，且因日光温室冬春茬、春夏茬和拱圆形大棚早春茬育苗的播种期是处在 12 月中旬、下旬至翌年 2 月中旬、下旬寒冷期，所以必须选择采光性好、升温快、保温性能强的日光温室（冬暖塑料大棚）内建营养钵苗床。为达到豆角出苗期所需求的温度，可于温室内衬盖内二膜或于苗畦设置小拱棚，多层覆盖保温。苗床应于温室中间南北向设置（如果在东、西两头设置，则会因山墙遮阳形成半天光照死角环境），宽度 1.5m 左右，长度视棚田南北宽度而定。将苗床（畦）底面整平，四周筑上 15cm 高的畦埂。将上口直径 9~10cm、下底直径 7~8cm、高 8~9cm 的塑料钵或纸筒钵摆排于畦内。然后配制营养土，用肥沃的园田土 6~7 份，充分腐熟的厩肥 3~4 份混拌，1m³ 营养土中加入过磷酸钙 3~4kg，尿素 0.5kg，或加入磷酸二铵 1kg，草木灰 3~4kg，糖醇钼 100g，70% 甲基硫菌灵可湿性粉剂 500g。将掺好的营养土过筛后充分拌均匀，装入苗畦内的营养钵中，要装 3/4 满，以备浇水后播种。

2. 种子处理 按每亩棚田栽植苗子 1 万棵左右和豇豆种子的千粒重 140g，营养钵育苗或成苗率 95% 推算。每亩棚田需备足 1 470g 经过精选的种子。为消除附着在种皮上的病菌和虫卵，有利于种子发芽，应采用高温消毒"涨籽"播种法。即先将种子精选，在晴日强光下晒种 1~2d，然后进行浸种，同时准备好 80~90℃ 的热水和 4~10℃ 的凉水，热水与凉水的比例为 2 比 1，将豇豆种子放在盆里，倒入热水（搅拌），然后再往盆里倒入凉水，用此温度的水泡种子 5~6h 后捞出，沥去多余水分，稍晾后播种，而不再需要播前催芽。

（二）播种及育苗期管理

1. 播种 在前茬作物拉秧倒茬之前 25~30d 播种。播种时，先将营养钵内的营养土浇足水（洒水，使营养土洇透），用铁钩或竹片在营养钵内挖 2cm 深的小穴，穴距 2~3cm，每穴放入种子 1 粒，即每钵播种 4 粒，种子上面盖细营养土 2~3cm 厚，用手略压实。播种后可用报纸或地膜铺于营养钵上面，以利于保湿。全苗床播种完毕，扣小拱棚，冬春两季育苗，要在日光温室内建造苗床，而且苗床小拱棚上面覆盖透光性能好的薄膜，以提温保温，使苗床内的温度保持在白天 33~35℃，夜间 20~25℃，不通风换气。夏、秋两季育苗，苗床小拱棚上面覆盖遮光率 30% 的银灰色遮阳网，防暴晒。在出苗期内要控温防旱，使苗床温度白天不超过 35℃，维持在 33~35℃，夜间不超过 26℃，维持在 25℃ 左右。注意抽查苗床营养钵土湿度，发现旱情应轻浇水。一般播种后 6~7d 出齐苗。

2. 育苗期管理 豇豆于苗床出苗后，要特别注意温度与湿度管理，因为温度与湿度直接关系到苗期分化花芽，出苗率 85% 以后即开始苗床通风、排湿，先开日光温室天窗半小时，再开小拱棚侧面通风口，通风要由小到大，使苗床温度逐渐降低，防止大风扫苗。白天温度保持在 28~30℃，夜间保持在 14~16℃。在子叶平展、初生真叶展开后，白天温度保持在 28℃ 左右，夜间保持在 13℃ 左右。夏秋两季，要尽可能控制温度，使苗床温度控制在白天不超过 35℃，以 28~33℃ 为宜；夜间不高于 25℃，以 18~22℃ 为宜，昼夜温差 10℃ 以上。

　　光照条件对豇豆苗期生长发育极为重要,不仅关系到幼苗生长得是否壮旺,更关系苗期植株生长点内分化花芽的多少和好坏。冬季必须设法增加光照强度和光照时间。在连续阴雪天气,应揭开草苫等不透光覆盖保温物,使苗床内多进散光照。在冬季日照时间不到8h的高纬度地区,若用农艺钠灯补光,应按1m215W的光强安装灯泡,每日补光3~4h。为增加光照强度,可于苗床北侧张挂镀铝聚酯膜反光幕,以增加光照强度。

　　夏季育苗可于采光的棚面上泼些泥浆,以降低透光率,防止强光灼苗。豇豆是短日照植物,其临界短日照多为14h左右。但有些从南方引入北方的中熟和中晚熟品种的临界短日照为12~13h,对于这些品种,如果在5月下旬前或7月下旬后播种,因育苗期内的日照时间短于这些品种的临界短日照时间,故能正常进行花芽分化,实现早现蕾开花。但如果于"夏至"前后播种,因育苗期间日照时间长于这些品种的临界短日照时间,故会推迟花芽分化,且分化的花芽数少和花不够全好,则造成现蕾开花晚,开花结荚率低等弊病,影响前期产量提高。因此,对于从南方引入北方地区的中熟或晚熟豇豆品种于日光温室反季节栽培,如果在"夏至"前后1个月内播种育苗,则须在育苗期内,对其进行短光照处理:处理方法是于每天黎明前(此时温室内及苗床的温度降至最低)于苗畦低拱上覆盖上黑色塑膜,严密遮光至正午前3h。如此连续遮光25d以上,使苗床每天的光照时间不超过12h,并且务必注意避光期内不可有1d中断或短时透光。否则,因跑光而使短光处理毁于一旦。通过在育苗期内调节和改善光照条件,防止苗子徒长,促进壮长,促进花芽分化,提高苗子的内在质量。

　　用营养钵育苗,营养土容易缺墒,要经常观察苗情,发现叶片下垂时要及时浇水。苗床浇水要选择在中午前后,要浇透水,不要洒水轻浇,造成苗期干旱。依据幼苗叶色判断为缺肥时,可随浇水补充磷酸二氢钾1 000倍和尿素1 000倍混合液。营养液浓度不能过大,否则易引起烧根。

　　豇豆育苗移栽,不论哪个栽培茬次,在定植前4~5d都要炼苗,炼苗是为了增强幼苗的抗逆性,使其定植后生长快,生长得健壮。炼苗时白天提高苗床温度，增大通风量，使叶片加大蒸腾量，多积累干物质，夜间适当降低温度，以增强其耐寒性。炼苗时晴日昼温升高到30℃以后才通风，最高温度可达33~35℃，夜温可降至10~12℃，尽可能扩大昼夜温差，使白天光合作用生成的有机营养在茎叶上多积累，达到叶色深、叶片厚，增强幼苗自身素质，提高幼苗抗低温能力。在炼苗期内，要注意营养土不能缺水，一般在炼苗前浇一次透水。在炼苗开始时还要调换苗床营养钵的位置，以加大每个钵苗之间的距离，增加苗受光强度。炼苗时如遇阴雪雨天气，要适当保温，防止白天温度过低而夜间温度也过低而发生低温障碍。炼苗后豇豆幼苗生长点和最上面的一片叶平齐，叶片色泽深绿，即为最佳标准。

四、定植

（一）定植前的准备工作

1. 棚室内土壤消毒　参见菜豆定植前准备工作中的"用土法进行棚田土壤消毒"部分。

2. 整地施基肥　实现豆角高产优质，需要土层深厚疏松，有机质含量丰富的肥沃菜田。棚室保护地豆角反季节生产除深耕细作整地外，还需要大量施用有机肥料和过磷酸钙作基肥。与露地种植豆角相比，棚室保护地豆角的持续结荚期天数是露地豆角的2~3倍，其产量也是露地豆角的2~3倍。因此，单位面积上所施有机肥等肥料作基肥的用量，也是露地豆角用量的2~3倍。一般每亩施入经过沤制脱碱和充分腐熟的鸡粪和鸭粪4~6m³和农家厩肥、土杂肥4~6m³。结合沤制鸡鸭粪时掺入过磷酸钙150kg左右，尿素和磷酸二铵各25~30kg。将要施的肥料均匀撒于田面，结合耕翻地30cm深，把基肥施入整个耕作层土壤中。深耕翻地后通过耪、耢、耧，把田面整的东西向平，南北向是南高北低，一般10~12m的南北田面，南头比北头高出3~4cm，使冬季浇水时温室前缘处的浇水量略小。因为棚膜是无滴耐老化的，具有流滴特性，每天的流滴几乎都流到前缘处，而南高北低可以避免前缘土壤湿度过大，引发病害。

（二）扶垄定植，覆盖地膜

1. **定植的时间、规格、密度**　定植的具体日期确定，一看苗是否达到标准；二是视前茬作物拉秧倒茬后，整地完毕的时间。只要苗达到定植标准，就要赶快拉秧倒茬，施基肥整地，尽可能适期定植。定植时间宜往前提，不宜往后推迟。豆角的根系分布较浅，根呼吸要求土壤疏松透气性好，因此适宜于垄作。目前，棚室保护地栽培豆角多采用宽窄行栽培吊架，一般采用如下两种宽窄行规格：一种是120cm宽为一垄，每垄定植两行，分宽窄行，宽行距70cm，跨相邻两垄之间的垄沟，垄沟深20cm，垄沟上口宽30~40cm。窄行距50cm，跨垄面中间的小沟，小沟深13cm。平均行距60cm，定植苗垛（苗丛）距44~45cm，每垛4棵苗，每亩定植2 500垛，共计一万棵。另一种是180cm为一垄，也是每垄定植两行，分宽窄行距，宽行距110cm，跨相邻两垄之间的垄沟，垄沟深20~25cm，垄沟上口宽40~45cm，窄行距70cm，跨垄面中间的小沟，小沟深15cm。定植的相邻苗垛之距为29~30cm，每垛4棵苗，每亩定植2 500苗垛，共计一万棵豆角苗。

2. **定植的方法**　采用坐水稳苗，扶垄栽苗定植。具体工序是：按计划行距划线定行，再按计划株距顺行开穴，往穴里浇水，当水渗下2/3时，将取来的营养钵苗垛脱去塑料钵壳后轻放入穴里，放端正，并使苗垛顶面高出垄面2~3cm。当同垄相邻两行的穴里都摆好苗垛后，用镢头先后从宽（大）窄（小）行间往苗行处调土栽苗，使苗行处形成垄脊，窄行间呈浅沟，宽行间呈较宽较深的沟。

3. **覆盖地膜**　将幅宽等于垄宽（即平均行距2倍）的地膜顺垄平展开，拉紧贴近苗行，按垄顺苗行，对准苗埯在地膜上打孔放苗。即用小刀横割"一"字口，将膜下定植的豆角苗丛放出地膜之上，然后把地膜周边用湿土压埋住。

4. **定植后浇透缓苗水**　当全棚田定植的苗都覆盖上地膜后，应及时于大行间膜下沟里灌浇缓苗水，要浇得大沟3/4满水，能渗透垄脊整个耕作层土壤。

五、定植后各生育阶段栽培管理

（一）缓苗期管理

定植后 8d 之内是豆角移栽缓苗期，促进缓苗的主要环境因素是较高的地温和气温，土壤良好的透气条件，适宜的光照强度。

在温度管理上，白天气温 28~33℃，夜间 15~20℃，夜间地温比气温高 3℃左右。对于定植后缓苗期处在 3~10 月的各栽培茬次来说，达到上述温度并不难。可是对于定植后缓苗期处在 1 月下旬至 2 月上旬的日光温室冬春茬豆角和定植后缓苗期处 7 月中旬、下旬的拱圆形大棚秋延茬豆角而言，在温度管理上都有难度，前者的难度在于如何提高夜温，而后者的难度在于如何降低夜温。在寒冷的 1 月下旬至 2 月上旬，提高日光温室夜间温度的措施，除加强夜间覆盖保温外，以白天高温贮存热量来提高夜间温度是最主要的管理措施。具体做法是：白天推迟放风，当温室内气温上升到 35℃时开始通风降温，当温度降至 28℃时，及时关闭通风口，傍晚前，当温室内气温降至 22℃左右时，就盖草帘保温（即盖热棚）。这样使温室内气温，上半夜由 22℃降至 18℃，下半夜由 18℃降至 15℃，凌晨短时最低气温不低于 14℃，夜间 5~10cm 地温比气温高出 3℃左右。可促进豆角根系生长发展，加快缓苗，缩短缓苗期。在炎热的 7 月中旬、下旬降低棚室内夜温的主要管理措施：一是对棚膜遮光，使棚膜的采光率降低 40%~50%；二是加强昼夜通风散热；三是傍晚在棚室内喷洒水，使水分蒸发耗热。通过三项措施使棚室内的气温，白天 28~35℃，不超过 35℃，夜间 18~25℃，最高不高于 26℃。这样不仅能促进加快缓苗而且还有利于花芽分化。

为改善土壤透气环境条件，在定植后的 2~3d 内，将大行间地膜往两边折放，对垄沟两边的垄坡进行划锄，勿将垄坡的土往沟里划，而是往垄的上坡划，划锄深度 3~5cm。划锄后将两边折放的地膜恢复覆盖。

在豆角缓苗期内，不浇水、不追肥料，也不喷洒叶面肥。促进缓苗的同时，还要预防缓苗后发生徒长。

（二）甩蔓期管理

从缓苗后至植株第一花序开花坐荚历经的时间为甩蔓期，一般需20~25d。此期是豆角由营养生长旺盛，逐渐过渡到营养生长和生殖生长同时并进双旺搭丰产架子的时期，也是植株对土壤养分的吸收愈来愈多的时期。管理的主攻方向是：促进植株营养生长和生殖生长协调，生育稳健，既防止徒长，又防止瘦弱。具体栽培管理措施是：

1.实行吊架栽培，改善光照通风条件　与传统的小竹竿架或树枝条搭架相比，用塑料绳搭顺行吊架有如下主要好处：一是不管在温室前缘处，还是在拱圆形大棚两边较低处，都便于搭单行顺行吊架和引蔓上架；二是通过移动套拴于东西向拉紧钢丝上的顺行铁丝，可调节吊架行之间的距离，通过移动套拴于顺行铁丝上的吊绳之间的距离，调节同行相邻茎蔓之间的距离，从而达到调节豆荚架蔓的主体合理分布，以改善光照和通风（气）条件；三是尼龙绳（线）或塑料薄膜吊绳都透光，对棚田的作物无遮光影响；四是吊架更适宜于棚室保护地豆角密植立体栽培；五是便于"之"字形吊架降蔓落蔓。

在豆角苗甩蔓以前，就要搭好吊架，具体做法是：当豆角主蔓伸长到20~30cm时，应设架人工引蔓辅助其上架。在寿光式冬暖塑料大棚内设有专供吊架用的东西向拉紧钢丝（24号或26号钢丝）三道，在东西向拉紧的吊架钢丝上，按棚田上南北向豆角的行距，设置顺行吊架铁丝（一般用14号铁丝）；在顺行铁丝上，按本行中的株（墩）距栓挂上垂到近地面的尼龙绳或塑料膜绳作吊绳。吊绳的下端拴固于深插于植株之间的短竹竿上，短竹竿地上高度20~30cm。棚室豆角定植的密度是每亩（667m²）2 500钵墩，每墩4棵，共计10 000棵。搭吊架时，可相近的两棵用一根吊绳，也可每棵用一根吊绳。人工引蔓上吊架时，将豆角茎蔓轻轻松绑于吊绳上即可。注意甩蔓后经常查看，人工辅助把未能自行爬上吊绳的豆角苗按右旋绕到绳上。在引蔓上架时，由于温室内湿度大，蔓细嫩，易折断，宜选择晴天中午或下午进行，阴天或早晨忌引蔓上架。整个生育期内要经常理蔓，要使本行的植株茎蔓缠绕本行的吊架，发现有离架、脱架的要及时辅助引蔓，以防止乱秧。

2.光照和温度管理　作为冬春茬和越冬茬豆角，进入甩蔓期后，在光照管理上，要尽可能增加光照强度和延长光照时间，使叶片通过光合作用制造积累更多的碳素养分，使植株体内的碳氮比值适当，植株不徒长而壮长，继续进行花芽分化。在适时通风换气补充棚室内二氧化碳含量的情况下，尽可能调节好棚室内的温度，对春夏茬和秋延茬豆角甩蔓期内，要控制温度过高，尤其是控制夜间气温过高，以免温度过高引起植株徒长，而对于冬春茬和越冬茬豆角的甩蔓期，仍要提温保温，防止因温度低而影响正常生长伸蔓。要把棚室内的气温调节为：白天25~30℃，夜间15~20℃。比缓苗期温度低3~5℃，有利于促进壮长和正常发育。

3.肥水供应　基肥中掺入尿素和磷酸二铵每亩各25~30kg，在施基肥较多以及定植后浇足缓苗水的基础上，在甩蔓期内要尽量控制肥水供应，尤其要控制氮肥的施用，防止植株只长蔓叶，而不形成花序。但也有特殊情况，有的棚田基肥未施足，尤其是未施速效化肥，豆角在甩蔓期表现茎叶细、黄、缺氮现象明显，对此种情况，应酌情每亩冲施氮磷钾三元复合化肥（含量45%~50%）8~12kg以促进生长。

（三）持续开花结荚期的管理

1.持续开花结荚期内的光照温度管理　豆角是强耐热、喜强光照作物，于棚室保护地反季节栽培，不论在哪个栽培茬次的持续结荚期内，都需要4万~7万Lx（即米烛光）的光照强度和10~14h的光照时间。要求棚内温度调节为：白天气温28~35℃，夜间气温18~22℃，夜间气温最高不要高出25℃，最低不宜低于16℃。夜间地温比气温高出2~3℃。越冬茬豆角的持续开花结荚期和秋冬茬豆角的持续开花结荚后期（包括翻花结荚期），处于深冬和早春时，要通过勤擦拭棚膜，保持棚膜较高的采光率，张挂镀铝聚酯膜反光幕增加反射光照，遇阴雪天气时每亩设置8 000~10 000W农艺钠灯的补光，正常天气时白天推迟到棚温回升至35℃时才开天窗通风。当棚温降至28℃时则关闭天窗通风口保温。还可以于温室内衬盖内二膜，覆盖既保温性好，又透光的泡沫聚乙烯保温被等一系列措施增光、增温、保温措施。增加棚室内的光照和温度，以适应豆角开花结荚的需求。

2. 浇水和施肥　豆角进入持续开花结荚期后，随着株体加大和花序数量增加，对水肥的需求量也相应增加。因此，在水肥供应上应掌握，在开花结荚前期，12~15d 浇 1 次水，每次浇水，随水冲施氮磷钾三元复合化肥每亩面积 7~8kg 米烛光优化版改为带开花结荚中期，相隔 10d 左右浇一次水，保持地表见湿少见干的湿度，每次每亩（667m²）冲施高钾复合肥 8~10kg。另外，还要叶面喷洒糖醇钼、糖醇锌、糖醇硼、植保露、绿芬威 3 号、磷酸二氢钾等叶面肥 1 000~1 500 倍液。

豆角生长后期二次结荚，菜农称其"翻花结荚"。翻花结荚平均每亩增加产量，一般为 1 000~1 500kg，增幅达 25%~35%，增产多的达 2 000kg，增幅达 40%。要注意及早加强蔓生豆角后期二次结荚的水肥供应，除 7~8d 喷施一次叶面肥外，还应 7~10d 结合浇水追肥 1 次，每亩冲施尿素 10~15kg 或三元复合肥 10~15kg。一般于翻花结荚持续期内，浇水和冲施肥料 1~3 次。通过加强水肥管理，缩短歇秧时间，防止早衰，促进侧枝萌发和花序再生。

3. 释放二氧化碳气肥　豆角是高产蔬菜作物，其光合作用需要二氧化碳量大。冬季和早春，由于密闭的棚室内气体与棚室外自然气体缺乏交流，故使室内空气中的二氧化碳含量处于极不稳定状态，尤其是昼夜变化很大。例如，由于植物夜间呼吸（暗呼吸）时释放二氧化碳而吸取氧气，再加上土壤中有机质分解产生的二氧化碳往外释放，到早晨揭草帘之前，室内空气中二氧化碳含量达豆角等多数蔬菜作物需求二氧化碳的饱和点，即 1 300~1 600ml/m³（1 300~1 600 μl·L⁻¹）。而揭开草毡后，由于棚室内作物光合作用吸收二氧化碳而释放氧气（光呼吸），棚室内空气中的二氧化碳含量迅速下降，经 1~1.5h，就降至 300ml/m³（300 μl·L⁻¹），基本接近自然界空气中的二氧化碳含量；光合作用 2h，二氧化碳含量降到 50~70ml/m³，达到或低于作物的二氧化碳补偿点，呈二氧化碳供应严重不足程度。作物因缺少二氧化碳，光合作用减弱，形成的光合产物还不如植物体自然消耗的养分多。同时，因外界气温较低，不能通风或不能较大量通风换气。在此情况下，直接制约了作物的光合作用，影响植物正常生长发育。因此，上午在离争取2h时开始大量通风，通风0.5h后，棚室内空气中的二氧化碳含量与室外自然界空气中的二氧化碳含量基本一样，既不是作物光合作用的最高值，也不是最低值。据报道，二氧化碳气体含量超过350ml·L^{-1}，作物就明显增产。于棚室内释放二氧化碳，使其浓度稳定在1 000ml/m^3（1 000μl·L^{-1}），从豆角生态上可以直接观察到蔓粗、叶厚、叶色深绿、长势旺、抗逆性明显增强，采收期提前，前期增产30%，中后期增产50%左右，平均总产增加43%。

目前，二氧化碳气肥的来源及其与棚室保护地释放的主要方法有三种：一是采用碳酸氢铵与稀硫酸反应制取二氧化碳气肥，此法比较实用，为防止在制取施放操作中烧伤人或植物，目前使用特制的二氧化碳发生器筒，定时定量放施二氧化碳气肥。二是利用燃煤产生的气体进行过滤，去掉有害气体，输出纯净的二氧化碳气体。如郑州安邦蔬菜科技开发中心生产的新型二氧化碳发生器，就是利用燃煤产生二氧化碳气体。此法产量大，而且稳定，每亩棚田一次性投资300~350元，每月费用10元左右，经核算，投入成本最低，值得推广。三是以酒精厂的下脚料二氧化碳气最便宜，每天使用2 000g，造价1元左右，价格低廉。但运输时须钢瓶贮存，造价较高。因此，目前主要利用前两种气源。

豆角棚室保护地栽培使用二氧化碳气肥的方法是：当豆角第一花序坐荚后，开始释放二氧化碳气体，进入结荚盛期加大放施量，浓度可加大到1 500ml/m^3（1 500μl·L^{-1}）。早上揭草帘后（不盖草帘时太阳光照射后）开始放施二氧化碳气体，一直维持到通风前半小时，棚室气温升到30℃左右时停止放施（豆角结荚期需33℃左右高温，所以当棚温升33~35℃时才开窗通风）。每天放施2~3h。多云天气可减少放施量，阴雨天气停止放施。

使用二氧化碳气肥应注意以下事项：一是豆角施用二氧化碳的时间不宜过早。开花结荚前使用，易造成茎叶徒长，结荚时间向后推迟或营养生长过剩，从而影响产量；二是开花结荚盛期放施二氧化碳气肥要结合浇水施肥，才能达到增产的目的；三是放施二氧化碳气肥的时间要持久，不能中间停止使用。使用期内棚膜的破裂缝隙和洞孔需要及时修辅，防止气肥外泄而浪费。每天定时定量地施气肥，需要停止使用时，应逐渐减少使用量。不能突然停用，以免影响植株的光合能力，使产量直线下降，加速植株的老化速度；四是在棚室温度管理上加大昼夜温差（10~15℃的温差），可提高二氧化碳施肥效果。白天上午在较高温度和光照条件下增施二氧化碳，有利于光合作用制造有机物质；而下午加大通风，使夜间温度较低，从而加速豆角生长发育，增加产量；五是要严格按说明书使用，防止出现意外事故，如利用硫酸与碳铵反应法，稀释硫酸时，只能把硫酸倒入水中，而不能把水倒入硫酸中，以免硫酸急剧产生热量造成沸腾，溅到外面烧伤人员和作物。

4.**整理枝蔓**　豆角于棚室保护地吊架栽培，整理枝蔓是一项重要作业，其作业包括摘除侧枝、主蔓摘心、侧枝摘心等。

（1）摘除侧枝：待主蔓长至60~70cm时，将第一花序以下叶腋间萌生的侧枝去掉，以免下部过于繁茂而影响通风透光。下部侧枝摘除时不要超过3cm长，以免浪费营养影响早熟。

（2）主蔓摘心：是指主蔓爬至架顶后，对主蔓进行打头（摘去生长顶心），下端萌生侧芽也同时摘心，这样可以控制营养生长和主蔓过长，造成架间和温室空间郁闭，同时也便于采收，更重要的是很快获得第一次产量高峰。

（3）侧枝摘心：是指栽培主侧蔓同时结荚的品种时，第一花序以下的侧枝留1~2叶摘心，促发侧枝花序。摘心作业应于侧枝生成后及早进行，以免摘心过晚，侧枝长得过长，效果很差。

（4）辅蔓归架：要经常查看豆角主侧枝的攀架情况，发现趴到地上或缠绕于相邻行架上的主侧蔓，都要及时人工辅助其归已架缠绕，并注意实行右旋，以使行架之间不被不同行的茎蔓混缠，以便于通过移动顺行铁丝，来调整行架之间的距离，改善行间透光通风条件。

5. 采用化控技术

（1）控制主、侧蔓节间过长和植株过高：用15%多效唑可湿性粉剂800倍液，或25%助壮素乳油（又名缩节胺、甲呱鎓、甲呱啶）1 500~2 000倍液，于豆角生长中期喷洒植株可控制株高，减少株行间郁闭。

（2）减少蕾花荚脱落：用1.8%复硝钠（又名爱多收、阿德尼克、复硝酚－钠）水剂6 000倍液（即15kg清水中加入1.8%爱多收2.5ml），或用2.5%防落素（对氯苯氧乙酸、4-CPA）水剂1 300倍液，于甩蔓期至开花前4~5d喷洒叶面。减少"三落"（落蕾、落花、落荚），提高结荚率。

（3）促进再生：用4%赤霉素乳油2 000倍液或用85%赤霉素原粉1g兑清水50kg，或用0.004%的芸薹素内酯乳油1 500~2 000倍液，于豆角生长中期、后期喷洒全株，一般7~12d喷一次，连续喷2次，可促进豆角于生长后期不早衰，而萌发新枝，二次结荚。

6. 病虫害防治

参见第七章棚室保护地无公害蔬菜病虫害防治技术。

第六章

棚室保护地蔬菜高效益栽培荏口模式集锦

　　日光温室（冬暖塑料大棚）和拱圆形塑料大棚保护地蔬菜间作套种和栽培接荏安排，是关系到蔬菜产量和经济效益高低的主要因素之一。因此，蔬菜栽培荏口模式的组装是重要的农艺。总结寿光蔬菜主产区棚室保护地蔬菜栽培荏口模式组装的经验，主要掌握九项搭配组合、七点要求、三方面调控的技术原则：

　　九项搭配组合：一是早熟蔬菜作物与中熟或晚熟蔬菜作物搭配组合；二是高秆作物与矮秆蔬菜作物搭配组合；三是果菜类蔬菜作物与叶菜类或根菜类作物搭配组合；四是需强光照蔬菜作物与需暗光或黑暗的蔬菜作物搭配组合；五是栽培荏次期限长短的搭配，即栽培荏期长的蔬菜作物与栽培荏期短的蔬菜作搭配组合；六是喜温蔬菜作物与耐热或强耐热性蔬菜作物搭配组合；七是棚室蔬菜的一般栽培制度与蔬菜特殊农艺措施搭配组合；八是日光温室与拱圆形大、中塑料棚搭配园艺设施的组合；九是在同一菜农户有2个以上日光温室，蔬菜周年一大荏栽培与一年多荏栽培搭配组合。

　　七点要求：一是要求达到不同栽培荏口组合的蔬菜所需要的光照、温度、水分、肥料、空气等良好环境条件；二是要求比较详细的了解所种蔬菜种类的主要销路和市场价格高低；三是要求推算好蔬菜产品上市期是否处在价格的高峰期；四是要求能在此种蔬菜价格的高峰期；拿出全部产量或大部分产量来；五是采用的种子，要求既高产、优质又抗逆性强，易栽培；六是要求搭配组的蔬菜作物的植物学特征特性，在它们的共生期内或上下茬栽培中无不良影响；七是要求搭配组合的蔬菜作物，大壮苗移栽，缩短定植后的苗龄期。从而相对延长持续结果期，增加产量。

三方面调控：一是光照调控，如选用无滴棚膜，张挂反光幕、安装农艺钠灯等增加光照的措施，设置遮阳网等避强光措施。二是温度调控：如冬季于温室内衬盖内二膜，设置小拱棚、覆盖泡沫聚乙烯保温被、增加棚面夜间覆盖保温物等保温措施，以及夏季通风降温等措施。三是肥水供应调控：依据不同蔬菜作物各生育阶段的特性；该控的要减少肥水供应，控制营养生长；该促的要增加肥水供应，促进营养生长与生殖生长同时并进而双旺。

山东寿光棚室蔬菜集中产区的广大菜农，通过掌握上述技术原则，在实行一年一大茬和一年多茬多种蔬菜生产中，将全年总产量的80%安排在冬春淡季和夏伏淡季上市，从而实现了高效益。

一、一周年种植一至二茬蔬菜的模式

1. 黄瓜　9月上旬、中旬播种嫁接育苗，10月中旬、下旬定植，翌年8月中旬、下旬拉秧。

2. 番茄　7月上旬、中旬播种育苗，8月中、下旬移栽定植，翌年8月中、下旬拉秧。

3. 辣（甜）椒　6月中旬、下旬育苗。8月中、下旬移栽定植，11月中旬、下旬青椒上市或于翌年1月上旬彩椒上市，剪枝育秧再结果，8月中、下旬拉秧。

4. 茄子　8月上旬、中旬播种嫁接育苗（用拖鲁巴姆或拖拖斯加野茄子或黏毛茄作砧木），9月下旬移栽定植于日光温室内，11月上旬茄果上市，翌年8月中旬、下旬拉秧。

5. 丝瓜　9月上旬、中旬播种育苗，10月中旬、下旬移栽定植，翌年7—8月拉秧。（注：采用普通丝瓜品种、单蔓整枝吊架、密植，采取留两节打一次顶头，利用顶部发生的侧枝，每两节结一个瓜）。

6. 苦瓜　7月中旬、下旬播种育苗，8月下旬至9月上旬移栽定植于日光温室保护地，或8月中旬、下旬直播。10月下旬至11月上旬，于日光温室内衬盖内二膜，12月下旬进入采收鲜瓜期，翌年1月中旬、下旬进入产瓜盛期。4月中旬、下旬撤去内二膜，10月上中旬拉秧。

7. 西葫芦　9月中旬、下旬播种育苗，10月中旬、下旬移栽定植于日光温室保护地，11月中旬、下旬开始采摘嫩瓜上市，翌年5~8月拉秧。

8. 佛手瓜　10月直播，翌年6月摘收瓜上市；7月剪枝，10月上市，10月底至11月上旬拉秧；或继续拖后，越冬前留1m高的主枝前蔓，翌年5~6月摘瓜上市。

9. 菜豆（芸豆）　9月上旬、中旬播种育苗或直播，翌年6月中旬、下旬拉秧。

10. 豆角（菜用豇豆）　9月上旬、中旬直播或播种育苗，10月下旬于日光温室内衬盖内二膜，12月下旬开始采收上市，翌年4月下旬撤去内二膜，加强管理促6~7月翻花结荚，8月中旬、下旬拉秧。

11. 山药（薯蓣）　2月中旬于拱圆形塑料大棚保护地栽种山药尾子或以零余子育成的山药嘴子，12月下旬至翌年1月上旬刨收。生育期达300d左右，比露地栽培的生育期长120d左右的大幅度增产。

12. 番茄—丝瓜　番茄于6月上旬播种育苗，7月中下旬大壮苗移栽定植，10月下旬至11月中旬拉秧；丝瓜于9月中旬、下旬播种育苗，11月中旬、下旬移栽定植，翌年6~9月拉秧。

13. 番茄—夏黄瓜　番茄7月上旬、中旬播种育苗，8月中旬、下旬大苗移栽定植，翌年4月下旬拉秧：黄瓜4月上旬、中旬播种育苗，5月中旬、下旬移栽定植，或5月上旬、中旬直播，7月上旬采瓜上市，10月拉秧。

14. 番茄—西葫芦　番茄于6月上旬播种育苗，7月中旬定植大壮苗，10月下旬至11月上旬拉秧；西葫芦于10月中旬播种育苗，11月中旬定植大壮苗，翌年6月拉秧。

15. 番茄—菜豆（芸豆）　番茄6月上旬播种育苗，7月上旬、中旬定植大壮苗，10月底至11月上旬、中旬拉秧；芸豆10月中旬、下旬播种育苗或于11月中旬、下旬直播，翌年6月下旬至7月上旬拉秧。

16.番茄—夏菠菜 番茄于7月上旬播种育苗，8月中旬移栽，翌年5月拉秧；菠菜于6月直播耐热、大叶、高产优质的"斑德"F、"金刚草"等适于越夏栽培的品种。8月收获上市。

17.番茄—蕹菜（空心菜） 番茄7月上旬播种育苗，8月中旬移栽，翌年5月拉秧；蕹菜6月直播，8~9月分次采收。

18.番茄—芸豆 番茄6月上旬播种育苗，7月中旬移栽，10月底至11月初拉秧；芸豆10月中、下旬播种育苗或直播，翌年6月拉秧。

19.甜（彩）椒—茄子 甜椒（彩椒）于6月下旬至7月上旬播种育苗，8月上旬、中旬移栽，1月中旬拉秧；茄子11月下旬播种育苗（培育嫁接苗），翌年1月中旬、下旬移栽定植于日光温室保护地，7月下旬至8月上旬拉秧。

20.甜椒（彩椒）—菜豆 甜椒（彩椒）于6月下旬至7月上旬播种育苗，8月中旬、下旬移栽定植于日光温室保护地，翌年1月中旬拉秧；菜豆（芸豆）于12月中旬育苗，翌年1月中旬移栽，5月拉秧。

21.甜椒或辣椒—番茄 甜椒或辣椒于6月下旬至7月上旬育苗，8月下旬至9月上旬移栽于日光温室内，翌年1月中旬、下旬拉秧，番茄于11月中旬播种育苗，翌年1月下旬至2月上旬移栽定植，8月中旬、下旬拉秧。

22.甜椒（彩椒）—西葫芦 甜椒（彩椒）于6月下旬至7月上旬播种育苗，8月下旬至9月上旬移栽，翌年1月中旬拉秧；西葫芦于12月中旬播种育苗，翌年1月下旬至2月上旬移栽，5~8月拉秧。

23.番茄—夏白菜 番茄于7月上旬播种育苗，8月下旬至9月上旬移栽，翌年5月拉秧；6月直播夏白菜（耐热品种），7~9月收获。

24.番茄—茄子 番茄于6月上旬播种育苗，7月下旬移栽，10月底拉秧；茄子于9月下旬播种育苗，11月上旬移栽，翌年6月中旬、下旬拉秧。

25.番茄—夏萝卜 "夏阳50d"萝卜或"夏阳60d"萝卜于6月直

播，7~8月收获；番茄于7月上旬播种育苗，8月中旬移栽，翌年5月拉秧。

26.番茄—豆角　番茄6月上旬播种育苗，7月下旬移栽，11月中旬、下旬拉秧；豆角10月上旬、中旬播种育苗，11月中旬、下旬移栽，翌年6月底至7月初拉秧。

27.西瓜—番茄　西瓜于8月中旬播种育苗（培育嫁接苗），9月下旬移栽，翌年1月中旬、下旬拉秧；番茄11月中旬播种育苗，翌年2月上旬移栽，5~8月拉秧。

28.洋香瓜—番茄　洋香瓜于8月中旬播种育苗，9月中旬、下旬移栽，翌年1月上旬、中旬拉秧；番茄11月中旬播种育苗，翌年1月下旬至2月上旬移栽，5~8月拉秧。

29.菜用豇豆（豆角）—夏伏菠菜　菜用豇豆（豆角）于9月上旬、中旬播种育苗，10月上旬、中旬移栽或10月上旬直播，10月下旬于日光温室内衬盖内二膜，保温加温，翌年3月上中旬撤去内二膜，6月中下旬拉秧；菠菜于7月上中旬直播（耐热型品种）9月上旬、中旬采收倒茬。

30.大拱棚结球莴苣—大拱棚越夏番茄　结球莴苣于8月上旬、中旬播种育苗，9月中旬、下旬移栽定植于拱圆形塑料大棚，11月下旬至翌年2月下旬采收；番茄于1月上、中旬于日光温室或阳畦播种育苗，3月上旬、中旬移栽定植于拱圆形塑料大棚内，8月下旬至9月上旬拉秧。

31.黄瓜间作苦瓜　黄瓜于9月中旬、下旬播种嫁接育苗，若嫁接黑籽南瓜比黄瓜晚播5~7d；若插接或劈接，砧木黑南瓜比黄瓜早播3~4d。10月下旬定植，于翌年4月底至5月初拉秧。苦瓜于10月上旬播种育苗，11月中旬、下旬移栽（栽于南北行立柱处，每行8株），或于11月上旬直播，翌年5月转入纯作苦瓜，9月下旬至10月上旬拉秧。

32.辣椒间作苦瓜　辣椒于6月下旬至7月上旬育苗，8月下旬至9月上旬移栽，翌年5月中旬拉秧；苦瓜于10月上旬育苗，11月中旬移栽，沿南北行立柱，每行植8棵，翌年9月下旬至10月上旬拉秧。

33.番茄间作苦瓜　番茄于7月中旬播种育苗，8月下旬至9月上移栽，翌年5月拉秧；苦瓜于10月上旬、中旬育苗，11月中旬、下旬移栽，沿南北立柱定植，每行立柱种8棵，翌年9月下旬至10月上旬、中旬拉秧。

34.茄子间作苦瓜　茄子于8月上旬播种嫁接育苗，9月下旬移栽，翌年5月拉秧；苦瓜于10月上旬播种育苗，11月中旬移栽，沿南北行立柱，每行定植8棵，翌年9月下旬至10月中旬拉秧。

35.西葫芦间作苦瓜　西葫芦于9月中旬播种育苗，10月中旬、下旬移栽，翌年5月拉秧；苦瓜于10月上旬播种育苗，11月中旬、下旬移栽，沿南北立柱，每行植8棵，翌年9月下旬至10月中旬、下旬拉秧。

36.黄瓜—黄瓜　寿光菜农说："黄瓜连两茬，效益不一般。"第一茬是秋冬茬黄瓜，于7月下旬至8月上旬播种嫁接育苗，9月上旬移栽定植于日光温室保护地，翌年1月中旬、下旬拉秧。此茬黄瓜在栽培上采取如下三条特殊技术：一是防止根瓜坠秧，要于主蔓生长至第15~16片叶时，才开始留瓜；二是开始留瓜后，对植株上所有瓜胎都用强力座瓜灵（0.2%氯吡脲）稀释液浸蘸，不疏果，所有瓜胎都长成商品瓜；三是因单株同时结多个瓜果，耗营养多，故要"少吃多餐"加强肥水供应；四是于雌花开放后第13d上摘收商品嫩瓜。该茬100d左右持续结瓜期，每亩产商品嫩瓜20 000kg左右。一般一年两茬黄瓜，每亩棚田毛收入12万~14万元。此系寿光市稻田镇马寨村菜农们一年两茬黄瓜的高产栽培技术经验。

37.秋冬茬番茄—冬春茬番茄　此茬口组合是利用前茬（秋冬茬）优良品种植株顶部发生的分枝，作为后接茬（冬春差）的苗子扦插定植。

秋冬茬番茄于7月下旬至8月上旬播种育苗，9月中旬移栽定植于日光温室内，10月下旬至11月上旬打顶头后，主蔓顶部发生的1~2个分枝保留发生分枝的活节，作为下一步接茬的育苗（为防止此分枝到用作下茬扦插时生长得过长，而再打一次顶头，保留最顶部的二次分枝生长。当此茬番茄拉秧倒茬时，此二次分枝已生长得30~40cm长，而且已有1~2穗花序）。翌年1月上中旬拉秧。拉秧时先剪取顶部特意保留的用作下茬苗子的二次分枝，并竖放置盛水的器皿中暂秧2~3d。

秋冬茬番茄拉秧倒茬后立即撒施基肥、耕翻土地，作畦起垄，于1月中旬、下旬将暂秧的番茄扦插苗子，扦插定植，定植的苗子遮阳搭荫2d，第3d转入正常管理，10d后进入持续结果期。到8月下旬至9月上旬拉秧。

38.番茄秋冬茬栽培，后期换头落蔓改为冬春茬栽培　8月上旬、中旬播种育苗，10月上旬、中旬移栽定植大壮苗，11月中旬、下旬主茎留8个花序后摘去顶心，主茎顶部保留两个能发枝的"活节位"。翌年1月上旬、中旬当采收第8穗果（主茎上最后一穗果）时，顶部两个分枝已生长到40~60cm长，此时将植株呈"L"形降蔓，顶部每条分枝留4穗花序后摘顶心，改为单株结8穗果的冬春茬栽培。7月下旬拉秧。

此栽培模式，一般每亩定植2 000株，每株结16穗果，每穗果（3~5个）的重量900g，平均单株结果14.4kg，年产果28 800kg。

39.黄瓜—草菇　黄瓜9月上旬、中旬播种嫁接育苗，10月中旬、下旬移栽定植于日光温室保护地，翌年6月上旬拉秧，6月中旬至8月下旬对棚室遮阳搭阴。生产两茬草菇。

40.越冬茬辣（甜）椒"一边倒"降蔓，套种豆角　辣（甜）椒6月上旬、中旬播种培育大壮苗，9月上旬、中旬移栽定植带蕾的大壮苗，10月上旬、中旬使辣（甜）椒植株往"一边倒"（往一边倾斜30°~40°），以降低株高，抑制徒长，促进结果。翌年3月上旬、中旬于辣（甜）椒行间套种上豆角，4月下旬至5月上旬，辣（甜）椒拉秧后，转为纯作豆角栽培田，8月下旬至9月上旬豆角拉秧。

41.冬春香椿—夏秋茬豆角　于10月上旬对苗圃田的香椿苗木用40%乙烯利600~700倍液喷洒叶片（选择在气温20℃以上时喷），促落叶，使其提早进入休眠，11月上旬、中旬起苗木栽植于日光温室内，栽深30~40cm，密度：100~130棵/m²。12月上旬、中旬至翌年4月上中旬采收4茬，每茬的香椿芽长度20~25cm。4月下旬将苗木移出棚室，定植于露地苗木圃田栽培；豆角于4月中旬、下旬于营养钵苗床播种，每个营养钵育苗3~4棵。5月上旬、中旬移栽于温室内定植，10月中旬、下旬拉秧。

42.芹菜—黄瓜或丝瓜　芹菜于5月上旬、中旬播种育苗，7月上旬、中旬移栽，10月上旬、中旬采收上市；黄瓜或丝瓜于9月中旬播种嫁接育苗，10月下旬移栽定植，翌年4月下旬拉秧。

43.芹菜—番茄或茄子　芹菜于6月上旬、中旬播种育苗，8月上旬移栽，12月下旬至翌年1月上旬采收上市；茄子、番茄分别于10月中旬、10月下旬播种育苗，均于12月下旬移栽定植，翌年7月中旬、下旬拉秧。

44.黄瓜—辣（甜）椒或茄子或番茄　黄瓜于7月上旬播种嫁接育苗，8月中旬移栽或于8月中旬直播，12月拉秧；辣（甜）椒、茄子、番茄的播种育苗期分别安排在：黄瓜拉秧前80d，黄瓜拉秧前70d，黄瓜拉秧前60d开始播种育苗，黄瓜拉秧后随即定植。

45.黄瓜—洋香瓜　黄瓜7月上旬播种嫁接育苗。8月中旬移栽定植于冬暖塑料大棚保护地，翌年1月中旬拉秧；洋香瓜12月中旬播种育苗，翌年1月下旬定植为黄瓜的接茬。

46.黄瓜—菜豆（芸豆）　黄瓜于8月中旬播种嫁接育苗。9月下旬定植，翌年2月下旬拉秧；芸豆于黄瓜拉秧前25d用营养钵播种育苗，每钵育苗2~3棵，黄瓜拉秧后随即定植，每亩定植3 000钵垛，即6 000~9 000棵。

47.黄瓜—西葫芦　黄瓜于7月上旬播种嫁接育苗，8月中旬移栽定植，翌年1月中旬拉秧；西葫芦于12月上旬播种育苗，翌年黄瓜拉秧后，随即定植西葫芦。

48.芹菜—西葫芦　芹菜于5月中旬播种育苗，10月开始上市；西葫芦于9月中旬播种嫁接育苗，拉秧时间可安排在翌年5~9月。

49.冬春香椿—越夏番茄　香椿于10月上旬对苗圃天的香椿苗木用40%乙烯利600~700倍液喷洒叶片（选择于气温20℃以上时喷药），促其落叶，提早进入休眠，11月上旬、中旬起苗木栽植于日光温室内，栽深30~40cm，每1m^{2}畦面栽植100~130株。12月上旬、中旬至翌年4

月上旬、中旬采收 4 茬，每茬的香椿芽长度为 20~25cm，第一茬产量最高，占 4 茬总采收量的 40%。4 月下旬将苗木移出棚室，定植于露地苗木圃田栽培；番茄于 2 月下旬播种育苗，4 月下旬香椿苗木移出温室后，随即整地施肥，起垄定植上番茄，10 月下旬拉秧。

50. 秋冬茬糯玉米—冬春茬黄瓜　糯玉米于 8 月下旬至 9 月上旬直播，12 月中、下旬收获倒茬；黄瓜于 10 月下旬播种嫁接育苗，12 月上旬、中旬糯玉米收获倒茬后定植上黄瓜，黄瓜翌年 8~9 月拉秧。

51. 辣（甜）椒—番茄或西葫芦或芸豆或茄子　辣（甜）椒于 7 月下旬播种育苗，9 月上旬、中旬移栽，翌年 1 月中旬拉秧；番茄、西葫芦、芸豆、茄子于 11 月中旬至 12 月中旬播种育苗，翌年 1 月中旬、下旬移栽定植，5~7 月拉秧。

52. 丝瓜—夏菠菜或夏白菜　选用普通丝瓜品种于 9 月中旬播种育苗，10 月中旬、下旬移栽定植，翌年 5 月底至 6 月初拉秧；夏菠菜选用斑德、金刚草、热火等耐热性品种于 6 月播种 8 月上旬上市；或丝瓜倒茬后，播种夏白菜，选育夏阳 50、夏阳 60 等耐热早熟品种，8~9 月上市。

53. 苦瓜、瓠子、佛手瓜，若棚架栽培，架下生产黑木耳　苦瓜、瓠子、佛手瓜分别于 9 月播种，翌年 3~10 月棚架栽培。于棚架下分期栽培黑木耳。

54. 豆角大行内套栽平菇　豆角实行宽窄行定植，宽行 180cm，窄行 60cm，在宽行内做成宽 120cm 的菇畦，畦两边距豆角行 30cm。

豆角选用中熟不早衰品种，于 1 月营养钵苗床播种育苗，每钵育苗 3~4 棵。2 月下旬定植于棚室保护地，8 月剪蔓整枝，促其再发生新枝蔓，二茬持续结荚（即翻花结荚），12 月拉秧。

第一茬平菇于 3~7 月生产，宜选用寿光 425、高邮 9400 等适于春栽的品种；第二茬平菇于 9~12 月生产，宜选用高邮 2106、黑丰 90 等适宜于秋栽的品种。

例如，第一茬平菇：1 月准备中高温型平菇原种，2 月下旬开始准备生产，3 月下旬开始制作菌袋；选用 20cm×50cm×0.015cm 聚乙烯菌袋，袋内4层菌种三层料。

二、一年内种植三至四茬蔬菜的模式

1.洋香瓜—洋香瓜—夏菠菜　第一茬洋香瓜于1月中旬拉秧；第二茬洋香瓜于12月中旬育苗，翌年1月中旬、下旬定植，5月拉秧；夏菠菜于6月播种，8月上旬上市。

2.西瓜—黄瓜—辣（甜）椒　西瓜1月上旬播种嫁接育苗，2月中旬、下旬定植，5月下旬至6月上旬拉秧；黄瓜4月中旬、下旬播种嫁接育苗，5月下旬至6月中旬定植，9月中旬、下旬拉秧；青椒（辣椒或甜椒），7月中旬、下旬播种育苗，9月中旬、下旬定植，12月下旬至翌年1月拉秧。

3.西瓜—茼蒿—菠菜—樱桃番茄　西瓜12月下旬至翌年1月上旬播种，嫁接育苗，2月中旬、下旬定植，5月中下旬拉秧；茼蒿5月中旬、下旬西瓜拉秧后，随即整畦播种，6月下旬至7月上旬采收上市，菠菜在茼蒿采收后，于7月上旬整地直播，8月下旬至9月上旬采收腾茬；樱桃番茄于7月中旬、下旬播种育苗，9月上旬、中旬定植，12月下旬至翌年1月拉秧。

4.春球茎茴香—春萝卜—秋豆角　球茎茴香，选用球玉1号等中早熟品种于1月上旬、中旬播种。2月中旬、下旬定植，5月上旬、中旬收获；萝卜采用品种夏阳50、夏阳55等，于5月中、下旬播种，7月上、中旬采收；豆角采用早熟品种红嘴燕，6月中旬、下旬播种营养钵育苗，每钵播种3~4粒种子，7月上旬、中旬萝卜腾茬后，随即栽植上豆角，翌年2月上旬拉秧。

5.春甘蓝—春糯玉米—夏糯玉米—秋芹菜　甘蓝于11月下旬至12月上旬播种，12月下旬至翌年1月上旬分苗，2月下旬定植于拱圆形塑料大棚保护地，4月下旬至5月中旬收获。

春糯玉米于2月下旬播种，与春甘蓝间作，6月中旬、下旬收获。

夏糯玉米于6月春糯玉米收获后，随即播种，9月下旬至10月上旬收获。

秋芹菜于 6 月上旬播种，适当遮阳搭荫育苗，8 月中旬、下旬移栽，11 月下旬采收。

6. 青萝卜—高秆茼蒿—夏阳白菜—樱桃番茄　选用青萝卜良种"浮桥萝卜"（寿光萝卜良种）于 1 月上旬、中旬播种，4 月上旬、中旬收获；高秆茼蒿于 4 月中旬播种，6 月上旬采收；夏阳白菜（选用品种为夏阳 60d）5 月下旬播种，6 月中旬移栽，7 月下旬至 8 月上旬采收；樱桃番茄，7 月上旬播种育苗，8 月中旬、下旬定植，12 月下旬至翌年 2 月中旬拉秧倒茬。

7. 甜玉米—芸豆—芹菜　甜玉米 4 月上旬播种，7 月上旬、中旬收获；芸豆 7 月中旬至下旬播种，10 月下旬拉秧；芹菜 6 月下旬播种育苗，10 月下旬定植，翌年 1 月中旬至 2 月中旬收获。

8. 糯玉米—芸豆—马铃薯　糯玉米 2 月上旬、中旬播种，6 月上旬、中旬收获；芸豆 6 月上旬播种育苗，6 月下旬至 7 月上旬定植，10 月上旬拉秧；马铃薯 10 月中旬播种，翌年 1 月中旬收获。

9. 山药—油麦菜—青菜（三月慢油菜）　山药于 2 月上旬于拱圆形塑料大棚保护地播种，播种的同时在相邻沟畦间播种油麦菜（品种如宝鸡尖叶油麦菜或内蒙琪龙油麦菜），3 月中旬、下旬收获；收获油麦菜后，随即整地施肥播种上"三月慢"小油菜，5 月中旬收获小油菜。

10. 莴笋—西瓜—大白菜—番茄　莴笋选用早熟优良品种，如中选育尖叶莴笋、北京柳叶笋，山西八斤棒莴笋、台湾碧香等。于 12 月中旬至翌年 1 月上旬于阳畦或温室内播种育苗，2 月上旬移栽定植于棚室保护地，4 月中旬收获。西瓜选用特早熟小果型品种，如秀丽、黑美人、夏丽、金冠 1 号、京欣等红瓤品种；新金兰、特小凤、黄小玉、小玉 8 号等黄瓤品种。于 3 月上旬播种育苗，4 月下旬定植于上茬莴笋的棚田，7 月中旬拉秧。

夏伏大白菜，选用夏阳 46、津白 45、诸丰 45、夏抗 50 等耐热早熟品种，7 月中旬、下旬播种，8 月下旬至 9 月上旬拉秧。

番茄选用适于秋冬茬栽培的品种，于 7 月中旬播种育苗，9 月中旬定植，12月下旬至翌年1月上旬拉秧。

11.苤蓝或甘蓝—樱桃番茄—芹菜 苤蓝，应选用白苤蓝、早冠等早熟品种；甘蓝，宜选用中甘11号、爽月、8132等早熟品种；一般于11月下旬至12月上旬播种育苗，1月上旬分苗，2月上旬定植，4月中旬、下旬收获。

樱桃番茄，宜选用适于冬春茬栽培的品种，1月上旬播种育苗，2月上旬分苗，4月中旬、下旬苤蓝或甘蓝收获后随即整地施基肥，做畦，定植樱桃番茄，8月中旬、下旬拉秧。

芹菜，6月下旬播种育苗，8月下旬定植，12月中旬至翌年1月中旬分次刨收。

12.番茄—菠菜—花椰菜 番茄10月下旬播种育苗，翌年1月上旬定植，3月中旬始收，7月上旬、中旬拉秧；菠菜7月中旬、下旬播种，9月上旬、中旬收获；花椰菜8月下旬播种，9月中旬、下旬定植，11月中旬、下旬收获。

13.春西瓜—夏白菜—秋青花菜 西瓜选用京欣、特小凤、黑美人等特早熟品种，于12月中下旬至翌年1月上旬播种育苗，2月上旬、中旬定植，4月下旬至5月上旬、中旬拉秧，大白菜选用夏阳50、夏阳60等耐热早熟品种，于5月中旬、下旬直播，7月中旬、下旬收获；7月下旬收获大白菜后，高温闷棚和为下茬整地施基肥；青花菜选用万绿、绿秀、新万等中早熟品种，于7月上旬、中旬播种育苗，8月上旬移栽；11月下旬至12月上旬收获。

14.莴苣—西瓜—丝瓜或瓠瓜 莴苣于9月下旬播种育苗，10月下旬定植，翌年1月中旬至2月上旬采收；西瓜1月上旬播种嫁接育苗，2月中旬、下旬定植，5月中旬至6月上旬采收后拉秧；丝瓜或瓠瓜，6月中旬播种育苗，7月中旬、下旬定植，9月下旬始收，翌年7~8月拉秧。

15.西瓜—萝卜—辣（甜）椒 西瓜，1月中旬、下旬播种嫁接育苗，2月下旬至3月上旬定植，5月下旬至6月上旬采收后拉秧；夏萝卜，选用耐热早熟品种，于6月中旬播种，7月下旬至8月上旬收获；辣（甜）

椒，于 5 月中旬、下旬播种育苗，8 月中旬、下旬定植，10 月上旬开始采收，翌年 2 月下旬拉秧。

16. 冬春茬黄瓜—夏伏小白菜—秋芹菜或芫荽　选用密刺黄瓜或无刺小黄瓜，于 12 月上旬播种嫁接育苗，翌年 1 月中旬、下旬定植，3 月上旬、中旬开始采收，7 月下旬拉秧；小油菜（青菜）于 7 月下旬黄瓜拉秧倒茬，随即整地播种，于 9 月上旬、中旬采收；芹菜或芫荽于 7 月上旬、中旬播种育苗，9 月下旬定植，12 月下旬至翌年 1 月下旬采收。

17. 冬春茬越瓜—夏伏番茄—秋延迟辣（甜）椒　越瓜，11 月中旬、下旬播种育苗，12 月下旬至翌年 1 月上旬移栽定植，2 月下旬开始结瓜，6 月上旬拉秧；番茄，4 月中旬播种育苗，6 月中旬定植，9 月中旬拉秧；辣（甜）椒，6 月下旬至 7 月上旬播种育苗，9 月下旬定植，翌年 1 月上旬、中旬拉秧。

18. 韭葱（洋蒜苗）—豆角—花椰菜　韭葱，12 月上旬播种，翌年 1 月下旬至 3 月下旬陆续疏秧拔收；豆角 3 月上旬于营养钵苗床播种育苗（每钵育苗 3~4 棵），4 月上旬移栽定植于棚室保护地，9 月中旬拉秧；花椰菜，8 月下旬播种育苗，9 月下旬移栽定植，11 月下旬至 12 月上旬拉秧。

19. 薄皮甜瓜（如潍坊弥河银瓜）—青花菜—芹菜或芫荽—韭葱（洋蒜苗）　甜瓜，1 月上旬播种育苗，2 月中旬移栽定植，7 月中旬拉秧；青花菜，6 月中旬播种育苗，7 月下旬定植，10 月上旬上市；芹菜或芫荽 6 月中旬、下旬播种育苗，10 月中旬定植，12 月下旬收获；韭葱 12 月下旬至翌年 1 月直播，2 月上旬、中旬采收。

20. 冬春茬黄瓜—伏茬蕹菜—秋延茬番茄　冬春茬黄瓜于 11 月中旬播种培育嫁接苗，翌年 1 月上旬定植，7 月上旬拉秧；7 月下旬直播蕹菜，作为黄瓜的接茬，8 月下旬至 9 月上旬陆续采收；秋延茬番茄于 8 月上旬播种育苗，9 月中旬、下旬定植，12 月底至翌年 1 月中旬拉秧。

第七章

棚室保护地无公害蔬菜
常见病虫害防治技术

棚室保护地反季节蔬菜生产的发展，不仅能使城乡居民吃上新鲜蔬菜，而且也增加菜农的经济收益，但棚室保护地生产蔬菜的特殊环境条件，给蔬菜病虫害的发生发展提供了有利条件。

一是棚室保护地的高温、高湿环境有利于多种蔬菜作物发生霜霉病、灰霉病、叶霉病、疫病、早疫病、晚疫病、白粉病等各种真菌性病害和青枯病、缘枯病、角斑病、叶枯病等多种细菌性病害的发生发展蔓延。绝大多数蔬菜病害，在陆地环境条件下发生的少或发生的轻，而在棚室保护地蔬菜上的发生发展逐年加重，成为主要病害。有些在北方陆地不能越冬或越冬成活率极低的害虫，如茶黄螨、烟粉虱、斑潜蝇、蓟马等在棚室保护地环境条件下，冬季继续繁殖为害，并成为虫源基地，发展成为棚室蔬菜的主要虫害。

二是棚室蔬菜生产因连年重茬种植，致使某些病原菌积累增多，使瓜类枯萎病、蔓枯病、茄子黄萎病、辣椒疫病和青枯病，多种蔬菜的根结线虫病等土传病害逐年加重。

三是由于棚室蔬菜越冬栽培期处于封闭和半封闭状态，光照、温度、水分、空气等环境因素变化大，以及大量追施化学肥料，过量使用激素和喷施农药等导致棚室蔬菜发生生理障碍，影响正常生长发育，花芽分化不良，出现畸形花果和落花落果率升高、发生生理性病害等。

四是对病虫害的防治不得当，主要表现在：有些菜农重治轻防，重药轻养；不重不治，重了乱治；对病虫不会识别；对农药不会使用；所谓防就是打药，以药为主，多药乱混配，随意加大用药量，造成药害、激素中毒，造成蔬菜严重受害而减产，甚至绝产。因不正确地使用农药，使病虫害都产生抗药性，结果防治次数越来越多，用药量越来越大，防治效果越来越差，病虫害越来越重。此乃目前棚室蔬菜生产中，在病虫害防治上之大难题，迫切需要解决。

第一节　蔬菜真菌性病害

一、菜苗猝倒病

（一）主要症状

（1）瓠科、十字花科、茄科、豆科等多种蔬菜的幼苗，露出表土的胚茎基部或中部呈水渍状，后变为黄褐色，干枯、萎缩、缢细，幼苗突然猝倒，往往子叶尚未凋萎时，幼苗已贴伏地面。

（2）有的幼苗尚未出土，胚轴和子叶已变褐、腐烂、死亡。有的幼苗作为接穗嫁接后，因胚茎发病，从嫁接口之上干枯、萎缩，使接穗不能成活。

（3）湿度大时，病株附近长出白色棉絮状菌丝。

（二）病原菌传播及发病条件

1.病原　因多种菜苗都会发生幼苗猝倒病，其病原菌种类较多，如瓜果腐霉、终极腐霉、德巴利腐霉、德里腐霉、约丽腐霉、畸雌腐霉、刺腐霉等多种腐霉，和辣椒疫霉、烟草疫霉、茄疫霉、甜瓜疫霉、寄生疫霉、德式疫霉等疫霉菌。上述病的游动孢子借雨水、灌水传到幼苗上，从胚茎部侵入，潜伏期1~2d。

2.发病条件　病菌喜25~30℃高温，但在8~10℃低温及34~36℃高温和高湿条件下也可侵染传播。不论夏季或冬季，空气、土壤湿度大、棚室通风不良、苗弱，都会加剧猝倒病的发生。

（三）无公害防治方法

1. 栽培防治　采用穴盘装基质育苗，对穴盘基质都高温消毒灭菌。

在育苗的幼苗期特别注意温室通风管理，避免低温高湿条件出现；尽可能创造 25~30℃ 和 65%~70% 的温湿度条件。

选用抗病品种。一般抗疫病、绵疫病、绵腐病的品种，也抗幼苗猝倒病，可酌情选用。

2. 药剂防治

（1）药剂处理种子，可用 30% 倍生（苯噻氰）乳油 1 000 倍液浸泡种子 6h，带药液催芽或播种。

（2）药剂处理苗床，$1m^2$ 苗床选用"土菌消"（有效成分为噁霉灵、甲霜灵、噻氟菌胺）1g 对水 2 000 倍液，均匀喷洒于苗床的基质（或土壤）表面。

（3）播种前或播种后，于苗床喷药预防，可用 72.2% 普力克水剂（霜霉威水剂）600 倍液，$1m^2$ 喷淋 1~1.5kg。播种前后未进行药剂处理的，在出苗后 1~3d 内，必须喷药防止此病的发生。尤其是嫁接用的接穗苗，往往因潜伏着致病菌，嫁接后接穗胚茎处发生此病。

（4）出苗后发现病苗的苗床，应立即进行药剂防治（若发病条件适宜，在发现零星病苗后 5~7d 会大面积严重发生，往往造成死苗 90% 以上），常用的药剂有 72% 霜脲氰·锰锌可湿性粉剂 800~1 000 倍液、69% 烯酰吗啉·锰锌可湿性粉剂 600~800 倍液、72% 烯吗霜脲·锰锌可湿性粉剂 800~1 000 倍液、44% 精甲霜灵·百菌清悬浮剂 600~800 倍液、60% 氟吗啉·锰锌可湿性粉剂 800~1 000 倍液、30% 苯噻氰乳油 1 200~1 500 倍液、3.2% 恶甲水剂 300 倍液、20% 松脂酸铜乳油 500~750 倍液、15% 土军消™（有效成分为噻氟菌胺、恶霉灵、甲霜灵）乳油 1 500 倍液，喷淋苗床幼苗和土壤（或基质），6~7d 施用 1 次，视病情防治 1 次或 2 次。

二、菜苗立枯病

（一）主要症状

①多于苗床温度较高或育苗中、后期发生。

②主要为害幼苗茎基部或地下根部。起初在茎部出现椭圆形或不整形暗褐色病斑，逐渐向里凹陷，边缘较明显，扩展后绕根颈一周，致茎基部萎缩干枯。幼苗死亡，但不折倒。

③根部染病多于近地表茎基根颈处，皮层变褐或腐烂。病部具轮纹或不十分明显的褐色蛛丝状霉。

④病程进展缓慢，在苗床内个别病苗白天萎蔫，夜间恢复，经7~10d反复后大部分幼苗枯死，但不猝倒，与猝倒病不同。

（二）病原菌传播及发病条件

1. 病原　病原菌为立枯丝核菌，菌丝或菌核可在土壤中腐生2~3年，通过流水、农具或直接侵入寄主传播。

2. 发病条件　病菌发育适温24℃，最高40~42℃，最低13~15℃。适宜PH值3.0~9.5。播种过密，间苗不及时，温度过高、湿度过大，易诱发此病。用重茬地的土壤配制营养土，则易发此病，发病重。

（三）无公害防治方法

1. 栽培防治　加强温室环境调控和苗床管理，科学放风，防止苗床苗盘或苗钵高温高湿和低温高湿的条件出现。苗期喷洒0.1%磷酸二氢钾或0.1%植宝露，增强幼苗抗病力。对育苗基质或育苗营养土进行高温消毒灭菌。

2. 药剂防治

（1）药剂处理种子：提倡用30%倍生乳油（30%苯噻氰）1000倍液浸泡种子6h后带药催芽或直播。工厂化穴盘育苗用种量大可用3.5%满地金（咯菌氰·甲霜灵）悬浮种衣剂拌种。1kg种子用4~8ml，对水100ml混匀后倒在种子上，迅速搅拌至分布到每粒种子上。

（2）苗床或育苗盘药土处理：1m² 苗床用95%绿亨1号（95%恶霉灵）原药1g对水3000倍喷洒苗床或用15%土军消（噻氟菌胺、恶霉灵、甲霜灵）乳油1ml对水1500倍液喷洒苗床，也可把绿亨1号精品兑细土15~20kg，或根兴（甲基托布津、福美双）2g兑细土15kg，将其1/3施于苗床内，余下2/3播种后盖土。

（3）发病初期喷洒 20% 甲基立枯磷乳油（利克菌）1 200 倍液，或 15% 土军消（噻氟菌胺、恶霉灵、甲霜灵）乳油 1 500 倍液，或 30% 倍生（苯噻氰）乳油 1 200 倍液，或 70% 甲基托布津（甲基硫菌灵）可湿性粉剂 800 倍液，或 50% 福美双可湿性粉剂 800 倍液，或 40% 恶霉灵可湿性粉剂 1 000~1 500 倍液，或 72.2% 普力克（霜霉威）水剂 800 倍液或 3.2% 恶甲水剂 300 倍液喷淋，$1m^2$ 苗床喷洒药水 2kg 左右，7~10d 1 次，视病情防治 1~2 次。如能混入植保素或富尔 655 高效液肥 300~500 倍液，效果更佳。采收前 7d 停止用药。

三、黄瓜、丝瓜霜霉病

（一）主要症状

①幼苗期染病，子叶受害初呈褪绿色黄斑。

②真叶染病，叶缘或叶背面出现水渍状病斑，病斑受叶脉限制，呈多角形，后为淡褐色。潮湿时病斑上生长黑色霉层，病叶由中下部向上发展，严重时除顶部新叶处，其他叶片全干枯。

③丝瓜霜霉病是先在叶正面现不规则褪绿斑，后扩大为多角形黄褐色病斑。后期病斑连片，致整叶枯死。

（二）病原菌传播及发病条件

1. 病原　黄瓜霜霉病与丝瓜霜霉病是相同病原，称古巴假霜霉菌。南方或北方棚室保护地周年种植黄瓜、丝瓜，病菌在叶片上越冬或越夏。

2. 发病条件　病菌主要靠气流传播，一旦发病，蔓延很快。低温高湿是黄瓜、丝瓜发生霜霉病的重要条件，发病适宜温度 16~22℃，如果温度高于 28℃，只能存活 6~9d，棚温达到 45℃，维持 2h 病菌即可死亡。棚室通风不良或浇水过大，遇到阴雨雪天气，或白天温度较高，夜间温度低，叶片结露多，有利于病菌侵入发病。

（三）无公害防治方法

1. 选用抗病品种　棚室保护地黄瓜、丝瓜，应根据当地气候、栽培季节、茬次、环境、市场需求，选用高产、优质、抗病、适应性强的优良品种。

2. 生态防治　依据生态防治控制霜霉病的湿度，湿度的指标要求是上午棚内气温25~30℃，湿度60%~70%，当气温升至30℃时开始放风散湿，26℃开始闭棚保温；下午气温20~26℃，湿度60%左右；傍晚20℃及时覆盖草帘保温；上半夜棚内气温由20℃降至16℃，湿度低于85%；下半夜气温15~12℃，凌晨短时最低10℃，湿度90%左右。应注意浇水一定在晴日上午进行，切不可阴雨天浇水，依据天气预报，不可在寒流和阴雨雪天气到来之前的晴日浇水。苗期少浇水，浇小水；结瓜盛期8~10d浇一次水，浇后及时闭棚升温，当棚温达30℃时通风排湿，当棚温降至26℃再闭棚，棚温再升到30℃再放风排湿。如此以减少霜霉病发生。

若霜霉病发生较重，可以进行高温闷棚，应先浇水，后闷棚，浇水后第二天中午棚温上升到45℃时不要通风，使棚内45℃的气温维持2h后再慢慢放风，使棚温降至26℃时再闭棚保温。如此高温闷棚，每10d左右选择一个晴日进行1次，连闷2~3次可有效地控制病害发生。

3. 药剂防治　防治黄瓜、丝瓜霜霉病的药剂较多，可选用75%百菌清（四氯异苯腈）600倍液，或80%代森锰锌（三乙膦铝·代森锰锌）500倍液，或80%乙膦铝500倍液，或25%瑞毒霉（甲霜灵）800倍液，50%乙膦铝锰锌500倍液，或58%瑞毒锰锌（甲霜灵·锰锌）600倍液，72%克露（霜脲氰）600倍液，或72.2%普力克（霜霉威）600倍液，或69%安克锰锌（烯酰·锰锌）1 000倍液，或68.7%易保（丙森·缬霉）100倍液，或52.5%抑快净（噁唑菌酮·霜脲）2 000倍液，或70%百德富（代森联）600倍液，或60%灭克（氟吗·锰锌）1 500倍液，或1.5%菌立灭500倍液等，每5~7d喷1次，连喷2~3次。以上药剂选用1种，再加入白糖和尿素（每15kg药液，加白糖100g，尿素50g）。如遇到阴雨天气，棚内湿度大，不宜喷雾，可以用20%百菌清烟雾剂，每100m^{2}用药50g，或用5%百菌清粉尘剂，每亩棚室用药1kg。

注：用上述药剂，也能防治大白菜霜霉病、菠菜霜霉病、茄子霜霉病等多种蔬菜作物的霜霉病。采收前7d停止用药。

四、黄瓜灰霉病、西葫芦灰霉病

（一）主要症状

主要为害花和幼果，病菌多从花和幼果上出现水渍状软腐，后生出灰色霉状物，病花、病果及其上面的霉状物，落到叶、茎或其他花果上，则造成烂叶、烂茎、烂花、烂果，使茎折，发病部位长出黑色小菌核。该病有别于瓜类和茄果类作物的花腐病。

（二）病原菌传播及发病条件

1. 病原　黄瓜等瓜类、番茄等茄果类和菜豆等豆类作物灰霉病是同一病原菌，称灰葡萄孢。孢子随气流、雨水、浇水、农事操作传播蔓延。

2. 发病条件　本病菌发育适温 18~23℃，最高 32℃，最低 4℃。适宜湿度为持续 90% 以上的高湿条件。

（三）无公害防治方法

1. 消除病残体　发病时及时摘除病花、病叶、病果，带出田间烧毁，减少病源。

2. 生态防治　同黄瓜霜霉病，可以兼治。

3. 药剂防治　选用下列农药之一喷洒：50% 速克灵（腐霉利）1 000 倍液，50% 扑海因（异菌脲）800 倍液，75% 百菌清（四氯异苯腈）600 倍液，50% 多菌灵（苯并咪唑 44 号）500 倍液，50% 农利灵（乙烯菌核利）800 倍液，65% 甲霉灵（甲基硫菌灵·乙霉威）800 倍液，50% 多霉灵（多菌灵·乙霉威）800 倍液，40% 特立克 800 倍液（菌核净），40% 百可得（双胍亲胺）1 500 倍液，40% 施佳乐（嘧霉胺）800 倍液，10% 宝丽安（多抗霉素）500 倍液，每隔 5~7d 喷 1 次，连喷 2~3 次。若遇阴雨天，不宜喷雾，可用 10% 速克灵烟雾剂，每 100m² 用 50g，或 10% 灭克粉每亩用 1kg 喷粉，以上药剂兼治菌核病。采收前 7d 停止用药。

五、黄瓜蔓枯病、甜瓜蔓枯病、西瓜蔓枯病

（一）主要症状

黄瓜、甜瓜、西瓜的茎、叶、瓜条都能被害，茎部受害病斑呈油浸

状、黄褐色，有时出现白色黏胶物，严重时茎节变黑褐色，腐烂，易折断，病斑常龟裂，干枯，红褐色，由茎表面向内部发展，维管束不变色，这是与黄瓜枯萎病的区别。叶片受害后，多从叶片边缘向内发展呈三角形大斑，黄褐色，易破裂，病斑上密生黑色小点，这是病菌的分生孢子器。瓜条受害，多在瓜条顶部出现水渍状，有白色黏胶物。

（二）病原菌传播及发病条件

本病的病原菌称泻根亚隔孢壳，异名称西瓜壳二孢。病菌可随种子或病残体进行传播。高温、高湿有利于发病，植株生长势差，根系不发达，生长后期发病严重。

（三）无公害防治方法

1. 消毒处理　换茬时高温闷棚，同时于棚室内喷布 15% 菌毒清 300 倍液或 848 消毒液 300 倍液。杀灭残存病菌。用 55℃ 温水浸种，杀死种子上的病菌。

2. 加强肥、水、光、温等生育条件管理　培育壮株，增强抗病抗病能力。注意通风排湿，抑制病害发生。

3. 药剂防治　可用 75% 百菌清（四氯异苯腈）600 倍液或 30% 瞬青水剂 1200 倍液，或 50% 福美双（秋兰姆）500 倍液或 70% 甲基托布津（甲基硫菌灵）800 倍液，或 50% 多菌灵（苯并咪唑 44 号，四骈唑）500 倍液，或 20% 冠绿（松脂酸铜·咪酰胺）750 倍液，或 70% 代森锰锌 500 倍液，或 40% 百可得（双胍辛烷苯基磺酸盐）800 倍液，喷洒全株 5~7d 喷 1 次，视病情连续 2~3 次。也可用 70% 甲基托布津 100 倍液涂茎防治。采收前 7d 停止用药。

六、黄瓜斑点病

（一）主要症状

叶片上初现水渍状斑，后变淡褐色，中部较淡，呈褐白色，周围具水渍状淡绿色晕环，病斑大小 15~20mm。后期病斑呈薄纸状，淡黄或灰白色，斑上有少数不明显的小黑点。病斑易破碎。此病发展快，尤其在植株生育后期，发病后 5~6d，中下部叶片因病斑连片而干枯。

（二）病原菌传播及发病条件

此病原菌称瓜灰星菌。以菌丝和分生孢子随病残体在土壤中，靠流水、水流水溅传播蔓延。气温在 25~30℃，湿度 85% 以上，半阴或阴雨天气，有利于此病的发生。连作地发生重。

（三）无公害防治方法

①实行与非瓜类作物 2 年以上轮作换茬。

②在瓜田栽培管理上，尤其中后期要加强。

③药剂防治　发病初期开始喷洒 75% 百菌清（四氯异苯腈）可湿性粉剂 600 倍液，或 52.5% 抑快净（噁唑菌酮·霜脲）水分散粒剂 1 800 倍液，或 50% 多菌灵（苯并咪唑 44 号）可湿性粉剂 600 倍液，或 20% 冠绿（松脂酸铜·咪酰胺）乳油 750 倍液。也可用复配剂，即：15kg 清水加入 10% 苯醚甲环唑水分散粒剂 8g、70% 甲基硫菌灵可湿性粉剂 15g、10% 多抗霉素可湿性粉剂 30g 混合均匀喷洒叶片正反两面。或用 76% 可鲁巴（70% 丙森锌 6% 霜脲氰）可湿性粉剂 1 000 倍液。7~8d 喷治 1 次，视病情连续防治 2~3 次，采收前 7d 停止用药。如果要生产 A 级绿色蔬菜，每个生长季节，每种农药只准使用 1 次。

七、黄瓜靶斑病（褐斑病或灰斑病）

（一）主要症状

①主要为害叶片，病斑略呈圆形，直径 6~12mm，病斑初呈淡褐色后变褐绿色，故称黄瓜褐斑病。

②病斑的扩展受叶脉限制，呈不规则形或多角形，多数病斑的中部呈灰白色至灰褐色，似靶心，故名黄瓜靶斑病。

③病斑上生灰黑色霉状物，即病菌的分生孢子梗和分生孢子。看似灰色，故此病又名黄瓜灰斑病。

④发病严重时，病斑融合，叶片枯死脱落。在落叶率低于 5% 时，病情扩展缓慢期约 12~16d，之后 5~7d 内发展很快，落叶率可由 5% 发展到 90% 以上。

（二）病原菌传播及发病条件

此病原称山扁豆生棒孢菌。病菌孢子多生于叶片正反两面，可于病残体中存活 6 个月，借气流、水溅、农事操作传播。空气和土壤湿度大，通风不良易发病，在 25~27℃ 及饱和空气湿度条件下发病重。昼夜温差大有利于发病。

（三）无公害防治方法

①彻底清除病残体，减少初侵染源。

②与非瓜类作物实行 2~3 年以上轮作。

③引进和采用抗病品种。

④搞好棚室环境调控，如注意通风排湿，改善通风透光条件，冬春季节减少昼夜温差等。

⑤发病初期喷洒下列药剂之一，40% 好光景（多·硫）悬浮剂 500 倍液，75% 百菌清（达科宁）可湿性粉剂 600 倍液，20% 冠绿（松脂酸铜·咪鲜胺）乳油 750 倍液，78% 科博（波·锰锌）可湿性粉剂 600 倍液，2% 丙烷脒水剂 250~300 倍液、45% 噻菌灵（特克多）悬浮剂 1 000 倍液。也可用 45% 百菌清烟剂熏烟，每 $100m^2$ 1 次用量 50g，闭棚烟熏 8h 用上述方法，可防治黄瓜黑斑病。采收前 7d 停止用药。

八、黄瓜等瓜类作物白粉病

（一）主要症状

①苗期至收获期均可染病，叶片发病重，叶柄、茎次之，果实发生少。

②发病初期叶面、叶背及茎上产生白色近圆形星状小粉斑，以叶正面居多，后向四周扩展成边缘不明显的连片白粉，严重时整叶布满白粉，即病原菌无性阶段。

③发病后期白色霉斑因菌丝老熟变为灰色，病叶黄枯。有时病斑上长出成堆的黄褐色小粒点，后变黑，即病菌的闭囊壳。

（二）病原菌传播及发病条件

①白粉病的病原菌有两种：一是称瓜白粉菌；二是称瓜单丝壳白粉

菌，均属于子囊菌亚门真菌。主要寄生为害黄瓜、笋瓜、苦瓜、南瓜、西葫芦、丝瓜等许多种瓜类作物。菌丝体附在叶面上，从萌发芽管到芽管侵入叶体只需24h，侵入后每天长出3~5根菌丝，5d后在侵染处形成白色菌丝丛状病斑，7d成熟，形成分生孢子囊和分生孢子，飞散传播进行再侵染。

②产生菌丝体和分生孢子的适宜温度为15~30℃，适宜相对湿度80%以上。在棚室保护地菜田，白粉病能否大流行取决于湿度和寄主长势。湿度大，寄主生长茂密，田间郁蔽，有利于本病害大流行。虽然天气干旱，但只要棚田湿度大，白粉病的流行就加快。尤其在高温干旱与高温高湿交替出现，白粉病传播发展速度快，发病严重。

（三）无公害防治方法

1. 选用抗病品种　如津优系列、中农系列、鲁春系列、中研系列、德瑞特系列、寿光寒秀系列、津旺系列、津园系列密刺黄瓜，寿光万盛系列西葫芦等都抗白粉病。

2. 生物防治　喷洒2%农抗120或2%武夷菌素水剂200倍液；发病初期喷洒0.25%帕克素水剂50倍液或3%多氧清水剂600倍液，隔6~7d喷1次，连喷2次，防效90%以上。

3. 物理防治　于发病初期于叶面喷洒27%高脂膜乳剂80倍液，在叶面形成一层薄膜，不仅可防止病菌侵入，而且造成缺氧条件，使白粉病死亡。一般隔5~6d喷1次。连喷3~4次。

4. 药剂防治　发病初期选择下列农药之一，交替轮换使用，全株喷洒防治。45%噻菌灵（特克多）悬浮剂1 000倍液，25%阿米西达（25%嘧菌酯）悬浮剂1 500倍液，62.25%仙生（腈菌唑·代森锰锌）可湿性粉剂600倍液，60%百泰（吡唑醚菌酯·代森锰锌）水分散粒剂1 500倍液，56%阿米多彩（嘧菌酯·百菌清）悬浮剂1 500倍液，30%醚菌酯·啶菌酰胺悬浮剂2 000倍液，12.5%腈菌唑乳油2 000倍液，10%噁醚唑（世高）水分散粒剂+75%百菌清可湿性粉剂600倍液，40%多·硫悬浮剂600倍液，40%福星（氟硅唑）乳油4 000~6 000倍液，要做到早预防，午前打药防，喷药周到及大水量。

5.烟雾法防治　将棚室密闭，按 100m³ 空间用硫磺粉 250g，锯末 500g 掺匀后，分别装入小塑料袋分放室内，于晚上点燃熏烟 8~10h。采收前 6d 停止用药。

九、番茄早疫病（番茄轮纹病）

（一）主要症状

番茄早疫病也称番茄轮纹病。可侵染叶、茎、果。在叶片上呈近圆形黑褐色病斑，有同心轮纹。在茎秆上形成圆形或椭圆形深褐色病斑，稍凹陷，有同心轮纹。果实受害于果柄处或脐部为圆形黑褐色病斑，凹陷，有同心轮纹。

（二）病原菌传播及发病条件

1.病原　番茄早疫病的病原菌称茄链格孢，菌丝产生分生孢子，落在番茄植株上，49min 至 1h 内可萌发多根芽管，侵入株体。该病潜育期短，侵染速度快，除为害番茄外，还可侵染茄子、辣（甜）椒、马铃薯等。

2.发病条件　高温高湿有利于发病，发病最适温度 25~30℃，先是由叶片自下而上发病，逐渐向茎、果上侵染。连作茄科作物、种植过密、基肥不足发病重。棚室内湿度大，叶片在夜间结露水，发病迅速。

（三）无公害防治方法

①实行与非茄科作物 2~3 年以上轮作换茬。

②增施基肥，种植密度要合理，及时通风排湿，尤其注意控制湿度，冬季尽可能较少温差，减轻枝叶挂露水。

③摘除衰败老叶、病叶和病果，减少病源。

④药剂防治：用下列药剂之一喷雾防治，50% 多菌灵（苯并咪唑 44 号）500 倍液，70% 甲基硫菌灵（甲基托布津）800 倍液，75% 百菌清（四氯异苯腈）600 倍液，50% 扑海因（异菌脲）1 000 倍液，78% 科博（波·锰锌）500 倍液，58% 瑞毒锰锌（甲霜灵锰锌）500 倍液，72% 霜脲氰锰锌 800~1 000 倍液，64% 杀毒矾（恶霜灵）600 倍液，72% 克露

（霜脲氰）600倍液，68.75%易保（6.25%噁唑菌酮+62.5%代森锰锌）1 000倍液，52.5%抑快净（噁唑菌酮·霜脲）2 000倍液，70%百德富（代森联）600倍液，每5~7d喷一次，连喷2~3次，也可用40%百菌清烟剂，每亩250g。于采收前7d停止用药。

十、番茄晚疫病

（一）主要症状

番茄晚疫病主要为害茎、叶、果。从幼苗开始发病，由叶片向茎部发展，呈黑褐色，腐烂，植株折倒枯死，潮湿时会产生白色霉层。成株期叶片多从叶尖、叶缘出现水浸状渐变暗绿色病斑，病斑背面长出白色霉层；茎秆上呈水浸状病斑，渐变暗褐色；青果期易被害，近果肩处形成油渍状，暗绿色渐变棕褐色，病斑较硬不变软。

（二）病原菌传播及发病条件

1. 病原　本病的病原菌称致病疫霉，此菌只侵染为害番茄和马铃薯，且对番茄致病力强。此病菌主要在冬季栽培番茄的棚室内及马铃薯块茎中越冬，借气流和雨水传播到番茄植株上，从气孔或表皮直接侵入，在田间形成发病中心病株，菌丝在寄主内扩展蔓延，潜育3~4d，病部长出菌丝和孢子囊，经传播进行多次重复侵染，引起该病流行。

2. 发病条件　发病适宜温度18~22℃，适宜相对湿度85%~95%。遇到阴雨雪天气，湿度大，温度低，发病最快。重茬地，过于密植，通风不良，发病重。

（三）无公害防治方法

1. 加强栽培管理　合理密植，及时整枝打杈、摘除老叶、病叶、病果。并注意通风排湿和适当控制浇水量，改善棚室采光和保温条件。

2. 培育无病壮苗　育苗时可用15%土军消乳油（噻氟菌胺、甲霜灵、恶霉灵）1 500倍液，喷洒苗床杀菌。或用50%三乙膦铝锰锌加30%DT（30%琥胶肥酸铜），按1m²用药各10g，加适量细土拌匀，撒于畦面，划锄入土，耧平播种。

3. 药剂防治　发病初期开始，交替轮换使用下列药剂之一喷洒全株：

72%霜标（霜脲氰锰锌）800倍液，69%霜若（烯酰·锰锌）600倍液，72%霜荣（烯码霜脲锰锌）800倍液，58%雷多米尔锰锌（进口的甲霜灵锰锌）500倍液，68.75%银法利（氟吡菌胺·霜霉威）悬浮剂800倍液，68.75%易保（噁唑菌酮·代森锰锌）水分散粒剂1 200倍液，50%福帅得（氟啶胺）悬浮剂800倍液，78%科博（波·锰锌）500倍液，20%冠绿（松脂酸铜·咪酰胺）乳油750倍液。每5~7d喷1次，视病情连喷2~3次，以上药剂兼治早疫病、斑枯病。采收前7d停止用药。

十一、番茄叶霉病

（一）主要症状

番茄叶霉病主要为害叶片，严重时也为害茎、花、果实。叶片染病，叶面出现椭圆形或不规则形淡黄色褪绿斑，叶背病部初生白色霉层，后霉层变为灰褐色或黑褐色绒状，即病菌分生孢子梗和分生孢子。条件适宜时，病斑正面也能长出灰黑色霉，随着病情扩展，叶片由下向上逐渐卷曲，植株呈黄褐色干枯。

①果实染病，果蒂附近或果面形成黑色圆形或不规则形斑块，硬化凹陷，不能食用。

②嫩茎或果柄上染病，症状与叶片类似。

（二）病原菌传播及发病条件

1.病原　该病的病原菌称褐孢霉，又名称黄枝孢菌。病菌以菌丝在病残体或潜伏在种子内或以分生孢子附着于种子上越冬，翌年产生分生孢子，借气流传播，侵染寄主，菌丝体再产生分生孢子进行再侵染蔓延。

2.发病条件　病菌发育温限9~34℃，最适20~25℃，当气温22℃左右，相对湿度高于90%，利于病菌繁殖，发病重。连阴天气，棚室通风不良，室内湿度大或光照弱，叶霉病扩展迅速。晴天光照充足，棚室内短期增温至30~36℃，对病菌有明显抑制作用。该病从开始发生到流行成灾，一般需15d左右。相对湿度低于80%，不利于分生孢子形成及病菌侵染和病斑扩展。

（三）无公害防治方法

1. 选用抗病品种　如浙粉系列、浙杂系列、中杂系列品种，和晋番茄系列，江苏番茄系列品种适用于叶霉病生理小种 1 号、2 号地区种植，而沈粉系列和佳红系列一些抗病品种适用于生理小种 4 号地区种植。播种前用 53℃温水浸种 30min，捞出晾干后播种。

2. 实行 3 年以上轮作　以减少初侵染源。

3. 生态防治　加强棚室温度、光照、湿度调控，创造利于番茄生长发育，而抑制此病发展、蔓延的环境条件。

4. 使用抗生素防治　发病初期喷洒 2% 武夷菌素（B0-10）水剂 100~150 倍液，或 2% 春雷霉素（加收米）20ml/kg 液，或 3% 多氧清水剂 600~800 倍液。8~10d 喷 1 次，交替使用，喷洒多次。

5. 药剂防治　发病初期开始喷洒，56% 啊米多彩 fE（嘧菌酯·百菌清）悬浮剂 1 500 倍液，或 32.5% 阿米妙 fE（嘧菌酯·苯醚甲环唑）悬浮剂 1 500 倍液，或 62.25% 的仙生（腈菌唑·代森锰锌）可湿性粉剂 3 000 倍液，或 47% 加瑞农（春雷霉素·王铜）可湿性粉剂 1 000 倍液，或 40% 福星（氟菌唑）乳油 4 000~6 000 倍液，或 12.5% 腈菌唑乳油 3 000 倍液。若霜霉病与炭疽病、褐斑病、白粉病、锈病斑病等多种霉病和斑病同时发生，可用下列配方药剂防治：15kg 清水中加入：10% 苯醚甲环唑或 10% 噁醚唑水分散粒剂 8g、70% 甲基硫菌灵可湿性粉剂 15g、10% 宝丽安（10% 多抗霉素）可湿性粉剂 30g，混匀后，喷洒全株。7~10d 喷 1 次，视病情连续喷药 2~3 次。

也可用 5% 加瑞农粉尘剂或 6.5% 甲硫·霉威粉尘剂或 7% 叶霉净粉尘剂或 10% 敌力托粉尘剂于傍晚喷洒，每亩喷洒 1kg，隔 8~10d 喷 1 次，连续或交替轮换施用。

还可于发病初期每 667m² 棚田用 45% 百菌清烟剂 300g 熏烟 1 夜。采收前停止用药。

十二、辣（甜）椒疫病

（一）主要症状

辣椒、甜椒苗期即可发生疫病，观察到椒苗、茎基部呈暗褐色水浸状软腐病或猝倒，即苗期猝倒病。成株期主要为害茎基部，初为水渍状时，植株表现晴日白天萎蔫，夜间恢复，后茎基部环绕表皮变黑褐色，病部明显缢缩时，植株萎蔫后不恢复而枯死成毁灭性病害。后期也为害果实，成暗绿色水浸状，软腐。湿度大时软腐处生白色附着物，即孢子囊梗。

（二）病原菌传播及发病条件

1. 病原　主要的病原菌是称辣椒疫霉菌，但常有瓜果疫霉等多种疫霉菌侵染，都属卵菌。病原菌以卵孢子、厚垣孢子在病残体或土壤及种皮上越冬。棚室保护地土壤中的病菌随灌溉流水和棚内滴溅水，把菌丝和孢子传至植株基部或近地面的果实上，引致发病。再由发病中心植株扩展侵染，病情蔓延。

2. 发病条件　病菌生长发育适温为30℃，最低8℃，最高38℃，田间25~30℃，相对湿度高于85%发病重。露地栽培大雨后或棚室保护地灌溉后，突然转晴，气温急剧升高至30℃左右，发病迅速，易大流行。连作重茬，地势低洼或低洼栽培发病严重。

（三）无公害防治方法

（1）与菜豆、豇豆、菜花、白菜、菠菜、菜玉米等非茄科蔬菜作物实行2~3年以上轮作换茬。

（2）起垄定植，浇沟洇垄，选择晴日上午浇水，浇小水，防止大水漫灌。

（3）选用抗疫病的辣椒、甜椒品种。

（4）药剂防治：

①苗床土壤消毒处理，用90%三乙膦铝或40%敌磺钠可湿性粉剂，按$1m^2$为8~10g，加20倍的细干土拌匀，均匀撒于苗床畦面，划锄入土，耧平播种。

②对重茬常发生此病的棚田，在耕翻地前按1m使用地菌一遍净（主

要成分是 40% 敌磺钠）8~10g，掺细干土，均匀撒施于地面，然后通过耕翻地将其施入耕作层。

③定植时，按每 1m 用 40% 三乙膦铝可湿性粉剂 1~2kg，加细干土 40~60kg，撒于定植穴内。

④成株期发病可选用下列药剂喷淋灌根，15% 土军消™（噻氟菌胺，恶霉灵，甲霜灵等）乳油 1 000~1 500 倍液或 50% 甲霜灵锰锌 500 倍液，每株浇灌药水 300~500ml。10d 左右浇灌 1 次，连续浇灌 2~3 次。

⑤对于结果期发病，可用 72.2% 普力克水剂（72.2% 霜霉威）500~750 倍液，喷洒全株和喷淋灌根。

采用上述方法可有效防治茄子绵疫病、豇豆疫病和番茄疫霉根腐病、番茄绵疫病。

十三、辣椒、甜椒褐斑病

（一）主要症状

主要发生于叶片上，呈现圆形或近圆形灰褐色斑，斑中央有一灰白色小点，四周黑褐色，形似鸟眼。

（二）病原菌传播及发病条件

褐斑病病原菌称辣椒枝孢，异名称辣椒尾孢。病菌在种子或病残体上存活，高温高湿利于发病。

（三）无公害防治方法

1. 种子处理　用 55℃ 温水浸种 30min，捞出晾干后直接播种或催芽后播种。

2. 清除病残体　加强通风排湿和适当控制浇水。

3. 药剂防治　可用 75% 百菌清（四氯异苯腈）可湿性粉剂 600 倍液，或 70% 甲基托布津（甲基硫菌灵）可湿性粉剂 800 倍液，或 50% 多菌灵（苯并咪唑，四骈唑）胶悬液 500 倍液，或 20% 冠绿（松脂酸铜·咪酰胺）乳油 750 倍液，或 20% 一铜天下乳油（松脂酸铜）500 倍液，或 50% 百菌通（琥·三乙膦铝）可湿性粉剂 500 倍液，或 77% 可杀得（氢氧化铜）500 倍液喷洒全株，每隔 7~8d 喷治 1 次，视病情连喷

2~3次。于采收前7d停止用药。

十四、茄子黄萎病

（一）主要症状

主要发生在成株期，先从底部叶片向上发展，近叶柄的叶缘及叶脉间变黄，病重时全叶变黄凋萎，变褐枯死脱落。剖开茎基部可见木质部中央椭部变褐色，维管束堵塞，往往同行连续几棵甚至十几棵同时发生此病。

（二）病原菌传播及发病条件

黄萎病病原菌称大丽花轮枝孢。为土传病害，病菌以休眠菌丝、厚垣孢子、微菌核随病残体在土壤中越冬，成为翌年或棚室保护地下茬的初侵染源。病菌在土壤中可存活8年，也可随种子带菌传播。病菌发育适温19~24℃，最高30℃，最低5℃。低温时移栽，伤口愈合慢，利于病菌从伤口侵入。重茬地、浇水多发病重。

（三）无公害防治方法

1. 种子处理　用55℃温水浸种15min，再放入30℃温水中浸泡12h，搓出黏着物，在30℃恒温箱催芽，每天用清水淘洗1次。

2. 苗床土壤处理　用50%多菌灵可湿性粉剂，按1m²10g，加细干土拌匀，撒于畦面，划锄入土，或用15%土军消™（噻氟菌胺，恶霉灵，甲霜灵等）乳油1000倍液，1m²畦面喷洒药水2kg，喷后水渗划锄，然后播种。

3. 重茬地或重病田的耕层土壤消毒　可选用威百亩（维巴姆、保丰收、硫威钠、威博姆、线克等名称$C_2H_4NNaS_2$）、棉隆（必速灭）、氯化苦（三氯硝基甲烷）对土壤中的真菌、细菌、线虫、害虫均有杀灭作用。具体使用方法必须按照产品的详细说书认真操作。

4. 采用抗黄萎病的嫁接苗栽培　以托鲁巴姆、托托斯加等高抗或免疫黄萎病的野生茄子种做砧木，以优良茄子品种或杂交种为接穗，培育嫁接抗病苗栽培。能高抗黄萎病、根腐病等多种病害。

5. 药剂防治　发病初期开始用50%DT（琥胺肥酸铜）可湿性粉剂500倍液，或20%一铜天下乳油（松脂酸铜）500倍液，或50%多菌灵（苯并咪唑，四骈唑）500倍液，或0.05%核苷酸400倍液，或15%土军消™

（噻氟菌胺，恶霉灵，甲霜灵等）乳油 1 000 倍液，加上"根兴"（福·福锌）750 倍液，或 50% 消毒灵（二氯异氰脲酸）可湿性粉剂 1 000 倍液，浇灌根部，每株灌药水 0.5kg，7~10d 一次，视病情连灌 2~4 次。

用上述方法也可有效防治番茄、辣椒、甜椒黄萎病和枯萎病。

十五、茄子、辣椒、甜椒炭疽病

（一）主要症状

为害幼苗，但主要于成株期为害果实。在果实上形成近圆形或圆形病斑，黑褐色，稍凹陷，上生小黑点，严重时果实腐烂。

（二）病原菌传播及发病条件

炭疽病病原菌称辣椒炭疽菌和辣椒丛刺盘孢。以跃动的菌丝体、分生孢子盘或附着在种子上的分生孢子盘产生分生孢子，借流水、溅水或昆虫活动、农事操作传播，进行初侵染和再侵染，高温高湿有利于发病。

（三）无公害防治方法

①用 55℃ 温水浸种 15min，杀灭种子上附着的病菌。

②前茬倒茬后要搞好清洁棚田和高温闷棚灭菌。

③及时清除田间病果，适当控制浇水，防止大水漫灌，强化通风排湿。

④药剂防治　从发病初期开始，选用 50% 咪酰胺（施保克、朴霉灵）锰盐可湿性粉剂 1 000 倍液，或 80% 炭疽福美（福美双·福美锌）可湿性粉剂 500 倍液，或 0.05% 绿风 95（核苷酸）水剂 400 倍液，或 25% 阿米西达（嘧菌酯）悬浮剂 1 500 倍液，或 10% 噁醚唑（世高、敌萎丹）水分散粒剂 2 000 倍液，20% 冠绿（松脂酸铜·咪酰胺）乳油 750 倍液，或 20% 克菌星（多抗霉素·过氧乙酸等）1 000 倍液，或 50% 多菌灵（苯并咪唑 44 号）悬浮剂 500 倍液，喷雾，7~10d1 次，视病情连喷 2~3 次。采收前 7d 停止使用上述药剂。

注：黄瓜、丝瓜、苦瓜炭疽病和豇豆、菜豆等蔬菜作物的炭疽病，用上述药剂防治方法同样有良效。

十六、茄子褐纹病

（一）主要症状

该病对茄子的叶、茎、果都为害苗期和成株期均可发生此病，病斑主要症状是褐色凹陷，由小黑粒点形成的轮纹。叶、茎、果上的病斑性状不同，在茎上的呈梭形，叶上的呈不规则形，果实上的呈圆形。发病后期，茎上发病组织干腐，皮层脱落，露出木质部，容易折断。叶上的病斑连成几厘米的坏死大斑。果实病部扩大，可达整个果面，病果落地软腐或残留在枝干上，呈干腐状僵果。

（二）病原菌传播及发病条件

茄褐纹病的病原菌称茄褐纹拟茎点霉，有性态称茄褐纹间座壳菌。是以菌丝体和孢子器在土表病残体内或潜伏在种子皮内或以分生孢子附在种皮上越冬，一般能存活 2 年。种子带菌引致幼苗发病，土壤带菌引起茎基部溃疡。病部再产生分生孢子，通风、灌水、溅水、昆虫进行传播，再侵染。

该病发生发展适温为 28~30℃，相对湿度高于 80%。发病潜育期，苗期 3~5d，成株期 7~10d。连作地、苗床播种过密、幼苗瘦弱、定植田低洼、土壤黏重、排水不良、偏施氮肥发病重。

（三）无公害防治方法

参见茄子、辣椒、甜椒炭疽病的防治方法。

十七、茄果类、瓜类蔬菜作物菌核病

（一）主要症状

番茄、辣椒、甜椒、黄瓜、西葫芦等茄果类和瓜类蔬菜作物发生的菌核病，是相同病原菌、相同症状、相同防治方法。具体症状是：

①苗期发病始于茎基，病部初呈浅褐色水渍状，湿度大时长出白色絮状菌丝，呈软腐状，无臭味，干燥后呈灰白色，菌丝集结成菌核，病部缢细，苗子枯死。

②成株期发病，先从主茎基部或侧枝 5~20cm 处开始，初为褐色水渍状病斑，稍凹陷，渐变灰白色，湿度大时也长出白色絮状菌丝，皮层霉

烂，病茎表面及髓部形成黑色菌核，干燥后髓空，表皮易破裂，纤维呈麻状外露，后致植株枯死。

③果实染病，向阳面或果实顶端初现水渍状斑，后变褐色，稍凹陷，斑面也长出白色絮状菌丝体，后形成似鼠屎样的菌核。

④染病叶片的病斑初呈水渍状，后变褐色圆形，有轮纹，也长出白色菌丝，干后斑面易破。花蕾染病，先呈水渍状腐烂，后终致脱落。

（二）病原菌传播及发病条件

主要是落入土壤中的菌核遇到适宜条件时，萌发出子囊盘，即散发子囊孢子，随气流、流水、土壤移运并借伤口或自然孔口侵入寄主发病，成初侵染。在田间，植株互相接触和病花落于健株上，均可引致发病。该病孢子萌发的最适温度为 16~20℃，相对湿度 95%~100%。因此，在冬春棚室保护地蔬菜遇到地温、高湿条件下，发病重。

（三）无公害防治方法

1. 农业防治　施用有机活性肥或生物有机复合肥或收获倒茬后及时深翻地，将菌核埋入深层，抑制子囊盘出土。施发酵充分腐熟有机肥，减少菌源。

2. 物理防治　播种前用 10% 盐水漂种 2~3 次，汰除菌核，棚室内采用紫外线塑料膜可抑制子囊盘及子囊孢子形成。也可起垄覆盖地膜，抑制子囊盘出土释放子囊孢子，减少菌源。

3. 种子和土壤消毒　种子用 55℃温水浸种 10min，即可杀死菌核。定植前用 50% 扑海因或 50% 速克灵可湿性粉剂每 667m² 为 1kg，兑细干土 20kg 拌匀撒于地面，或锄入土壤中。

4. 生态防治　冬春季节棚室日均温控制 29~31℃，相对湿度 65%，可减少发病。加强通风排湿，控制浇水，减少夜间结露。发现病株及时拔除，带出室外销毁。

5. 药剂防治

（1）用烟雾剂，用 10% 腐霉利烟剂或 45% 百菌清烟剂，每 667m²1次 250~300g 熏一夜，隔 7~8d 熏 1 次，连熏 3~4 次。

（2）用喷雾剂防治：喷洒 25% 咪鲜胺（使百克）乳油 1 000 倍液

或 35% 菌核光（多菌灵硫酸盐）悬浮剂 700 倍液，或 50% 乙烯菌核利（农利灵·烯菌酮）水分散粒剂 1 500 倍液，或 50% 腐霉利（速克灵）可湿性粉剂 1 000 倍液，或 50% 异菌脲可湿性粉剂 1 000 倍液，或 40% 菌核净或 50% 多硫（菌必治，施可得，多菌必克，扑菌灵）悬浮剂 500 倍液，或 60% 多菌灵盐酸盐（防霉宝）可溶性粉剂 600 倍液，于盛花结果期喷雾，每 667m² 喷药水 45~60kg，相隔 8~10d 喷 1 次，视病情连喷 2~3 次。严重时可将上述杀菌剂对成 50 倍液涂抹茎上发病处。使腐霉利、异菌脲等上述药剂。喷洒药剂时，不仅喷洒植株，而且还应喷洒植株茎基处的土壤。采收前 7d 停止用药。

十八、甜椒、辣椒、茄子、黄瓜、菜豆腐皮镰孢根腐病

（一）主要症状

多发生于定植后，初期病株白天枝叶萎蔫，傍晚至次晨恢复，反复多日后植株枯死。检查发现病株的根颈部至主根部皮层先变黄褐色，后变深褐色腐烂，极易剥离，露出暗色的木质部。病部一般局限于根及根颈部，因主根皮烂，侧根不能往主根输送水分，而使植株萎蔫，但侧根很少发病。近年来，该病发生面积迅速扩大，尤其在秋延茬甜椒、辣椒上为害日趋严重。

（二）病原菌及发病条件

发生于黄瓜、甜瓜、西葫芦的称瓜类腐皮镰孢菌；发生于甜椒、辣椒、茄子上的称茄腐皮镰孢霉；发生于菜豆上的称茄腐皮镰孢菜豆专化型。以菌丝体、厚垣孢子或菌核在土壤中及病残体上越冬。尤其厚垣孢子可以在土壤中存活 6~7 年，成为主要侵染源，病菌从根部伤口侵入，后再病部产生分生孢子，借灌溉水、雨水传播蔓延，进行再重复侵染。高温高湿利于发病，尤其秋延茬甜椒、辣椒、茄子定植后，棚室内白天气温在 29~39℃ 高温和大灌水后，此病会大发生，如果防治不及时，会造成死棵率达 50%。连作地、低洼地、黏土地、下水头地发病重。

（三）无公害防治方法

①育苗场采用穴盘集约化育蔬菜苗时，用种子总的数量大，可进行种子包衣。每 50kg 种子用 10% 适乐时（咯菌腈）悬浮种衣剂 50ml，先以

250~500ml 清水稀释药液，均匀拌和种子，晾干后进行催芽或直接播种。农户自家温室内育苗，因种子量少，不便于实行种子包衣，可用 50℃温水浸种 10~15min，然后以 25~30℃温水泡种子 6~8h 后，捞出催芽或直接播种。

②进行土壤消毒，方法参见菜苗猝倒病。

③垄作、浇沟洇垄；冬春提高地温，夏伏降低地温，并加强通风排湿。

④药剂防治：于定植后或发病前 7~10d 喷淋灌根 15% 土军消™（噻氟菌胺，恶霉灵，甲霜灵等）乳油 1 000 倍液，加上"根兴"（甲硫·福锌）可湿性粉剂 600 倍液，或 30% 立枯净（福双·甲硫）可湿性粉剂 800 倍液，或 3% 广枯灵（恶霉·甲霜）水剂 600 倍液，50% 消菌灵（氯溴异氰尿酸）水溶性粉剂 600 倍液，或 30% 土菌消（恶霉灵）水剂 800 倍液，或 60% 灭克（氟吗·锰锌）可湿性粉剂 700 倍液，每株浇灌药水 0.5kg 左右。7~10d 灌 1 次，视病情连灌 2~3 次。提倡叶面喷洒顿灵（植物生命基因诱导调节调理剂，主要成分是 A-6 芸薹素内酯和抗病毒 Y 因子及 21 中大、中、微量元素）600~800 倍液，不仅促使作物提高抗逆力，而且还能使作物的根、茎形成防护膜，有效防治根病。

十九、茄子叶霉病

（一）主要症状

①先从下部叶片发病，叶面初现边缘不明显的褪绿小斑点（如针尖大小），后斑点扩大为直径 1mm 大小，并变为褐色，许多小斑点密集融为不规则大斑，发病部位叶正面发黄色，稍有高起。病斑背面长有橄榄绿色绒毛状菌，斑点处背面湿腐稍凹陷。致病叶早期脱落。

②果实染病，多从果柄处蔓延下来，果柄部病斑黑色，革质。果实侵染后出现白色斑块，成熟果实病斑变黄色下陷，后期变为黑色，最后成为僵果。

（二）病原菌传播及发病条件

该病的病原菌称褐孢霉，以菌丝体和分生孢子随病残体遗留于地面越冬，翌年条件适宜时借风雨或气流、溅水，传播到茄子下部叶片上，通过气孔或虫口侵入，产生菌丝和分生孢子成为初侵染。田间湿度大，株间郁闭，有粉虱为害易发生此病。

（三）无公害防治方法

见番茄叶霉病的防治方法。

第二节　蔬菜作物细菌性病害

一、瓜类蔬菜细菌性角斑病

（一）主要症状

瓜类蔬菜角斑病相同症状主要为害叶片和果实。叶片染病，因病斑受叶脉限制呈多角形。病斑水渍状，灰褐色或黄褐色，湿度大时叶背面溢出乳白色浑浊水珠状菌脓，干后具白痕，病部质脆易穿孔，别于霜霉病。

果实染病初现水渍状褪绿小斑点，后扩大为近圆形或不规则形褐色大病斑，后期多个病斑融合成连片的腐烂病区，病部溢有大量污白色菌脓。发病轻者果皮腐烂或果皮开裂。发病重者多为伴有软腐病菌侵入内部，使果实呈黄褐色水渍状腐烂。病菌传入种子，致种子带菌。

（二）病原菌传播及发病条件

该病的病原称丁香假单胞菌流泪致病变种。病菌于种子内、外或病残体内在土壤中越冬，成为翌年初侵染源。此病原菌可在种子内存活 1 年，在土壤病残体上存活 3~4 个月，带菌的种子出苗后子叶发病，病菌在叶体细胞间繁殖，棚室瓜类作物的发病部位溢出菌脓，借棚顶大量水珠滴落或结露及叶缘吐水滴落、飞溅传播蔓延，进行多次重复侵染。该病发病温度 10~30℃，适温 24~28℃，适宜相对湿度 70% 以上。棚室保护地低温高湿利于其发病，病斑大小与湿度相关。如果夜间饱和湿度超过 6h，叶片上病斑大且典型；湿度低于 85% 或饱和湿度持续时间不足 3h，病斑则小；昼夜温差大，结露重且持续时间长，发病重。在田间浇水次日，叶背出现大量水渍状病斑或菌脓。有时只有少量菌脓即可引起该病发生和大流行。

（三）无公害防治方法

（1）选用耐病品种：例如，津优系列黄瓜或黄皮无网纹的厚皮甜瓜比较耐此病。

（2）从无病植株选留瓜种。瓜种可用70℃恒温干热灭菌72h。或50℃温水浸种15~20min。或用100万单位硫酸链霉素500倍液浸种2h，冲洗干净后催芽播种。

（3）无病土育苗，与非瓜类作物实行2年以上轮作，生长期内及时清除病残体。

（4）棚室保护地黄瓜、甜瓜重点搞好生态防治，方法参见霜霉病。

（5）药剂防治。可于发病初期或蔓延始期交替轮换喷洒下列药剂之一：2%加收米（春雷霉素）液剂500倍液，或47%加瑞农（春·王铜）可湿性粉剂700倍液，或20%一铜天下乳油（松脂酸铜·绿乳铜）500倍液，或20%冠绿（松脂酸铜·咪酰胺）乳油750倍液，或细除™（蜡质芽孢杆菌可湿性粉剂，有效成分含量20亿孢子/克）600~800倍液，或细卡TM800~1 000倍液，或78%科博（波·锰锌）可湿性粉剂500倍液，或40%细菌快克可湿性粉剂600倍液，或苯噻氰（倍生）乳油1 000倍液，或50%氯溴异氰尿酸可湿性粉剂1 200倍液，或53.8%可杀得干悬浮剂1 000倍液，或72%农用链霉素可溶性粉剂3 000~4 000倍液，或40万单位青霉素钾盐对水稀释4 000~5 000倍液。棚室保护地于冬春两季栽培蔬菜遇阴雪天气时，可选用粉尘药剂：喷洒10%乙滴粉尘，每亩（667m²）施用1次为1kg。对此病防治，一般7~8d防治一次，视病情连续防治3~4次。

二、黄瓜、甜瓜细菌性缘枯病

（一）主要症状

叶、叶柄、茎、卷须、果实均可受害。但以叶片受害最重。叶片染病始于顶部新叶的叶缘，初在叶缘水孔附近产生水渍状小斑点，后扩大为褐黄色不规则形斑，周围有晕圈。严重的产生大型水渍状病斑，由叶缘向叶中间扩展，呈楔形；叶柄、茎、卷须上病斑也呈水渍状、褐色。乍看是茎枝生长点发黄腐烂，常误认为是生长点腐烂缺钙症。细观察是烂叶缘而非烂生长点，发生过此病的成叶，因叶缘干枯，致使边缘不能伸展，形成叶片向下（背面）卷。果实染病先于果柄上形成水渍状病斑，后变黄褐色，黄化凋萎，脱水后呈木乃伊状。湿度大时病部溢出菌脓。

（二）病原菌传播及发病条件

病原称边缘假单胞菌边缘假单胞致病型。病原菌在种子上或随病残体留在土壤中越冬，成为翌年初侵染源。病菌从叶缘水孔等自然孔口侵入，随雨水、气流、田间农事操作传播蔓延和重复侵染。棚室保护地冬春季节因昼夜温差大，夜间相对湿度上升到70%以上或饱和，且长达7~8h，形成叶面结露，因此细菌性缘枯病易发生，这种湿度饱和状态持续时间越长，此病发生越严重。尤其叶缘吐水为该病菌活动及侵入和蔓延提供了该病流行的重要水湿条件。目前，此病已成为我国北方棚室瓜类作物的主要病害。尤其于晚秋、冬季、早春发生为害严重。

（三）无公害防治方法

见黄瓜、甜瓜、西瓜细菌性角斑病的无公害防治方法。

三、黄瓜、甜瓜、西瓜细菌性叶枯病

（一）主要症状

该病主要侵染叶片，叶片上出现圆形小水渍状褪绿斑，直径1~2mm，周围具有褪绿晕圈，病叶背面不易见到菌脓，别于细菌性角斑病。该病在厚皮甜瓜上发生时，伊丽莎白、矫春，春早26，红妃等光皮品种明显发生的轻，而明泽抗1号，网三等网纹品种则发生的重。该病除为害黄瓜、厚皮甜瓜、薄皮甜瓜、哈密瓜外，还可为害西瓜。

（二）病原菌传播及发病条件

该病原菌称油菜黄单胞菌，黄瓜叶斑病致病变种，主要通过种子带菌传播蔓延。该菌在土壤中存活非常有限。此病在山东寿光及周围县（市）棚室黄瓜、甜瓜、西瓜种植中都有发生，有的受害较重。低温高湿发病迅速，病情严重。

（三）无公害防治方法

种子处理及药剂防治参见黄瓜、甜瓜、西瓜细菌性角斑病的防治。

四、甜椒、辣椒细菌性叶斑病

（一）主要症状

该病又称细菌性斑点病、细菌性斑点落叶病。主要为害叶片，在棚田点片发生。成株期染病叶片上初呈黄绿色不规则水渍状小斑点，扩大后变为红褐色或深褐色至铁锈色，病斑膜质，大小不等。干燥时病斑多呈红褐色。该病一经侵染，扩展速度很快，一株上个别叶片或多数叶片发病，植株乃可生长，严重的叶片大量脱落。细菌性叶斑病的病健交界处明显，但不隆起，别于疮痂病。

（二）病原菌传播及发病条件

病原菌称丁香假单胞杆菌适合致病变种。病菌可于种子及病残体上越冬，在田间借风雨及灌溉水传播，在棚室内借滴水溅水、气流和农事操作传播，从甜椒、辣椒伤口侵入。于甜菜等藜科作物和白菜等十字花科作物连作地发病严重。浇水后或雨后易见该病发展。高温高湿有利于该病蔓延。低温干燥不易发生此病。

（三）无公害防治方法

①与非甜椒、辣椒等茄科和大白菜、甘蓝等十字花科实行2~3年轮作。

②采取起垄定植，地膜覆盖，浇沟洇垄，避免大水漫灌，防止积水。

③种子消毒，播种前用种子重量0.3%的50%DT（琥珀肥酸铜）可湿性粉剂拌种。

④收获后及时清除病残体，及时深耕翻地。施用充分发酵腐熟的有机肥作基肥。

⑤发病初期开始，交替轮换喷洒下列药剂之一：10%世高（噁醚唑）水分散粒剂2 000倍液，或47%加瑞农（春·王铜）可湿性粉剂750倍液，或细除™（蜡质芽孢杆菌，有效成分含量20亿孢子/g）可湿性粉剂800倍液，或细卡1 000倍液，20%一铜天下乳油（松脂酸铜·绿乳铜）750倍液，或20%冠绿（松脂酸铜·咪酰胺）乳油750倍液，

53.8%可杀得2 000干悬浮剂1 000倍液，或27%铜高尚可湿性粉剂1 000倍液，或78%科博（波·锰锌）可湿性粉剂500倍液，或72%农用链霉素可湿性粉剂或硫酸链霉素100万单位的2 000倍液，7~10d喷1次，视病情连续防治2~3次。采收前7d停止用药。

用上述方法，也可防止番茄细菌性斑点病。

五、辣椒、甜椒疮痂病

（一）主要症状

辣椒、甜椒疮痂病主要为害叶、茎、果实，果柄也可受害。叶片染病，初现许多圆形或不整行水渍状斑点，黑绿色至黄褐色，有的出现轮纹，病部具不整形隆起，呈疮痂状，病斑直径0.5~1.5mm，病斑多时融合成较大斑点，引起叶片脱落。茎枝感染，病斑呈不规则条斑或斑块，后木栓化或纵裂为疮痂状；果实染病，出现圆形或长圆形病斑，稍隆起，墨绿色，后期木栓化。

（二）病原菌传播及发病条件

此病原菌称野油菜黄单胞菌疮痂变种。病原细菌在种子上越冬或越夏，成为初侵染。该病菌与寄主叶片接触后从气孔侵入，在寄主的细胞间隙繁殖，致表皮组织增厚形成疮痂状，病痂上溢出的菌脓借雨滴飞溅或昆虫传播蔓延。

病菌发育适温27~30℃，最高40℃，最低5℃，59℃ 10min致死。此病在高温多雨的7~8月雨后发生，尤其是台风或暴风雨后容易发生流行，潜育期3~5d。在棚室保护地叶片结露、高温高湿持续时间较长，故此病的持续发生流行期也较长。

（三）无公害防治方法

参见辣椒、甜椒细菌性叶斑病的防治方法。并用相同方法可防治番茄疮痂病。

六、番茄溃疡病

（一）主要症状

1.幼苗期染病　始于叶缘，由下部向上部的叶片逐渐萎蔫，有的在叶胚轴处产生溃疡状凹陷条斑，致病株矮化或死亡。

2.成株期染病　病菌于韧皮部及髓部迅速扩展，初下部叶片凋萎或卷缩，似缺水状，一侧或部分小叶凋萎；茎内部变褐，并上下扩展，长度扩至数节，然后形成空腔，后期下陷或开裂，茎略变粗，出生许多不定根。湿度大时菌脓从病茎、病叶柄中溢出或附在其上，形成白色污状物，最后茎内变褐色中空，全株枯死，上部顶叶呈青枯状。

3.果实染病　果柄受害多由茎部病菌扩展侵染，枝果柄的韧皮部及髓部出现褐色腐烂，一直延伸到果内，致幼果皱缩、滞育、畸形和种子带菌。果面可见略隆起的白色圆点，单个的病斑直径约3mm左右，中央为褐色木栓化突起，称为"鸟眼斑"，有的病斑连在一起形成不规则形病区。"鸟眼斑"是此病病果的一种特异性症状，由再侵染引致，不一定与茎部系统侵染同发生于一株。

（二）病原细菌传播及发病条件

病原菌称番茄溃疡病密执安棒杆菌。病菌在种子内、外和随病残体在土壤里能存活2~3年。随种苗调运好果实加工远距离传播，借风雨、流水、溅水和接触农事操作传播，病菌侵入寄主各部位引发病害。病菌侵入果实，使种子带菌，一般带菌率1%~5%，严重的达53%。病菌发病温限1~33℃，适温25~27℃，53℃条件下10min可致死。温暖潮湿，结露持续时间长以及暴雨或喷灌，果实易显症。

（三）无公害防治方法

见辣椒、甜椒细菌性叶斑病的无公害防治方法。

七、番茄、辣椒、甜椒、茄子青枯病

（一）主要症状

番茄、辣椒、甜椒、茄子青枯病，一般于开花结果初期开始显症，发病初期显示顶端叶片或仅个别枝上的一张或几张叶片白天萎蔫，后扩展到整株叶片同时萎蔫。白天萎蔫，夜间恢复，病叶变褐或变浅绿（番茄），后枯焦。辣椒、甜椒、茄子的病茎外表症状不明显，而番茄的病茎表皮粗糙，茎中、下部增生不定根或不定芽。纵剖茎部维管束变褐，横切面保湿后可见乳白色黏液溢出，别于枯萎病。

（二）病原菌传播及发病条件

此病原菌称茄青枯劳尔氏菌。病原菌主要于土壤中越冬，翌年随雨水、灌溉水及土壤传播，从寄主根部或茎基部伤口侵入，在导管里繁殖蔓延。病菌生长适温 30~37℃，最高 41℃，最低 10℃，52℃ 19min 致死。病菌存寄主内可存活 200~300d，一旦脱离寄主，只能存活 2d，而在土壤中可存活 14 个月至 6 年。高温高湿是此病发生条件，土温高更利于发病。经常观察病田土温，在 5cm 土壤 20℃时，病菌开始活动，零星发病株出现；土壤温度 25℃，田间发病加快；土温高达 30~35℃时，出现发病高峰。

（三）无公害防治方法

①选用抗青枯病的品种。

②实行与十字花科或禾本科作为 4 年以上轮作。

③结合整地，每亩（667m²）棚田施用消石灰 100~150kg，与耕作层土壤充分混匀后定植苗。

④及时拔除病株，为防止病害蔓延，在病穴上喷洒 0.1% 高锰酸钾液。

⑤选用无病种子，并用 52℃温水浸种子 15min 杀菌。

⑥搞好棚室环境调控，防止出现高温高湿利于发生此病的条件。

⑦发病初期开始交替轮换喷淋或浇灌下列药液之一：15% 土军消（噻氟菌胺，恶霉灵，甲霜灵等）1 000 倍液，加上"根兴（甲硫·福锌）"可湿性粉剂 600 倍液，或 40% 细菌快克可湿性粉剂 600 倍液，细除 T（蜡质芽孢杆菌，有效成分含量 20 亿孢子 / 克）可湿性粉剂 800 倍液，或细卡可湿性粉剂 600 倍液，或 86.2% 铜大师（氧化亚铜）可湿性粉剂 1 000 倍液，或 20% 一铜天下乳油（松脂酸铜·绿乳铜）500 倍液，或 20% 冠绿（松脂酸铜·咪鲜胺）乳油 750 倍液或 50%DT（琥胶肥酸铜）可湿性粉剂 500 倍液，或 77% 可杀得可湿性粉剂 600 倍液，40% 农用链霉素可溶性粉剂 2 000 倍液，喷淋全株，浇灌根部，每株浇药水 0.5kg。

7~10d浇灌1次，共喷淋浇灌3~4次。

⑧在茄子、番茄、辣椒、甜椒青枯病发生严重的地区，提倡用托鲁巴姆、托托斯加等抗青枯病的野生种作砧木，嫁接育苗，栽培嫁接植株，抗青枯病的效果好。

第三节　蔬菜作物寄生虫病害

一、黄瓜、番茄等蔬菜作物根结线虫病

（一）主要症状

主要发生于根部的须根或侧根上。病部产生肥肿畸形瘤状结，解剖根结有很小的乳白色线虫埋于其内。一般在根结之上可省出细弱新根，再度染病，则形成根结状肿瘤。地上部轻病株症状不明显，重病株矮小，生育不良，结果少，干旱时中午萎蔫或提早枯死。

（二）病原虫传播及发病条件

此病原虫称南方根结线虫。属植物寄生线虫。在热带和亚热带地区或在棚室保护地，南方根结线虫常以2龄幼虫或卵随病残体遗留土壤中越冬，可存活1~3年。条件适宜时，越冬卵孵化为幼虫，继续发育并侵入寄主，刺激根部细胞增生，形成根结或根瘤。线虫发育至4龄时交尾产卵，雄虫离开寄主进入土壤，不久即死亡。卵在根结里孵化发育，2龄后离开卵壳，进入土中进行再侵染。

初侵染源主要是病土、病苗及灌溉水。土温25~30℃，土壤持水量40%左右，病原线虫发育快，10℃以下停止活动，5℃以下经7d则冻死，55℃经10min死亡。地势高燥、土壤疏松、盐分低的条件，适宜此线虫活动，有利于发病，连作地发病重。此线虫为害瓜类、豆类、十字花科、茄科等多种植物。

（三）无公害防治方法

①施用无线虫的生物有机肥和经过发酵腐熟灭虫灭菌的有机肥料作基肥。

②与小青菜轮作，小青菜播种后 30~40d 带根收获，通过收获青菜把线虫带出田间，减少土壤中的线虫源。

③操作人员进入棚室作业时，要换上专用鞋子，防止平日穿的鞋子带病土把线虫传入室内。

④根结线虫多分布于 3~10cm 表土层，通过深翻耕可减少为害。

⑤对于已发生根结线虫的秋冬茬蔬菜作物，于 12 月至翌年 1 月拉秧倒茬后，耠地 12~15cm 深，别稠耥，敞垡，撤去棚膜，经 7~10d 低温，使土壤耕作层结冻，把根线虫冻死后，再上棚膜升温保温，栽种下茬作物。

⑥药剂灭线虫：结合整地，对已发生根结线虫的棚田，每 667m² 施 10% 多神气 T 颗粒剂（有效成分噻唑膦和印楝脂）3kg，其中，2.5kg 掺拌上细干土均匀撒于田面，通过耕翻地将其翻入土壤耕层。余下 0.5kg 掺拌上细干土，定植黄瓜或番茄等蔬菜作物时，撒入定植沟（穴）里，划锄使其沟（穴）土混匀。也可在每 667m² 棚里用 10% 噻唑膦（福气多）颗粒剂 3kg，具体施入方法同上述多神气。对于作物生长期间发生根结线虫病的棚田，应及早浇灌 3% 线令乳油（有效成分噻唑膦、阿维菌素、印楝脂等）3 000 倍液，每株浇灌药水 0.5~0.7kg。或按每平方米棚田用 1.8% 阿维菌素（爱福丁·齐螨素）乳油 1ml，对水 2 000 倍液，浇灌根部。也可用 10% 福气多（噻唑膦）颗粒剂，或 10% 多神气™ 颗粒剂每 667m² 用量 2 000~2 500g，掺细干土拌匀，撒施于病株根际处，深划锄（达 10cm 深），使药剂入土。

二、番茄、马铃薯腐烂茎线虫病

（一）主要症状

1.受害番茄的症状　茎的下部、中部及上部均有发生。初发病时外部症状出现在坐果后，植株叶色浅，朽住不长，叶片有皱缩，严重时全株萎蔫，坐果少且小，果实畸形似枯萎病。仔细检查或折断侧枝或剖开病茎，可见髓部变褐呈糟糠状；有的茎上呈现褐色至黑褐色斑，形状不规则，剖检茎部似番茄髓部坏死状，但病部亦呈糟糠状，镜检病髓可见大量腐烂茎线虫。

2. 受害马铃薯症状　薯块染病后，初在表皮下产生小的白色斑点，后逐渐扩大成浅褐色，组织软化以致中心变空。病情严重时，表皮开裂、皱缩，内部组织呈干粉状，颜色变为灰色，暗褐色至黑色。此病既能在田间为害马铃薯、甘薯，又能造成储藏时烂窖，还能导致育苗或无土栽培时烂床。

（二）病原虫传播及发病条件

病原虫称腐烂茎线虫，属线虫门茎线虫属。此线虫除为害马铃薯、番茄外，还为害甘薯、甜菜、洋葱、大蒜、向日葵、小麦、大麦、黄瓜、南瓜、西葫芦、甜瓜、花生、大豆、蚕豆、胡萝卜、芥菜、辣椒、郁金香、大丽花、鸢尾等多种作物。病原线虫主要随着被侵染的块茎、根茎、鳞茎、根颈和黏附在这些器官上的土壤进行传播，也可在田间杂草上和真菌性寄主作物上存活，农事操作和灌水也能传播，腐烂茎线虫发育、繁殖的温限为 5~34℃，最适温度 20~27℃。当气温 15~20℃，相对湿度 90%~100% 时，腐烂茎线虫发生为害最重。

（三）无公害防治方法

①建立无病留种田，选用抗病品种。

②施用净肥和生物有机肥。

③避开与易感腐烂茎线虫的作物连作。

④前茬收获后，清洁田园，深耕翻地。

⑤药剂处理土壤。播种前或定植前，结合整地每 667m² 撒施 10% 多神气颗粒剂（有效成分噻唑膦和印楝脂）3kg，或 10% 福气多（噻唑膦）颗粒剂 3kg。最好掺上部分细沙撒施，以达撒施得均匀。也可于播种或定植前 7~20d 用 80% 二氯异丙醚乳油 5kg，掺细沙 20~40kg，进行土壤处理，撒施后播种或定植作物，防治效果良好。

⑥生长期药剂防治。于发病初期，每 667m² 施用 80% 二氯异丙醚乳油 5kg，掺细沙 20~40kg，或 5% 茎线灵颗粒剂 1.5kg，掺拌上细干沙 20kg，撒施埋盖于距根部或薯块 15cm 处的两侧处（开沟 10~15cm 深），

两侧开沟撒药后马上盖土。

⑦应急防治。喷洒 3% 线令（印楝脂·阿维菌素）乳油 3 000 倍液或 30% 泰乐马（30% 吡虫啉乳油）3 000~5 000 倍液，间隔 7~10 喷一次，连续喷洒 2~3 次，防效明显。采收果实前 15d 停止使用上述药剂。

采用上述防治方法，还可有效地放置花生茎线虫病、毛豆（大豆）胞囊线虫病、马铃薯金线虫病、马铃薯和甘薯白线虫病、黄瓜等瓜类和菜豆等豆类等作物的真滑刃线虫病。

第四节　蔬菜作物病毒性病害

一、番茄黄曲叶病毒病
（一）主要症状
番茄黄曲叶病毒病又称番茄黄化曲叶病毒病，最典型的症状是病株严重矮化，枝条直立丛簇，叶片明显变小，增厚，皱缩，向上卷曲呈杯状、盘状、植株顶部形似菜花，病叶边缘鲜黄色，叶脉间也变黄；大部分花穗凋萎，结果稀少，特别是苗期受侵害，产量极低。

（二）病原毒的传播和发病条件
病原称番茄黄化曲叶病毒（Tomato yellow leaf curl virus，TYLCV），简称 TY 病毒。为双体病毒组的病毒。首先烟粉虱刺吸寄主植物体的汁液，传播此病毒，是主要传播媒介。其次，嫁接和扦插也传毒，机械伤害传毒率极低。烟粉虱有十多种生物型，以 A 型和 B 型最常见。目前被国际科学界公认并冠以"超级害虫"的 B 型烟粉虱的大发生，是造成番茄黄化曲叶病毒病大暴发的主因。烟粉虱的若虫和成虫刺吸番茄等寄主植株的汁液，造成植株衰落、干枯、并分泌蜜露，诱发煤污病，造成番茄果实成熟后"花花青皮"。为害更为严重的是在刺吸寄主汁液过程中传播 TYLCV 等病毒。此虫以持久性方式传毒，在有毒寄主植株上取食 10~60min（即获毒饲育时间）后即可传毒，如果获毒时间长达 24~48h，则传毒效率更高，一旦获得毒性，就可连续传毒 20d 以上。因此，即使田间烟粉虱虫口密度低，仍具传毒威胁。有报道，发现"超级害虫"B型烟粉虱与土著烟粉虱（本地原有的烟粉虱）的传播病毒之间存在不对等的互惠共生关系，使B型烟粉虱生殖力提高11~17倍，成虫寿命延长5~6倍；8周后种群数量增加2~13倍。而土著烟粉虱虽可同样将双生病毒传入植株，但其在感病植株上取食，生殖力却未提高，寿命也未延长。由此，B型烟粉虱取代土著烟粉虱，促进所传病毒的大流行。

烟粉虱发育适温范围为25~30℃，不耐低温。在4℃条件下，3d后1龄若虫全部死亡，4d后卵全部死亡，6d后2~3龄若虫全部死亡，蛹的存活率仅为7.1%。因此，在长江以北地区，烟粉虱不能露地越冬。但北方地区蔬菜棚室保护地一年四季都为烟粉虱提供了充足的繁殖场所和丰富的食物来源。使烟粉虱繁殖代数由原来的一年几代增加到现在的一年二十几代左右，棚室内黄瓜、番茄等寄主植物叶片背面附着数以百计的烟粉虱，加剧了番茄黄曲叶病毒病的传播和蔓延。

（三）无公害防治方法

1. 采用抗病品种　在推广和采用抗病品种时，严把抗病性能关。

2. 多措并举，严避传毒媒介　一是于棚室通风窗口设置34~40目的避虫网；二是定植前对棚内残留烟粉虱进行熏烟杀灭，可采用20%啶虫脒烟剂或20%异丙威烟剂，每667m² 用550~750g，严闭棚室，烟熏12~16h；三是在幼虫定植前集中放置时，喷洒30%吡虫啉乳油3 000倍液，或12.5%联苯菊酯乳油750倍液，或10%氟啶虫酰胺水分散粒剂2 500倍液，或20%啶虫脒乳油2 000倍液，彻底杀灭幼苗上的烟粉虱。四是利用烟粉虱对夏玉米植株有较强的趋性，在棚室前露地种植夏玉米，其播种期要比当地麦田套种夏玉米播期提早7~10d，每667m²密植5 000~6 000株。

3. 发现病株及时定期喷洒有效配方药剂　笔者在寿光棚室蔬菜集中产区近4年来通过药剂防治番茄黄曲叶病毒病的实践，筛选出了能够有效控制此病发生发展的药剂配方，其中三个有效配方是每15kg清水加入药剂：配方一：33%金毒克™（30%盐酸吗啉胍和3%三氮唑核苷）20ml,

2%抗毒鹰™（胺鲜酯和抗病毒因子）15ml，21%过氧乙酸水剂30ml，15%糖醇锌液20ml，混合均匀后喷洒全株，4~7d防治一次，最适宜5~6d防治一次，直至病情消失。配方二：13%毒霸乳油（10%酰胺基酚和3%氨基寡糖素）20ml，绿泰宝（0.05%核苷酸等水剂）30~50ml，2%胺鲜酯15ml，15%糖醇锌液15ml，混合均匀后喷洒全株，5~6d防治1次，直至病情消失。配方三：20%病毒克™（氨基寡糖素·三氮唑核苷·盐酸吗啉胍）可湿性粉剂20g，碧绿（芸苔素、赤霉素、吲哚乙酸）20ml，绿泰宝（0.05%核苷酸等）30~50ml，2%胺鲜酯水剂15ml，混合均匀后喷洒全株，5~6d防治1次，直至病情消失。

喷施上述药剂应注意以下5点。

①棚田或陆地大田，一旦发现1~2株番茄表现黄曲叶病毒病症状时，立刻采用上述药剂配方，对全田所有植株喷洒防治。可选用1个或2个配方轮换交替施用。6d左右喷1次，直至留足果穗摘心后（或有限生长型自封顶后），方可停止药剂防治。在药剂防治TYLCV的同时，还用注意对烟粉虱的防治。

②因TYLCV属双生病毒科，到目前尚未有药剂能对其杀灭。但施用上述配方药剂，能有效控制病株率上升，并能控制内潜TYLCV的植株出现病状，使其正常生长发育，获得良好收成。

③因TYLCV对番茄植株向上感染，而向下不感染，对于已有2~3穗果后才发现病状的植株，不要拔除病株，只剪去上部出现病症部分，保留下部无发病症状的叶片、果穗和叶腋发出的新芽或形成的侧枝。在施用配方药剂防治的条件下，不仅植株下部无病状的部分不表现症状，而且新萌发的侧枝也表现正常开花结果。但在后期停止施药后，顶部发出的腋芽仍表现感染TYLCV的症状。

④上述药剂配方，可适用于番茄制种繁种田防治TYLCV，经验和实践证明，生产的种子不携带番茄黄曲叶病毒病，幼苗也不带TYLCV。

⑤此配方药剂也适用于防治其他蔬菜作物多种病毒病的防治。

二、茄子病毒病

（一）主要症状

常见有花叶型、坏死斑点型、大型轮点斑型三种症状。其中，花叶型：整株发病、叶片黄绿相间，形成斑驳花叶，老叶产生圆形或不规则形暗绿色斑驳，心叶稍显黄色；坏死斑点型：病株上位叶片出现局部侵染性紫褐色坏死斑，大小 0.5~1mm，有时呈轮点状坏死，叶面皱缩，呈高低不平萎缩状；大型轮点斑型：叶片上产生由黄色小点组成的轮状斑点，有时轮点也坏死。

（二）病毒传播及发病条件

病原主要有黄瓜花叶病毒（CMV）、烟草花叶病毒（TMV）、蚕豆萎蔫病毒（BBWV）、马铃薯 X 病毒（PVX）等。TMV、CMV 主要引致花叶型症状，BBWV 引起轮点状坏死、PVX 引起大型轮点。

TMV、CMV、PVX 的传播途径较广泛，种子带毒远距离传播，初侵染源：汁液接触传染。只要寄主有伤口，即可侵入；土壤中的病残体以及烤晒后的烟草、烟丝均可成为初侵染源。桃蚜、豆蚜等有翅蚜迁飞也是初侵染源。高温干旱管理粗放、杂草多、粉虱、蚜虫大量发生则会引致病毒病发生严重。

（三）无公害防治方法

①选用抗病品种和无病田留种。

②用 10% 磷酸三钠溶液浸种 20~30min。

③早期防治蚜虫、白粉虱、烟粉虱。于棚室通风口设置上避虫网、避蚜虫等害虫。

④加强田间管理，铲除杂草，提高寄主抗病力。

⑤及时防治叶螨、蓟马等害虫。

⑥采用上述防治番茄黄曲叶病毒病的配方药剂，防治茄子病毒病有良好效果。

⑦采用下列药剂之一，轮换施用喷洒：2% 宁南霉素（菌克毒克）水剂 500 倍液；20% 吗啉胍·乙酸铜可湿性粉剂 500 倍液；24% 混脂

酸·铜（毒消）水剂 700 倍液；3.85% 三氮唑核苷·铜·锌（病毒必克）水剂 500 倍液；0.5% 菇类蛋白多糖水剂（抗毒剂 1 号）300 倍液。隔 8~10d 喷治 1 次，视病情连续防治 2~4 次。

三、甜椒、辣椒病毒病

（一）主要症状

常见的有如下 5 种症状。

1. 条斑坏死型　病株部分组织变褐色坏死，表现为条斑、顶枯、坏死斑驳及坏斑等。

2. 斑萎坏死条纹型　病株矮化、黄化，叶片上出现褪绿线纹或花叶并伴有坏死斑，茎上也有坏死条纹，并可扩展到枝端。成熟果实黄化，伴有同心环或坏死条纹。

3. 花叶型　病害有轻重之分，轻型花叶病毒病，初现叶脉轻微褪绿或现淡、浓绿相间的斑驳，病株无明显畸形矮化，不造成落叶；重型花叶病毒病除表现褪绿斑驳外，叶面凹凸不平，叶脉皱缩畸形，或形成线性叶，生长缓慢，果实变小，严重矮化。

4. 黄化型　病株也明显黄化，出现落叶现象。

5. 畸型　病株变形，叶片变成线状，及蕨叶，植株矮小，分枝极多，呈从枝状。有的几种症状同在一株上出现或引致落叶、花、蕾脱落，落果，严重影响产量和品质。

（二）病原毒传播及发病条件

上述 5 种症状类型的病原是如下 8 种病毒：黄瓜花叶病毒（CMV）、烟草花叶病毒（TMV）、番茄斑萎病毒（TSWV）、烟草蚀纹病毒（TEV）、马铃薯 Y 病毒（PVY）、马铃薯 X 病毒（PVX）、苜蓿花叶病毒（AMV）、蚕豆萎蔫病毒（BBWV）。上述病毒，有的是单独感染致病，有的几种复合感染致病。除蚜虫、蓟马、螨虫、粉虱、线虫等媒介害虫传毒外，种子种苗亦可带毒。烤、晒过的烟叶、烟丝等病残体带毒传播。汁液接触传毒，尤其是伤口传毒如整枝打权等农事操作、嫁接、扦插等传染病毒。

田中发生传毒媒介害虫、高温、干旱、连作、地势低洼、缺肥，易引起病毒病流行。购买种植带病毒的种子、种苗，造成病毒病远距离传播。

（三）无公害防治方法

见茄子病毒病的防治方法。

第五节　最常见蔬菜作物生理性病害

一、黄瓜化瓜

（一）主要症状

黄瓜单性结实能力弱的品种，雌花开放后，瓜胎萎蔫、黄褐、不能发育成瓜果而焦化脱落。

（二）病因

多发生在结果初期和后期，结果初期化瓜，多因棚室内干旱、高温和施肥料过多及水分不足而伤根，或因土壤湿度过大、地温低而发生沤根，根系吸收能力减弱，植株缺水缺养分供应而出现化瓜。而结果后期化瓜，多因土壤板结、透气不良、根系衰弱、水分养分供应不及时不足造成。

（三）无公害防治方法

①选用单性结实性能强的品种。

②搞好棚室温度、光照、空气、水分调控，创造适宜于黄瓜生长发育的环境条件。尤其做到提高地温、轻浇勤浇水，每次少追勤追肥和叶面喷施氨基酸肥等优质肥料。

③用强力坐瓜灵稀释液蘸瓜胎，方法参见黄瓜栽培部分。

④结瓜后期，加强中耕松土、追肥、浇水、促使发生新根，提高根系吸水、肥能力，防早衰。

⑤适时采摘商品嫩瓜。可于雌花开放后第 13~14d 采收。

二、黄瓜畸形瓜

（一）主要症状

棚室保护地或露地黄瓜在栽培后期，常出现细腰瓜、大肚瓜、尖嘴瓜、弯曲瓜等畸形瓜。

（二）病因

1. 细腰瓜　主要是营养和水分供应不正常，有时好有时差，同化物质积累不均匀，供幼瓜果生长发育的营养供应也不均匀造成。缺硼也会出现细腰瓜。

2. 大肚瓜和尖嘴瓜　在冬季低温寡照条件下，利用熊蜂授粉的或用其他方式授粉充分，因在植株体内有机养分不充足的情况下，先供果实由种子部位发育，故形成大肚瓜。而未授粉、单性结实的因营养供应不足，而形成尖嘴瓜（及花头尖的瓜）。

3. 弯曲瓜　多因阶段性营养供应不足，或从分化花芽至幼瓜发育期防风供给不均衡，致使花芽分化不正常，子房曲形，发育成的幼果也曲形。或因在幼瓜发育期养分供应不均匀和受到外界光照、温度等因素不良影响，致使幼瓜发育成曲形。造成株体内营养供应不良的原因主要是光照时间和光照强度都不足；温度过低或过高，或昼夜温差过大或过小；土壤过干旱或过湿，空气湿度过大，夜间结露过重；空气中二氧化碳含量低；施肥不当营养元素配制比例不当等。还有根系受伤或根系发育不良，吸收能力降低，植株经常出现生理干旱现象都会使其成为弯曲瓜。

（三）无公害防治方法

①于苗期、结果初期、结果中期、结果后期分期叶面喷洒一次黄瓜顺直王1 000倍液。

②每隔12~15 d喷洒1次叶面肥，如0.1%植保露或0.2%磷酸二氢钾，或永实牌高效氨基酸液肥300倍液，或绿芬威Ⅱ号、Ⅲ号4 000倍液。

③对于黄瓜等长果实作物不适用熊蜂授粉。

④发现畸形瓜、畸形雌花要及时摘除。

⑤搞好棚室光照、温度、水分、空气等环境调控。创造适宜于黄瓜正常生长发育所需的良好环境条件。避免长时间32℃以上的高温和13℃以下的夜间低温以及小于8℃的昼夜温差。疏松土壤，培育强壮根系，增强根系吸收水分和养分的能力。

⑥用强力坐瓜灵（0.1%氯吡脲）蘸瓜胎。

对水量与气温的关系是（表7-1）：

表7-1　用强力坐瓜类蘸黄瓜的瓜胎，在不同气温条件下的对清水量

气温（℃）	10~16	17~25	26~30
每瓶对水（kg）	0.25~0.5	0.5~0.75	0.75~1

三、茄子畸形花果、僵果病（茄子短花柱、紫花病）

（一）主要症状

正常的茄子花，大而色深，花瓣色均匀，花柱长，开花时雌蕊的柱头突出，高于雄蕊花药之上，柱头顶端边缘部位大，呈星状花，及长柱花。但生产上常遇到两种畸形花：一种是表现花朵小，花瓣颜色浅，花柱短，开花时雌蕊柱头被雄蕊花药覆盖起来，形成短柱花。菜农多称其为短花柱病。因花柱太短，柱头低于花药开裂孔时，花粉则不易落到雌花柱头上，而不易授粉，即使勉强授粉也易形成畸形花或花脱落。另一种是花器较小，花冠颜色紫色与粉白色斑驳，花柱秕瘦的中柱花，菜农多称其为紫花病。此种花病开花后所结的果实性状不正，朽住不长，及僵茄。还有的产生萼片之下处龟裂和扁平果、毛边果等畸形果。

（二）病因

主要是茄苗质量不佳，这与苗床土的光照、温度、湿度、昼夜温差等关系密切，也与苗床土所含营养元素成分及其配比有关。茄子根系发育缓慢，吸水范围窄，幼苗不耐干旱、干燥，温度高于30℃和昼夜小于8℃时间长，是形成短花柱、发生僵果、畸形果的主要原因。据调查，日光温室保护地秋延茬茄子发生短花柱病和紫花病率较其他栽培茬次高，而且多于门茄花和对茄花发生这两种病。

（三）无公害防治方法

①选用抗病品种，一般三系杂交种发生畸形花、畸形果率低，可采用。

②在配制育苗营养土（苗床土或营养钵土）时，1m³加入云南省腾冲县敬农科技有限公司产的胞覆剂800g（其中粉剂500g、黏合剂300g），

试验和实践证明，瓜类、茄果类不论哪个季节栽培茬次育苗，凡施用胞覆剂的都畸形花、畸形果率极低，几乎不发生。

③搞好育苗期光照、温度、水分调节。因为茄子两片真叶期已经开始分化门茄花芽，4~5片真叶期对茄的花芽已分化成。茄子又是很喜强光照作物。所以育苗期应特别重视改善光照条件，冬季的日照时间尽可能争取达到8h以上，并勤擦拭无滴棚膜，以增加棚内的光照强度。在温度调节上，白天保持在26~30℃；夜温，出苗期17℃；2子叶期后控制在14~15℃。秋延茬茄子育苗期处在夏季，白天控制最高气温不超过32℃，夜间最高气温不超过23℃，昼夜温差≥8℃。苗床土湿度保持田间持水量的75%~80%（表土见湿见干程度）。

④从幼苗期、定植后大苗期、开花结果前期，各期叶面喷施1~2次"茄博士"（茄子专用生长调节剂）1 000倍液，加上"绿泰宝"（0.05%核苷酸）500倍液，或加上"绿风95"1 000倍液，或加上云大120植物生长调节剂3 000倍液。

四、番茄、甜辣椒脐腐病

（一）主要症状

脐腐病又称蒂腐病、顶腐病。初在幼果花器残余部及附近，出现暗绿色水浸状斑点，后迅速扩大为直径1~3cm，严重的扩大到近半个果实。至脐（蒂）部组织皱缩，表面凹陷，变为褐色。常伴随弱寄生霉菌侵染而成黑褐色至黑色，内部果肉也变黑色，但仍较坚实；如若遭受软腐细菌侵染，引起软腐。病果提早变红，且多发生于底部果实上，同一花序上的番茄果或同一株上的对椒果，往往同时发生此病。不少菜农将此病称谓"黑膏药病"。

（二）病因

一般认为导致发生此病的原因有：一是在水分供应上前期充足，后期骤然缺乏，原来供给果实的水分被叶片夺取较多，致使果实突然大量失水，引起果实先端组织坏死成脐腐；二是因植株不能从土壤中吸取足够的钙素（Ca）及硼素，致脐部细胞生理紊乱，失去控水能力而发生此病。

植物吸取钙素是靠吸收钾素来带动，钾元素是植物吸收钙、硼元素的泵，如果土壤中严重缺钾，而施上足够的钙，缺少钾元素带动，不能被植物吸收。这就是土壤中不缺钙、硼，仍然会发生脐腐病的原因；三是土壤中速效氮肥过多，营养生长旺盛，抑制生殖生长，使果实不能及时补充钙素；四是土壤中缺钙，使钙含量（Ca）在0.2%以下，易使番茄、甜辣椒、茄子等作物的果实发生脐腐病。

（三）无公害防治方法

①在施用有机肥料作基肥时，按每667m²掺施16%过磷酸钙100~150kg。增加土壤中钙素的含量，使含钙量达0.2%以上。

②栽培时应起垄定植，覆盖地膜，浇沟洇垄，勤浇轻浇水，保持水分供应适宜稳定。

③高吊架栽培，改善光照条件。

④根外追肥，于开花结果期，叶面喷施高效钙母液300~400倍液，也可喷洒0.1%氯化钙或0.1%过磷酸钙和0.1%硼砂溶液。

⑤在冲施水溶肥时，每亩（667m²）每次冲施硝酸钙和硫酸钾各4~6kg，在结果盛期，每月冲施2~3次。

五、番茄筋腐病

（一）主要症状

番茄筋腐病又称带腐病或条腐病。各地发生较普遍，主要为害果实。常见的有两种类型。

一是褐变型。主要为害第1~2穗果实，从幼果期开始发病，果实发育膨大期果面上出现局部变褐色，果面呈现凹凸不平，个别果实呈茶褐色变硬或呈现坏死斑。剖开病果可见果皮内的维管束呈茶褐色条状坏死，果心变硬，果肉变褐，失去商品价值。

二是黄变型。主要发生于绿熟果转红期，其病症是靠胎座部位的果面呈绿色凸起状，其余果面转红部位稍有凹陷，病部蜡黄色光泽。剖开病果可见果肉"糠心"状，果肉维管束组织呈黑褐色，为害轻的部分维管束变褐坏死，且变褐部位不转红，果肉硬化，品质差，食之淡而无味。发病重的果实，果肉维管束全部呈黑褐色，胎座组织发育不良，部分果实形成空洞，果实明面红绿不均。

番茄筋腐病虽然从茎叶上看不到有症状表现，但剖开距根部70cm处的茎部，可见茎的输导组织呈褐色病变，已遭破坏，引致果实呈上述病状，别于病毒病。

广大菜农反映，番茄卵圆形果实品种发生筋腐病株率明显高于偏圆形果和圆球形果实品种。

（二）病因

主要是番茄株体内碳水化合物与氮素的比例下降失调所致。通常番茄株体内的 $C/N=(25-30)/1$，是适宜范围，如果碳氮比值小于25/1，甚至小于20/1，则发生筋腐病，甚至严重发生。造成碳与氮的比例下降失调的主要因素：一是较长时间的低温寡照和湿度高、空气滞留、夜温偏高，都会导致番茄植株内碳水化合物不足，尤其是从12月至翌年2月期间生长发育中的果实，长期处于低温寡照条件下，光合作用进行的较弱，再加上受地温低的影响，番茄根系对土壤养分吸收能力差，致光合产物积累受到不良影响，易发生筋腐病。二是生产上偏施氮肥，致缺钾、缺硼，尤其是铵态氮过多时，会引起碳水化合物与氮的比值下降，造成植株新陈代谢时失常，导致维管束木质化，而诱发筋腐病。三是浇水量过大或土壤含水量高，土壤黏重，透气性不良，妨碍根系吸收作用，致植株体内养分失调，妨碍铁元素的吸收和转移，则致果实变黄白，诱发成筋腐病。缺铁越重，则筋腐病发生越重。

（三）无公害防治方法

①选用抗病品种：一般中果型偏圆或正圆果品种较抗筋腐病。例如中杂系列、浙粉系列、西粉系列、早丰系列品种，极少见发生筋腐病。

②科学确定播种期、定植期：秋冬茬栽培应适当提前，越冬茬栽培应适当延后，使结果期避开冬季和早春季节。使果实膨大发育不受低温、寡照等不良环境因素影响。

③采取配方施肥技术：按番茄对氮、磷、钾、钙、镁的吸收比率以及

各种肥料在土壤中被吸收率进行配方施肥。并注意增加上硼、铁、锌等微量元素。避免过多施用铵态氮肥。

④实行垄作和地膜覆盖，浇沟洇垄，保持土壤良好墒情和透气性，提高地温，促进根系对土壤养分的吸收。

⑤改善光照温度条件：番茄开花结果期保持温度：白天 25~30℃，夜间 12~19℃；光照强度 4 万 ~5 万 lx（番茄光照补偿点为 0.3 万 lx，光饱和点为 7 万 lx）。冬季要两争：争取延长光照时间，争取增加光照强度。一般情况下，夏季也宜遮阳降低光照强度。这是因为夏季晴日正午露地的光照强度为 8.5 万 lx 左右，而温室棚膜透光率为 75%~82%，晴日正午棚室内光照强度为 6.4 万 ~7 万 lx。新棚膜，采光率最高，正午时棚内的光照强度也不超过番茄的光饱和点。

⑥施发酵充分腐熟的有机肥作基肥。冬季于棚室内释放二氧化碳气肥。提倡叶面喷施多元素复合液肥。如喷施植保露、促丰宝Ⅱ号、绿芬威Ⅲ号 800~1 000 倍液。

六、番茄生理性卷叶

（一）主要症状

番茄采收前或采收期，第一果枝叶片稍卷，或全株叶片呈筒状卷，变脆，致果实直接暴露于阳光下，影响果实膨大或引致日灼。此病往往有时较突然发生。

（二）病因

主要与土壤、灌溉及管理有关。当气温高或田间缺水时，番茄关闭气孔，致叶片收拢或卷缩而出现生理性卷叶。

（三）无公害防治方法

①选用抗生理卷叶的品种，例如，中杂系列和早丰系列、浙杂系列品种。

②实行起垄定植，地膜覆盖栽培。以便于控制浇水量，减少水分蒸发加强保墒和土壤通气条件好，有利于根系吸收水分。

③定植时浇足缓苗水，缓苗后至第一穗果膨大得如核桃大小之前，控

水控肥炼秧，防止发生徒长，一般不浇水也不追肥。

④当第一穗果长得比核桃稍大时，即开始浇坐果水，随水冲施坐果肥。一般每亩（667m²）冲施氮磷钾三元复合肥 10~13kg。以后相隔 10~12d 浇 1 次水，浇沟洇垄，水浇半沟，浇后半天能洇湿全垄土为准。在浇水间隔期内，保持田面表土由见湿少见干到见干少见湿，当见干不见湿时，又需要再次轻浇水。并结合浇水，每亩每次冲施硫酸钾和尿素各 3~4kg 或三元复合肥 6~8kg。

⑤及时防治蚜虫、烟粉虱、白粉虱、蓟马等害虫。

⑥正确使用植物激素，防止施用过量而卷叶。

⑦已经发生卷叶病，要及时早喷洒以下配方药剂：15kg 清水加入：15% 胺鲜酯 10ml，0.05% 绿泰宝（0.05% 核苷酸）30~50ml 或加上 0.02% 芸薹素内酯 10~15ml。7~10d 喷洒 1 次，连续喷治 3~4 次。

七、番茄等双子叶作物 2,4-D 丁酯药害

（一）主要症状

番茄、茄子、甜椒、辣椒、菜豆、豇豆、黄秋葵等双子叶作物易受 2,4-滴丁酯药害。药害症状一般有如下两种情况。

①所有受药害植株都比较一致的从某一叶位以上的叶片及生长点都向下弯曲，新叶不能伸展，卷缩变细，呈弯曲的细线状，且叶缘扭曲形似蕨叶，茎蔓凸起，颜色变浅，果实畸形，受害病程长达 2~3 个月，受害严重，造成严重减产。

②部分植株或零星植株受 2,4-D 药害，其症状与 2,4-滴丁酯药害的症状相似，但受害程度轻。受害病程较短，一般 10~20d 后，再生长出的茎叶、果实不再有药害症状。即不治自愈。

（二）病因

棚田喷洒除草剂 2,4-滴丁酯使用过的喷雾器和兑药用的吸管、瓶子等，未用酒精（乙醇）或浓碱水洗刷，而只用清水刷洗，因 2,4-滴丁酯和 2,4-D 都不溶于水，等于未刷洗。仍然有残留未被清除，所以，再将此喷雾器或兑药的吸管、瓶子等用于兑药盛药水，喷洒番茄等双子叶作

物，则发生药害，往往大面积种植的所有植株一致受药害。

用2,4-D稀释的点花柄药水，在点花时药液滴在番茄等作物的嫩叶、新叶、生长点和幼果上，则发生药害，这种情况往往受药害植株是零星分布，受药害部位无一致性，受药害程度轻，可不治自愈，10d左右恢复正常。

还有一种受药害的原因是盛2,4-D点花药的瓶子，未用乙醇或浓碱水洗刷，甚至瓶内还有2,4-D药液，就用作盛其他杀菌剂或杀虫剂，造成施药后大面积所有作物从某一叶位往上一致发生药害症状。但药害程度与喷洒的杀菌或杀虫剂中含2,4-D的浓度有关，有的因2,4-D浓度大，造成严重减产。

（三）无公害防治方法

①喷洒2,4-滴丁酯除草剂时，严避药液漂移到棚室内或临近田的番茄、辣甜椒、茄子等双子叶作物上。

②使用过喷雾2,4-滴丁酯除草剂的喷雾器、吸药管、药瓶等，必须都用碱液或酒精洗刷干净后，方可再用于番茄、菜豆、茄子、黄瓜、丝瓜、白菜等双子叶作物喷药。因2,4-滴丁酯基本不溶于水（在水中的溶解度仅为0.62%），所以若用清水刷洗过多遍，也不能刷洗去2,4-滴丁酯残留，所以不可用于对双子叶作物喷药。

③使用专用喷雾器喷2,4-滴丁酯除草剂。

④用2,4-D处理番茄、茄子、辣甜椒的花朵时，要严格掌握如下5项技术要点。

一是用2,4-D稀释液处理花朵是用毛笔蘸药水涂点花柄，而不是喷花或蘸花。

二是以当天开放的花朵，当天点花柄最好。若气温低，开花数少，可每隔2d点涂1次；盛花期最好是每1~2d涂1次。若点花过早易形成僵果，点晚了易裂果。

三是防止重涂点，以免造成浓度过高，出现裂果或畸形果。

四是依据气温高低确定点花药液浓度：气温在15~20℃时2,4-D的浓度以 10~15mg/kg 为宜，即取 1ml1.5%2,4-D 水剂对水 1kg 即为 15mg/kg，而加上 1.5kg 清水即为 10mg/kg。当气温在 25~30℃时点花，2,4-D 的浓度应降低为 6~9mg/kg，即 1ml1.5%2,4-D 水剂加上 1 667~2 500g（ml）清水。

五是使用 2,4-D 防止直接蘸到嫩枝或嫩叶上，严禁喷洒。如果栽培的是樱桃番茄，田间开花数量大，可改用防落素 25~40mg/kg 液喷花朵。

第六节　棚室蔬菜主要虫害防治技术

日光温室和拱圆形塑料大棚保护地蔬菜作物主要虫害有：白粉虱、烟粉虱、红蜘蛛、茶黄螨、蚜虫、蓟马、潜叶蝇、豆荚螟、蛞蝓等。

一、白粉虱、烟粉虱

（一）发生与为害

白粉虱和烟粉虱在山东省寿光、苍山、莘县等棚室蔬菜集中产区，一年发生 10~12 代，其中，露地 6 代左右，温室 4~6 代，世代交替，重叠发生，一般于 11 月至翌年 4 月在温室内为害繁殖，从 4~11 月既在露地繁殖为害也在温室和塑料大棚内繁殖为害。

以成虫和若虫吸食寄主汁液，被害叶片褪绿、变黄、萎蔫，甚至全株死亡。由于白粉虱和烟粉虱繁殖力强、繁殖速度快，种群数量大，群体为害，并分泌大量蜜液，严重污染叶片和果实。受害叶片失去光合作用能力，受害果实发育不良，成熟后果面粗糙，无光泽，具有斑驳青花皮，失去商品价值。

人们往往把烟粉虱误认为是白粉虱，这是因为烟粉虱成虫的翅透明具白色细小粉状物，看上去要比翅上覆盖白蜡粉的白粉虱还白。烟粉虱的形态显著比白粉虱小，但其对于作物的为害性更严重。它可传播番茄黄曲叶病毒（TYLCV）和台湾番茄曲叶病毒（TOLCTWV），也称番茄黄顶曲叶病毒，这两种病毒都属双生病毒科中的菜豆金色花叶病毒属，侵染后发生的病毒病都为害性很大，难以防治。尤其是被世界科技界称为"超级害虫"的 B 型烟粉虱与土著烟粉虱（当地原有的烟粉虱）和白粉虱，在传播病毒之间存在不对等的互惠共生关系，使 B 型烟粉虱的生殖力提高 11~17 倍，成虫寿命延长 5~6 倍，8 周后种群数量增加 2~13 倍，由此取代土著烟粉虱和白粉虱，造成 TYLCV 和 TOLCWV 传播大流行，暴发性发生番茄或辣甜椒或菜豆病毒病严重减产和降低品质。

（二）无公害防治方法

①于棚室通风口设置上 32~40 目的避虫网，防止烟粉虱和白粉虱迁飞入棚室内。

②前茬作物倒茬后，采用 20% 异丙威烟剂（20% 霸烟），每 667m^2 用 300~400g，严闭棚室熏烟 1 夜（8~12h）。

③定植前，趁苗集中时，喷药杀灭苗子上带有的烟粉虱和白粉虱。定植后勤注意检查虫情，在棚室内，只要发现有这两种害虫，都要立即喷药防治。在药剂防治上，可选用下列药剂之一，交替轮换使用。如采用 25% 噻嗪铜（扑虱灵）2 000 倍液或 30% 泰乐马（30% 吡虫啉）1 500~6 000 倍液或 20% 霹雳火（20% 啶虫脒）2 000 倍液或 5% 虱毒清（啶虫脒）1 500 倍液或 5% 大清扫乳油（联苯菊酯加上阿克泰）1 000 倍液或 20% 灭扫利（甲氰菊酯）2 000 倍液。每隔 5~7d 喷 1 次，连续喷治 2~3 次。停药后 12d 采收蔬菜。

二、蚜虫

（一）发生与为害

于棚室蔬菜上发生的蚜虫主要有瓜蚜、豆蚜、桃蚜。一年可发生 20~30 代，终年为害。蚜虫群集于叶面背面和嫩茎上，以刺吸式口器吸食植物汁液，使叶卷曲（主要是叶背面卷）、变黄甚至枯死。此外，蚜虫还传播病毒病和排泄蜜露，使作物发生煤污病，为害极大。

（二）无公害防治方法

①于棚室的通风口设置 30~40 目避虫网，避免有翅蚜虫飞到棚室内繁殖蚜虫。

②可选用下列药剂之一，交替轮换喷雾防治。10% 除尽（虫螨腈）

1 000倍液，或3%啶虫脒（吡虫清）2 000倍液或25%噻虫嗪（阿克泰）2 000倍液或25%吡虫啉可湿性粉剂3 000~4 000倍液或25%黑克乳油（二嗪磷乳油）3 000~4 000倍液或58%金手指（58%吡虫啉）5 000~6 000倍液，或5%毒蝎子（吡虫啉加增效剂）3 000~4 000倍液或42%氟氯氰菊酯加上辛硫磷1 000~2 000倍液或0.2%甲维盐（1kg制剂中含甲氨基阿维菌素苯甲酸盐2g）2 000~3000倍液喷雾。每3~5d1次连续喷治2~3次。或用灭蚜烟剂，每667m^{2}1次350g。停药后12d采收蔬菜。

三、红蜘蛛

（一）发生与为害

冬春棚室蔬菜发生红蜘蛛主要是朱砂叶螨、截形叶螨、二斑叶螨。一年发生20代左右，在发育适温21~30℃和干燥条件下发生严重。温度超过30℃，湿度大于70%，不利于发生，氮肥多，老叶片上发生严重。

红蜘蛛在叶背面以刺吸式口器吸食汁液，并结成丝网。受害叶片褪绿，出现白色小点，后叶片干枯。一般先为害下部叶片，自下而上蔓延。

（二）无公害防治方法

①及时摘除下部老叶，带出棚外烧毁。调节棚室内温度和湿度，及时浇水，抑制螨虫蔓延。

②药剂防治。可选用下列药剂之一交替轮换施用：20%螨克（四螨嗪）乳油2 000倍液或5%尼索朗（噻螨酮）乳油1 500倍液或2%罗素发（氟丙菊酯）乳油1 500倍液或40%辛硫磷乳油1 000倍液（黄瓜、甜瓜除外）或0.9%绿微虫清（红白螨乳油）2 000~3 000倍液或9.5%螨即死乳油2 000~3 000倍液（对全瓜螨、二斑叶螨、始叶螨、附线螨、瘿螨、锈螨的幼虫、若虫、或螨都杀灭效果好）或1.2%易胜（齐螨素与高效氯氰菊酯）乳油2 500~3 500倍液，主治抗性红蜘蛛、锈壁虱（锈螨）、梨木虱，或10.5%开螨（阿维·哒）可湿性粉剂3 000倍液或20%双甲脒乳油2 000~3 000倍液，或2%阿维菌素（金维达）乳油2 000~3 000倍液，每隔5~7d喷雾1次，连喷2~3次。停药后12d采收蔬菜。

四、茶黄螨

（一）发生与为害

茶黄螨虫体很小，肉眼难见。繁殖很快，28~32℃时每4~5d繁殖一代；18~20℃时，7~10d一代，一年发生25代左右。主要是在棚室内繁殖为害蔬菜。该螨虫多在植株顶部嫩叶上取食，被害嫩叶变老，即由老叶向嫩叶转移，故又称"嫩叶螨"。叶片被害后叶背面变黄，故也称"黄叶螨"。变黄的叶片带油光，扭曲畸形，重的至顶部叶枯。花果受害不开花，不坐果，果皮变褐色，木栓化、龟裂。西葫芦受茶黄螨为害后，瓜果花头细呈锥形。黄瓜受害后，瓜条的花头变细，并有纵形黄色条纹，严重降低商品价值。

（二）无公害防治方法

可选用73%炔螨特（克螨特）1 000倍液或25%灭螨猛（三唑锡）1 500倍液或25%哒螨铜（哒螨灵）1 500倍液或10%螨死净（四螨嗪）3 000倍液或5%唑螨酯（霸螨灵）2 000倍液或上述除治红蜘蛛的各种药剂。每5~7d喷1次，连续喷雾2~3次。此外，前茬收获拉秧后及时清除残枝落叶，集中烧毁，并全棚室喷药杀灭线虫。采收前12d停止喷施药剂。

五、蓟马

（一）发生与为害

发生于我国北方地区棚室蔬菜上的蓟马主要有瓜蓟马和黄蓟马。

瓜蓟马别名棕榈蓟马、南黄蓟马。主要为害黄瓜、苦瓜、冬瓜、西瓜、甜瓜等瓜类作物，茄子、甜椒、马铃薯等茄科作物，油菜、萝卜等十字花科作物及菜豆、豇豆等豆科作物。

黄蓟马别名棉蓟马、冬瓜蓟马、节瓜亮蓟马、瓜亮蓟马、菜田黄蓟马。主要为害黄瓜、节瓜、大葱、大蒜、油菜、甘薯、玉米、菜豆、豇豆、百合、黄秋葵、棉花等作物。

在棚室保护地菜田，蓟马一年发生15代左右，终年繁殖，世代重叠。蓟马很活跃，多于叶片背面或钻到花瓣内叶腋间为害。吸取嫩叶、嫩梢、花和幼果的汁液。被害叶片呈灰白色，逐渐变黄白干枯，被害嫩梢和花及幼瓜果等变黑褐色，较硬缩小，严重影响生长。

（二）无公害防治方法

发现被害，应立即进行药剂防治，可选用10%功夫（高效氯氰菊酯）乳油2 000倍液或20%扫螨（吡虫啉加上阿克泰）乳油2 000倍液或20%诺打（吡虫啉·杀虫丹）乳油1 000倍液或5%展剌（啶虫脒·百树得）乳油2 000倍液或58%金手指（58%吡虫啉）可湿性粉剂5 000~6 000倍液或30%泰乐玛（30%吡虫啉）乳油3 000~4 000倍液或12.5%虱马光（联苯菊酯占2.5%，氟啶虫酰胺占10%）乳油750倍液或0.4%甲维盐（1kg制剂中含甲氨基阿维菌素苯甲酸盐4g）乳油3 000~4 000倍液或5%顶级（啶虫脒·三氟氯氰菊酯）乳油4 000倍液。喷雾时要从一边往另一边赶着喷，既喷雾全株，又要喷洒墙边和地缝。每3~5d喷1次，连续2~3次。采收前12d停止喷施上述药剂。

六、潜叶蝇

潜叶蝇为双翅目潜蝇科植潜蝇属，此属中约有2 000余种。目前在我国北方地区常见的有美洲斑潜蝇、拉美斑潜蝇、葱斑潜蝇、豌豆植潜蝇、豆叶东潜蝇、豆秆黑潜蝇等多种。其中，以前三种在山东为害最猖獗，是目前蔬菜作物之大敌。

（一）发生与为害

1.美洲斑潜蝇 俗称蔬菜斑潜蝇、蛇形斑潜蝇、甘蓝斑潜蝇等。原分布于北美、南美和中美洲30多个国家和地区，于1994年传入我国海南省，现已扩散至南北各省区。为害的寄主有黄瓜、西葫芦、苦瓜等瓜类作物、豇豆、菜豆、蚕豆、大豆等豆科作物，番茄、人参果、马铃薯、枸杞、烟草等茄科作物，大白菜、甘蓝、萝卜、油菜、芥菜等十字花科作物，葵菜、黄秋葵、棉花、薯葵等锦葵科作物，向日葵、菊芋、茼蒿等菊科作物，菠菜、番杏、甜菜、莙荙菜等藜科作物，多达22科110多种植物。

以雌成虫飞翔把植物叶片刺伤，进行取食和产卵，幼虫潜入叶片和叶柄为害，产生不规则蛇形白色虫道，叶绿素被破坏，影响光合作用。受害叶片枯死脱落，造成花芽、果实被灼伤和严重毁苗。美洲斑潜蝇发生初期，虫道不规则线状伸展，虫道终端明显扁宽，有别于瓜斑潜蝇（又称番茄斑潜蝇）。受此虫为害严重的叶片迅速干枯。受害的受害蛀率30%~100%，一般减产30%~50%，严重的绝产。

2. 拉美斑潜蝇　又名南美斑潜蝇，俗称斑潜蝇，原分布美洲、新西兰、东南地区，1994年，我国引进花卉时随花卉进入云南昆明。从花卉圃场蔓延至农田，现已分布全国各省区。主要为害黄瓜、甜瓜、豌豆、蚕豆、马铃薯、油菜、芹菜、菠菜、生菜、小麦、大麦、菊花、鸡冠花、香石竹等蔬菜、粮食和花卉及药用植物，共计19科84种。

雌成虫用产卵器把卵产在叶中，孵化后的幼虫在叶片的上下表皮之间潜食叶肉，嗜食中肋、叶脉，食叶成透明空斑，造成幼苗枯死，破坏性极大。该虫的幼虫常沿叶脉形成潜道，幼虫还取食叶片下层的海绵组织，从叶面看潜道不完整，别于美洲斑潜蝇。

3. 葱斑潜蝇　又名葱潜叶蝇、韭菜潜叶蝇。主要为害葱、洋葱、韭菜，多分布于吉林、宁夏、辽宁、河北、山东等北方各省、区。有的年份葱田有虫株率达40%，严重的达100%。幼虫在叶组织内蛀食成隧道，呈曲线装或乱麻状，严重影响作物生长，使葱叶失去食用价值。

（二）无公害防治方法

①在潜叶蝇为害重的地区，蔬菜布局时要把斑潜蝇嗜好的瓜类、豆类、茄果类等寄主作物与其不为害的作物进行套种或轮作。

②前茬作物收获后及时清洁田园，把斑潜蝇为害作物的残体集中深埋、沤肥或烧毁。闭棚熏烟杀灭潜藏于棚室内的斑潜蝇成虫。

③棚室保护地和育苗畦，要设置上防虫网防止斑潜蝇进入棚室中为害、繁殖。

④张挂诱蝇纸诱杀成虫。在成虫始盛期至盛末期，每667m² 设置15个诱杀点，每个点放置1张诱杀蝇纸，3~4d更换1次。也可用黄板诱杀。

⑤生物防治，释放潜叶蝇姬小蜂，平均寄生率78.8%，喷洒0.5%川

楝素杀虫乳油 800 倍液或 6% 烟百素 900 倍液。

⑥适期科学用药防治：因该虫卵期短，大龄幼虫抗药力强，所有要在成虫高峰期至卵孵化盛期或低龄幼虫高峰期。瓜类、茄果类、豆类、十字花科类蔬菜某叶片有幼虫 5 头、幼虫 2 龄前，虫道很小时，于上午首选三嗪胺类灭蝇剂——10% 潜杀得（10% 灭蝇胺）悬浮剂 1 000 倍液或 40% 灭蝇胺可湿性粉剂 3 000~4 000 倍液。喷洒全株，杀灭斑潜蝇的幼虫和成虫，持效期 10~15d。或用 20% 斑杀净（阿维·杀单）微乳剂 1 000 倍液或 10% 除尽（溴虫腈）悬浮剂 1 000 倍液或 10% 歼灭乳油（高效氯氰菊酯）1 500 倍液或 44% 速凯乳油（氯氰菊酯·毒死蜱）1 000 倍液或 2.5% 功夫（三氟氯氰菊酯）2 000~3 000 倍液或 58% 斑潜安可湿性粉剂 1 500~2 000 倍液或 25% 氟甲（氟氯氰菊酯·甲维盐）1 500 倍液或 2% 金维达（2% 阿维菌素·哒）乳油 2 000~3 000 倍液喷雾。7~10d1 次，连续 2~3 次。生产 A 级绿色蔬菜，每个栽培茬次每种农药只能用 1 次，所以上述药剂要交替轮换施用。采收前 12d 停止用药。

七、豆荚螟

豆荚螟属鳞翅目螟蛾科，别名豇豆荚螟、豇豆蛀野螟、豆野螟、豆卷叶螟、大豆卷叶螟、豆螟蛾、大豆螟蛾。分布南起海南、广东、广西、云南，北至黑龙江、内蒙古、吉林，尤以山东、河南发生重。

（一）发生与为害

豆荚螟的主要寄主是豇豆、菜豆、扁豆、豌豆、大豆（毛豆）、蚕豆、四季豆等各种豆类作物。以幼虫为害叶、花、荚，常卷叶为害和蛀入荚内取食幼嫩的种粒，荚内及蛀孔外堆积粪粒。受害豆荚味苦，不堪食用。尤其是蛀花、荚率高达 70% 以上，造成严重减产。

（二）无公害防治方法

①在棚室通风口处安装防虫网或露地栽培全部使用防虫网防护，可有效避虫，防治豆荚螟为害。

②及时清除田间落花、落荚，并摘除被害的卷叶和豆荚，以减少虫源。

③在豆田架设黑光灯或佳多频震式杀虫灯，诱杀成虫。

④生物防治：在老熟幼虫入土前，田间湿度高时，施用白僵菌粉剂，每 $667m^2$ 用 1.5kg 加细土 4.5kg 撒施。也可喷洒 25% 灭幼脲 3 号悬浮剂 1 000 倍液。

⑤药剂防治：用下列药剂之一交替轮换施用喷雾：25% 氟甲（氟氯氰菊酯·甲维盐）乳油 1 500~2 000 倍液或 20% 毒刺（高效杀虫剂与甲维盐）乳油 1 000~1 500 倍液或 30% 氯胺磷乳油 500~800 倍液或 30% 杀虫霸（氯氰菊酯与马拉硫磷）乳油 2 000 倍液或 5% 顶级乳油（啶虫脒与氟氯氰菊酯）3 000~4 000 倍液或 20% 氰戊菊酯（速灭杀丁与杀灭菊酯）乳油 1 500 倍液或 50% 辛硫磷乳油 1 000 倍液或 5% 毒蝎子（吡虫啉加航天助剂）乳油 3 000 倍液或 5% 快杀敌（顺式氯氰菊酯）乳油 3 000 倍液或 52.25% 毒·氯（农地乐）乳油 1 000 倍液。隔 7~8d1 次，连续防治 2~3 次。采收前 12d 停止用药。

八、野蛞蝓

野蛞蝓属腹足纲，柄眼目蛞蝓科。别名鼻涕虫。我国南北各省、区、市均有分布。还有一种与野蛞蝓同目的足襞蛞蝓科的高突足襞蛞蝓。

（一）发生与为害

野蛞蝓的成体伸直时体长 30~60mm，体宽 4~6mm，长梭形，无外壳（有内壳长 4mm，宽 2.3mm），柔软光滑，体表暗黑色或暗灰色或黄白色或灰红色。具两对暗黑色触角，上边一对长的触角端部具眼。口腔内有角质齿舌。体表黏液无色。看上去似出壳爬行的蜗牛，故菜农俗称其"不带壳的蜗牛"。卵椭圆形，韧而实有弹性，直径 2~2.5mm。白色透明可见卵核。近孵化时色变深。初孵幼体长 2~2.5mm，淡褐色，体型同成体。

野蛞蝓在长江以北地区露地菜田一年 1 代，而在云南、海南露地菜田和北方日光温室菜田一年 2~6 代，四季都能繁殖为害，但以春、秋两季繁殖旺盛，为害重。完成一个世代 250d，卵期 16~17d，以孵化至呈贝性成熟 55d，成贝产卵期长达 160d。既雌雄同体异性受精，也可同体受精繁殖，产卵于潮湿土缝中，一生产卵 400 粒左右。此虫很怕光，在强光照下 2~3h 即死亡。因此，均为夜间活动，从傍晚开始出动，近正午时达高峰，清晨之前又陆续潜入土中或隐蔽处。阴暗潮湿环境易大发生，当气温在 11.5~18.5℃，土壤含水量 20%~30% 时对其发生最为有利。为害寄主作物有白菜、菜豆、青花菜、黄瓜等各种蔬菜和百合、食用菌以及粮食、花卉等植物。为害特点是取食蔬菜叶片成孔洞，尤以为害幼苗、嫩叶受害最烈。

（二）无公害防治方法

①注意改善菜田生态环境，使地表土有一定干燥程度。

②野蛞蝓昼伏夜出，黄昏为害在菜田或棚室中放置瓦块、菜叶或扎成把的菜杆或树枝，太阳出来后它们常躲藏在其中，可集中清除杀灭。

③在野蛞蝓爬行处撒上草木灰，野蛞蝓爬行时体上黏上草木灰就会被碱死。

④每 667m² 施用 6% 密达（四聚乙醛）颗粒剂每亩 0.5kg。于傍晚撒施。诱杀成体和幼体。或喷撒 70% 杀螺胺粉剂每亩用 28~35g，对水适量稀释喷洒，或拌细沙子撒施。野蛞蝓为害严重地区或田块，第一次用药后，隔 10~12d 再施 1 次，才能有效控制其为害。

上述防治方法，除有效防治野蛞蝓、高突足襞蛞蝓外，还可有效防治灰巴蜗牛，同型巴蜗牛和细钻螺等蜗、螺。